Erfolgreiche Abschlussarbeiten – Steuern und Rechnungslegung

Ingrid Malms

Erfolgreiche Abschlussarbeiten – Steuern und Rechnungslegung

Leitfaden für Bachelor und Master

Springer Gabler

Ingrid Malms
Hochschule Heilbronn
Deutschland

ISBN 978-3-658-02799-5 ISBN 978-3-658-02800-8 (eBook)
DOI 10.1007/978-3-658-02800-8

Die Deutsche Nationalbibliothek verzeichnet diese Publikation in der Deutschen Nationalbibliografie; detaillierte bibliografische Daten sind im Internet über http://dnb.d-nb.de abrufbar.

Springer Gabler

Lektorat: Anna Pietras

Springer Gabler ist eine Marke von Springer DE. Springer DE ist Teil der Fachverlagsgruppe Springer Science+Business Media
www.springer-gabler.de

Vorwort

"Knowledge has to be improved, challenged, and increased constantly, or it vanishes."[1]

Das Zitat von Peter F. Drucker (1909–2005) liefert einen wichtigen Denkanstoß für den Umgang mit dem Wissen, das Sie sich während Ihres Studiums angeeignet und in kritischer Analyse kontinuierlich weiterentwickelt haben. Mit Ihrer Abschlussarbeit tragen Sie zur wissenschaftlichen Diskussion um das Thema bei, mit welchem Sie sich intensiv befassen und kritisch auseinandersetzen. Setzen Sie sich das Ziel, nicht nur einen Beitrag von vielen zu leisten, sondern einen besonders wertvollen, der für die Diskussion unentbehrlich ist.

Dieser Leitfaden bietet als Handlungsrahmen Hilfestellungen für eine erfolgreiche Abschlussarbeit. Ziel ist es, Sie für eine kritische Auseinandersetzung mit Informationen zu sensibilisieren und Ihnen das Werkzeug zu geben.

Nach der Einführung in Kapitel 1 folgt in Kapitel 2 fundiertes Gedankengut zu den vier Säulen einer erfolgreichen Abschlussarbeit, das Ihnen Ihre eigene Ideenfindung und Umsetzung erleichtert. Die Kapitel 3 bis 6 beinhalten Abschlussarbeiten von ehemaligen Studierenden. Zu lesen wie andere ihre Abschlussarbeit geschrieben haben, ist ein Schlüssel zur Realisierung der eigenen.

Es ist mir ein wichtiges Anliegen, den Autoren dieses Buches Frau Jennifer Kübler, Frau Monique Schilling, Frau Tanja Wahl und Herrn Daniel Krause zu danken, die nach Abgabe und Bewertung ihrer Bachelorarbeiten großes Engagement für dieses Buchprojekt gezeigt und es somit ermöglicht haben. Mein besonderer Dank gilt auch meinen studentischen Hilfskräften Frau Angela Sbrzesny und Herrn Christian Schwartz für die Übernahme der Projektleitung und ihre Ausdauer bei der Korrektur.

Der lebhafte Austausch mit stets neuen Ideen und Verbesserungsvorschlägen haben zum Gelingen dieses Buches beigetragen. In diesem Zusammenhang möchte ich allen, die beteiligt waren, für die vielen anregenden Diskussionen danken. Beim Verlag, insbesondere bei Frau Anna Pietras und Herrn Andreas Funk, bedanke ich mich ganz herzlich für die konstruktive und angenehme Zusammenarbeit.

Ingrid Malms

[1] „Wissen muss verbessert, in Frage gestellt und kontinuierlich erweitert werden, oder es wird nutzlos.“ (Eigene Übersetzung)

Legende:

✓ Es handelt sich um **Hinweise**, deren abschließende Überprüfung vor Fertigstellung Ihrer Abschlussarbeit sinnvoll ist.

→ Bitte schauen Sie – als **Empfehlung** – den entsprechenden Gliederungspunkt in der in diesem Buch integrierten Abschlussarbeit an.

Inhaltsverzeichnis

Die Autoren

Jennifer Kübler Consultant bei der Ernst & Young GmbH Wirtschaftsprüfungsgesellschaft.

Bachelorabschluss im Studiengang Betriebswirtschaft und Unternehmensführung (BU) an der Hochschule Heilbronn (HHN).

Monique Schilling Consultant bei der Ernst & Young GmbH Wirtschaftsprüfungsgesellschaft.

Bachelorabschluss im Studiengang Betriebswirtschaft und Unternehmensführung (BU) an der Hochschule Heilbronn (HHN).

Tanja Wahl Assistentin in der Wirtschaftsprüfung bei der Ernst & Young GmbH Wirtschaftsprüfungsgesellschaft.

Bachelorabschluss im Studiengang Betriebswirtschaft und Unternehmensführung (BU) an der Hochschule Heilbronn (HHN). Ausbildung zur Industriekauffrau.

Daniel Krause Assistent in der Wirtschaftsprüfung bei der Ernst & Young GmbH Wirtschaftsprüfungsgesellschaft.

Bachelorabschluss im Studiengang Betriebswirtschaft und Unternehmensführung (BU) an der Hochschule Heilbronn (HHN). Ausbildung zum Industriekaufmann.

Prof. Dr. Ingrid Malms (Herausgeberin) Professorin an der Hochschule Heilbronn (HHN) im Bachelorstudiengang Betriebswirtschaft und Unternehmensführung (BU) sowie im Masterstudiengang Unternehmensführung/Business Management (MU) für Rechnungslegung und Steuern.

Studium der Betriebswirtschaftslehre an der FernUniversität in Hagen und Promotion am Lehrstuhl für Betriebswirtschaftslehre, insb. Steuer- und Prüfungswesen.

Einleitung 1

Es ist der **Gesamteindruck** Ihrer Abschlussarbeit, der zum Erfolg führt. Ausschlaggebend für die Bewertung ist ein positives Gesamtbild, nicht nur inhaltlich, sondern auch in formaler Hinsicht. Ihre Thesis ist ein Abbild Ihrer wissenschaftlichen Arbeitsweise, die Sie sich im Laufe Ihres Studiums angeeignet haben; Effektivität und Effizienz bilden die Basis des Erfolgs.

Effektivität bedeutet, dass Sie im Vorfeld eine Strategie für Ihre Arbeit festlegen. Der Begriff basiert auf dem lateinischen Verb efficere („bewirken, entstehen lassen, zustande bringen"). Sie kennen Ihr Thema oder sind bereits im Gespräch mit der oder dem Betreuenden, um dieses festzulegen. Die Formulierung Ihres Themas ist von wichtiger Bedeutung; eine konkrete Themenstellung, welche die Schwerpunktsetzung erkennbar macht, ist unabdingbar. Eine zu allgemeine Themenformulierung birgt die Gefahr in sich, dass Sie eine andere Vorstellung der wichtigen Schwerpunkte entwickeln als von Ihnen erwartet wird; beispielsweise ist das Thema „Latente Steuern" zu ungenau. Es muss konkret formuliert sein, damit Sie wissen, ob Sie sich mit „Latenten Steuern im HGB Einzelabschluss" oder „Latenten Steuern im IFRS Konzernabschluss" auseinandersetzen sollen. Zur Verdeutlichung, wie wichtig die angesprochene Konkretisierung ist, sei noch ein weiteres Bespiel genannt; das Thema „Russische Rechnungslegungsnormen" ist ebenfalls zu ungenau, die Formulierung „Vergleich deutscher und russischer Rechnungslegungsnormen und deren unterschiedliche Wirkungen in den Abschlüssen von Unternehmen" hingegen ist konkret. Zur Effektivität gehört auch eine deutliche Zielorientierung, die nur so möglich ist.

Im Zentrum der Überlegungen zur **Effizienz** steht die Frage, „wie" Sie das zuvor festgelegte Ziel erreichen können. Effizienz bezieht sich auf die Art und Weise, wie Sie Ihre Strategie umsetzen.

Ein bekanntes Zitat von Peter F. Drucker (1909–2005) beinhaltet die Kernaussage zur Effektivität und Effizienz: „Efficiency is concerned with doing things right. Effectiveness

I. Malms, *Erfolgreiche Abschlussarbeiten - Steuern und Rechnungslegung,*
DOI 10.1007/978-3-658-02800-8_1, © Springer Fachmedien Wiesbaden 2013

is doing the right things."[1] Die **Effektivität ist der Effizienz vorgelagert**, auch wenn die Reihenfolge in diesem Zitat umgekehrt ist. Erst wenn die Frage der Effektivität geklärt ist, kann die Frage nach der Effizienz gestellt werden. Zunächst ist die richtige Auswahl der „Dinge" zu treffen, die zum Ziel führen, bevor die Ausführung „in richtiger Weise" erfolgen kann. Die Effektivität kann als Maß der Wirksamkeit angesehen werden, während die Effizienz das Maß des Ressourceneinsatzes (Zeit, Geld und Bemühen) ist.

Ziel des **zweiten Kapitels** ist es, Ihnen konkrete Tipps für Ihre Abschlussarbeit zu geben. Eine erfolgreiche Abschlussarbeit beruht auf vier Säulen:

- Gliederungspunkt 2.1: Auswahl von Literaturquellen
- Gliederungspunkt 2.2: Zielorientierte Strukturierung
- Gliederungspunkt 2.3: Erfolgreiches Schreiben
- Gliederungspunkt 2.4: Sorgfältiges Korrigieren

Sie finden in den folgenden Gliederungspunkten Ausführungen zu diesen vier Säulen mit zahlreichen praktischen Hinweisen für das Gelingen Ihrer Abschlussarbeit.

Die Basis einer Seminar- und Abschlussarbeit ist ein fundiertes Literaturstudium. Die Kunst liegt vor allem darin nicht irgendwelche, sondern **die relevanten Quellen** auszuwählen. Welche Arten von Literaturquellen angemessen und welche besonders geeignet sind, erfahren Sie in Gliederungspunkt 2.1.

Das Lesen von darstellender und kritischer Literatur zu Ihrem Thema reicht bei Weitem nicht aus. Literaturrecherche und Kritische Analyse stehen in einem engen Zusammenhang. In Gliederungspunkt 2.2 finden Sie detaillierte und tiefgründige Ausführungen zur **zielorientierten Strukturierung** Ihrer Arbeitsweise mittels der Trichter-Methode („funnel method").

Der Gliederungspunkt 2.3 zum **erfolgreichen Schreiben** beinhaltet Hinweise zur Gestaltung des Textes, zum Aufbau Ihrer Abschlussarbeit, hilfreiche Tipps zur inhaltlichen Überprüfung und Qualitätsverbesserung sowie Hinweise zur formalen Gestaltung, insbesondere Zitierung.

Bei der Gestaltung des Textes leisten die **Gliederung in Absätze** und Fokussierung der Kerngedanken einen wertvollen Beitrag. Neben einem überzeugenden **Aufbau der Abschlussarbeit** sind die inhaltlichen Ausführungen wesentlich. Sie müssen die Allgemeinen Grundlagen und Spezifischen Darstellungen erarbeiten, um im Anschluss eine Methodik zur und schließlich die Kritische Analyse selbst zu entwickeln. Aufbauend auf dem Wissen, das Sie sich erarbeitet haben, verfolgen Sie das Ziel neuer wissenschaftlicher Erkenntnisse.

Da die Einleitung Ihrer Arbeit und die **Nachverfolgung des „roten Fadens"** von besonderer Bedeutung sind, finden Sie zum Ende der inhaltlichen Ausführungen Checklisten und Beispiele.

---

[1] Drucker, P. F., Management, 2008, p. 32. „Effizienz bedeutet, die Dinge richtig tun. Effektivität bedeutet, die richtigen Dinge tun." (Eigene Übersetzung)

Die **formale Gestaltung Ihrer Arbeit** ist ebenfalls ausschlaggebend für die Qualitätsbeurteilung Ihres wissenschaftlichen Beitrags. Der korrekte Umgang mit Fußnoten und die Zusammenstellung der Verzeichnisse sind entscheidend. Zur Zitierung finden Sie zahlreiche Beispiele, vorgestellt werden die Zitierweise mit Titelstichwort und die Harvard-Methode.

Die vierte Säule bildet das **sorgfältige Korrigieren**; die Korrekturphase wird zumeist unterschätzt. In Gliederungspunkt 2.4 werden abschließende Hinweise zur Lesbarkeit und zur Strukturierung des Textes gegeben.

In den Kapiteln 3 bis 6 finden Sie die **Abschlussarbeiten** von Studierenden der Hochschule Heilbronn (HHN) im Studiengang Betriebswirtschaft und Unternehmensführung (BU). Die Autoren haben Ihre Arbeiten nach Abgabe und Bewertung zur Verfügung gestellt, um diesen Leitfaden zu ermöglichen.

Kapitel 3: Jennifer Kübler, Untersuchung der ertragsteuerlichen Vorteilhaftigkeit einer GmbH im Vergleich zu einer GmbH & Co. KG

Bei der Wahl der Rechtsform sind neben wirtschaftlichen und rechtlichen Aspekten auch steuerliche Gesichtspunkte zu berücksichtigen. So unterscheidet sich die Ertragsbesteuerung der Kapitalgesellschaft deutlich von der der Personengesellschaft, woraus eine unterschiedliche ertragsteuerliche Belastung resultiert. Dies soll anhand von Belastungsvergleichen am Beispiel der Rechtsformen GmbH und GmbH & Co. KG veranschaulicht werden.

Kapitel 4: Monique Schilling, Die Zinsschranke – Darstellung und kritische Analyse

Die Zinsschranke wurde im Rahmen der Unternehmensteuerreform 2008 eingeführt und löste damit die bis dahin geltende Regelung zur Gesellschafterfremdfinanzierung des § 8a KStG a. F. ab. Die Zinsschranke soll verhindern, dass international tätige Konzerne mittels grenzüberschreitender konzerninterner Fremdkapitalfinanzierung ihre im Inland erwirtschafteten Gewinne in niedrig besteuerte Länder verlagern und so die Steuerbemessungsgrundlage deutscher Unternehmen senken. In vorliegender Arbeit wird die Funktionsweise der mitunter stark kritisierten Zinsschranke dargestellt und einer ausführlichen kritischen Würdigung unterzogen. Ebenfalls werden einige Gestaltungsmöglichkeiten zur Umgehung der Zinsschranke dargestellt und erläutert.

Kapitel 5: Tanja Wahl, Latente Steuern im HGB Einzelabschluss

Die Anpassung der Konzeption für latente Steuern an die der internationalen Rechnungslegung und die entsprechende Neukonzeption durch das Bilanzrechtsmodernisierungsgesetz (BilMoG) begründen gravierende Änderungen der im HGB für latente Steuern relevanten gesetzlichen Regelungen. Allerdings bieten diese dem Bilanzierenden viel Interpretationsspielraum, wodurch sich eine besondere Umsetzungsproblematik ergibt. In normativem Sinne werden die Gesetzesgrundlagen im Zusammenhang mit latenten Steuern auf ihre Verständlichkeit hin überprüft, Gesetzeslücken aufgezeigt und Lösungsmöglichkeiten dargestellt. Es wird deutlich, dass diesbezüglich noch weiterer Klärungsbedarf seitens des Gesetzgebers nötig ist, um eine gesetzeskonforme Umsetzung der Bilanzierung latenter Steuern zu gewährleisten.

Kapitel 6: Daniel Krause, Harmonisierung der Rechnungslegung – Entwurf zur Änderung der Bilanzrichtlinien und dessen kritische Würdigung zur Anwendung und Umsetzung in nationales Recht

Die europäische Rechnungslegung unterliegt einem ständigen Wandel, insbesondere der Einfluss der internationalen Rechnungslegung führt regelmäßig zu Anpassungen der bestehenden Regelungen. Grundlegende Veränderungen gab es in der Vergangenheit allerdings kaum. Durch den von der EU-Kommission vorgelegten Entwurf zur Überarbeitung der Bilanzrichtlinien soll das seit ungefähr drei Jahrzehnten bestehende System der vierten, siebenten und achten Bilanzrichtlinie, d. h. der Jahresabschluss-, Konzernabschluss- und Abschlussprüferrichtlinie, nun grundlegend geändert werden. Die vorliegende Arbeit untersucht den Entwurf vom 25. Oktober 2011 auf dessen Inhalte und behandelt kritisch die vorgeschlagenen Änderungen. Dabei stehen insbesondere Implikationen auf die deutsche Rechnungslegung und die Vereinbarkeit mit den Vorschriften der internationalen Rechnungslegung im Vordergrund.

Vier Säulen einer erfolgreichen Abschlussarbeit

2

Inhaltsverzeichnis

I. Malms, *Erfolgreiche Abschlussarbeiten - Steuern und Rechnungslegung,*
DOI 10.1007/978-3-658-02800-8_2, © Springer Fachmedien Wiesbaden 2013

2.1 Auswahl von Literaturquellen

2.1.1 Überblick

Sie stehen vor der Frage, wie Sie sich Ihrem Thema am besten nähern. Wählen Sie zunächst vier bis sechs repräsentative Quellen aus, verschaffen Sie sich einen Überblick und erarbeiten Sie sich damit ein **fundiertes Grundwissen**. Denken Sie über die Schwerpunkt- und Zielsetzung Ihrer Arbeit nach.

Sie können wie folgt vorgehen:

1. Sie greifen als erstes zu einer **Monographie**, d. h. zu einem der umfangreicheren Lehrwerke von bekannten Autoren oder zu einem **Handbuch** und erarbeiten sich die grundlegenden Kapitel, welche Ihr Thema betreffen.
2. **Aktuelle Aufsätze** zum Thema finden Sie in den verschiedenen **Fachzeitschriften**. Konzentrieren Sie sich nicht nur auf die im aktuellen Jahr erschienenen Hefte, sondern auch auf die der letzten Jahre.
3. Suchen Sie ebenfalls nach **Beiträgen in Sammelwerken**, z. B. in Tagungsbänden oder Festschriften. Jeder Aufsatz, den Sie dort finden, ist als eigene Literaturquelle zu behandeln.
4. Abschließend ist die Suche nach geeigneter **Kommentarliteratur** zu empfehlen. Die Beiträge sind zumeist ausführlicher als andere Literaturquellen.
5. Lesen Sie parallel zu den Quellen der genannten Sekundärliteratur die Ihr Thema betreffende Primärliteratur. Damit sind bei den steuerrechtlichen und steuerplanerischen Themen die **Paragraphen der Gesetzestexte** (z. B. EStG, KStG, GewStG oder AStG) gemeint, bei Themen der nationalen Rechnungslegung die **Paragraphen des HGB**. Wenn Sie sich mit einem aktuellen Thema befassen, das gerade im Umbruch ist, d. h. bei welchem Gesetzesänderungen anstehen oder kürzlich beschlossen wurden, gehören zu den Primärquellen auch die **Artikelgesetze**, sofern Gesetzesänderungen bereits ver-

abschiedet wurden und **Parlamentaria**, d. h. Entwürfe und Gesetzesbeschlüsse, die als Bundestags- oder Bundesrats-Drucksachen (BT- oder BR-Drucksachen) zur Verfügung stehen sowie **Verwaltungsanweisungen**, d. h. Schreiben vom Bundesministerium der Finanzen (BMF-Schreiben).

In den folgenden Gliederungspunkten finden Sie weitere Hinweise zu geeigneten Monographien, Handbüchern, Fachzeitschriften, Sammelwerken bzw. geeigneter Kommentarliteratur. Im Anschluss der Erläuterungen stehen Listen ausgewählter Standardwerke, empfehlenswerter Zeitschriften und bekannter Kommentare. Formale Hinweise zur Zitierweise beinhaltet Gliederungspunkt 2.3.4.

2.1.2 Monographien und Handbücher

Bei einer **Monographie** handelt es sich um ein Buch, das **von einem oder mehreren Autoren verfasst** wurde. Es kann sowohl ein Buch zu verschiedenen Themen als auch zu einem ganz speziellen Thema sein. Zu den Monographien gehören grundlegende Lehrwerke mit Titeln wie „Besteuerung von Unternehmen", „Betriebswirtschaftliche Steuerlehre", „Bilanzen" usw., aber auch Dissertationen oder Habilitationsschriften, die sich mit einem eingegrenzten Auswahlthema befassen.

Im letzten Absatz wurde bewusst der Begriff „**Lehrwerke**" und nicht „Lehrbücher" verwendet. Lehrwerke und Lehrbücher können nur durch ihren Leserkreis abgegrenzt werden. Der Leserkreis von Lehrbüchern ist grundsätzlich auf Studierende begrenzt, der von Lehrwerken geht darüber hinaus. Lehrwerke werden auch von anderen Fachangehörigen genutzt. Eine differenzierte Abgrenzung ist schwierig. Dennoch müssen Sie darauf achten, welche Vorgaben Sie zu befolgen haben; manchmal ist die Verwendung von Lehrbüchern nicht gewünscht.

Der Übergang von einer Monographie zum Handbuch ist fließend. Das Thema eines **Handbuchs** ist häufig umfassender; auch sind bei einem Handbuch zumeist wesentlich mehr Autoren beteiligt. Geführt werden Handbücher unter dem Namen des Herausgebers bzw. den Namen der Herausgeber.

Eine **Liste empfehlenswerter Lehrwerke und Handbücher zum Steuerrecht bzw. zur betriebswirtschaftlichen Steuerplanung** folgt anbei:

Birk, Dieter/Desens, Marc/Tappe, Henning,
Steuerrecht, 16. Auflage, Heidelberg 2013.
Kußmaul, Heinz,
Steuern – Einführung in die betriebswirtschaftliche Steuerlehre, München 2013.
Niehus, Ulrich/Wilke, Helmuth,
Die Besteuerung der Kapitalgesellschaften, 3. Auflage, Stuttgart 2012.
Niehus, Ulrich/Wilke, Helmuth,
Die Besteuerung der Personengesellschaften, 6. Auflage, Stuttgart 2013.

Scheffler, Wolfram,
Besteuerung von Unternehmen I: Ertrag-, Substanz- und Verkehrsteuern, 12. Auflage, Heidelberg 2012.
Scheffler, Wolfram,
Besteuerung von Unternehmen II: Steuerbilanz, 7. Auflage, Heidelberg 2011.
Scheffler, Wolfram,
Besteuerung von Unternehmen III: Steuerplanung, 2. Auflage, Heidelberg 2013.
Schneeloch, Dieter,
Betriebswirtschaftliche Steuerlehre, Band 1: Besteuerung, 6. Auflage, München 2012.
Schneeloch, Dieter,
Betriebswirtschaftliche Steuerlehre, Band 2: Betriebliche Steuerpolitik, 3. Auflage, München 2009.
Tipke, Klaus/Lang, Joachim,
Steuerrecht, 21. Auflage, Köln 2013.

Die folgenden **ausgewählten Lehrwerke und Handbücher zu einzelnen Steuerarten** sind ebenfalls empfehlenswert:

Benecke, Andreas/Möhlenbrock, Rolf/Schnittker, Helder,
Beck'sches Handbuch Umwandlungssteuerrecht. Umwandlungssteuererlass 2011 – Erlass zu § 6 Abs. 5 EStG, München 2014.
Dötsch, Ewald/Alber, Matthias/Städtler, Wolfgang/Sell, Hartmut/Zenthöfer, Wolfgang,
Körperschaftsteuer, (Reihe: Finanz und Steuern, Band 5), 16. Auflage, Stuttgart 2012.
Jacobs, Otto H.,
Internationale Unternehmensbesteuerung: Deutsche Investitionen im Ausland, ausländische Investitionen im Inland, 7. Auflage, München 2011.
Klingebiel, Jörg/Patt, Joachim/Rasche, Ralf/Krause, Torsten,
Umwandlungssteuerrecht, (Reihe: Finanz und Steuern, Band 6), 3. Auflage, Stuttgart 2012.
Kurz, Dieter,
Umsatzsteuer, (Reihe: Finanz und Steuern, Band 2), 16. Auflage, Stuttgart 2012.
Prinz, Ulrich/Hoffmann, Wolf-Dieter,
Beck'sches Handbuch der Personengesellschaften: Gesellschaftsrecht – Steuerrecht, 4. Auflage, München 2014.
Rupp, Thomas/Knies, Jörg-Thomas/Ott, Johann-Paul/Faust, Tanja,
Internationales Steuerrecht, (Reihe: Finanz und Steuern, Band 14), 3. Auflage, Stuttgart 2013.
Zenthöfer, Wolfgang,
Einkommensteuer (Reihe: Finanz und Steuern, Band 3), 11. Auflage, Stuttgart 2013.

Des Weiteren seien **ausgewählte Lehrwerke und Handbücher der Rechnungslegung** genannt:

Baetge, Jörg/Kirsch, Hans-Jürgen/Thiele, Stefan,
Bilanzen, 12. Auflage, Düsseldorf 2013.

Bitz, Michael/Schneeloch, Dieter/Wittstock, Wilfried,
Der Jahresabschluss – Nationale und internationale Rechtsvorschriften, Analyse und Politik, 5. Auflage, München 2011.

Coenenberg, Adolf G./Haller, Axel/Schultze, Wolfgang,
Jahresabschluss und Jahresabschlussanalyse. Betriebswirtschaftliche, handelsrechtliche, steuerrechtliche und internationale Grundlagen – HGB, IAS/IFRS, US-GAAP, DRS, 22. Auflage, Stuttgart 2012.

2.1.3 Aufsätze aus Fachzeitschriften

Jeder Aufsatz einer Fachzeitschrift ist als gesonderte Literaturquelle zu behandeln. Beachten Sie, dass damit **wissenschaftliche Fachzeitschriften** gemeint sind.

Eine **Liste empfehlenswerter Fachzeitschriften**, die speziell als Zeitschriften zum Steuerrecht und zur Rechnungslegung erscheinen bzw. Artikel zu Themen des Steuerrechts, der betriebswirtschaftlichen Steuerplanung oder Rechnungslegung beinhalten, wird nachfolgend aufgeführt:

BB Betriebs-Berater
Zeitschrift für Recht, Steuern und Wirtschaft.
(Verlag: Deutscher Fachverlag GmbH, erscheint seit 1948)

BC Zeitschrift für Bilanzierung, Rechnungswesen und Controlling
(Verlag: C. H. Beck, erscheint seit 1976)

BStBl Bundessteuerblatt
(Herausgeber: Bundesministerium der Finanzen, Verlag: Stollfuß, erscheint seit 1951)

DB Der Betrieb
Wochenschrift für Betriebswirtschaft, Steuerrecht, Wirtschaftsrecht, Arbeitsrecht.
(Verlag: Fachverlag der Verlagsgruppe Handelsblatt GmbH, erscheint seit 1947)

DStR Deutsches Steuerrecht
Wochenschrift und umfassende Datenbank für Steuerberater.
Steuerrecht, Wirtschaftsrecht, Betriebswirtschaft, Beruf.
(Verlag: C. H. Beck, erscheint seit 1962)

DStZ Deutsche Steuer-Zeitung
(Verlag: Stollfuß, erscheint seit 1912)
FR Finanz-Rundschau

(Verlag: Dr. Otto Schmidt, gegründet 1918 als Deutsches Steuerblatt, erscheint seit 1945 als Finanz-Rundschau)

StB Der Steuerberater
Zeitschrift für Beruf und Praxis.
(Verlag: Deutscher Fachverlag GmbH, erscheint seit 1958)

Stbg Die Steuerberatung
Organ des Deutschen Steuerberaterverbandes e. V. Berlin.
(Verlag: Stollfuß, erscheint seit 1975)

zfbf Schmalenbachs Zeitschrift für betriebswirtschaftliche Forschung
(Verlag: Fachverlag der Verlagsgruppe Handelsblatt GmbH, erscheint seit 1949)

2.1.4 Beiträge aus Sammelwerken

Jeder **Aufsatz** eines Sammelwerks ist ebenfalls als gesonderte Literaturquelle zu behandeln. Zu den Sammelwerken gehören z. B. Tagungsbände, Jahrbücher oder andere Sammlungen von Aufsätzen verschiedener Autoren. Sammelwerke haben zumeist einen oder mehrere Herausgeber.

Sammelwerke erkennen Sie daran, dass im Inhaltsverzeichnis bereits die Autoren und die jeweiligen Titel der Beiträge genannt werden, z. B. gehören Festschriften, welche zu Ehren einer Person erscheinen, zu den Sammelwerken oder auch dieser Leitfaden „Erfolgreiche Abschlussarbeiten".

Eine **Liste ausgewählter Sammelwerke** folgt anbei:

Besteuerung, Rechnungslegung und Prüfung der Unternehmen: Festschrift für Professor Dr. Norbert Krawitz,
hrsg. von Hubertus Baumhoff, Reinhard Dücker und Stefan Köhler, Wiesbaden 2010.

Jahrbuch der Fachanwälte für Steuerrecht (erscheint jährlich),
hrsg. im Auftrag der Arbeitsgemeinschaft der Fachanwälte für Steuerrecht e. V., Herne/Berlin (Erscheinungsdatum).

Steuerberater-Jahrbuch (erscheint jährlich),
hrsg. vom Fachinstitut der Steuerberater, Köln (Erscheinungsdatum).

Unternehmensbesteuerung: Festschrift für Norbert Herzig zum 65. Geburtstag,
hrsg. von Wolfgang Kessler, Guido Förster und Christoph Watrin, München 2010.

Erkundigen Sie sich, ob es Sammelwerke gibt, die von Ihren Dozenten herausgegeben wurden. Sammelwerke sind zumeist von kurzer Lebensdauer, da es sich um Tagungsbände, Jahrbücher, Festschriften oder andere Aufsatzsammlungen zu aktuellen Themen handelt, die zu einem bestimmten Anlass zusammengestellt werden.

2.1.5 Kommentarliteratur

Eine intensive Auseinandersetzung mit Gesetzesparagraphen bedingt die **Verwendung von Kommentaren**. Demonstrieren Sie Ihr Wissen und zeigen Sie, dass Sie Details untersucht haben. Belegen Sie, dass Sie sich nicht auf Lehrwerke und grundsätzliche Aussagen zum Thema beschränken, sondern die detaillierte Auseinandersetzung und Vertiefung Ihres Themas gesucht haben.

Bei Kommentaren kann es sich um ein einbändiges Werk von nur einem oder mehreren Herausgebern handeln oder auch um mehrere Bände, die zu einem Kommentar gehören.

Zum Steuerrecht bieten sich die folgenden **Kommentare** an:

Blümich, EStG, KStG, GewStG – Einkommensteuergesetz, Körperschaftsteuergesetz, Gewerbesteuergesetz,
hrsg. von Bernd Heuermann und Peter Brandis, München 1995, Loseblatt-Kommentar, Stand: April 2013.

Bunjes, Umsatzsteuergesetz: UStG, Kommentar,
begründet von Johann Bunjes und Reinhold Geist, 11. Auflage, München 2012.

Dötsch, Die Körperschaftsteuer, Kommentar zum Körperschaftsteuergesetz, Umwandlungssteuergesetz und zu den einkommensteuerrechtlichen Vorschriften der Anteilseignerbesteuerung,
hrsg. von Ewald Dötsch, Alexandra Pung und Rolf Möhlenbrock, Stuttgart 2006, Loseblatt-Kommentar, Stand: August 2013.

Klein, Abgabenordnung: AO, Kommentar,
begründet von Franz Klein und Gerd Orlopp, 11. Auflage, München 2012.

Kommentar Körperschaftsteuer KStG,
hrsg. von Arne Schnitger und Oliver Fehrenbach, Wiesbaden 2012.

Kommentar Gewerbesteuer GewStG,
hrsg. von Achim Bergemann und Jörg Wingler, Wiesbaden 2012.

Lenski/Steinberg, Kommentar zum Gewerbesteuergesetz,
begründet von Edgar Lenski, 9. Auflage, Köln 1996, Loseblatt-Kommentar, Stand: April 2012.

Meincke, Erschaftsteuer- und Schenkungsteuergesetz: ErbStG, Kommentar,
hrsg. von Jens Peter Meincke, 16. Auflage, München 2012.

Rau/Dürrwächter, Umsatzsteuergesetz – Kommentar zum Umsatzsteuergesetz,
hrsg. von Günter Rau, Erich Dürrwächter, Hans Flick und Reinhold Geist, 8. Auflage, Köln 1997, Loseblatt-Kommentar, Stand: Juni 2013.

Sölch/Ringleb, Umsatzsteuergesetz: UStG mit Umsatzsteuer-Durchführungsverordnung, Einfuhrumsatzsteuer-Befreiungsverordnung, EG-Mehrwertsteuer-Systemrichtlinie, Mehrwertsteuer-Durchführungsverordnung, EG-Richtlinie 2008/9/EG, Dreizehnter EG-Umsatzsteuerrichtlinie,
hrsg. von Wilfried Wagner, München 2013, Loseblatt-Kommentar, Stand: April 2013.

Schmidt, Einkommensteuergesetz: EStG, Kommentar,
hrsg. von Heinrich Weber-Grellet, 32. Auflage, München 2013.
Tipke/Kruse, Abgabenordnung – Finanzgerichtsordnung, Kommentar zur AO (ohne Steuerstrafrecht) und FGO,
hrsg. von Klaus Tipke und Heinrich Wilhelm Kruse, 16. Auflage, Köln 1996, Loseblatt-Kommentar, Stand: Juli 2013.
Troll/Gebel/Jülicher, Erbschaftsteuer- und Schenkungsteuergesetz: ErbStG,
begründet von Max Troll, 7. Auflage, München 1998, Loseblatt-Kommentar, Stand: März 2013.
Wassermeyer, Doppelbesteuerung: DBA, Loseblatt-Kommentar zu allen deutschen Doppelbesteuerungsabkommen,
hrsg. von Franz Wassermeyer et al., 4. Auflage, München 1994, Loseblatt-Kommentar, Stand: Mai 2013.

Zu Themen der Rechnungslegung sind die folgenden **Kommentare** zu empfehlen:

Baetge, Jörg/Kirsch, Hans-Jürgen/Thiele, Stefan,
Bilanzrecht, Handelsrecht mit Steuerrecht und den Regelungen des IASB, Stuttgart 2002, Loseblatt-Kommentar, Stand: August 2013.
Beck'scher Bilanz-Kommentar, Handels- und Steuerbilanz,
hrsg. von Helmut Ellrott, Gerhart Förschle, Bernd Grottel, Michael Kozikowski, Stefan Schmidt und Norbert Winkeljohann, 8. Auflage, München 2012.
Haufe HGB Bilanz Kommentar, §§ 238–342e HGB,
hrsg. von Klaus Bertram, Ralph Brinkmann, Harald Kessler und Stefan Müller, 3. Auflage, Freiburg i. Br. et al. 2012.
NWB-Kommentar Bilanzierung, Handels- und Steuerrecht,
hrsg. von Wolf-Dieter Hoffmann und Norbert Lüdenbach, 2. Auflage, Herne/Berlin 2011.

Beachten Sie, dass Ihnen die allgemeinen Rechtskommentare zum Handelsgesetzbuch nicht hilfreich sind, weil sich diese zwar mit den übrigen Paragraphen des HGB befassen, aber nicht mit dem dritten Buch, den Handelsbüchern, §§ 238 bis 342e HGB.

2.1.6 Gesetzestexte, Artikelgesetze, Parlamentaria und Verwaltungsanweisungen

Die wesentlichen Primärquellen sind die zu Ihrem Thema gehörigen **Paragraphen der Gesetzestexte**.

Das Steuerrecht gliedert sich in das „Allgemeine Steuerrecht" (oder auch „Formale Steuerrecht") und das „Besondere Steuerrecht" (oder auch „Materielle Steuerrecht"). Zum Allgemeinen Steuerrecht gehören die **Rechtsnormen, welche für alle Steuergesetze gelten**, führend sind die Abgabenordnung (AO) und Finanzgerichtsordnung (FGO). Das

Besondere Steuerrecht umfasst sämtliche **Einzelgesetze**, sowohl die Ertrag-, Substanz-, Verkehr- und Verbrauchsteuern als auch spezielle Gesetze wie das Investitionszulagengesetz.

Beachten Sie die **Strukturierung der Einzelgesetze**, welche in Ihren Themenbereich fallen, weil Ihnen durch die Erfassung der Gesamtstruktur der Umgang mit den einzelnen Paragraphen erleichtert wird. Befassen Sie sich beispielsweise mit dem Gewerbesteuerrecht und konkret mit der „Bemessungsgrundlage der Gewerbesteuer“, so hilft es Ihnen, wenn Sie sich zunächst das Inhaltsverzeichnis des GewStG verdeutlichen. Die §§ 1 bis 6 enthalten „Allgemeines“, die §§ 7 bis 11 beinhalten Regelungen zur „Bemessung der Gewerbesteuer“, zum „Gewerbeertrag“, den „Hinzurechnungen“ und „Kürzungen“; die dann folgenden §§ 14 und 15 sowie §§ 16 bis 21 befassen sich mit dem „Steuermessbetrag“, der „Entstehung, Festsetzung und Erhebung der Steuer“ und stehen das genannte Beispielthema betreffend nicht im Fokus. Sie können die von Ihnen zu betrachtenden Paragraphen allein mit dem Wissen um die Struktur des GewStG eingrenzen.

Schreiben Sie Ihre Abschlussarbeit zu einem Thema der Rechnungslegung, so beachten Sie den **Aufbau des HGB**, im Betrachtungsfokus Ihrer Arbeit stehen **Paragraphen des dritten Buches des HGB**, der „Handelsbücher“. Das erste Buch zum „Handelsstand“, das zweite Buch zu den „Handelsgesellschaften und Stillen Gesellschaften“ sowie das vierte Buch zu den „Handelsgeschäften“ und das fünfte Buch zum „Seehandel“ sind irrelevant. Das dritte Buch umfasst die §§ 238 bis 342e HGB, in einem der sechs Abschnitte (Vorschriften für alle Kaufleute, Ergänzende Vorschriften für Kapitalgesellschaften sowie bestimmte Personenhandelsgesellschaften, Ergänzende Vorschriften für eingetragene Genossenschaften usw.) werden Sie fündig.

Die Gesetzesparagraphen sind die wichtigsten Quellen Ihrer Arbeit. Den entsprechenden Stellenwert räumen Sie ihnen ein, wenn Sie sich direkt im laufenden Text (z. B. mit „nach § 4h EStG“ oder „nach § 8a KStG“) darauf beziehen und auf das Setzen von Fußnoten verzichten.

Zur Bearbeitung Ihres Themas benötigen Sie entweder eine Gesetzessammlung oder spezielle Einzelgesetze. Bei steuerrechtlichen und steuerplanerischen Themen ist eine **Sammlung von Steuergesetzen** und bei Themen der Rechnungslegung eine **Sammlung von Wirtschaftsgesetzen** empfehlenswert.

Die folgenden **Ausgaben** sind in Bibliotheken und im Buchhandel verfügbar. Jahreszahlen der Ausgaben werden absichtlich nicht genannt, weil diese fortlaufend überarbeitet werden.

- Aktuelle Steuertexte (Beck'sche Textausgaben, Verlag C. H. Beck)
- Aktuelle Wirtschaftsgesetze (Beck'sche Textausgaben, Verlag C. H. Beck)
- Wichtige Steuergesetze (Textausgabe des NWB Verlages)
- Wichtige Wirtschaftsgesetze (Textausgabe des NWB Verlages)

Häufig werden im Zusammenhang mit Abschlussarbeiten Themen vergeben, die aktuellen Gesetzesänderungen unterliegen. Möglicherweise resultiert Ihr Thema aus einer kürzlich vorgenommenen Gesetzesänderung durch die Bundesregierung oder aus einem vorliegenden Gesetzentwurf.

Wurden kürzlich Gesetzesänderungen beschlossen, so ist das entsprechende **Artikelgesetz** Ihre Primärquelle. Eine Sammlung von Änderungen der Paragraphen, die gemeinsam beschlossen werden, heißen Artikelgesetz, weil Gesetze, die andere Gesetze ändern, in Artikel untergliedert werden. Sind bei einer Gesetzesänderung beispielsweise sowohl das EStG als auch das KStG und AStG betroffen, so wird für jedes Gesetz ein Artikel angelegt. Als Beispiel für ein beschlossenes Artikelgesetz des Steuerrechts sei das Steuervereinfachungsgesetz 2011 genannt, mit 18 Artikeln wurden verschiedene Gesetze geändert, u. a. wurde der Werbekostenpauschbetrag in § 9a EStG von 920 € auf 1.000 € angehoben. Für die Rechnungslegung sei das Kleinstkapitalgesellschaften-Bilanzrechtsänderungsgesetz (MicroBilG) genannt, mit 8 Artikeln. Der letzte Artikel betrifft jeweils das Inkrafttreten des Gesetzes. Artikelgesetze werden im Bundesgesetzblatt (BGBl) veröffentlicht.

Die vollständigen Angaben lauten:

- zum Steuervereinfachungsgesetz: Steuervereinfachungsgesetz 2011 vom 1. November 2011, BGBl 2011, S. 2131–2144.
- zum MicroBilG: Gesetz zur Umsetzung der Richtlinie 2012/6/EU des Europäischen Parlaments und des Rates vom 14. März 2012 zur Änderung der Richtlinie 78/660/EWG des Rates über den Jahresabschluss von Gesellschaften bestimmter Rechtsformen hinsichtlich Kleinstbetrieben (Kleinstkapitalgesellschaften-Bilanzrechtsänderungsgesetz – MicroBilG) vom 20. Dezember 2012, BGBl 2012, S. 2751–2755.

Befindet sich ein Gesetz noch in der Entwicklungsphase werden vorab **Parlamentaria** veröffentlicht. Zu diesen sog. Gesetzgebungsmaterialien gehören Gesetzentwürfe und -beschlüsse, Berichte und Beschlussempfehlungen sowie Änderungsbeschlüsse, aber auch Stellungnahmen des Bundesrates. Sie erscheinen zumeist als BT- oder BR-Drucksache und werden grundsätzlich von der Bundesregierung veröffentlicht und im Internet bereitgestellt, siehe http://dipbt.bundestag.de/extrakt/.

Bleibt ein Thema nach Beschluss durch ein Artikelgesetz unklar und hält die Diskussion um die praktische Anwendung an, so wird häufig, wenn auch zeitverzögert, vom Bundesministerium für Finanzen eine **Verwaltungsanweisung** herausgegeben, ein BMF-Schreiben. Ein bedeutendes BMF-Schreiben zum Steuerrecht ist z. B. das zur Teilwertabschreibung gemäß § 6 Abs. 1 Nr. 2 EStG zum Vorliegen einer voraussichtlich dauernden Wertminderung bei börsennotierten Aktien, die als Finanzanlage gehalten werden, vom 26. März 2009 (mit der Aktenkennung IV C 6 – S 2171-b/0). BMF-Schreiben werden im Bundesteuerblatt (BStBl) veröffentlicht. Als weiteres Beispiel sei das BMF-Schreiben zur Maßgeblichkeit genannt. Infolge der Neuregelungen des HGB durch das BilMoG gab es anhaltende Diskussionen zur Maßgeblichkeit der handelsrechtlichen Grundsätze ordnungsmäßiger Buchführung für die steuerliche Gewinnermittlung aufgrund der Änderung des § 5 Abs. 1 EStG. Dazu hat das Bundesfinanzministerium am 12. März 2010 ein BMF-Schreiben (mit der Aktenkennung IV C 6 – S 2133/09/10001) verabschiedet.

Hinweise zur Zitierung von Artikelgesetzen, Parlamentaria und Verwaltungsanweisungen finden Sie in Gliederungspunkt 2.3.4.1.10.

Während der gesamten Bearbeitungszeit Ihrer Abschlussarbeit gibt es bei aktuellen Themen häufig Neuerungen, ein neuer Gesetzentwurf erscheint oder die Diskussion ist fortlaufend und es kommen neue Aspekte hinzu. Achten Sie unbedingt darauf, dass alle Inhalte Ihrer Arbeit auf den gleichen Zeitpunkt abgestimmt sind und sich nicht ein Kapitel auf einen anderen Stand der Diskussion bezieht als ein anderes. Es darf nicht vorkommen, dass Sie sich in einem Kapitel auf einen ersten Gesetzentwurf des Bundestages beziehen und in einem anderen Kapitel gegebenenfalls auf einen später vorgelegten Entwurf des Bundesrates, in dem Inhalte geändert wurden; es sei denn Sie stellen einen deutlichen Bezug her. Sprechen Sie mit der oder dem Betreuenden ab, welchen „Stand" Sie Ihrer Arbeit zugrunde legen sollen, damit Sie nicht kurz vor Fertigstellung noch einmal komplett überarbeiten und aktualisieren müssen. Eine inhaltliche Komplettüberarbeitung während der Korrekturphase ist nicht zumutbar.

2.2 Zielorientierte Strukturierung

„**Erst durch das Lesen lernt man, wie viel man ungelesen lassen kann.**" (Wilhelm Raabe, 1831–1910). Diese Fähigkeit müssen Sie sich aneignen, damit Sie nicht den Überblick über Ihr Thema verlieren.

Beachten Sie bei der Auswahl der Quellen und der Reihenfolge, in der Sie diese lesen, dass Sie dem **Grundsatz „Vom Allgemeinen zum Besonderen**" folgen. Wenn Sie sich mit ersten Quellen einen allgemeinen Überblick zu Ihrem Thema verschafft haben, können Sie sich danach auf die zielorientierte Strukturierung Ihrer Arbeit konzentrieren.

Ziel ist, dass Sie den **Weg vom Literaturstudium bis zur Kritischen Analyse** und alle notwendigen Zwischenziele erreichen. Hindernisse dürfen Sie nicht aufhalten. Es gilt, Umwege zu vermeiden, die unnötig Zeit und Energie kosten. Die Metapher „Spuren im Schnee" mag dies zu verdeutlichen: Wer ein Ziel am Horizont fixiert und es nicht mehr aus den Augen lässt, läuft geradlinig darauf zu. Wer sich ablenken lässt, auf den Boden und die Umgebung schaut, wird immer einen längeren Weg beschreiten.

Die **Trichter-Methode** ist eine erfolgsversprechende Verfahrensweise zur effizienten Strukturierung. Sie systematisiert die Ziele, die erreicht werden sollen, und stellt diese mithilfe eines Ablaufschemas in den Gesamtzusammenhang einer ergebnisorientierten Arbeitsweise.

Sind die **Ziele Ihrer Abschlussarbeit** deckungsgleich mit den folgend genannten?

1. Korrekter Umgang mit der Literatur
2. Fokussierung der Gedanken auf die Kernaussagen
3. Konkretisierung der Untersuchung
4. Filterung der Untersuchungsgegenstände für die Kritische Analyse

Abb. 2.1 Strukturierung der Literaturrecherche nach der Trichter-Methode („The funnel method of structuring a literature review")[1]

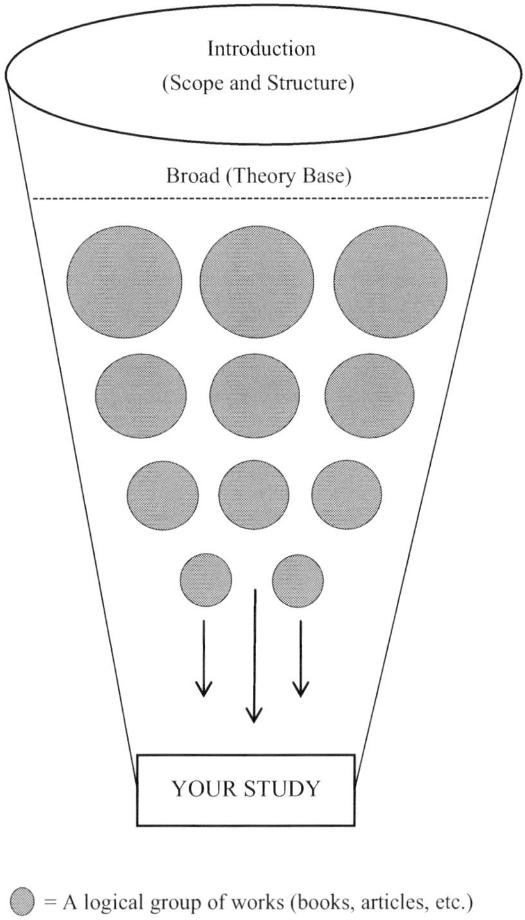

Die **graphische Darstellung** unterstützt das Verständnis der folgenden Ausführungen.

Die Abb. 2.1 zur „**Strukturierung der Literaturrecherche nach der Trichter-Methode**" teilt sich in vier Kategorien:

1. Oberer Rand des Trichters mit Durchmesser
2. Trichtereingang (mit „größeren" Bällen)
3. Verengung auf der darunter liegenden Ebene (mit „kleineren" Bällen)
4. Durchlass des Trichters

Nach der Trichter-Methode werden die genannten Ziele mit den vier Kategorien verknüpft und führen zu folgenden Resultaten:

[1] Hofstee, E., Good Dissertation, 2006, p. 96.

1. Die erste Kategorie am oberen Rand des Trichters bildet das **theoretische Fundament** ("Introduction" and "Broad") für Ihre Arbeit. Ziel ist es, ein Gesamtbild zu vermitteln und das Thema in einen Gesamtzusammenhang einzuordnen. Dieses theoretische Fundament dient als Ausgangsbasis.
2. Die „größeren" Bälle am Trichtereingang reflektieren die Schwerpunkte, die Ihr Untersuchungsvorhaben bestimmen. Sie übernehmen die Funktion der **Hinführung zu den Kernstücken Ihrer Untersuchung**, die im Verlauf Ihrer Analyse zu konkretisieren sind.
3. Die „kleineren" Bälle in der Verengung stehen für zunehmende **Intensität und Konkretisierung**. Sie verdeutlichen die Stoßrichtung Ihrer Argumentation und geben Hinweise auf mögliche Schlussfolgerungen.
4. Je geringer der Abstand zum Durchlass des Trichters wird, desto deutlicher muss dem Leser Ihre Stoßrichtung werden. Die Untersuchungsgegenstände verdichten sich, so dass eine **Filterung** stattfindet. Sie befinden sich inmitten Ihrer Kritischen Analyse.

Die beschriebene Vorgehensweise beruht auf dem **Grundsatz einer konzeptionellen Arbeitsweise**. Das Ergebnis ist die zielorientierte Strukturierung Ihrer Literaturquellen und der daraus gewonnen Erkenntnisse; eine konsistente Auseinandersetzung mit der Materie wird erreicht. Der Leser wird merken, ob Sie dem gradlinigen Weg der Trichter-Methode gefolgt sind oder nicht. Ihr Schreibstil wird entsprechend verständlich und die Übergänge von einem Thema zum nächsten werden (im Sinne des „roten Fadens") fließend.

Es sei daran erinnert, dass die Phase des Schreibens und Korrigierens viel Zeit in Anspruch nimmt, mehr als Sie selbst zunächst vermuten. Deshalb ist es sinnvoll, die Phase des Literaturstudiums auf einige Wochen zu begrenzen. Setzten Sie sich einen festen Termin, wann Sie mit dem Schreiben beginnen.

2.3 Erfolgreiches Schreiben

2.3.1 Gestaltung des Textes

Schon der Maler Pablo Picasso (1881–1973) stellte fest: „**Ideen sind nur Ausgangspunkte.** Um zu wissen, was man zeichnen will, muss man zu zeichnen anfangen." Auch wenn Sie noch keine Idee haben, wie Sie konkret vorgehen sollen, überlegen Sie, welche zusammengehörenden Kerngedanken Ihnen zu einem grundlegenden Themenkomplex Ihrer Arbeit einfallen. Listen Sie diese Kerngedanken auf. Konzentrieren Sie sich auf die zu Ihrem Thema darzustellenden Grundlagen.

Eine klare Strukturierung Ihrer Arbeit ist wesentlich für den Erfolg. Gliedern Sie den Text in Absätze. Jeder Absatz enthält nur einen Kerngedanken und ist wie folgt aufgebaut:

- Im ersten Satz wird der Kerngedanke des Absatzes formuliert.
- Schließlich folgen einige Sätze mit detaillierten Ausführungen, Erklärungen oder weiteren Erläuterungen.

- Der letzte Satz des Absatzes ist wie eine Zusammenfassung oder ein abschließender Satz, der als Schlussfolgerung formuliert ist.

Konzentrieren Sie sich bei dem Textentwurf auf die zu vermittelnden Kerngedanken. Nehmen Sie sich die **Liste Ihrer Kerngedanken** vor und schreiben Sie zu jedem dieser Kernaussagen einen Absatz. Die konsequente Dreiteilung der Absätze (Kerngedanke, Erklärungen und Schlussfolgerung) stellt eine solide Struktur Ihrer Arbeit sicher und erleichtert dem Leser den Nachvollzug Ihrer Gedankengänge.

Überlegen Sie, welche Absätze zu einem Themenkomplex gehören und formulieren Sie ein Oberthema. Damit ist eine mögliche **Überschrift des Gliederungspunktes** gefunden. Bei der späteren Anpassung der Gesamtstruktur Ihrer Arbeit, wird es sicherlich Änderungsbedarf geben, der aber zu diesem Zeitpunkt noch nicht erkennbar ist.

Erst wenn Sie eine oder mehrere Absätze geschrieben haben, überlegen Sie, welche **Quellen in den Fußnoten** anzugeben sind. Fügen Sie die Quellen ein, die Sie bis zu diesem Zeitpunkt gelesen haben.

Die ersten Gliederungspunkte Ihrer Arbeit sind „gewachsen", jetzt dürfen Sie die Gesamtstruktur und das Ziel nicht aus den Augen verlieren.

2.3.2 Aufbau der Abschlussarbeit

2.3.2.1 Gliederung

Erstellen Sie einen kompletten **Gliederungsentwurf**, indem Sie die Hauptüberschriften Ihrer Kapitel notieren. Diese können z. B. der folgenden Struktur entsprechen:

- Kapitel 1: Einleitung
- Kapitel 2: Allgemeine Grundlagen
- Kapitel 3: Spezifische Darstellungen
- Kapitel 4: Kritische Analyse
- Kapitel 5: Zusammenfassung der Ergebnisse

Die Kapitelüberschriften und auch die der Gliederungspunkte sind individuell. Einer ersten Inhaltsübersicht können die obigen Hauptüberschriften vorübergehend als Platzhalter dienen, bis Sie sich im Klaren sind, wie die konkreten Kapitelüberschriften Ihrer Abschlussarbeit lauten sollen. Denken Sie daran, Ihre Überschriften den spezifischen Inhalten Ihrer Arbeit laufend anzupassen!

Nach der Lektüre einiger allgemeiner Quellen werden sich die Inhalte von Kapitel 2 zu den „**Allgemeinen Grundlagen**" deutlich abzeichnen. Befolgen Sie den Grundsatz „Vom Allgemeinen zum Besonderen", werden Sie nachfolgend das Kapitel 3 zu den „**Spezifische Darstellungen**" mit Inhalten füllen. In den Kapiteln zu den Allgemeinen Grundlagen und Spezifischen Darstellungen werden primär die Aspekte Ihres Themas dargestellt, die für die folgende Kritische Analyse entscheidend sind. Gestützt auf die zuvor genannten vier

Kategorien der Trichter-Methode, überlegen Sie genau, was angesprochen werden soll. Langweilen Sie den Leser nicht mit Aspekten, die Ihnen wichtig erscheinen, aber für die eigentliche Untersuchung nicht von Relevanz sind. Schreiben Sie nicht über „ihre liebgewonnen Details“, sondern zu Ihrem Thema.

Kapitel 4 zur „**Kritischen Analyse**“ wird Sie in besonderer Weise fordern, weil Sie hier „Eigenarbeit“ leisten müssen. Die Kritische Analyse ist das Herzstück Ihrer Arbeit. Sie ist keine „Selbstdarstellung“, mit der Sie zeigen, wie viel Sie gelesen haben, keine Auflistung von in der Literatur vorhandenen Inhalten und wissenschaftlichen Untersuchungen, sondern sie ist eine kritische und sorgfältige Auseinandersetzung mit der Thematik und beinhaltet das Hervorbringen darauf aufbauender neuer Gedanken.

Kapitel 5 enthält die „**Zusammenfassung der Ergebnisse**“, ihrer eigenen Ergebnisse. Je nachdem, welches Thema Sie bearbeiten, sollten Sie einen Ausblick geben. In jedem Fall ist ein abschließendes Fazit angemessen.

Lassen Sie die obige Struktur der Gliederung noch einmal auf sich wirken. Eine Abschlussarbeit besteht aus der Einleitung, gefolgt von den Allgemeinen Grundlagen zum Thema, den Spezifischen Darstellungen, der Kritischen Analyse und schließlich der Zusammenfassung der Ergebnisse.

Die **Trichter-Methode** beschreibt den **Zusammenhang von der Literaturrecherche bis zur Kritischen Analyse** und bildet somit das Grundgerüst für Ihre Abschlussarbeit. Verdeutlichen Sie sich die analogen Strukturen zwischen der Trichter-Methode und den ersten Ideen für die inhaltliche Gliederung Ihrer Arbeit. Ihre geplanten Kapitel lassen sich den **vier Kategorien** der Trichter-Methode zuordnen.

Es folgen die Erläuterungen der vier Entwicklungsphasen von der Literaturrecherche bis zur Kritischen Analyse nach der Trichter-Methode und schließlich in Klammern die Zuordnung Ihres Kapitels:

1. **Theoretisches Fundament.** In dieser ersten Kategorie besteht Ihre Aufgabe darin zu demonstrieren, dass Sie sich auskennen und auf dem aktuellen Stand Ihres Themas sind.
   Der Leser wird Ihre Arbeit nicht ernst nehmen, wenn Sie ihn nicht überzeugen, dass Sie sich in ihrem Untersuchungsgebiet gut auskennen. Sich gut auskennen heißt, dass Sie die wesentliche Fachliteratur gelesen haben und in hinreichender Tiefe vermitteln können, dass Sie das Gelesene verstanden haben und einordnen können. (Kapitel 2: Allgemeine Grundlagen)
2. **Hinführung zu den Kernstücken Ihrer Untersuchung.** Zeigen Sie, dass Sie sich die theoretisch wissenschaftliche Grundbasis Ihres Themas erarbeitet haben und den Zusammenhang dieser theoretischen Basis mit Ihren Darstellungen und zu erwartenden Ausführungen plausibel herstellen können. (Kapitel 3: Spezifische Darstellungen und Hinführung zur Kritischen Analyse)
3. **Intensität und Konkretisierung.** Aufbauend auf den dargestellten Theorien und Inhalten bedarf es der Konzeptionierung Ihrer Kritischen Analyse. Die Rahmenbedingungen werden festgelegt und die Methodik aufgezeigt. Stellen Sie die Signifikanz Ihrer wis-

senschaftlichen Untersuchung heraus, grenzen Sie Ihre Arbeit von ähnlichen Untersuchungen ab. Bei eingehender Diskussion der Untersuchungsgegenstände ergibt sich der Kontext zur Kritischen Analyse wie von alleine. (Kapitel 4: Kritische Analyse)
4. **Filterung der Untersuchungsgegenstände.** Sie nähern sich dem Durchlass des Trichters. Was letztendlich zählt sind Ihre eigenen Gedanken und Stellungnahmen. Beim Leser soll der nachhaltige Eindruck entstehen, dass Ihre kritischen Auseinandersetzungen relevant sind und Ihre Arbeit den Anstoß für weitere Untersuchungen geben kann. (Kapitel 4: Kritische Analyse und Kapitel 5: Zusammenfassung der Ergebnisse)

Die vom Leser erwarteten Inhalte Ihrer Kapitel dürften Ihnen infolge dieser Ausführungen umso deutlicher geworden sein. Die Inhalte der einzelnen Kapitel und deren interaktive Verknüpfung entscheiden über die Qualität Ihrer Arbeit. Deshalb wird in den anschließenden Gliederungspunkten detailliert auf die Inhalte eines jedes Bestandteils der Arbeit eingegangen.

2.3.2.2 Einleitung

Die Bedeutung der Einleitung ist nicht zu unterschätzen, sie ist die **Visitenkarte** Ihres Könnens. Die gängige Gliederung gestaltet sich wie folgt:

In den ersten Absätzen, die zu den schwierigsten der ganzen Arbeit gehören, wird kurz und prägnant **in das Thema der Arbeit eingeführt**. Vergessen Sie dabei die **Problemstellung** nicht. Im Anschluss steht ein Absatz zum **Ziel der Arbeit**. Abschließend haben Sie die wichtige Aufgabe, im **Gang der Untersuchung** einen Überblick zu geben, was ihre Arbeit beinhaltet.

Wie Sie das bewältigen? Formulieren Sie die konkreten Sätze der Einleitung, gerade weil sie so wichtig ist, zum Schluss, wenn die anderen Kapitel fertiggestellt sind. Notieren Sie vorab die wichtigsten Gedankengänge, damit Sie Ihr Konzept konsequent verfolgen. Die Schwerpunktsetzung Ihrer Gedanken muss eine klare Zielorientierung haben! Erfahrungsgemäß fallen die konkreten Formulierungen leichter, wenn die Inhalte bereits geschrieben sind.

Diesem Vorschlag folgend, werden an dieser Stelle lediglich **konzeptionelle Hinweise** gegeben, damit Sie den Einstieg in Ihr Thema finden, die wichtigsten Gedankengänge zusammentragen und eine klare Zielorientierung entwickeln:

- Überlegen Sie, warum Sie selbst Ihr Thema besonders interessiert.
- Ist das Thema Gegenstand gegenwärtiger Diskussionen?
- Gibt es empirische Erhebungen, warum Ihr Thema von besonderem Interesse für einen großen Adressatenkreis ist?
- Finden Sie aktuelle Zeitschriftenartikel oder gegensätzliche Diskussionsbeiträge, die belegen, dass dieses Thema von Relevanz ist?

Weitere konkrete Hinweise stehen in Gliederungspunkt 2.3.3 „Hilfreiche Tipps".

Begründen Sie, warum gerade Ihr Thema besonders wichtig ist und eine **Auseinandersetzung im Rahmen einer Bachelorarbeit** rechtfertigt. Wenn Sie vorerst noch keine Idee haben, schauen Sie sich die in diesen Leitfaden aufgenommen Abschlussarbeiten an.

→ Besonders empfehlenswert ist die Problemstellung in der Einleitung von Tanja Wahl „Latente Steuern"[2] in Gliederungspunkt 5.1. Sie begründet in logischer Abfolge, warum das Thema der latenten Steuern im Einzelabschluss von besonderer Relevanz und Gegenstand gegenwärtiger und nachhaltiger Diskussionen ist.
→ Des Weiteren ist die von Daniel Krause „Harmonisierung der Rechnungslegung" formulierte Problemstellung und Zielsetzung in Gliederungspunkt 6.1.1 besonders empfehlenswert. Zunächst geht er auf bestehende Richtlinien und Änderungsabsichten ein und legt damit den Grundstein für seine inhaltlichen Ausführungen; die Zielsetzung ist detailliert und gibt einen konkreten Überblick, was die Untersuchung beinhaltet.

2.3.2.3 Allgemeine Grundlagen

Inzwischen haben Sie eine Zielvorstellung Ihrer Arbeit entwickelt, Schwerpunkte gesetzt, ein Grundgerüst mit Grobgliederung erstellt und profitieren von Ihren erworbenen Kenntnissen. Sie können in den eigentlichen Textteil einsteigen und mit den **Allgemeinen Grundlagen** beginnen.

Belegen Sie in diesem Kapitel, dass Sie sich gründlich mit der Literatur zum Thema auseinandergesetzt haben und in fundierter Weise das wissenschaftliche Arbeiten beherrschen. Zitieren Sie sorgfältig und erlangen Sie damit die Anerkennung Ihrer wissenschaftlichen Arbeitsweise bei denjenigen, die Ihre Arbeit prüfen und bewerten.

Wenn Sie zunächst ratlos vor dem „weißen Papier" sitzen, überlegen Sie sich, welche theoretischen Grundlagen und Begriffe bei Ihrem Thema besonders wichtig sind. Definieren Sie diese und tragen Sie die verwendeten Quellen zusammen.

→ Bei Themen der betriebswirtschaftlichen Steuerplanung gibt die Themenformulierung häufig die grundlegenden Inhalte der Allgemeinen Grundlagen vor. Das Thema von Jennifer Kübler lautet „Untersuchung der ertragsteuerlichen Vorteilhaftigkeit einer GmbH im Vergleich zu einer GmbH & Co. KG". Daraus ergibt sich, dass sie die Allgemeinen Grundlagen zum einen in ein Kapitel zu den „Grundzügen der Ertragsbesteuerung von Kapitalgesellschaften" in Gliederungspunkt 3.3 und zum anderen ein Kapitel zu den „Grundzügen der Ertragsbesteuerung von Personengesellschaften" in Gliederungspunkt 3.4 aufsplittet.
→ Zur beispielhaften Lektüre sei der Einstieg in die „Theoretischen Grundlagen latenter Steuern" (Gliederungspunkt 5.2) von Tanja Wahl „Latente Steuern" in Gliederungs-

[2] Die genannten Abschlussarbeiten, welche Sie in diesem Buch finden, werden in den Hinweisen nur mit ihrem Kurztitel benannt. Sollten Sie in Ihrer späteren Abschlussarbeit aus einer dieser Arbeiten zitieren und die im Gliederungspunkt „Hinweise zur formalen Gestaltung" empfohlene Zitierung mit Titelstichwort verwenden, können Sie die jeweiligen Beiträge dieses Sammelwerks so benennen.

punkt 5.2.1 empfohlen. Zunächst befasst sie sich mit der „Begriffsbestimmung latenter Steuern", um darauf aufbauend in Gliederungspunkt 5.2.2 ausführlich auf die „Gründe für die zunehmende Bedeutung latenter Steuern" einzugehen. Die Gründe selbst hat sie in der Einleitung bereits genannt, womit sich die Kapitel in optimaler Weise ergänzen und aufeinander aufbauen. In diesem Zusammenhang nutzt die Autorin die Gelegenheit, um im Untergliederungspunkt 5.2.2.2 auf die Unterschiede in den Ansatzkonzeptionen vor und nach dem BilMoG einzugehen. Sie knüpft in direkter Folge an die differenten Ansatzkonzeptionen in Gliederungspunkt 5.2.3 mit den „Bewertungsmethoden latenter Steuern" an. Ihr zweites Kapitel bildet somit eine in sich geschlossene und vollständige Einführung in die Allgemeinen Grundlagen zu Ansatz und Bewertung latenter Steuern. Dem Grundsatz „Vom Allgemeinen zum Besonderen" folgend, beinhalten die Gliederungspunkte 5.3 Spezifische Darstellungen zu den „Latenten Steuern im HGB Einzelabschluss" und 5.4 zu den „Latenten Steuern bei Personengesellschaften".

Wenn Sie sich mit einem Thema befassen, bei welchem sich die Darstellung einer historischen Entwicklungsfolge anbietet, stellen Sie diese dar. Bedenken Sie aber, dass diese nicht zu ausführlich sein soll und verlieren Sie nicht Ihre Hauptpunkte des Themas aus den Augen!

2.3.2.4 Spezifische Darstellungen

Der Grundsatz „Vom Allgemeinen zum Besonderen" ist weiter zu verfolgen. Überlegen Sie:

- Was gehört zu den Allgemeinen Grundlagen Ihres Themas?
- Was gehört zu den Spezifischen Darstellungen?

Mit der Klärung von allgemeinen Begrifflichkeiten und der Bewusstmachung, wo die eigentliche **Schwerpunktsetzung (Konkretisierung)** Ihrer Arbeit liegt, dürfte sich der Übergang „Vom Allgemeinen zum Besonderen" leichter finden lassen und letztendlich eine Einheit bilden.

→ In nachvollziehbarer Weise verfolgt Monique Schilling „Zinsschranke" diesen Grundsatz, was bereits im Inhaltsverzeichnis deutlich wird. Zunächst geht sie in den Gliederungspunkten 4.2. und 4.3 auf die „Entstehung" und „Grundkonzeption der Zinsschranke" im Allgemeinen ein. In den Gliederungspunkten 4.4 bis 4.6 folgen die Besonderheiten: „Ausnahmeregelungen" (Gliederungspunkt 4.4), „Besonderheiten nach § 8a KStG" (Gliederungspunkt 4.5) und „Besonderheiten bei Personengesellschaften" (Gliederungspunkt 4.6).

Achten Sie auch bei den Inhalten dieses Kapitels darauf, dass Sie sorgfältig zitieren und bei allen Inhalten konsequent die entsprechenden Quellen nennen.

Die Allgemeinen Grundlagen und Spezifischen Darstellungen gehören zwingend zusammen und müssen nicht unbedingt in zwei Kapiteln erfolgen, sie können z. B. auch als

Gliederungspunkte der zweiten Ebene mit entsprechenden Überschriften in einem Kapitel zusammengefasst werden.

2.3.2.5 Kritische Analyse

2.3.2.5.1 Methodik der Kritischen Analyse

Bevor Sie die Methodik zur Kritischen Analyse aufstellen können, muss Ihnen bewusst sein, was eine Kritische Analyse beinhaltet und welches **Ziel** damit zu **verfolgen** ist. Erst dann können Sie den **Weg dorthin entwickeln** und die Methodik beschreiben.

In den Kapiteln zu den Allgemeinen und Spezifischen Darstellungen haben Sie den **Ist-Zustand** beschrieben, sind auf geltendes Recht eingegangen und darauf, wie dieses umgesetzt wird. In der Kritischen Analyse weichen Sie von der darstellenden Denkweise ab. Inhalte wiedergeben ist nicht der Sinn Ihres Studiums und Ihrer Bachelorarbeit, viel wichtiger ist, dass Sie einen **wertvollen und neuen Beitrag zu Ihrem Thema anstreben**!

Wäre Albert Einstein mit seiner Relativitätstheorie berühmt geworden, wenn er nur die Gedanken anderer Wissenschaftler zusammengetragen hätte, ohne eine eigene Denkweise zu erarbeiten und fundiert zu begründen? Er hat sicherlich vorhandenes und ihm zugängliches Wissen zum Thema Raum und Zeit zusammengetragen, aber durch „Selbstarbeit" und Entwicklung einer neuen Theorie ist er bekannt geworden. Das zusammengetragene Wissen bildet lediglich das Fundament. Auf dieser Basis hat er ein Instrumentarium für Neues entwickelt und eine neue Theorie entdeckt. Bis zu diesem Zeitpunkt noch unbekanntes Gedankengut ist das, was ihn berühmt gemacht hat.

Ihre Aufgabe gestaltet sich ähnlich. Sie können „die Gesetzgebung nicht neu erfinden", das ist nicht beabsichtigt. **Sie können aber Ist-Zustände kritisch prüfen** und **über Soll-Zustände nachdenken**. Was zählt sind praxisgerechte Vorschläge. Halten Sie sich stets vor Augen, dass Sie in Ihrem späteren Berufsleben Prozesse aktiv mitgestalten und nicht nur die verbleibenden ausführenden Tätigkeiten übernehmen wollen.

Sie schreiben eine **normative Arbeit**, die sich durch eine Kritische Analyse auszeichnet. Allgemein können normative Ansätze wie folgt umschrieben werden: „Als normative Ansätze sind diejenigen Beiträge aufzufassen, die – meist von Plausibilitätsüberlegungen ausgehend – konkrete Vorschläge zur Verbesserung … unterbreiten."[3] Es ist Ihre Aufgabe, bestehende Regelungen des Steuerrechts oder der Rechnungslegung im normativen Sinne kritisch zu würdigen, also durch eigene Plausibilitätsüberlegungen und auch mithilfe der Literatur zu untersuchen und zu argumentativ begründbaren Ergebnissen zu gelangen. Entwickeln Sie **sinnvolle Änderungsvorschläge**.

Jedes Thema ist anders und stellt Sie vor individuelle Herausforderungen. Eine einheitliche Methodik, die für alle Kritischen Analysen in gleicher Weise gilt, gibt es nicht.

Suchen Sie nach „Ihren" Untersuchungskriterien und erstellen Sie eine Art **Untersuchungsleitfaden** im Sinne der Erläuterungen zur Trichter-Methode in Gliederungspunkt 2.2, insbesondere zur dritten („Intensität und Konkretisierung") und vierten Kategorie („Filterung der Untersuchungsgegenstände"). Überlegen Sie mithilfe welcher Kriterien Sie

[3] Coenenberg, A. G./Haller, A./Schultze, W.: Jahresabschluss, 2012, S. 1299.

Veränderungen bzw. Verbesserungen messen oder beurteilen können. Denken Sie z. B. über Zielkriterien nach und verwenden Sie diese oder Sie versuchen, einen neuen Standpunkt einzunehmen.

Ein gelungener Ansatzpunkt ist möglicherweise die **Betrachtung des eigentlichen Grundgedankens bzw. der Zielsetzung**, z. B. bei Gesetzesänderungen oder wie bei der in diesen Leitfaden aufgenommenen Abschlussarbeit bei Änderung der Bilanzrichtlinien.

→ In seiner Bachelorarbeit „Harmonisierung der Rechnungslegung" untersucht Daniel Krause, wie in der Einleitung unter Gliederungspunkt 6.1.1 formuliert, ob „die vorgeschlagenen Maßnahmen zur Harmonisierung der Rechnungslegung in Europa beitragen und ob sie zielführend hinsichtlich der von der Europäischen Kommission beabsichtigten Zielsetzungen sind". Er befasst sich eingehend mit der Änderung der Bilanzrichtlinien der EU und konkretisiert die wesentlichen Zielsetzungen des Richtlinienvorschlags in Gliederungspunkt 6.4, um diese als Untersuchungskriterien zu verwenden. Seinen Kriterienkatalog erweitert er schließlich um die Überprüfung der Auswirkungen auf deutsche Unternehmen. Bereits der Untertitel gibt Auskunft, was die Untersuchungskriterien sind: „Entwurf zur Änderung der Bilanzrichtlinien und dessen kritische Würdigung zur Anwendung und Umsetzung in nationales Recht".

Es ist nicht notwendig, dass Sie sich bei der Methodik und Überleitung zur Kritischen Analyse komplett von der Literatur lösen. Bei normativen Arbeiten findet meist eine Anlehnung an die Literatur statt, das kann eine enge oder eine weitläufige sein. Im Idealfall haben Sie eigene Ideen für Untersuchungskriterien und benötigen die Literatur nur zur Anlehnung im weiteren Sinne.

2.3.2.5.2 Wesen der Kritischen Analyse

Die Formulierung zum Wesen der Kritischen Analyse, die Sie bereits einige Seiten zuvor gelesen haben, wird aufgrund Ihrer Wichtigkeit an dieser Stelle noch einmal wiederholt: Die Kritische Analyse „ist keine ‚Selbstdarstellung', mit der Sie zeigen, wie viel Sie gelesen haben, keine Auflistung von in der Literatur vorhandenen Inhalten und wissenschaftlichen Untersuchungen, sondern sie ist **eine kritische und sorgfältige Auseinandersetzung mit der Thematik und beinhaltet das Hervorbringen darauf aufbauender neuer Gedanken**."

Die Kritische Analyse ist das Ergebnis Ihrer „Selbstarbeit". Es geht nicht darum, Meinungen wiederzugeben, sondern **Position** zu **beziehen und eigene Standpunkte** zu **vertreten**. Denken Sie kritisch und hinterfragen Sie verschiedene Auffassungen. Vertreten Sie schließlich Ihre Meinung, die Sie begründen können.

Eine ausschließliche Wiederholung von dem, was andere bereits untersucht haben, ist eine Missallokation von Ressourcen (Zeit, Geld und Bemühen). Im Fokus steht, von anderen zu lernen und zu erkennen, wo Entwicklungsbedarf besteht.

Der chinesische Philosoph Konfuzius (engl. Confucius; vermutlich 551–479 v. Chr.) drückt dies ähnlich aus: "A man who reviews the old so as to find out the new is qualified to teach others".[4]

Wenn Sie in der Literatur eine Meinung entdecken, die Ihnen in den wesentlichen Behauptungen zusagt, überlegen Sie, wie Sie diese integrieren oder um wichtige Details ergänzen können. Finden und begründen Sie Ihre eigene Meinung! Wenn Sie hingegen in der Literatur widersprüchliche Meinungen finden, nehmen Sie diese zum Anlass, um eine eigene Position zu entwickeln. Entscheiden Sie sich für eine der Meinungen und schließen Sie sich dieser an oder vertreten Sie eine ähnliche Auffassung. Auf die andere Meinung gehen Sie entweder im anschließenden Textverlauf ein oder Sie verweisen darauf ausschließlich in einer Fußnote. Je wesentlicher, desto eher ist diese im Textverlauf zu integrieren, ansonsten beschränken Sie sich auf eine Fußnote.

Zu hilfreichen Erkenntnissen führen häufig **Plausibilitätsüberlegungen**. Verifizieren Sie die Gesetzesparagraphen auf ihre Anwendbarkeit, suchen Sie nach Unstimmigkeiten und Regelungslücken bei der Umsetzung. Setzen Sie Ihrem Ideenreichtum für geeignete Untersuchungskriterien keine zu engen Grenzen.

Sie sollen „die Gesetzgebung nicht neu erfinden", aber eigene Ideen einbringen. Stellen Sie sich vor, Sie dürften dem Gesetzgeber Hilfestellungen für eine sinnvolle Gestaltung der Gesetzesparagraphen geben.

→ Eine durchdachte Kritische Analyse finden Sie in der Arbeit von Monique Schilling „Zinsschranke".

Lesen Sie die gesamte Bachelorthesis, bereits in den der „Abschließenden kritischen Würdigung der Zinsschranke" (Gliederungspunkt 4.8) vorausgehenden Kapiteln werden Kritikpunkte angesprochen und ausgeführt. Kritik äußert sie im Verlauf der gesamten Darstellung, z. B. in Gliederungspunkt 4.2.1 „Kritische Würdigung der Einführung der Zinsschranke insbesondere im Hinblick auf ihre Ziele" oder in Gliederungspunkt 4.4.3.3 „Kritische Würdigung der Escape-Klausel". Sämtliche Kritikpunkte fließen in der „Abschließenden kritischen Würdigung der Zinsschranke" in Gliederungspunkt 4.8 zusammen. Das hat den Vorteil, dass der Leser gut auf die zusammenfassende abschließende Kritik vorbereitet ist.

Die einzelnen Kapitel setzen sich wie Mosaiksteine zu einem Ganzen zusammen und sämtliche Handlungsstränge finden in der „Abschließenden kritischen Würdigung" ihr letztendliches Ziel, verknüpft zu einer Einheit.

Ihre Untersuchungskriterien basieren auf den Zielen, die der Gesetzgeber zur Einführung der Zinsschranke formuliert hat. Sie unterzieht diese einer kritischen Prüfung und kommt u. a. zu den Ergebnissen, dass die erhebliche Komplexität sowie die hohen Bürokratiekosten negativ zu werten sind. Außerdem stellt die Zinsschranke einen Verstoß gegen das Leistungsfähigkeitsprinzip dar.

---

[4] „Ein Mann, der die alten Rezensionen liest, um so neue herauszufinden, ist qualifiziert, andere zu lehren." (Eigene Übersetzung)

2.3.2.6 Zusammenfassung der Ergebnisse

Verdeutlichen Sie sich, dass es hier um eine **Zusammenfassung Ihrer Ergebnisse** geht. Es darf **kein neues Gedankengut** in die Zusammenfassung aufgenommen werden, keine Gesichtspunkte oder Kritikpunkte, die vorher nicht angesprochen wurden.

Sie müssen die Ergebnisse nicht in einem durchgehenden Fließtext niederschreiben. Wenn dies nicht zu der Art der Arbeit passt oder Ihnen nicht zusagt, haben Sie z. B. die Möglichkeit, Ihre **Zusammenfassung in Thesen** zu gestalten. Oft bestätigt dem Leser die Formulierung von Thesen noch einmal, dass Ihr gesamtes Gedankengut gut strukturiert und durchdacht ist.

Eine mögliche Idee zur Formulierung von Thesen in wenigen Sätzen und Gliederung in Absätzen sei wie folgt empfohlen:

- Zuerst formulieren Sie die in Ihrer Arbeit vorkommende Behauptung in einem einzigen Satz.
- In den folgenden Sätzen gehen Sie darauf ein, ob Ihre Untersuchung diese Behauptung bestätigt oder widerlegt.

Ein ausführliches Beispiel einer thesenartigen Zusammenfassung der Ergebnisse finden Sie in meiner Dissertation zum Thema „Internationale Rechnungslegung für kleine und mittelgroße Unternehmen“[5], die aber weit über den Umfang der abschließenden Zusammenfassung einer Bachelor- oder Masterarbeit hinausgeht.

Es ist stets sinnvoll, ein **Gesamtfazit in wenigen abschließenden Sätzen** zu formulieren. Zum einen runden Sie Ihre Arbeit damit in optimaler Weise ab und zum anderen beziehen Sie Position.

✓ Es ist wichtig, hier auf die richtige Formulierung zu achten! Angemessen ist eine Formulierung wie „meines Erachtens“ oder „meines Ermessens“. Formulieren Sie nicht in direkter Weise mit „Ich meine“ oder „Der Autor sagt dazu ...“. Das ist als verboten anzusehen!

Sie können das Kapitel auch als „Zusammenfassung der Ergebnisse und Ausblick“ titulieren, wenn Sie auf zukünftig wahrscheinliche Entwicklungen eingehen oder absehbar ist, dass es in Kürze weitere Änderungen zu Ihrem Thema geben wird.

→ Bei einer steuerplanerischen Arbeit muss dem Leser mit der Zusammenfassung die Möglichkeit gegeben werden, den vorgenommenen Vergleich noch einmal Schritt für Schritt mit allen Einzelergebnissen Revue passieren zu lassen. Ein Fazit rundet die Arbeit ab. Dies zeigt Jennifer Kübler „Untersuchung der ertragsteuerlichen Vorteilhaftigkeit“ in ihrer „Zusammenfassung und Fazit“ in Gliederungspunkt 3.6. Sie fokussiert

[5] Erschienen ist diese beim Gabler Verlag: Ingrid Lühr, Internationale Rechnungslegung für kleine und mittelgroße Unternehmen, Wiesbaden 2010.

ihre Ergebnisse und weist darauf hin, dass eine ausschließlich steuerliche Betrachtungsweise zur endgültigen Entscheidungsfindung nicht ausreicht.

→ Lesenswert ist des Weiteren die Zusammenfassung der Ergebnisse von Monique Schilling „Zinsschranke". Nach der „Abschließenden kritischen Würdigung der Zinsschranke" (Gliederungspunkt 4.8) folgen zwei weitere Gliederungspunkte, „Aktuelle Entwicklung" und das „Fazit". Im Rahmen der „Aktuellen Entwicklung" (Gliederungspunkt 4.9) geht die Autorin nicht nur auf Fakten, sondern auch auf zukünftig wahrscheinliche Entwicklungen ein. Im „Fazit" (Gliederungspunkt 4.10) fasst Sie ihre Ergebnisse zusammen und kommt zu einem abschließenden Fazit, welche Maßnahmen seitens des Gesetzgebers zukünftig zu erwarten sind.

2.3.3 Hilfreiche Tipps

2.3.3.1 Übersicht zur Einleitung

Haben Sie noch in Erinnerung, dass es sich bei der Einleitung Ihrer Abschlussarbeit um die Visitenkarte Ihres Könnens handelt?

Die Einleitung gliedert sich in drei Teile:

- Einführung in das Thema und Problemstellung
- Ziel der Arbeit
- Gang der Untersuchung

Verwenden Sie diesen strukturellen Rahmen ausschließlich für Ihre inhaltliche Gestaltung; unterteilen Sie den Text in Absätze ohne weitere Gliederungspunkte mit eigenen Überschriften zu benennen.

2.3.3.2 Checkliste zur Einführung in das Thema

✓ Eine thematische Einordnung in einen Gesamtzusammenhang ist wichtig. Wie ausführlich wollen Sie diese in der Einleitung bringen?

✓ Wie ist das Thema Ihrer Arbeit formuliert? Ist es notwendig, bereits an dieser Stelle eine Eingrenzung vorzunehmen oder werden konkrete Schwerpunkte, die Sie untersuchen, später abgegrenzt?

✓ Welche Quellen haben Sie ausgewählt? Es ist sinnvoll, sich in diesen ersten Absätzen bereits auf Literatur zu beziehen und Fußnoten zu setzen. Da es sich um erste allgemeine Ausführungen handelt, können viele verschiedene Autoren angeführt werden. Wählen Sie bekannte Autoren bzw. Standardwerke aus.

✓ Jedes gestellte Thema enthält Schlüsselwörter, die erläutert werden müssen. Ist es bei Ihrem Thema sinnvoll, diese Erläuterungen bereits in der Einführung bzw. Problemstellung zu platzieren oder gehen Sie darauf in Kapitel 2 zu den Allgemeinen Grundlagen ein?

- ✓ Haben Sie alle notwendigen Quellen genannt? Achten Sie darauf, dass Sie bereits in der Einleitung bei Bezug auf ein Diskussionspapier oder Standardentwurf, einen Gesetzesentwurf oder -beschluss sowie eine EU-Verordnung oder EU-Richtlinie eine Fußnote mit den genauen Literaturangaben einfügen.
- ✓ Beispiel: Empfehlenswert ist die Beachtung der Fußnoten in der „Problemstellung und Zielsetzung" von Daniel Krause „Harmonisierung der Rechnungslegung" in Gliederungspunkt 6.1.1.
- ✓ Beachten Sie die Tipps zur Zitierweise von Diskussionspapieren und Standardentwürfen, Artikelgesetzen und Parlamentaria sowie EU-Verordnungen und EU-Richtlinien in den „Hinweisen zur formalen Gestaltung" in Gliederungspunkt 2.3.4.

2.3.3.3 Beispiele zum Ziel der Arbeit

Die Zielformulierung meiner Dissertation zum Thema „Internationalen Rechnungslegung für kleine und mittelgroße Unternehmen"[6] ist ein Beispiel dafür, wie Sie das Ziel der Arbeit in wenigen Zeilen formulieren können.

„Ziel der folgenden Untersuchung ist es, einen Beitrag zur Frage nach einem zweckadäquaten Rechnungslegungssystem für kleine und mittelgroße Unternehmen (KMU) zu leisten. Es wird untersucht, wie sinnvoll eine Anwendung der IFRS und speziell des IFRS für KMU[7] ist, ausgehend von den besonderen Belangen kleiner und mittelgroßer Unternehmen. Ebenso erfolgt eine Beurteilung der in Deutschland nach der Verabschiedung des Bilanzrechtsmodernisierungsgesetzes (BilMoG)[8] zu erwartenden Entwicklungen. Es werden Handlungsempfehlungen zur Erfüllung der Rechnungslegungszwecke für kleine und mittelgroße Unternehmen entwickelt."

Bitte beachten Sie die hier angefügten Fußnoten 7 und 8, die infolge der Ausführungen des vorhergehenden Gliederungspunktes an dieser Stelle notwendig sind.

Es bieten sich zahlreiche andere Möglichkeiten der Zielformulierung; auf die Idee, die Zielformulierung mithilfe von Fragen vorzunehmen, deren Beantwortung den Schwerpunkt der Arbeit bildet, soll hier außerdem eingegangen werden. Anbei ein anschauliches Beispiel zum Thema „Abgrenzung von Forschungs- und Entwicklungskosten bei selbstgeschaffenen immateriellen Vermögensgegenständen". Eine Zielformulierung kann wie folgt lauten:

„In dieser Arbeit werden Handlungsempfehlungen für die Bilanzierung, insbesondere die Abgrenzung von Forschungs- und Entwicklungskosten immaterieller Vermögensgegenstände erarbeitet. Die folgenden Fragen stehen im Mittelpunkt der kritischen Analyse:

---

[6] Erschienen ist diese beim Gabler Verlag: Ingrid Lühr, Internationale Rechnungslegung für kleine und mittelgroße Unternehmen, Wiesbaden 2010.

[7] Die folgenden Ausführungen beruhen auf dem Standardentwurf des IASB, vgl. IASB, E-IFRS-KMU 2007. (Im Literaturverzeichnis – bei Verwendung der Buchversion – wie folgt anzugeben: IASB, ED-IFRS-KMU, 2007: Entwurf eines vorgeschlagenen IFRS für kleine und mittelgroße Unternehmen, Übersetzung in Zusammenarbeit mit Deloitte, München 2007.)

[8] Vgl. Gesetz zur Modernisierung des Bilanzrechts (Bilanzrechtsmodernisierungsgesetz – BilMoG) vom 25.05.2009, BGBl I 2009, S. 1102–1137.

1. *Nach welchen Kriterien grenzen Unternehmen die Forschungs- von den Entwicklungskosten ab, um den in § 255 Abs. 2a HGB vorgegebenen Definitionen gerecht zu werden?*
2. *Sind eine Trennung von Forschungs- und Entwicklungskosten und eine Aktivierung von lediglich den Entwicklungskosten praxisgerecht und sinnvoll im Sinne der handelsrechtlichen Zielsetzung?*

Nach grundlegenden Darstellungen zu den Regelungen selbst und den handelsrechtlichen Entwicklungen zu Ansatz und Bewertung von selbst geschaffenen immateriellen Vermögensgegenständen, basiert die Beantwortung der ersten Frage auf einer an der Praxis orientierten Untersuchung. Die zweite Frage bestimmt die kritische Analyse und bringt die normative Betrachtungsweise, die dieser zugrunde liegt, zum Ausdruck.“

2.3.3.4 Hinweise zum Gang der Untersuchung

✓ Beziehen Sie sich in Ihren kurzgefassten Sätzen zum Gang der Untersuchung nur auf die erste Gliederungsebene des Inhaltsverzeichnisses, d. h. auf die Kapitel.
Beispiel: Seien Sie konsequent und erleichtern Sie dem Leser die Erfassung der Inhalte, die ihn erwarten, indem Sie im Textverlauf deutlich auf die Kapitel hinweisen, wie z. B. „In Kapitel 2 werden die Grundlagen dargestellt. .... Kapitel 3 gibt einen Überblick zur aktuellen Rechtslage .... Es folgt der Umsetzungsprozess in Kapitel 4 ... Kapitel 5 bildet mit der Kritischen Analyse das Hauptkapitel dieser Arbeit ... Kapitel 6 enthält eine Zusammenfassung der wesentlichen Ergebnisse und gibt einen Ausblick auf zukünftige Entwicklungen.“

✓ Nehmen Sie sich für die Formulierung dieser sog. Ablaufdarstellung genügend Zeit, hier ist besondere Sprachkunst gefragt. Schließlich handelt es sich um die ersten Seiten, die der Prüfer von Ihnen liest. Es ist Ihre einmalige Chance, einen ersten guten Eindruck zu hinterlassen. Der Leser ist schnell gelangweilt, wenn ihn eine Aneinanderreihung von Sätzen erwartet, die eigentlich einer Aufzählung ähnelt, wie z. B. „In Kapitel 1 ... In Kapitel 2 ... In Kapitel 3 ... usw.“

✓ Achten Sie darauf, dass Ihre Sätze nicht wie eine Katalogaufstellung wirken, in der Sie einen Punkt nach dem anderen abhaken. Dieser Eindruck entsteht z. B. dann, wenn Sie beginnen mit „Zuerst wird ...“ und fortfahren mit Formulierungen wie „Dann werden ... Weiter findet sich ... Hierbei wird ... Des Weiteren ...“ und zum Schluss „Abschließend ...“. Ihnen fallen sicherlich elegantere Formulierungen ein! Bedenken Sie, dass andere die Fehler schon vor Ihnen gemacht haben, zumeist ist Ihre Abschlussarbeit nicht die erste, die ein Prüfer liest und beurteilt. Es ist Ihre Aufgabe, dem Prüfer mit Ihrer Einleitung einen besonderen ersten und eigenen Eindruck zu vermitteln.
Beispiele: Sehen Sie sich die verschiedenen Varianten des Gangs der Untersuchung der in diesem Buch abgedruckten Abschlussarbeiten an und finden Sie Ihren eigenen Stil!

✓ Die Formulierungen Ihrer Kapitelüberschriften dürfen Sie im Gang der Untersuchung gerne übernehmen. Dies ist sogar zu empfehlen! Der Leser kennt Ihre Arbeit nicht und es fällt ihm auf diese Weise leichter, eine Orientierung zu erlangen, was Ihre Arbeit beinhaltet.

2.3.3.5 Checkliste zur Nachverfolgung des „roten Fadens"

Der „rote Faden" ist die **Spur bzw. der Weg durch Ihre Arbeit**. Er gibt dem Leser die notwendige Orientierung und zeigt, welches Ziel Sie verfolgen. Es ist wichtig, sich dies zu verdeutlichen und im Auge zu behalten.

Denken Sie daran, dass die Abfolge Ihrer Gedanken logisch und nachvollziehbar sein muss. Überprüfen Sie selbst, ob der „rote Faden" in Ihrer Arbeit erkennbar ist, indem Sie abschließend die folgenden Fragen beantworten:

- ✓ Haben Sie bei der Einführung in das Thema alle wesentlichen Punkte, die später in die Betrachtung einfließen, bedacht?
- ✓ Haben Sie in der Einführung eine konsequente inhaltliche Fokussierung vorgenommen? Nehmen Sie keine inhaltlichen Ausführungen vor, die für den weiteren Verlauf Ihrer Arbeit bedeutungslos sind.
- ✓ Halten Sie, was Sie in der Einleitung versprechen? Überprüfen Sie noch einmal, ob Sie Ihr Zielvorhaben auch tatsächlich befolgt haben!
- ✓ Ist der Gang der Untersuchung vollständig?
- ✓ Haben Sie die Allgemeinen Grundlagen und Spezifischen Darstellungen deutlich voneinander abgegrenzt? Sollte dies nicht möglich sein, denken Sie darüber nach, die entsprechenden Kapitel zusammenzufassen.
- ✓ Ist Ihre Methodik zur Kritischen Analyse und Vorgehensweise verständlich beschrieben und nachvollziehbar?
- ✓ Ist Ihre Kritische Analyse ausführlich genug und befasst sie sich mit den wesentlichen Kritikpunkten? Werden die Sachverhalte und entsprechend von Ihnen geübte Kritik deutlich?
- ✓ Haben Sie in der Zusammenfassung alle Ergebnisse aufgegriffen? Achten Sie darauf, dass Sie keine wichtigen Erkenntnisse und Ergebnisse, die Sie selbst erarbeitet haben, vergessen.
- ✓ Bauen die verschiedenen Bestandteile Ihrer Arbeit aufeinander auf?
- ✓ Haben Sie bedacht, dass am Ende eines jeden Kapitels ein paar abschließende bzw. auf das nächste Kapitel überleitende Sätze stehen?
- ✓ Rundet der letzte Satz Ihrer Arbeit die Inhalte in angemessener Weise ab? Haben Sie einen Schlusssatz formuliert?
- ✓ Berücksichtigen Sie in Ihrem Fazit, dass keine Untersuchung abschließend sein kann und somit eine weitere wissenschaftliche Auseinandersetzung wahrscheinlich ist.

Auf die Überprüfung, ob Ihre Arbeit den formalen Kriterien einer wissenschaftlichen Arbeit in angemessener bis optimaler Weise entspricht, wird im nachfolgenden Gliederungspunkt eingegangen.

2.3.4 Hinweise zur formalen Gestaltung

2.3.4.1 Kurzzitierung in Fußnoten und Quellenangaben im Literaturverzeichnis

2.3.4.1.1 Vorbemerkung

Zum Aufzeigen der Zitierweise von Quellen finden Sie in diesem Gliederungspunkt stets die Beschreibung der **Kurzzitierweise in den Fußnoten** und schließlich die Angaben der **vollständigen Quellen im Literaturverzeichnis**. Beides hängt eng zusammen, sodass sie in diesem Gliederungspunkt gemeinsam behandelt werden.

In diesem Leitfaden wird auf **zwei Zitierweisen** eingegangen, zum einen auf die Zitierung mit Titelstichwort und zum anderen auf die Harvard-Methode. Zunächst werden beide Methoden grundlegend beschrieben, anschließend folgen Beispiele zum Zitieren von:

- Monographien und Handbüchern,
- Aufsätzen aus Fachzeitschriften,
- Beiträgen aus Sammelwerken,
- Kommentarliteratur,
- Standards, Diskussionspapieren und Standardentwürfen,
- EU-Verordnungen und EU-Richtlinien sowie
- steuerrechtlichen Quellen.

Bevor Sie sich für eine der Methoden entscheiden, informieren Sie sich, welche Vorgaben zum wissenschaftlichen Arbeiten Sie für Ihre Seminararbeiten, Bachelor- bzw. Masterarbeiten zu berücksichtigen haben. Es gibt verschiedene grundlegende Möglichkeiten. Dieser Leitfaden zeigt nur die zwei ausgewählten Alternativen und erhebt keinen Anspruch auf Vollständigkeit.

Wenn Sie die Umsetzung einer der beiden beschriebenen Methoden befolgen, d. h. entweder die Zitierung mit Titelstichwort oder die Harvard-Methode, entspricht das Ergebnis Ihrer Arbeit dem wissenschaftlichen Standard.

Die **Zitierung mit Titelstichwort** zeichnet sich dadurch aus, dass bei der Nennung einer Quelle in den Fußnoten nicht nur der Autorenname bzw. die Autorennamen genannte werden, sondern auch ein Stichwort aus dem Titel. Der fachlich kompetente Leser hat dadurch die Möglichkeit, eine Quelle sofort zu erkennen ohne erst im Literaturverzeichnis den vollständigen Titel nachschlagen zu müssen, z. B. wird ihm dies bei bekannten Monographien oder Handbüchern gelingen.

→ Die Zitierung mit Titelstichwort wird von Jennifer Kübler „Untersuchung der ertragsteuerlichen Vorteilhaftigkeit" und Monique Schilling „Zinsschranke" verwendet.

Bei der **Harvard-Methode** werden nur der Autor bzw. die Autoren, das Jahr der Veröffentlichung und die Seitenzahl der Inhalte, auf welche verwiesen wird, genannt. Bei der

Harvard-Methode können die entsprechenden Quellen in einer Fußnote stehen oder werden in Klammern in den Fließtext eingebunden.

→ Eine mögliche Form der Harvard-Methode finden Sie bei Tanja Wahl „Latente Steuern" und Daniel Krause „Harmonisierung der Rechnungslegung".

Bevor in den folgenden Fußnoten Beispiele zur Zitierweise mit Titelstichwort und in der Harvard-Methode gezeigt werden, wird auf die Vorgehensweise der beiden Zitiermethoden eingegangen. Bei den Beispielen handelt es sich nicht ausschließlich um Literaturquellen zu steuerrechtlichen und steuerplanerischen Themen bzw. der nationalen Rechnungslegung, sondern auch um Beispiele zur internationalen Rechnungslegung.

Beim Gabler Verlag gibt es ein weiteres Buch zu „Erfolgreichen Abschlussarbeiten – Internationale Rechnungslegung"; dieser Gliederungspunkt mit den „Hinweisen zur formalen Gestaltung" ist in beiden Büchern identisch.

2.3.4.1.2 Zitierung mit Titelstichwort

Bei der Zitierung mit Titelstichwort werden die vollständigen **Nachnamen der Autoren** in den Fußnoten angegeben, die **Vornamen werden mit dem ersten Buchstaben abgekürzt**. Hat ein Autor mehrere Vornamen folgen die Erstbuchstaben seiner Vornamen in entsprechender Reihenfolge (z. B. Coenenberg, A. G.); steht ein Bindestrich zwischen den Vornamen, steht auch zwischen den Erstbuchstaben der Vornamen ein Bindestrich (z. B. Marten, K.-U. für Kai-Uwe).

Es folgt durch Komma getrennt das ausgewählte **Titelstichwort**. Dieses kann aus nur einem Wort oder mehreren Worten bestehen (z. B. „Internationale Rechnungslegung", „Leasingbilanzierung im Umbruch", „Bewertung von Finanzinstrumenten", etc.). Ebenfalls durch Kommata getrennt folgen das Jahr der Veröffentlichung und schließlich die Seitenzahl bzw. die Seitenzahlen.

Bei der **Angabe von mehreren Seitenzahlen** ist eine einheitliche Schreibweise zu verfolgen. Ist infolge der genannten Seitenzahl nur der Inhalt einer weiteren folgenden Seite relevant, wird der Zusatz „f." (für folgende) verwendet. Bezieht sich der Verweis auf mehrere folgende Seiten ist dies entweder durch „ff." (für fortfolgende) zu signalisieren oder Sie nennen die konkreten Seitenzahlen (z. B. S. 35–42). Mit der letztgenannten Variante belegen Sie die Sorgfalt Ihrer wissenschaftlichen Arbeitsweise, weil Sie mit Präzision überzeugen.

Bei mehreren Autoren beachten Sie zwingend, dass alle Autoren zu berücksichtigen und bei jeder Nennung der Quelle anzugeben sind; getrennt werden diese durch einen Schrägstrich (z. B. Bieg, H./Heyd, R., Fair Value, 2012, S. 34). Achten Sie darauf, dass weder vor noch nach dem Schrägstrich eine Leerstelle steht.

Bei mehr als drei Autoren, wird in der Kurzzitierweise in Fußnoten der Zusatz „u. a." (für „und andere") verwendet. Alternativ kann auch die Abkürzung „et al." (für „et alii") geschrieben werden. Diese Bezeichnung für „und andere" stammt aus dem Lateinischen und wird in wissenschaftlichen Publikationen der deutschen Sprache präferiert. Der Zusatz steht nach dem erstgenannten Autor (z. B. Pellens, B. u. a., Internationale Rechnungslegung, 2011, S. 111–118).

Selbstverständlich ist, dass Sie stets die **Reihenfolge der Autoren** beibehalten, welche auf dem Cover des Buches zu finden ist. Im Literaturverzeichnis sind alle Autoren zu nennen (z. B. Pellens, Bernhard/Fülbier, Rolf Uwe/Gassen, Joachim/Sellhorn, Thorsten, 2011: Internationale Rechnungslegung: IFRS 1 bis 9, IAS 1 bis 41, IFRIC-Interpretationen, Standardentwürfe – Mit Beispielen, Aufgaben und Fallstudie, 8. Auflage, Stuttgart 2011).

Wenn Sie **mehrere Quellen in einer Fußnote** nennen, werden diese mit einem Semikolon voneinander getrennt (z. B. Vgl. Bitz, M./Schneeloch, D./Wittstock, W., Jahresabschluss, 2011, S. 227 f.; Baetge, J./Kirsch, H.-J./Thiele, S., Bilanzen, 2013, S. 205–208.)

2.3.4.1.3 Zitierung nach der Harvard-Methode

Bei der Harvard-Methode werden die **Nachnamen der Autoren ohne Berücksichtigung der Vornamen** angegeben. Das Erscheinungsjahr folgt direkt, getrennt durch ein Komma oder in Klammern, auf den Autorennamen. Entscheiden Sie sich für eine Variante und wenden Sie diese konsistent an. Wichtig ist die Einheitlichkeit Ihrer wissenschaftlichen Arbeitsweise. Entweder Sie lassen das Komma stets weg (z. B. Maier 2012, S. 36), verwenden es bei jeder Quellenangabe (z. B. Maier, 2012, S. 36) oder setzen die Jahreszahl in Klammern (z. B. Maier (2012), S. 36). Die Angabe der Seitenzahl wird mit Komma abgetrennt.

Hat **ein Autor mehrere Veröffentlichungen**, sind diese stets am Erscheinungsjahr erkennbar (z. B. Schmidt (2009), S. 162 f. oder Schmidt (2010), S. 88). Gibt es von einem Autor mehrere Veröffentlichungen des gleichen Jahres, wird die Jahreszahl um einen arabischen Kleinbuchstaben ergänzt (z. B. Weber (2011a), S. 10 und Weber (2011b), S. 14). Dabei richtet sich die Reihenfolge grundsätzlich nach der alphabetischen Reihenfolge der Titel, die im gleichen Jahr erschienen sind.

Gehen Sie mit den **Kleinbuchstaben** sorgfältig um und ergänzen Sie diese an allen notwendigen Stellen, wenn Sie eine zweite Quelle des gleichen Autors aus dem gleichen Jahr nachträglich einfügen. Dabei entstehen häufig Fehler, wenn nicht sehr aufmerksam gearbeitet wird.

Bei **mehreren Autoren** werden zwei Namen mit „und“ verknüpft (Maier und Meier (2013), S. 12), drei Namen werden wie bei einer Aufzählung behandelt, bei mehr als drei Namen (und damit mehr als zwei Mitautoren) steht der erstgenannte Autorenname mit dem Zusatz „u. a.“ bzw. „et al.“. Verwenden Sie von einem Autorenteam mehr als eine gemeinsame Quelle aus einem Jahr, sind ebenfalls Kleinbuchstaben zu ergänzen (z. B. Küting und Weber (2012a), S. 34 und als zweite Quelle Küting und Weber (2012b), S. 99). Im Literaturverzeichnis sind diese Quellen wie folgt anzugeben:

Küting, Karlheinz und Weber, Claus-Peter (2012a). Die Bilanzanalyse: Beurteilung von Abschlüssen nach HGB und IFRS, 10. Auflage, Stuttgart: Verlag Schäffer-Poeschel.

Küting, Karlheinz und Weber, Claus-Peter (2012b). Der Konzernabschluss: Praxis der Konzernrechnungslegung nach HGB und IFRS, 13. Auflage, Stuttgart: Verlag Schäffer-Poeschel.

Haben **zwei Autoren den gleichen Namen**, so wird der Anfangsbuchstabe der Vornamen angefügt, nur in diesem Sonderfall werden die Vornamen berücksichtig (z. B. Schanz, A. und Schanz, G. (2012), S. 33.)

Sämtliche in diesem Kapitel aufgezeigten Beispiele beruhen zum einen auf der Zitierweise mit Titelstichwort und zum anderen auf der Harvard-Methode. Auch wenn die Zitierweise mit Titelstichwort in diesem Leitfaden präferiert wird, ist sie nicht zwingend. Die alternativ verwendbare Harvard-Methode ist weit verbreitet.

2.3.4.1.4 Zitierung von Monographien und Handbüchern

Wenn Sie die Zitierweise in verschiedenen wissenschaftlichen Werken vergleichen, werden Sie feststellen, dass bezüglich der **Monographien** eine einheitliche Gestaltung erkennbar ist. Die Angaben in den Fußnoten sind kurz. Bei Monographien sind Autor bzw. Autoren eindeutig. Im Literaturverzeichnis sind komplette Angaben notwendig. Nach Nennung der Autoren folgen der Titel des Werkes, die Auflage und der Ort mit Jahreszahl.

Entscheiden müssen Sie, wie Sie mit Untertiteln von Monographien umgehen, wenn Sie keinen eindeutigen Vorgaben Folge zu leisten haben. Empfehlenswert ist, wie auch in diesem Leitfaden befolgt, sämtliche Untertitel zu nennen. Beachten Sie, dass es nicht notwendig ist, den Titel der Buchreihe, zu welcher eine Monographie gegebenenfalls gehört, anzufügen.

Was die zu nennende Auflage betrifft, ist zu beachten, dass eine Erstauflage nicht als solche gekennzeichnet wird. Erst ab der zweiten Auflage ist die genaue Auflage anzugeben. Die im Buch stehenden Angaben, ob es sich um eine überarbeitete oder erweitere Auflage handelt, sind irrelevant.

Mit dem zu nennenden Ort ist der Sitz des Verlages gemeint, in welchem das Buch erschienen ist, nicht etwa der Ort, den Autoren im Vorwort nennen.

Als Erscheinungsdatum ist das vom Verlag genannte zu verwenden. Zum Jahreswechsel wird oft vorgegriffen und vom Verlag bereits die Jahreszahl des bald beginnenden Jahres angegeben.

Beachten Sie nachfolgende Beispiele zur Veranschaulichung der Zitierweise:

Beispiele zur Zitierung in den Fußnoten mit Titelstichwort:

1. Vgl. Leffson, U., GoB, 1987, S. 65.
2. Vgl. Pellens, B. u. a., Internationale Rechnungslegung, 2001, S. 345.
3. Vgl. Völkel, D./Karg, H., Umsatzsteuer, 2012, S. 161.

Beispiele zur Zitierung in den Fußnoten nach Harvard:

1. Leffson (1987), S. 65.
2. Pellens u. a. (2001), S. 345.
3. Kurz (2012), S. 161.

Beispiele zu den Angaben im Literaturverzeichnis mit Titelstichwort:

Leffson, Ulrich, GoB, 1987:
Die Grundsätze ordnungsgemäßer Buchführung, 7. Auflage, Düsseldorf 1987.
Pellens, Bernhard/Füllbier, Rolf/Gassen, Joachim/Sellhorn, Thorsten, Internationale Rechnungslegung, 2011:
Internationale Rechnungslegung: IFRS 1 bis 9, IAS 1 bis 41, IFRIC-Interpretationen, Standardentwürfe – Mit Beispielen, Aufgaben und Fallstudie, 8. Auflage, Stuttgart 2011.
Kurz, Dieter, Umsatzsteuer, 2012:
Umsatzsteuer. Anschauliche Einführung in die Grundlagen des Umsatzsteuerrechts, 16. Auflage, Stuttgart 2012.

Beispiele zu den Angaben im Literaturverzeichnis nach Harvard:

Leffson, Ulrich (1987).
Die Grundsätze ordnungsgemäßer Buchführung, 7. Auflage, Düsseldorf: IDW-Verlag.
Pellens, Bernhard, Füllbier, Rolf, Gassen, Joachim und Sellhorn, Thorsten (2011).
Internationale Rechnungslegung: IFRS 1 bis 9, IAS 1 bis 41, IFRIC-Interpretationen, Standardentwürfe – mit Beispielen, Aufgaben und Fallstudie, 8. Auflage, Stuttgart: Verlag Schäffer-Poeschel.
Kurz, Dieter (2012).
Umsatzsteuer. Anschauliche Einführung in die Grundlagen des Umsatzsteuerrechts, 16. Auflage, Stuttgart: Verlag Schäffer-Poeschel.

In Gliederungspunkt 2.1.2 wurde bereits festgestellt, dass der Übergang von einer Monographie zum Handbuch fließend ist. Daraus ergibt sich die indifferente Zitierweise, die Sie bezüglich der Handbücher in verschiedenen wissenschaftlichen Werken finden.

Grundsätzlich ist aus **Handbüchern** in gleicher Weise zu zitieren wie aus Monographien. Bei Handbüchern, deren Absätze mit Randziffern versehen sind, verwenden Sie diese statt der Seitenzahlen.

Beispiele zur Zitierung in den Fußnoten mit Titelstichwort:

1. Vgl. Heuser, P. J./Theile, C., IFRS-Handbuch, 2012, Kapitel B, Rz. 252.
2. Vgl. Petersen, K./Bansbach, F./Dornbach, E., IFRS-Praxishandbuch, 2013, S. 146.

Beispiele zur Zitierung in den Fußnoten nach Harvard:

1. Heuser und Theile (2012), Kapitel B, Rz. 252.
2. Petersen, Bansbach und Dornbach (2013), S. 146.

Beispiele zu den Angaben im Literaturverzeichnis mit Titelstichwort:

Heuser, Paul J./Theile, Carsten, IFRS-Handbuch, 2012:
IFRS-Handbuch – Einzel- und Konzernabschluss, 5. Auflage, Köln 2012.
Petersen, Karl/Bansbach, Florian/Dornbach, Eike, IFRS-Praxishandbuch, 2013:
IFRS-Praxishandbuch 2013 – Ein Leitfaden für die Rechnungslegung mit Fallbeispielen, 8. Auflage, München 2013.

Beispiele zu den Angaben im Literaturverzeichnis nach Harvard:

Heuser, Paul J. und Theile, Carsten (2012).
IFRS-Handbuch – Einzel- und Konzernabschluss, 5. Auflage, Köln: Verlag Dr. Otto Schmidt.
Petersen, Karl/Bansbach, Florian/Dornbach, Eike (2013).
IFRS-Praxishandbuch 2013 – Ein Leitfaden für die Rechnungslegung mit Fallbeispielen, 8. Auflage, München: Verlag Vahlen.

2.3.4.1.5 Zitierung von Aufsätzen aus Fachzeitschriften

Da jeder **Aufsatz aus einer Fachzeitschrift** als eigene Quelle im Literaturverzeichnis steht, sind diese mit dem Autor im Literaturverzeichnis anzugeben. Wie bei Monographien und Handbüchern sind das Erscheinungsdatum und der Titel wichtig. Im Anschluss steht das Wort „in:" und die Nennung der Zeitschrift. Vergessen Sie abschließend nicht die Seitenzahlen des Artikels anzugeben.

Beispiele zur Zitierung in den Fußnoten mit Titelstichwort:

1. Vgl. Urbain-Parleani, I., Frankreich, 2006, S. 580.
2. Vgl. Gassen, J./Fischkin, M./Hill, V., Rahmenkonzept-Projekt, 2008, S. 876 f.
3. Vgl. Tettenborn, M./Straub, S./Rogler, S., Nutzungsdauer, 2013, S. 190.

Beispiele zur Zitierung in den Fußnoten nach Harvard:

1. Urbain-Parleani (2006), S. 580.
2. Gassen, Fischkin und Hill (2008), S. 876.
3. Tettenborn, Straub und Rogler (2013), S. 190.

Beispiele zu den Angaben im Literaturverzeichnis mit Titelstichwort:

Urbain-Parleani, Isabelle, Frankreich, 2006:
Das Kapital der Aktiengesellschaft in Frankreich, in: ZGR-Sonderheft 17, 2006, S. 575–611.

Gassen, Joachim/Fischkin, Michael/Hill, Verena, Rahmenkonzept-Projekt, 2008:
Das Rahmenkonzept-Projekt des IASB und der FASB: Eine normendeskriptive Analyse des aktuellen Stands, in: WPg 2008, S. 874–882.
Tettenborn, Martin/Straub, Sandro/Rogler, Silvia, Nutzungsdauer, 2013:
Bestimmung der Nutzungsdauer für im Rahmen von Unternehmenszusammenschlüssen erworbene immaterielle Vermögenswerte, in: IRZ 2013, S. 185–190.

Beispiele zu den Angaben im Literaturverzeichnis nach Harvard:

Urbain-Parleani, Isabelle (2006).
Das Kapital der Aktiengesellschaft in Frankreich, in: ZGR, Jg. 38, Sonderheft Nr. 17, S. 575–611.
Gassen, Joachim, Fischkin, Michael und Hill, Verena (2008).
Das Rahmenkonzept-Projekt des IASB und der FASB: Eine normendeskriptive Analyse des aktuellen Stands, in: WPg, Jg. 61, Nr. 18, S. 874–882.
Tettenborn, Martin, Straub, Sandro und Rogler, Silvia (2013).
Bestimmung der Nutzungsdauer für im Rahmen von Unternehmenszusammenschlüssen erworbene immaterielle Vermögenswerte, in: IRZ 2013, Jg. 8, Nr. 5, S. 185–190.

Wichtige Hinweise:

✓ Die verwendeten Abkürzungen „ZGR", „WPg" und „IRZ" sind zwingend ins Abkürzungsverzeichnis aufzunehmen, ansonsten schreiben Sie die vollständigen Titel der Zeitschriften: „ZGR – Zeitschrift für Unternehmens- und Gesellschaftsrecht", „WPg – Die Wirtschaftsprüfung", „IRZ – Zeitschrift für Internationale Rechnungslegung".
✓ „Jg." ist die Abkürzung für „Jahrgang"; gemeint ist im wievielten Jahr die Zeitschrift erscheint. Diese Angabe finden Sie in den bibliographischen Angaben bzw. auf der Zeitschrift selbst.
✓ Die „Nr." bezieht sich auf die Heftnummer. Die Nennung der Heftnummer ist nicht zwingend erforderlich. Denken Sie daran, auch „Nr." in das Abkürzungsverzeichnis aufzunehmen.
✓ Es besteht die Freiheit, im Literaturverzeichnis mit Titelstichwort stets Jahrgang und Heftnummer wegzulassen oder sie konsequent zu setzen. Achten Sie auf die individuellen Vorgaben für Ihre Abschlussarbeit und entscheiden Sie, welche Angaben Sie aufnehmen.

2.3.4.1.6 Zitierung von Beiträgen aus Sammelwerken

Beiträge aus Sammelwerken sind in ähnlicher Weise zu zitieren wie Aufsätze aus Fachzeitschriften. Wie bereits angesprochen, ist jeder Beitrag eines Sammelwerks als eigene Quelle zu behandeln. Im Literaturverzeichnis steht hinter dem Wort „in:" zunächst der Titel des Sammelwerks, gefolgt von den Herausgebern (mit „hrsg. von"), der Auflage und der Jahreszahl. Wichtig ist, dass Sie, wie bei Aufsätzen aus Fachzeitschriften, zwingend die Seitenzahlen des Beitrags angeben.

Beispiele zur Zitierung in den Fußnoten mit Titelstichwort:

1. Vgl. Küting, K./Kessler, H./Keßler, M., Pensionsverpflichtungen, 2009, S. 341.
2. Vgl. Weißenberger, B. E./Angelkort, H., IFRS-Rechnungslegung, 2007, S. 430.

Beispiele zur Zitierung in den Fußnoten nach Harvard:

1. Küting, Kessler und Keßler[9] (2009), S. 341.
2. Weißenberger und Angelkort (2007), S. 430.

Beispiele zu den Angaben im Literaturverzeichnis mit Titelstichwort:

Küting, Karlheinz/Kessler, Harald/Keßler, Marco, Pensionsverpflichtungen, 2009: Bilanzierung von Pensionsverpflichtungen, in: Das neue deutsche Bilanzrecht – Handbuch zur Anwendung des Bilanzrechtsmodernisierungsgesetzes (BilMoG), hrsg. von Karlheinz Küting, Norbert Pfitzer und Claus-Peter Weber, 2. Auflage, Stuttgart 2009, S. 339–374.

Weißenberger, Barbara E./Angelkort, Hendrik, IFRS-Rechnungslegung, 2007: IFRS-Rechnungslegung und Controlling, in: IFRS-Management, hrsg. von Reinhard Heyd und Isabel von Keitz, München 2007, S. 409–437.

Beispiele zu den Angaben im Literaturverzeichnis nach Harvard:

Küting, Karlheinz, Kessler, Harald und Keßler, Marco (2009). Bilanzierung von Pensionsverpflichtungen, in: Das neue deutsche Bilanzrecht – Handbuch zur Anwendung des Bilanzrechtsmodernisierungsgesetzes (BilMoG), hrsg. von Karlheinz Küting, Norbert Pfitzer und Claus-Peter Weber, 2. Auflage, Stuttgart: Verlag Schäffer-Poeschel, S. 339–374.

Weißenberger, Barbara E. und Angelkort, Hendrik (2007). IFRS-Rechnungslegung und Controlling, in: IFRS-Management, hrsg. von Reinhard Heyd und Isabel von Keitz, München: Verlag Vahlen, S. 409–437.

2.3.4.1.7 Zitierung von Kommentarliteratur

Eine vereinheitlichte Zitierweise bezüglich der Kommentare existiert nicht, da **Kommentare** viele Besonderheiten aufweisen. In vielen Kommentaren finden Sie einen Hinweis, wie aus diesem in Fußnoten zitiert werden kann. Ein einheitliches Gesamtbild entsteht jedoch nicht. Überlegen Sie, welche Zitierweise im Rahmen Ihrer sonstigen Vorgehensweise als stringent anzusehen ist.

Zur Kommentarliteratur gehören sowohl **die einbändigen gebundenen Werke** als auch **Loseblattausgaben in einem und mehreren Ordnern**. Anbei finden Sie drei Beispiele zur

[9] Die Namen von Kessler und Keßler klingen zwar gleich, die unterschiedliche Schreibweise führt aber dazu, dass eine Nennung der Erstbuchstaben ihrer Vornamen nicht erforderlich ist.

Zitierweise. Welchen Stellenwert die Herausgeber bzw. Begründer einnehmen, hängt davon ab, ob deren Namen bekannt sind oder ob der Kommentar primär unter dem Titel geführt wird. Suchen Sie im Internet nach den Originalquellen der Verlage und leiten Sie daraus ab, ob den Herausgebern (oder ehemaligen Herausgebern) bzw. Begründern oder dem Titel des Kommentars erste Priorität beigemessen wird.

Beispiele zur Zitierung in den Fußnoten mit Titelstichwort:

1. Vgl. Winkeljohann, N./Schellhorn, M., in: Beck'scher Bilanzkommentar, 2012, § 264 HGB, Rz. 41.
2. Vgl. Brücks, M./Diehm, S./Kerkhoff, G., in: Internationales Bilanzrecht, 2008/2012, IAS 1, Rz. 282.
3. Vgl. Bode, W., in: Blümich, EStG, KStG, GewStG, 1995/2013, EStG § 15, Rz. 13.

Beispiele zur Zitierung in den Fußnoten nach Harvard:

1. Winkeljohann und Schellhorn, in: Beck'scher Bilanzkommentar (2012) § 264 HGB, Rz. 41.
2. Brücks, Diehm und Kerkhoff, in: Internationales Bilanzrecht (2008/2012), IAS 1, Rz. 282.
3. Bode, in: Blümich, EStG, KStG, GewStG (1995/2013), EStG § 15, Rz. 13.

Beispiele zu den Angaben im Literaturverzeichnis mit Titelstichwort:

Beck'scher Bilanzkommentar, 2012:
Beck'scher Bilanzkommentar, Handels- und Steuerbilanz, hrsg. von Helmut Ellrott, Gerhard Förschle, Bernd Grottel, Michael Kozikowski, Stefan Schmidt und Norbert Winkeljohann, 8. Auflage, München 2012.

Internationales Bilanzrecht, 2008/2012:
Internationales Bilanzrecht – Rechnungslegung nach IFRS, Kommentar, hrsg. von Stefan Thiele, Isabel von Keitz und Michael Brücks, Bonn/Berlin 2008, Loseblatt-Kommentar, Stand: November 2012.

Blümich, EStG, KStG, GewStG, 1995/2013:
EStG, KStG, GewStG – Einkommensteuergesetz, Körperschaftsteuergesetz, Gewerbesteuergesetz, hrsg. von Bernd Heuermann und Peter Brandis, München 1995, Loseblatt-Kommentar, Stand: April 2013.

Beispiele zu den Angaben im Literaturverzeichnis nach Harvard:

Beck'scher Bilanzkommentar (2012),
hrsg. von Helmut Ellrott, Gerhard Förschle, Bernd Grottel, Michael Kozikowski, Stefan Schmidt und Norbert Winkeljohann, 8. Auflage, München: Verlag C. H. Beck.

Internationales Bilanzrecht (2008/2012),
hrsg. von Stefan Thiele, Isabel von Keitz und Michael Brücks, Loseblatt-Kommentar, Stand: November 2012, Bonn/Berlin: Stollfuß Medien.
Blümich, EStG, KStG, GewStG (1995/2013),
hrsg. Bernd Heuermann und Peter Brandis, Loseblatt-Kommentar, Stand: April 2013, München: Verlag Vahlen.

Wichtige Hinweise:

✓ In der Fußnote stehen zuerst die Namen derjenigen, die den Beitrag im entsprechenden Kommentar geschrieben haben; zumeist sind ihre Namen auf der entsprechenden Textseite des Kommentars erkennbar.
✓ Nach „in:" folgen in der Fußnote die Bezeichnung des Kommentars, die Jahreszahlen und schließlich die Fundstelle.
✓ Bei gebundenen Werken ist das Erscheinungsjahr eindeutig, bei Loseblatt-Kommentaren werden grundsätzlich zwei Jahreszahlen genannt, die des Erscheinungsjahres des Kommentars und die der letzten Ergänzungslieferung.
✓ Bei den Angaben der Herausgeber im Literaturverzeichnis ist unbedingt darauf zu achten, dass sich die Herausgeber der gebundenen Werke mit jeder Auflage ändern können. Arbeiten Sie sorgfältig und geben Sie die Herausgeber der aktuellen verwendeten Auflage an.

2.3.4.1.8 Zitierung von Standards, Diskussionspapieren und Standardentwürfen

Für Ihre Seminar- oder Abschlussarbeit müssen Sie einen angemessenen Umgang mit den **Standards der internationalen Rechnungslegung** und eine Zitierweise von Diskussionspapieren und Standardentwürfen festlegen. Empfehlenswert ist, Fundstellen der IFRS nicht in die Fußnoten, sondern direkt in den Text einzufügen. Zum besseren Verständnis folgen einige Beispiele.

Beispiele zur Angabe von Fundstellen der IFRS im Textverlauf:

1. Der Impairment-Only-Approach fordert nach IAS 36.10 (b) eine jährliche Überprüfung des Geschäfts- oder Firmenwerts auf Wertminderung, planmäßige Abschreibungen sind nicht vorgesehen.
2. Nach IAS 37.14 sind für ungewissen Verbindlichkeiten und drohende Verluste aus schwebenden Geschäften ebenso Rückstellungen zu bilden wie nach § 249 Abs. 1 HGB.

Wenn Sie sich im Rahmen Ihrer Ausarbeitungen mit einem Thema auseinandersetzen, das gerade im Umbruch ist und Sie sich auf ein **Diskussionspapier** oder einen **Standardentwurf** des IASB beziehen, zitieren Sie wie folgt:

Beispiele zur Zitierung in den Fußnoten mit Titelstichwort:

1. Vgl. IASB, DP-SME, 2004, point 21.
2. Vgl. IASB, DP-Revenue-Recognition, 2008, Chap. 2.10.
3. Vgl. IASB, ED-Deferred Tax, 2010, paragraph 51B.

Beispiele zur Zitierung in den Fußnoten nach Harvard:

1. IASB (2004), point 21.
2. IASB (2008), Chap. 2.10.
3. IASB (2010), paragraph 51B.

Beispiele zu den Angaben im Literaturverzeichnis mit Titelstichwort bzw. nach Harvard:[10]

IASB, DP-SME, 2004 bzw. IASB (2004):
Discussion Paper – Preliminary Views on Accounting Standards for Small and Medium-sized Entities, June 2004, http://www.iasb.org/NR/rdonlyres/40DFAE7D-3BSF-4764-AF05-0E2F0252F7E7/0/DPonSMEs.pdf, Abruf am 15.06.2009.

IASB, DP-Revenue Recognition, 2008 bzw. IASB (2008):
Discussion Paper – Preliminary Views on Revenue Recognition in Contracts with Customers, December 2008, http://www.ifrs.org/Current-Projects/IASB-Projects/Revenue-Recognition/Discussion-Paper/Documents/DP_Preliminary-ViewsRevenueRecognition1208.pdf, Abruf am 29.06.2013.

IASB, ED-Deferred Tax, 2010 bzw. IASB (2010):
Exposure Draft – Deferred Tax: Recovery of Underlying Assets (proposed amendments to IAS 12), November 2010, http://www.ifrs.org/Current-Projects/IASB-Projects/Income-Taxes/ed/Documents/EDIncomeTax12Sept10.pdf, Abruf am 12.08.2012.

2.3.4.1.9 Zitierung von EU-Verordnungen und EU-Richtlinien

Zur Vervollständigung der relevanten Literaturquellen für Abschlussarbeiten zur Internationalen Rechnungslegung wird abschließend auf die Zitierung von **EU-Verordnungen und EU-Richtlinien** eingegangen.

Der wesentliche Unterschied zwischen EU-Verordnungen und EU-Richtlinien liegt in der Verbindlichkeit der Mitgliedstaaten diese anzuwenden. EU-Verordnungen sind, sobald sie von der EU-Kommission verabschiedet werden, von allen EU-Mitgliedstaaten verbindlich anzuwenden. EU-Richtlinien müssen erst in das nationale Recht der Mitgliedstaaten übernommen und dadurch bestätigt werden.

[10] Da die Angaben im Literaturverzeichnis mit Titelstichwort bzw. nach Harvard in diesem und den folgenden Gliederungspunkten fast deckungsgleich sind, werden diese zusammengefasst.

Beispiele zur Zitierung von EU-Verordnungen und EU-Richtlinien in den Fußnoten mit Titelstichwort:

1. Vgl. IAS-Verordnung, Verordnung (EG) Nr. 1606/2002, ABl. L 243 vom 11.09.2002, Artikel 9.
2. Vgl. Micro-Richtlinie, Richtlinie 2012/6/EU, ABl. L 81 vom 21.03.2012, Artikel 2.

Beispiele zur Zitierung von Artikelgesetzen in den Fußnoten nach Harvard:

1. IAS-Verordnung (2002), Artikel 9.
2. Micro-Richtlinie (2012), Artikel 2.

Beispiele zu den Angaben im Literaturverzeichnis mit Titelstichwort bzw. nach Harvard:

IAS-Verordnung,
: Verordnung (EG) Nr. 1606/2002 des Europäischen Parlaments und des Rates vom 19. Juli 2002 betreffend die Anwendung internationaler Rechnungslegungsstandards, ABl. L 243 vom 11.09.2002, S. 1–4.

Micro-Richtlinie,
: Richtlinie 2012/6/EU des Europäischen Parlaments und des Rates vom 14.03.2012 zur Änderung der Richtlinie 78/660/EWG des Rates über den Jahresabschluss von Gesellschaften bestimmter Rechtformen hinsichtlich Kleinstbetrieben, ABl. L 81 vom 21.03.2012, S. 3–6.

Wichtige Hinweise:

✓ „ABl." ist die Abkürzung für „Amtsblatt der Europäischen Union"; auch diese Abkürzung muss in das Abkürzungsverzeichnis.
✓ Geben Sie stets die genauen Seitenzahlen im Amtsblatt der Europäischen Union an.

2.3.4.1.10 Zitierung von steuerrechtlichen Quellen

Es ist die Regel, dass Sie aus Gesetzesparagraphen, Artikelgesetzen, Parlamentaria oder aus Verwaltungsanweisungen zitieren müssen.

Für Paragraphen aus **Gesetzestexten** gilt die gleiche Empfehlung wie für Fundstellen der IFRS. Fügen Sie diese direkt in den Text ein.

Beispiele zur Angabe von Gesetzesparagraphen im Textverlauf:

1. Bei der Gewinnermittlung für Gewerbetreibende ist nicht nur die allgemeine Definition des Gewinnbegriffs in § 4 Abs. 1 Satz 1 EStG zu beachten, sondern ebenso § 5 Abs. 1 zum steuerlichen Ansatz des Betriebsvermögens nach den handelsrechtlichen Grundsätzen ordnungsmäßiger Buchführung.

2. § 1 Abs. 1 Nr. 5 UStG ist zu entnehmen, dass es sich bei innergemeinschaftlichen Erwerben im Inland gegen Entgelt um steuerbare Umsätze handelt.

Die Zitierweise von Artikelgesetzen, Parlamentaria und Verwaltungsanweisungen ist anders als die sonstiger Literaturquellen.

Bei **Artikelgesetzen** handelt es sich um verabschiedete Einzelgesetze, wodurch eine Änderung von Paragraphen mehrerer Gesetze beschlossen wird, wie z. B. das Bilanzrechtsmodernisierungsgesetz (BilMoG) mit zahlreichen Änderungen zum HGB und EStG.

Beispiele zur Zitierung von Artikelgesetzen in den Fußnoten mit Titelstichwort:

1. Vgl. BilMoG vom 25.05.2009, BGBl I 2009, S. 1105.
2. Vgl. Micro-BilG vom 20.12.2012, BGBl I 2012, S. 2753.

Beispiele zur Zitierung von Artikelgesetzen in den Fußnoten nach Harvard:

1. BilMoG (2009), S. 1105.
2. Micro-BilG (2012), S. 2753.

Beispiele zu den Angaben im Literaturverzeichnis mit Titelstichwort bzw. nach Harvard:

BilMoG vom 25.05.2009 bzw. BilMoG (2009):
Gesetz zur Modernisierung des Bilanzrechts (Bilanzrechtsmodernisierungsgesetz – BilMoG) vom 25.05.2009, BGBl I 2009, S. 1102–1137.

MicoBilG vom 20.12.2012 bzw. Micro-BilG (2012):
Gesetz zur Umsetzung der Richtlinie 2012/6/EU des Europäischen Parlaments und des Rates vom 14. März 2012 zur Änderung der Richtlinie 78/660/EWG des Rates über den Jahresabschluss von Gesellschaften bestimmter Rechtsformen hinsichtlich Kleinstbetrieben (Kleinstkapitalgesellschaften-Bilanzrechtsänderungsgesetz – MicroBilG) vom 20.12.2012, BGBl I 2012, S. 2751–2755.

Wichtige Hinweise:

✓ Die Abkürzungen der Artikelgesetze und weitere, wie „BGBl – Bundesgesetzblatt" sind ins Abkürzungsverzeichnis aufzunehmen.

✓ Denken Sie daran, bei den Angaben im Literaturverzeichnis die vollständigen Seiten des Bundesgesetzblattes anzugeben.

Zu den **Parlamentaria** gehören Entwürfe und Gesetzesbeschlüsse, die als BT- oder BR-Drucksachen, d. h. Bundestags- oder Bundesrats-Drucksachen veröffentlicht werden.

Beispiele zur Zitierung von Parlamentaria in den Fußnoten mit Titelstichwort:

1. Vgl. Gesetzesbeschluss des Deutschen Bundestages, BilMoG, BR-Drucksache 270/09 vom 27.03.2009, S. 1.
2. Vgl. Gesetzentwurf der Bundesregierung, MicroBilG, BT-Drucksache 17/11292 vom 05.11.2012, S. 20.

Beispiele zur Zitierung von Parlamentaria in den Fußnoten nach Harvard:

1. Gesetzesbeschluss BilMoG (2009), S. 1.
2. Gesetzentwurf MicroBilG, (2012), S. 20.

Beispiele zu den Angaben im Literaturverzeichnis mit Titelstichwort bzw. nach Harvard:

1. Gesetzesbeschluss des Deutschen Bundestages – Gesetz zur Modernisierung des Bilanzrechts (Bilanzrechtsmodernisierungsgesetz – BilMoG), BR-Drucksache 270/09 vom 27.03.2009.
2. Gesetzentwurf der Bundesregierung – Entwurf eines Gesetzes zur Umsetzung der Richtlinie 2012/6/EU des europäischen Parlaments und des Rates vom 14. März 2012 zur Änderung der Richtlinie 78/660/EWG des Rates über den Jahresabschluss von Gesellschaften bestimmter Rechtsformen hinsichtlich Kleinstbetrieben (Kleinstkapitalgesellschaften-Bilanzrechtsänderungsgesetz – MicoBilG), BT-Drucksache 17/11292 vom 05.11.2012.

Zu den **Verwaltungsanweisungen** gehören die BMF-Schreiben des Bundesministeriums der Finanzen; aber auch die Finanzministerien der Länder geben BMF-Schreiben heraus. BMF-Schreiben geben Rechtsklarheit und Entscheidungssicherheit seitens der Finanzverwaltung bei Regelungslücken. Veröffentlicht werden BMF-Schreiben im Bundessteuerblatt (BStBl).

Beispiele zur Zitierung von BMF-Schreiben in den Fußnoten mit Titelstichwort:

1. Vgl. BMF-Schreiben zur Maßgeblichkeit vom 12.03.2010, IV C 6 – S 2133/09/10001, Rz. 15.
2. Vgl. BdF-Schreiben zu Teilamortisations-Leasing-Verträgen vom 23.12.1991, IV B 2 – S 2170 – 115/91, S. 13.

Beispiele zur Zitierung von BMF-Schreiben in den Fußnoten nach Harvard:

1. BMF-Schreiben (2010), Rz. 15.
2. BdF-Schreiben (1991), S. 13.

Beispiele zu den Angaben im Literaturverzeichnis mit Titelstichwort bzw. nach Harvard:

BMF-Schreiben (zur Maßgeblichkeit) vom 12.03.2010, IV C 6 – S 2133/09/10001, betr: Maßgeblichkeit der handelsrechtlichen Grundsätze ordnungsmäßiger Buchführung für die steuerliche Gewinnermittlung; Änderung des § 5 Absatz 1 EStG durch das Gesetz zur Modernisierung des Bilanzrechts (Bilanzrechtsmodernisierungsgesetz – BilMoG) vom 15. Mai 2009 (BGBl. I S. 1102, BStBl I S. 650), in: BStBl I 2010, S. 239.

BdF-Schreiben (zu Teilamortisations-Leasing-Verträgen) vom 23.12.1991, IV B 2 – S 2170 – 115/91, betr.: Ertragsteuerliche Behandlung von Teilamortisations-Leasing-Verträgen über unbewegliche Wirtschaftsgüter, in: BStBl I 1992, S. 13.

Wichtige Hinweise:

- Anzugeben ist stets der gesamte Betreff des BMF-Schreibens.
- „BMF" steht für „Bundesfinanzministerium", „BdF" ist die (veraltete) Abkürzung für „Bundesminister der Finanzen".

2.3.4.2 Verzeichnisse

2.3.4.2.1 Übersicht

Zu einer **vollständigen wissenschaftlichen Arbeit** gehören das Inhalts-, das Abbildungs- und das Abkürzungsverzeichnis, die vor dem Textteil stehen und ein Literaturverzeichnis, das nach dem Textteil steht. Auf das Literaturverzeichnis wurde bereits ausführlich eingegangen.

Bei umfangreichen Arbeiten wie Dissertationen oder Habilitationsschriften ist zwingend ein **Verzeichnis der verwendeten Gesetze** notwendig. Bei einer Abschlussarbeit kann grundsätzlich darauf verzichtet werden, es sei denn, Sie haben explizit andere Vorgaben.

Für herangezogene **steuerrechtliche Quellen** kann es notwendig sein, ein eigenes Verzeichnis mit den zitierten Artikelgesetzen, Parlamentaria und Verwaltungsanweisungen anzulegen; allerdings nur, wenn Sie mehrere verwendet haben, ansonsten sind sie in das Literaturverzeichnis zu integrieren.

Prüfen Sie abschließend:

✓ Entspricht der Umfang Ihrer Arbeit den Vorgaben Ihres Prüfers? Zumeist bezieht sich die vorgegebene Seitenzahl für Ihre Seminar- oder Abschlussarbeit ausschließlich auf den Textteil ohne Verzeichnisse.

✓ Als letzte Seite Ihrer Abschlussarbeit ist die notwendige Ehrenerklärung einzufügen.

2.3.4.2.2 Inhaltsverzeichnis

Verwenden Sie von Anfang an die automatische Funktion zur Erstellung eines Inhaltsverzeichnisses, die **kontinuierliche Anpassung von Überschriften** fällt dann leicht. Achten

Sie darauf, dass die Überschriften einer jeweiligen Gliederungsebene zueinander passen und eine einheitliche Struktur aufweisen.

Als Hilfestellung sei die Erstellung einer Inhaltsübersicht empfohlen. Eine Inhaltsübersicht enthält lediglich die Kapitelüberschriften und die Überschriften der zweiten Gliederungsebene. Dies sind die wichtigsten Überschriften Ihrer Arbeit, sie geben dem Leser einen Überblick, was ihn erwartet. Alle weiteren Gliederungsebenen sind ebenfalls wichtig, enthalten aber Details, die nachrangig sind.

Anbei einige weitere Tipps zur Prüfung Ihres Inhaltsverzeichnisses:

✓ Nehmen Sie sich genügend Zeit, um die Überschriften im Inhaltsverzeichnis immer wieder kritisch zu überprüfen und anzupassen. Ist eine Parallelstruktur auf gleichen Gliederungsebenen gegeben? Ist die Formulierungsweise der Überschriften einer Gliederungsebene ähnlich und passend?
✓ Eine optimale Gliederungsstruktur enthält keine „Zwischentexte". Unter der Überschrift des Gliederungspunktes darf z. B. kein Text stehen, wenn der Gliederungspunkt 2.1.1 folgt oder unter der Überschrift des Kapitel 3 darf kein Text stehen, weil der Gliederungspunkt 3.1 folgt.
✓ Liegen mehrere Untergliederungspunkte vor, wie z. B. Gliederungspunkt 4.2.1 bis 4.2.5 so stellen Sie diesen den Gliederungspunkt 4.2.1 mit der Überschrift „Übersicht" oder „Einführung" voran, um in diesem Gliederungspunkt Ausführungen niederzuschreiben, die alle folgenden Gliederungspunkte dieser Ebene betreffen. Geben Sie dem Leser einen Überblick, was ihn in den folgenden Gliederungspunkten erwartet.
✓ Beachten Sie, dass Überschriften der Gliederungspunkte Ihrer Arbeit nicht als Fragen, die mit Fragezeichen enden, formuliert werden dürfen.
✓ Haben Sie sämtliche Überschriften groß geschrieben?
✓ Ist Ihre Gliederung logisch aufgebaut? Achten Sie darauf, dass kein Gliederungspunkt „alleine bleibt", z. B. darf kein Gliederungspunkt 2.1.1 in Ihrer Gliederung stehen, wenn nicht Gliederungspunkt 2.1.2 folgt.
✓ Bei automatischer Erstellung des Inhaltsverzeichnisses ist es sinnvoll, mit Punkten zwischen dem jeweiligen Titel und der Seitenzahl zu arbeiten. Stehen zwischen Titel und Seitenzahl mindestens drei Punkte? Wenn nicht trennen Sie den Titel so, dass er in der nächsten Zeile fortgesetzt wird.
✓ Haben Sie das Inhaltsverzeichnis abschließend aktualisiert? Stimmen die Seitenzahlen tatsächlich mit Ihrem Textteil überein?

2.3.4.2.3 Abbildungsverzeichnis

Ein Abbildungsverzeichnis ist zu erstellen, wenn Sie **mehr als zwei Abbildungen** verwendet haben. Wählen Sie die Überschriften der Abbildungen so präzise, dass ein Blick in das Abbildungsverzeichnis dem Leser zweckmäßige Informationen vermittelt. Bei ähnlichen und aufeinanderfolgenden Abbildungen müssen Differenzierungen der Inhalte verbal deutlich erkennbar sein.

Stellen Sie sich die Frage, ob eine zwingende Abgrenzung von **Abbildungen und Tabellen** vorzunehmen ist. Wenn Sie diese unterscheiden, muss nicht nur ein Abbildungs-, sondern auch ein Tabellenverzeichnis angelegt werden. Bei geringer Anzahl (z. B. drei Abbildungen und zwei Tabellen) empfiehlt es sich, keine Differenzierung vorzunehmen und die Tabellen ebenfalls als Abbildungen zu deklarieren.

✓ Haben Sie alle Abbildungen sorgfältig tituliert und die Überschriften der Abbildungen einheitlich gestaltet?
✓ Ist die Nummerierung Ihrer Abbildungen stringent? Entweder Sie nummerieren die Abbildung von der ersten bis zur letzten durchgängig oder Sie beginnen für jedes Kapitel neu, diese zu nummerieren (z. B. handelt es sich bei Abb. 3/1, Abbildung 3/2 und Abb. 3/3 um die Abbildungen des dritten Kapitels).
✓ Haben Sie die Seitenzahlen des Abbildungsverzeichnisses abschließend aktualisiert?

2.3.4.2.4 Abkürzungsverzeichnis

Achten Sie ab der ersten Textseite darauf, dass Sie mit Abkürzungen angemessen umgehen. Für Abkürzungen gilt, dass **bei erster Verwendung der Begrifflichkeiten** die kompletten Worte auszuschreiben sind und die im dann folgenden Textverlauf verwendete Abkürzung in Klammern angefügt wird, z. B. United States Generally Accepted Accounting Principles (US-GAAP) oder International Accounting Standards Committee Foundation (IASCF).

Ausnahmen bilden **gängige Abkürzungen,** die **im Duden** stehen, wie z. B. (für zum Beispiel), ca. (für circa), u. a. (für unter anderem) oder vgl. (für vergleiche). Diese brauchen nicht in ausgeschriebener Fassung vorkommen. Grundsätzlich ist es nicht notwendig, sie ins Abkürzungsverzeichnis aufzunehmen, da aber häufig darauf Wert gelegt wird, lautet die Empfehlung, sämtliche Abkürzungen im Abkürzungsverzeichnis anzuführen.

✓ Verwenden Sie Abkürzungen in Ihren Abbildungen, ist zum einen eine Legende notwendig und zum anderen die Eintragung in das Abkürzungsverzeichnis.
✓ Achten Sie darauf, die im Literaturverzeichnis verwendeten Abkürzungen mit in das Abkürzungsverzeichnis aufzunehmen.
✓ Bei den Abkürzungen von Zeitschriften ist es sinnvoll, dass Sie die Erläuterung mit dem Zusatz „(Zeitschrift)" versehen.

2.3.4.2.5 Literaturverzeichnis

Sämtliche **Quellen** sind **in alphabetischer Reihenfolge** nach den genannten Autoren aufzuführen. Die genannten Beispiele zur Zitierung, wenn zu Beginn der Quellenangabe kein Autor, sondern wie z. B. bei Kommentaren der Titel des Kommentars angeführt wird, zeigen Ihnen, wo die Einordnung vorzunehmen ist.

Beachten Sie, dass Sie genügend **Literaturquellen** und nicht zu viele **Internetquellen** verwenden. E-Books sind als Bücher in das Literaturverzeichnis aufzunehmen und nicht als Internetquellen. Prüfen Sie sorgfältig, bei welchen Quellen eine Uniform Resource Locator (URL) anzugeben ist und bei welchen nicht. Im Anschluss an die URL folgt die Angabe des Abrufdatums.

Prüfen Sie die **Wissenschaftlichkeit von Internetquellen**, verwenden Sie z. B. keine Informationsbriefe von Steuerberatungsgesellschaften, die von diesen als aktuelle Schreiben für Ihre Mandanten zur Verfügung gestellt werden.

Weder Beiträge aus **WIKIPEDIA** noch Kurzzusammenfassungen zu Themen dürfen zitiert werden.

Achten Sie darauf, ob **Quellen** als **öffentlich zugänglich** angesehen werden können. Dies ist z. B. bei Veröffentlichungen von den großen Prüfungsgesellschaften (PwC, Ernst & Young, Deloitte oder KPMG) der Fall. Da zumeist viele Mitarbeiter als Autoren beteiligt sind und diese Publikationen nicht als Sammelschriften veröffentlich werden, wo eindeutig erkennbar wäre, wer welchen Artikel geschrieben hat, steht statt des Autors die Prüfungsgesellschaft.

- ✓ Achten Sie darauf, dass der Leser die in den Fußnoten angegebenen Quellen unter genau gleichen Angaben im Literaturverzeichnis findet. Eine Widererkennung muss zwingend gegeben sein, z. B. darf es nicht vorkommen, dass Sie einen Standardentwurf in der Fußnote mit „IASB, ED-…" angeben und im Literaturverzeichnis unter „ED" (für Exposure Draft) aufführen.
- ✓ Prüfen Sie abschließend die Vollständigkeit des Literaturverzeichnisses; es müssen alle Quellen genannt werden, aus welchen Sie zitiert haben.
- ✓ Zusätzliche Quellen hingegen dürfen nicht in das Literaturverzeichnis aufgenommen werden.

2.4 Sorgfältiges Korrigieren

Nach der Phase des Schreibens folgt die **Korrekturphase**. Zumeist ist Ihre Zeit begrenzt, so dass Sie diese nicht endlos ausweiten können, ansonsten wäre es sicherlich eine Phase, die nur schwer ein Ende findet. Aus einem Zitat des Dichters Theodor Fontane (1819–1898) geht hervor, wie wichtig sie ist: „Drei Viertel meiner ganzen literarischen Tätigkeit ist überhaupt Korrigieren und Feilen gewesen. Und vielleicht ist drei Viertel noch zu wenig gesagt."

Abschließend noch einige Hinweise:

- ✓ Lesen Sie sich Ihre Texte laut vor, zumeist merken Sie dann selbst, wenn Sätze den Leser langweilen oder unverständlich sind.
- ✓ Achten Sie auf kurze Sätze. Es gibt keine Regel, wie viele Wörter ein Satz haben darf. Fest steht aber, dass ein Satz mit mehr als 20 Wörtern an Verständlichkeit verliert. Teilen Sie Sätze, die zu lang sind.
- ✓ Achten Sie auf eine gute Struktur von Haupt- und Nebensätzen.
- ✓ Stilistisch sind Personalpronomen (z. B. ich, du, er und sie) und Indefinitpronomen (z. B. man, jemand und etwas) zu vermeiden.
- ✓ Achten Sie auf eine gute Absatzgliederung.

- ✓ Überprüfen Sie, ob die Übergänge von einem Gliederungspunkt zum nächsten und am Ende eines Kapitels fließend sind. Jeder Gliederungspunkt sollte abschließend sein, d. h. mit einer Art Fazit enden und zugleich zu den Inhalten des folgenden Gliederungspunktes überleiten.
- ✓ Sind Rechtschreibung, Interpunktion und Grammatik korrekt?
- ✓ Haben Sie die Zitierweise in den Fußnoten vereinheitlicht? Setzen Sie auch die Kommata einheitlich.
- ✓ Achten Sie auf eine einheitliche und ansprechende Layoutgestaltung.
- ✓ Vermeiden Sie „Hurenkinder“ und „Schusterjungen“. Hurenkind bedeutet, dass die letzte Zeile eines Absatzes am Anfang einer neuen Buchseite steht, bei einem Schusterjungen steht die erste Zeile eines Absatzes auf der vorhergehenden und der Rest des Absatzes auf der neuen Seite. Hurenkinder und Schusterjungen beeinträchtigen die Ästhetik des Textes.
- ✓ Sind Ihre Graphiken und vorgenommene Beschriftungen gut erkennbar?
- ✓ Wurden bei allen Graphiken die Quellen genannt und eigene Graphiken entsprechend gekennzeichnet?
- ✓ Haben Sie die Graphiken vollständig im Abbildungsverzeichnis aufgeführt?
- ✓ Haben Sie die Graphiken in optimaler Weise in den Textfluss eingebunden? Wichtig ist, dass Sie das Dargestellte im Text erläutern und nicht von der Graphik erwarten „dass Sie selbst zum Leser spricht“.

Ziel dieses Leitfadens ist, Sie für eine kritische Auseinandersetzung mit Informationen zu sensibilisieren und Ihnen das Werkzeug für eine erfolgreiche Abschlussarbeit zu geben. In den Kapitel 3 bis 6 folgen Abschlussarbeiten von ehemaligen Studierenden. Zu lesen, wie andere eine erfolgreiche Abschlussarbeit geschrieben haben, erleichtert Ihnen die Realisierung der eigenen. Nutzen Sie die Hilfestellungen, Hinweise und praktischen Tipps für Ihren Lernerfolg, der jetzt in Ihrem eigenen Handeln liegt.

Literaturverzeichnis

Coenenberg, Adolf G./Haller, Axel/Schultze, Wolfgang, Jahresabschluss, 2012: Jahresabschluss und Jahresabschlussanalyse – Betriebswirtschaftliche, handelsrechtliche, steuerrechtliche und internationale Grundsätze – HGB, IFRS-US-GAAP, 22. Auflage, Stuttgart 2012.

Drucker, Peter F., Management, 2008: Management, Revised Edition, New York 2008.

Gesetz zur Modernisierung des Bilanzrechts (Bilanzrechtsmodernisierungsgesetz – BilMoG) vom 25. Mai 2009, BGBl I 2009, S. 1102–1137.

Hofstee, Erik, Good Dissertation, 2006: Constructing a Good Dissertation: A Practical Guide to Finishing a Master's, MBA or Phd on Schedule, Johannesburg 2006.

IASB, ED-IFRS-KMU, 2007: Entwurf eines vorgeschlagenen IFRS für kleine und mittelgroße Unternehmen, Übersetzung in Zusammenarbeit mit Deloitte, München 2007.

Lühr, Ingrid, Internationale Rechnungslegung KMU, 2010: Internationale Rechnungslegung für kleine und mittelgroße Unternehmen, Wiesbaden 2010.

Jennifer Kübler: Untersuchung der ertragsteuerlichen Vorteilhaftigkeit einer GmbH im Vergleich zu einer GmbH & Co. KG

3

Inhaltsverzeichnis

I. Malms, *Erfolgreiche Abschlussarbeiten - Steuern und Rechnungslegung*,
DOI 10.1007/978-3-658-02800-8_3, © Springer Fachmedien Wiesbaden 2013

Tabellenverzeichnis

Abbildungsverzeichnis

Abkürzungsverzeichnis

Abs.	Absatz
abzgl.	abzüglich
BB	Betriebs-Berater (Zeitschrift)
BC	Zeitschrift für Bilanzierung, Rechnungswesen und Controlling
BFH	Bundesfinanzhof
BGBl	Bundesgesetzblatt
BMF	Bundesministerium der Finanzen
BStBl	Bundessteuerblatt
DStR	Deutsches Steuerrecht (Zeitschrift)
DStZ	Deutsche Steuerzeitung (Zeitschrift)
ebd.	Ebenda
EFG	Entscheidungen der Finanzgerichte (Zeitschrift)
EStG	Einkommensteuergesetz
f./ff.	folgend/fortfolgend
FG	Finanzgericht
GewStG	Gewerbesteuergesetz
ggf.	gegebenenfalls
GmbH	Gesellschaft mit beschränkter Haftung
GmbHR	GmbH-Rundschau (Zeitschrift)
HGB	Handelsgesetzbuch
i. H. v.	in Höhe von
i. S. d.	im Sinne der/des
i. S. v.	im Sinne von
i. V. m.	in Verbindung mit
KG	Kommanditgesellschaft
KStG	Körperschaftsteuergesetz
lt.	laut
NWB	Neue Wirtschafts-Briefe
o. g.	oben genannt
Rn.	Randnummer/Randnummern
sog.	so genannt
SolZG	Solidaritätszuschlaggesetz
Ubg	Die Unternehmensbesteuerung (Zeitschrift)
zzgl.	zuzüglich

3.1 Einleitung

Bei der Gründung eines Unternehmens ist die Wahl der Rechtsform von großer Bedeutung. Hierbei werden sowohl wirtschaftliche als auch rechtliche Rahmenbedingungen, unter denen das Unternehmen künftig tätig ist, abgesteckt und die Weichen für die Entwicklung der Gesellschaft gestellt.[1] Doch auch im Hinblick auf die Besteuerung des von der Gesellschaft erwirtschafteten Gewinns spielt die Wahl der Rechtsform eine wichtige Rolle.[2] Während bei einer Personengesellschaft die Besteuerung nach dem sog. Einheits- oder Transparenzprinzip, in Form einer Zurechnung und Besteuerung der erzielten Einkünfte bei den jeweiligen Gesellschaftern, erfolgt, wird die Kapitalgesellschaft nach dem sog. Trennungsprinzip als eigenständiges Steuersubjekt selbst der Besteuerung unterworfen.[3] Auch kann die Rechtsform Einfluss auf die Höhe des wirtschaftlichen Erfolgs der Gesellschaft nehmen, was sich umgekehrt wiederum auf die Höhe der Steuerbelastung auswirken kann.[4] Es ist deshalb unerlässlich, vor der Entscheidung für eine Rechtsform zunächst die möglichen Alternativen unter Berücksichtigung der individuellen Zielsetzungen miteinander zu vergleichen.[5]

Diese Ausarbeitung befasst sich mit dem ertragsteuerlichen Vergleich einer GmbH & Co. KG und einer GmbH unter Betrachtung eines konkreten Ausgangsbeispiels. Ziel ist es, anhand verschiedener steuerlicher Belastungsrechnungen, eine Empfehlung für eine der dargestellten Rechtsformen auszusprechen.

Zunächst werden die Grundzüge der Ertragsbesteuerung von Kapital- und Personengesellschaften sowie deren Gesellschaftern im Falle von Gewinnausschüttungen bzw. -entnahmen sowie Gewinnthesaurierungen anhand eines zuvor dargestellten Ausgangsbeispiels erläutert. Anschließend soll mittels eines statischen Belastungsvergleichs die Vorteilhaftigkeit der o. g. Rechtsformen in einem Ein-Perioden-Modell, mit zusätzlicher Betrachtung der Modifikation wesentlicher Einflussgrößen, dargestellt und anschließend kritisch betrachtet werden.

Weiter soll ein dynamischer steuerlicher Belastungsvergleich Aufschluss darüber geben, inwieweit sich die Vorteilhaftigkeit bei Ausdehnung der Thesaurierungsdauer auf mehrere Perioden verändert, wenn zusätzlich Zins- und Thesaurierungseffekte in die Berechnung ein-fließen.

Anschließend werden beide Rechtsformen bei der Behandlung steuerlicher Verluste sowie einer Substitution von Eigen- durch Fremdkapital und der damit einhergehenden Veränderung der steuerlichen Belastung miteinander verglichen.

Als Abschluss dieser Ausarbeitung werden die zuvor gewonnen Ergebnisse der steuerlichen Vergleichsrechnungen zusammengefasst und es wird ein kurzes Fazit über deren Aussagekraft bzw. deren Praxistauglichkeit gezogen.

---

[1] Vgl. König, R./Maßbaum, A./Sureth, C., Besteuerung, 2011, S. 4 f., vgl. Hierl, S./Huber, S., Rechtsformen, 2008, S. 5.

[2] Vgl. König, R./Maßbaum, A./Sureth, C., Besteuerung, 2011, S. 9.

[3] Vgl. Niehus, U./Wilke, H., Die Besteuerung, 2010, S. 18.

[4] Vgl. König, R./Maßbaum, A./Sureth, C., Besteuerung, 2011, S. 9.

[5] Vgl. Hierl, S./Huber, S., Rechtsformen, 2008, S. 5.

3.2 Ausgangssachverhalt

Für die Beurteilung der steuerlichen Vorteilhaftigkeit wird folgender Ausgangssachverhalt zugrunde gelegt:

Zu betrachten sind die A-GmbH und die B-GmbH & Co. KG, die beide als produzierende Unternehmen tätig sind. Beide Gesellschaften erwirtschaften nach Abzug sämtlicher Betriebsausgaben sowie Gesellschaftervergütungen einen jährlichen Gewinn von 1 Mio. EUR. Für den Veranlagungszeitraum existieren keinerlei steuerliche Verlustvorträge.

In der GmbH sei A alleiniger Gesellschafter. Im Rahmen seiner Tätigkeit als Geschäftsführer der GmbH bezieht er ein Gehalt von 100.000 EUR. Weiter hat A der Gesellschaft ein Fabrikationsgrundstück überlassen, für das er jährlich 60.000 EUR Miete bezieht. Für die Gewährung eines Darlehens i. H. v. 200.000 EUR bezieht A zudem 50.000 EUR Zinsen jährlich.

An der GmbH & Co. KG sei neben dem Kommanditisten B die B-GmbH als Komplementärin beteiligt. Kommanditist B hält eine 100 %ige Beteiligung an der B-GmbH & Co. KG, während die B-GmbH als Komplementärin zu 0 % am Kapital der Gesellschaft beteiligt ist. Alleiniger Gesellschafter der B-GmbH sei B. Aus der Überlassung eines Fabrikationsgrundstücks an die GmbH & Co. KG bezieht B jährlich 60.000 EUR Miete, zudem erhält er aus der Gewährung eines Darlehens i. H. v. 200.000 EUR jährlich 50.000 EUR Zinsen. Aus seiner Tätigkeit als Geschäftsführer der B-GmbH erhält B ein Geschäftsführergehalt von 100.000 EUR, welches üblicherweise stellvertretend von der GmbH & Co. KG entrichtet wird.

Für die persönliche Steuerlast des A und B ist ein Einkommensteuersatz von 45 % zzgl. Solidaritätszuschlag und ohne Kirchensteuer anzunehmen. Für die Geschäftsführervergütung des A ist auf Ebene der GmbH Lohnsteuer zu entrichten. Diese hat als reine Abzugsteuer jedoch keine Auswirkungen auf die Höhe der Gesamtsteuerbelastung und wird daher nicht betrachtet. Bei der KG sind Geschäftsführervergütungen als Einkünfte aus Gewerbebetrieb zu qualifizieren und somit nicht lohnsteuerpflichtig. Der Gewerbesteuerhebesatz beträgt 400 %.

3.3 Grundzüge der Ertragsbesteuerung von Kapitalgesellschaften

3.3.1 Überblick

Bei der Ertragsbesteuerung von Kapitalgesellschaften ist aufgrund des sog. Trennungsprinzips zwischen der Besteuerung auf Ebene der Gesellschaft sowie der Besteuerung auf Ebene des Gesellschafters zu unterscheiden.[1] Dies hat zur Folge, dass die Kapitalgesellschaft als juristische Person sowie deren Gesellschafter als natürliche Personen als zwei voneinander getrennte Besteuerungssubjekte angesehen werden.[2] Die Besteuerung der

[1] Vgl. Jacobs, O., Unternehmensbesteuerung, 2009, S. 543.

[2] Vgl. Kraft C./Kraft, G., Grundlagen, 2009, S. 220.

Tab. 3.1 Besteuerung auf Ebene der Kapitalgesellschaft[1]

Gewinn vor Steuern	100,00
- Gewerbesteuer (Hebesatz 400 %)	–14,00
- Körperschaftsteuer 15 %	–15,00
- Solidaritätszuschlag (5,5 % von 15 %)	–0,83
= Gewinn nach Steuern	70,17
Steuerbelastung auf Ebene der Kapitalgesellschaft	29,83

Kapitalgesellschaft erfolgt somit grundsätzlich unabhängig von der Besteuerung ihrer Gesellschafter, die aufgrund der Abschirmwirkung des Trennungsprinzips erst im Falle einer Gewinnausschüttung ausgelöst wird.[2]

In den nachfolgenden Abschnitten sollen die Grundzüge der Besteuerung der Kapitalgesellschaften anhand der Unterscheidung der o. g. Ebenen kurz erläutert werden.[3]

3.3.2 Besteuerung auf Ebene der Gesellschaft

Die inländische Kapitalgesellschaft ist als eigenständige juristische Person gem. § 1 Abs. 1 Nr. 1 KStG unbeschränkt körperschaftsteuerpflichtig.[4] Der handelsrechtlich erwirtschaftete Gewinn wird in ein zu versteuerndes Einkommen übergeleitet und auf Ebene des Unternehmens mit 15 % Körperschaftsteuer zzgl. 5,5 % Solidaritätszuschlag belastet (§ 23 Abs. 1 KStG und § 1 Abs. 1 i. V. m. § 2 Nr. 3, § 3 Abs. 1 Nr. 1 SolZG).[5] Daneben ist die Gesellschaft kraft Rechtsform zusätzlich nach § 2 Abs. 1 GewStG in vollem Umfang gewerbesteuerpflichtig.[6] Die Höhe der zu entrichtenden Gewerbesteuer ergibt sich in Abhängigkeit der körperschaftsteuerlichen Bemessungsgrundlage zzgl. etwaiger Hinzurechnungen und Kürzungen nach §§ 8, 9 GewStG, multipliziert mit dem ortsabhängigen Hebesatz sowie der Steuermesszahl von 3,5 %.

Da die Gewerbesteuer seit dem Veranlagungszeitraum 2008 im Rahmen der Ermittlung der körperschaftsteuerlichen Bemessungsgrundlage nicht mehr als Betriebsausgabe abzugsfähig ist (§ 4 Abs. 5b EStG), gewinnt sie laut Mindermann und Lukas in der Gesamtsteuerbelastung der Kapitalgesellschaft stark an Bedeutung.[7] Bereits ab einem Hebesatz von 452 % beträgt der Anteil der Gewerbesteuer an der Gesamtsteuerbelastung 50 %.

In Tab. 3.1 wird die Besteuerung des von der Kapitalgesellschaft erwirtschafteten Gewinns i. H. v. 100 EUR auf Ebene der Gesellschaft mit Körperschaftsteuer, Solidaritätszuschlag und Gewerbesteuer dargestellt.

[1] Eigene Darstellung, in Anlehnung an Jacobs, O., Unternehmensbesteuerung, 2009, S. 553.

[2] Vgl. Niehus, U./Wilke, H., Die Besteuerung, 2009, S. 7 f.

[3] Zur ausführlichen Betrachtung der Besteuerung der Kapitalgesellschaft sei an dieser Stelle auf die einschlägige Fachliteratur verwiesen.

[4] Vgl. Niehus, U./Wilke, H., Die Besteuerung, 2009, S. 17.

[5] Vgl. Rödding, A., Rechtsformwahl, 2008, § 3, Rn. 23.

[6] Vgl. Jacobs, O., Unternehmensbesteuerung, 2009, S. 553.

[7] Dafür und für das Folgende vgl. Mindermann, T., Lukas, K., Aspekte, 2011, S. 3849.

Auf Ebene der Kapitalgesellschaft wird der erwirtschaftete Gewinn bei einem Gewerbesteuerhebesatz von 400 % mit insgesamt rund 29,83 % belastet.[1] Bei einem Gewinn von 100 EUR verbleibt somit nach Abzug sämtlicher Steuern auf Gesellschaftsebene noch ein Gewinn nach Steuern von 70,17 EUR.

Zusätzlich zum Gesellschaftsverhältnis können aufgrund der eigenständigen Rechtspersönlichkeit der Kapitalgesellschaft Vertragsbeziehungen der Gesellschaft mit ihren Gesellschaftern, bspw. in Form von Dienst-, Darlehens- oder Miet- bzw. Pachtverträgen bestehen.[2] Sofern die Vergütungen als angemessen anzusehen sind, werden sie steuerrechtlich wie Verträge mit fremden Dritten behandelt und mindern als abzugsfähige Betriebsausgaben das steuerliche Ergebnis der Gesellschaft. Von einer angemessenen Vergütung kann ausgegangen werden, wenn diese so auch zwischen unabhängigen Dritten vereinbart worden wäre. Unangemessene Leistungsbeziehungen hingegen sind als gesellschaftsrechtlich veranlasst anzusehen und somit als verdeckte Gewinnausschüttungen bzw. verdeckte Einlagen (§ 8 Abs. 3 S. 3 - 6 KStG bzw. § 4 Abs. 1 S. 7 EStG) zu qualifizieren, die die körperschaftsteuerliche Bemessungsgrundlage nicht beeinflussen dürfen.[3]

Auf Ebene der Gesellschaft erhöhen verdeckte Gewinnausschüttungen den steuerlichen Gewinn und sind daher mit Körperschaftsteuer, Solidaritätszuschlag und Gewerbesteuer zu belasten.[4] Verdeckte Einlagen hingegen sind erfolgsneutral zu erfassen und bei der Ermittlung des zu versteuernden Einkommens zu kürzen, sofern dadurch eine Erhöhung des handelsrechtlichen Gewinns veranlasst wurde.[5]

Durch das Trennungsprinzip besteht zwischen der Besteuerung der Gesellschaft und der Besteuerung der Gesellschafter grundsätzlich kein wechselseitiger Einfluss.[6] In Verlustsituationen, wenn die Gesellschaft nicht verrechenbare Verluste in Form von Verlustvorträgen fortschreibt, kann es jedoch zu einer Abweichung vom Trennungsprinzip kommen. Bei schädlicher Anteilsveräußerung innerhalb von fünf Jahren können Verlustvorträge gem. § 8c Abs. 1 KStG teilweise oder ganz verloren gehen. Wie sich Verlustsituationen konkret auf die steuerliche Vorteilhaftigkeit der Kapitalgesellschaft auswirken, wird im Rahmen des Gliederungspunktes 3.5.3, Beurteilung von Verlustsituationen, erläutert.

3.3.3 Besteuerung auf Ebene des Gesellschafters

Eine Besteuerung der Gewinne auf Ebene des Gesellschafters findet aufgrund der Abschirmwirkung der Kapitalgesellschaft erst im Ausschüttungsfall statt und führt bei den Anteilseignern i. d. R. zu steuerbaren Einkünften aus Kapitalvermögen i. S. d. § 20 Abs. 1

---

[1] Vgl. Ortmann-Babel, M./Zipfel, L., Besteuerung von Kapitalgesellschaften, 2007, S. 72, Rn. 7.

[2] Dafür und für das Folgende vgl. Scheffler, W., Besteuerung von Unternehmen I, 2009, S. 188 f., S. 225, vgl. Kraft, C./Kraft, G., Grundlagen, 2009, S. 246.

[3] Vgl. Niehus, U./Wilke, H., Die Besteuerung, 2009, S. 59.

[4] Vgl. Schneeloch, D., Betriebswirtschaftliche, 2012, S. 185, vgl. Niehus, U./Wilke, H., Die Besteuerung, 2009, S. 7.

[5] Vgl. Niehus, U./Wilke, H., Die Besteuerung, 2009, S. 103.

[6] Dafür und für das Folgende vgl. Rödding, A., Rechtsformwahl, 2008, § 3 Rn. 24.

Nr. 1 EStG.[1] Für die konkrete Besteuerung dieser Einkünfte muss jedoch zunächst zwischen Beteiligungen im Privatvermögen des Anteilseigners sowie solchen, die im Betriebsvermögen gehalten werden, differenziert werden.[2]

Hält der Gesellschafter die Anteile an der Kapitalgesellschaft im Privatvermögen, so unterliegen die Gewinnausschüttungen gem. § 32d Abs. 1 EStG der Abgeltungsteuer i. H. v. 25 % zzgl. Solidaritätszuschlag.[3] Eine Besteuerung der Dividende mit dem persönlichen Einkommensteuersatz kommt in diesem Fall nur zur Anwendung, sofern dieser unter 25 % liegt und im Rahmen einer sog. Günstigerprüfung zu einer geringeren Steuerbelastung führt.[4]

Bei Anteilen, die im Privatvermögen gehalten werden, kann der Gesellschafter einen Antrag auf Besteuerung der Gewinnausschüttung nach dem Teileinkünfteverfahren gem. § 3 Nr. 40 EStG stellen, sofern er unternehmerisch an der Kapitalgesellschaft beteiligt ist.[5] D. h. hält er unmittelbar oder mittelbar mehr als 25 % der Anteile an der Gesellschaft oder ist zu mindestens 1 % beteiligt und zugleich beruflich für die Gesellschaft tätig, unterliegen Gewinnausschüttungen auf Antrag zu 60 % der persönlichen Einkommensteuer. Hingegen kommt eine Besteuerung nach dem Teileinkünfteverfahren stets zur Anwendung, wenn sich die Anteile an der Kapitalgesellschaft im Betriebsvermögen des Anteilseigners befinden.[6]

Dies ist u. a. der Fall, wenn eine Betriebsaufspaltung aufgrund personeller oder sachlicher Verflechtung vorliegt.[7] Bei einer personellen Verflechtung werden sowohl Besitz- als auch Betriebsunternehmen von einer Person bzw. einer Personengruppe beherrscht, wohingegen bei einer sachlichen Verflechtung eine Nutzungsüberlassung einer wesentlichen Betriebsgrundlage, wie bspw. ein Fabrikationsgrundstück, von der Besitz- an die Betriebsgesellschaft stattfindet. Die Beteiligung an der (Betriebs-)Kapitalgesellschaft wird in diesem Fall dem notwendigen Sonderbetriebsvermögen des Gesellschafters des Besitzunternehmens zugeordnet. Sofern das Besitzunternehmen in der Form eines Einzelunternehmens geführt wird, ist die Beteiligung an der Betriebsgesellschaft dem Betriebsvermögen des Einzelunternehmers zuzuordnen. Dividenden der GmbH werden dadurch als gewerbliche Einkünfte nach § 15 EStG qualifiziert. Eine Besteuerung mit der Abgeltungsteuer nach § 32d EStG kann nicht mehr erfolgen, da diese nur für Einkünfte aus Kapitalvermögen angewendet werden darf.

---

[1] Vgl. Schneeloch, D., Betriebswirtschaftliche, 2012, S. 159.

[2] Vgl. Kraft, C./Kraft, G., Grundlagen, 2009, S. 249 f.

[3] Vgl. Ortmann-Babel, M./Zipfel, L., Besteuerung von Kapitalgesellschaften, 2007, S. 80, Rn. 25.

[4] Vgl. Jacobs, O, Unternehmensbesteuerung, 2009, S. 554.

[5] Vgl. Schneeloch, D., Betriebswirtschaftliche, 2012, S. 164, vgl. Jacobs, O., Unternehmensbesteuerung, 2009, S. 554.

[6] Vgl. Kraft, C./Kraft, G., Grundlagen, 2009, S. 250.

[7] Dafür und für das Folgende vgl. Grobshäuser, U./Maier, W./Kies, D., Besteuerung, 2011, S. 590 f., vgl. Wollgarten, W., Personengesellschaft, 2010, Rn. 698 f.

Tab. 3.2 Besteuerung auf Ebene des Gesellschafters[1]

Abgeltungsteuer		Teileinkünfteverfahren	
Dividende = Gewinn nach Steuern	70,17	Dividende = Gewinn nach Steuern × 60 %	42,10
- Abgeltungsteuer 25 %	−17,54	Tarifl. Einkommensteuer 45 %	−18,95
- Solidaritätszuschlag (5,5 % von 25 %)	−0,96	Solidaritätszuschlag (5,5 % von 45 %)	−1,04
= Dividende nach Steuern	51,67	= Dividende nach Steuern	50,18
Steuerbelastung auf Ebene des Gesellschafters	18,50	Steuerbelastung auf Ebene des Gesellschafters	19,99
Gesamtsteuerbelastung	*48,33*	*Gesamtsteuerbelastung*	*49,82*

In Tab. 3.2 wird dargestellt, wie sich die Besteuerung auf Ebene des Gesellschafters im Falle der Anwendung der Abgeltungsteuer einerseits und unter Anwendung des Teileinkünfteverfahrens andererseits auswirkt. Aus Tab. 3.1 ergibt sich nach Abzug sämtlicher Steuern auf Gesellschaftsebene noch ein ausschüttungsfähiger Gewinn i. H. v. 70,17 EUR.

Bei Anteilen, die im Privatvermögen gehalten werden und somit der Abgeltungsteuer unterliegen, ergibt sich eine Steuerbelastung auf Ebene des Gesellschafters i. H. v. 18,50 EUR. Die Dividende nach Steuern beträgt somit 51,67 EUR. Im Vergleich dazu werden Ausschüttungen für Anteile im Betriebs- sowie Privatvermögen, für die das Wahlrecht zum Teileinkünfteverfahren ausgeübt wurde, zu 60 % mit dem persönlichen Einkommensteuertarif des Gesellschafters belastet. Auf Gesellschafterebene führt dies zu einer Besteuerung von 19,99 EUR, woraus sich eine Dividende nach Steuern i. H. v. 50,18 EUR ergibt.

Im vorliegenden Beispiel ist die Gesamtsteuerbelastung bei Anwendung des Teileinkünfteverfahrens höher als bei einer Belastung mit Abgeltungsteuer. Von einer eventuellen Wahlrechtsausübung ist also abzuraten. Wann diese jedoch von Vorteil sein kann, wird in Gliederungspunkt 3.5.1.2.6, Wegfall der Betriebsaufspaltung, erläutert.

3.4 Grundzüge der Ertragsbesteuerung von Personengesellschaften

3.4.1 Überblick

Anders als die Kapitalgesellschaft ist nicht die Personengesellschaft selbst, sondern deren Gesellschafter steuerpflichtig im Sinne des Ertragsteuerrechts.[2] Diese haben als sog. Mitunternehmer die ihnen zugerechneten Gewinne aus der Gesellschaft nach dem Einheits- bzw. Transparenzprinzip als Einkünfte aus Gewerbebetrieb gem. § 15 EStG zu versteuern.[3]

[1] Eigene Darstellung, in Anlehnung an Jacobs, O., Unternehmensbesteuerung, 2009, S. 553 f.

[2] Vgl. Schulze zur Wiesche, D., Die Personengesellschaft, 2010, Rn. 2.

[3] Vgl. Jacobs, O., Unternehmensbesteuerung, 2009, S. 543.

Auf Ebene der Personengesellschaft wird lediglich eine Ermittlung von Art und Höhe der Einkünfte vorgenommen, was als Grundlage für die Einkommensbesteuerung dient.[1]

Zur Ermittlung der Einkünfte des Mitunternehmers einer Personengesellschaft kommt ein zweistufiges Gewinnermittlungsschema nach § 15 Abs. 1 Nr. 2 EStG zur Anwendung. Während auf der ersten Stufe zunächst der gesamthänderisch erwirtschaftete Gewinn und ggf. das Ergebnis aus der Ergänzungsbilanz ermittelt werden, erfolgt auf der zweiten Stufe die Ermittlung der Ergebnisse eventueller Sonderbilanzen und Sondervergütungen.[2] Dies sind nach § 15 Abs. 1 Nr. 2 EStG bspw. Vergütungen für Tätigkeiten im Dienste der Gesellschaft, für die Hingabe von Darlehen oder für die Überlassung von Wirtschaftsgütern. Zusammen ergeben die Ergebnisse beider Stufen den steuerlichen Gesamtgewinn der Mitunternehmerschaft.

Neben der Versteuerung des Gewinns durch ihre Mitunternehmer ist die gewerblich tätige bzw. gewerblich geprägte Personengesellschaft nach § 2 Abs. 1 S. 2 GewStG gewerbesteuerpflichtig.[3] Der Gewerbeertrag als steuerliche Bemessungsgrundlage ergibt sich aus der Summe der Einkünfte aus Gewerbebetrieb der Gesellschafter sowie gesonderter Hinzurechnungen und Kürzungen nach §§ 8, 9 GewStG.[4] Durch die Steuerermäßigung nach § 35 EStG wird die Belastung auf Ebene des Gesellschafters jedoch abgeschwächt. Dieser kann sich den 3,8-fachen Steuermessbetrag von 3,5 %, höchstens jedoch die tatsächlich entrichtete Gewerbesteuer, anteilig auf seine Einkommensteuer anrechnen lassen, was zugleich die Bemessungsgrundlage des Solidaritätszuschlags beeinflusst.[5] Eine vollständige Kompensation der entrichteten Gewerbesteuer wird durch den Solidaritätszuschlagseffekt bis zu einem Hebesatz von 400 % erreicht.[6] Bei darunter liegenden Hebesätzen wird die Gewerbesteuer durch den zusätzlichen Effekt auf den Solidaritätszuschlagseffekt sogar überkompensiert.

Die nachfolgenden Abschnitte sollen nun einen Überblick über das zweistufige Gewinnermittlungsschema geben und die Gewinnermittlung bzw. -verteilung auf den beiden Stufen im Einzelnen erläutern. Anschließend wird die Besteuerung des so ermittelten Gewinns beim Mitunternehmer auch im Hinblick auf die Begünstigung thesaurierter Gewinne vorgenommen.[7]

---

[1] Vgl. Wollgarten, W., Gewinnermittlung, 2010, Rn. 391.

[2] Vgl. Niehus, U./Wilke, H., Die Besteuerung, 2010, S. 56 ff.

[3] Vgl. Ottersbach, J. H., Ertragsteuerliche Behandlung, 2010, Rn. 419.

[4] Vgl. Jacobs, O., Unternehmensbesteuerung, 2009, S. 550, vgl. Ottersbach, J. H., Ertragsteuerliche Behandlung, 2010, Rn. 420.

[5] Vgl. Mindermann, T./Lukas, K., Aspekte, 2011, S. 3848.

[6] Dafür und für das Folgende vgl. Kessler, W./Ortmann-Babel, M./Zipfel, L., Besteuerung, 2007, S. 12, Rn. 16.

[7] Zur ausführlichen Betrachtung der Besteuerung der Personengesellschaften sei an dieser Stelle auf die einschlägige Fachliteratur verwiesen.

3.4.2 Zweistufige Gewinnermittlung

3.4.2.1 Gewinnermittlung und -verteilung auf der ersten Stufe

Die Gewinnermittlung auf der ersten Stufe erfolgt zunächst auf Grundlage der Gesamthandsbilanz der Personengesellschaft, welche das Betriebsvermögen der Gesellschaft abbildet und aus der, aufgrund des Maßgeblichkeitsprinzips, eine derivative Steuerbilanz nach § 5 Abs. 1 i. V. m § 4 Abs. 1 EStG abzuleiten ist.[1] Diese enthält ausschließlich diejenigen Wirtschaftsgüter, welche sich im Gesamthandsvermögen der Personengesellschaft befinden und ist ggf. außerbilanziell, bspw. um nichtabziehbare Betriebsausgaben, zu korrigieren.[2] Etwaige im Alleineigentum eines Mitunternehmers stehende Gegenstände sind auf zweiter Stufe in dessen Sonderbilanz zu erfassen.[3]

Der so ermittelte gesamthänderische Gewinn bildet den Ausgangspunkt für die Gewinnverteilung auf der ersten Stufe. Nach Abzug eventueller vertraglich festgelegter Vorabgewinne, die den Gesellschaftern individuell zugeschrieben werden, wird der restliche Gewinn grundsätzlich nach der gesellschaftsvertraglich vereinbarten Gewinnverteilungsabrede aufgeteilt.[4] Somit wird in diesem Schritt der gesamte handelsrechtliche Gewinn der Personengesellschaft auf die Gesellschafter verteilt.

Sofern der sich aus der Gesamthandsbilanz ergebende Anteilswert des Mitunternehmers vom tatsächlichen Wert abweicht, ist eine zusätzliche Ergänzungsbilanz aufzustellen, welche die wertmäßigen Korrekturen zu den steuerbilanziellen Werten darstellt.[5] Der Gewinnanteil aus der Gesamthandsbilanz ist somit ggf. um das Ergebnis aus der Ergänzungsbilanz zu korrigieren, um den Gewinnanteil des Mitunternehmers zu erhalten.

Bestehen zusätzlich schuldrechtliche Vertragsverhältnisse der Gesellschaft mit ihren Gesellschaftern, so führen diese zu Betriebsausgaben auf Ebene der Personengesellschaft, die das handelsrechtliche Ergebnis mindern.[6] Auf Ebene des Gesellschafters werden diese Vergütungen nachfolgend auf der zweiten Gewinnermittlungsstufe zugeordnet.

3.4.2.2 Gewinnermittlung auf der zweiten Stufe

Auf der zweiten Gewinnermittlungsstufe werden dem Gesellschafter die Vergütungen aus schuldrechtlichen Vertragsbeziehungen zu dessen gewerblichen Einkünften zugerechnet.[7] Nach § 15 Abs. 1 S. 1 Nr. 2 EStG können dies sowohl Vergütungen für Tätigkeiten im Dienste der Gesellschaft, für die Hingabe von Darlehen als auch für die Überlassung von Wirtschaftsgütern sein.

[1] Vgl. Kraft, C./Kraft, G., Grundlagen, 2009, S. 230.

[2] Dafür und für das Folgende vgl. Niehus, U./Wilke, H., Die Besteuerung, 2010, S. 81 ff.

[3] Vgl. Lüdicke, J., Besteuerung, 2008, Rn. 25.

[4] Dafür und für das Folgende vgl. Wollgarten, W., Gewinnermittlung, 2010, Rn. 383, 387.

[5] Dafür und für das Folgende vgl. Niehus, U./Wilke, H., Die Besteuerung, 2010, S. 84.

[6] Vgl. Kraft, C./Kraft, G., Grundlagen, 2009, S. 231.

[7] Vgl. Niehus, U./Wilke, H., Die Besteuerung, 2010, S. 105 ff.

Weiter sind auf dieser Stufe etwaige Sonderbetriebseinnahmen bzw. -ausgaben zu erfassen, die dem Mitunternehmer aus dessen Sonderbetriebsvermögen bei der Personengesellschaft zufließen.[1] So zählen die Anteile der Kommanditisten einer GmbH & Co. KG an der Komplementär-GmbH zum Sonderbetriebsvermögen, da die Anteile an der geschäftsführenden GmbH eine Einflussnahme auf die KG ermöglichen und dadurch dessen Mitunternehmer-stellung stärken.[2] Tätigkeitsvergütungen der GmbH an den Gesellschafter-Geschäftsführer stellen Sondervergütungen des Geschäftsführers bei der KG dar, welche auf zweiter Stufe den gewerblichen Einkünften zugerechnet werden.[3]

Das Ergebnis auf zweiter Stufe setzt sich folglich aus den Sondervergütungen zzgl. der Sonderbetriebseinnahmen und abzgl. der Sonderbetriebsausgaben zusammen.

Der Gewinnanteil aus der Mitunternehmerschaft ist vom Gesellschafter grundsätzlich, d. h. unabhängig von der Entnahme jenes Gewinnanteils, als Einkünfte aus Gewerbebetrieb i. S. d. § 15 EStG der Einkommensteuer zu unterwerfen.[4]

3.4.3 Besteuerung auf Ebene des Mitunternehmers

Die Summe aus erster und zweiter Stufe stellt den Gesamtgewinn des Mitunternehmers aus der Beteiligung an der Personengesellschaft dar und bildet die Grundlage für die Besteuerung auf Ebene des Gesellschafters. Diese erfolgt mit dem persönlichen Steuersatz des Mitunternehmers. Die bereits auf Ebene der Personengesellschaft abgeführte Gewerbesteuer wird der Einkommensteuerbelastung angerechnet (siehe 4.1).

Anders als bei einer Kapitalgesellschaft wird eine Besteuerung des Gewinns auf Gesellschafterebene aufgrund des Einheitsprinzips nicht erst durch eine Ausschüttung ausgelöst, sodass der Gewinn, unabhängig von der Art der Gewinnverwendung, direkt vom Gesellschafter zu versteuern ist.

Im Folgenden wird für die Besteuerung des Gewinns auf Ebene des Gesellschafters zwischen einer vollständigen Entnahme sowie einer Thesaurierung unterschieden.

3.4.3.1 Entnahme

Die nachfolgende Tab. 3.3 zeigt beispielhaft die Besteuerung auf Ebene des Mitunternehmers im Falle einer Entnahme:

[1] Vgl. Kraft, C./Kraft, G., Grundlagen, 2009, S. 234 f., vgl. Niehus, U./Wilke, H., Die Besteuerung, 2010, S. 118.

[2] Vgl. Bitz, H., in: Littmann, E./Bitz, H./Pust, H., Das Einkommensteuerrecht, 2010, § 15 EStG, Rn. 47, vgl. OFD-Münster, Verfügung vom 06.11.2008, S. 108, OFD-München, Verfügung vom 02.04.2001, S. 1032 f.

[3] Vgl. König, R./Maßbaum, A./Sureth, C., Besteuerung, 2011, S. 66 f., vgl. Bitz, H., in: Littmann, E./Bitz, H./ Pust, H., Das Einkommensteuerrecht, 2010, § 15 EStG, Rn. 48.

[4] Dafür und für das Folgende vgl. Jacobs, O., Unternehmensbesteuerung, 2009, S. 550.

Tab. 3.3 Besteuerung von ausgeschütteten Gewinnen[1]

Gewinn vor Steuern	100,00
- Gewerbesteuer (Hebesatz 400 %)	−14,00
- Tarifl. Einkommensteuer 45 %	−45,00
+ Steuerermäßigung nach § 35 EStG (3,8 × Gewinn × 3,5 %), max. gezahlte Gewerbesteuer	+13,30
- Solidaritätszuschlag (45,00 - 13,30) × 5,5 %	−1,74
= Gewinn nach Steuern	52,56
Gesamtsteuerbelastung	*47,44*

Der Gewinn vor Steuern stellt den Gesamtgewinn des Mitunternehmers aus der Personengesellschaft dar. Dieser wird auf Gesellschaftsebene mit 14 % Gewerbesteuer sowie auf Ebene des Mitunternehmers zusätzlich mit 45 % Einkommensteuer belastet. Durch die Anrechnung der Gewerbesteuer nach § 35 EStG verringert sich die zu zahlende Einkommensteuer des Gesellschafters, welche zugleich die Bemessungsgrundlage für den Solidaritätszuschlag darstellt. Somit verringert sich neben der tariflichen Einkommensteuer zusätzlich der Solidaritätszuschlag um 5,5 % von 13,3 %, was eine Anrechnung auf den Solidaritätszuschlag von 0,7 % zur Folge hat.[2] Die gezahlte Gewerbesteuer wird vollständig kompensiert. Somit ergibt sich auf Ebene des Mitunternehmers eine Besteuerung i. H. v. 47,44 %.

3.4.3.2 Thesaurierung

Im Zuge der Unternehmensteuerreform 2008 wurde die Thesaurierungsbegünstigung i. S. d. § 34a EStG eingeführt. Den Mitunternehmern eröffnet sich dadurch die Möglichkeit, im Unternehmen belassene Gewinne auf Antrag mit einem ermäßigten Steuersatz von 28,25 % zzgl. Solidaritätszuschlag zu besteuern.[3] Dies soll zum einen eine annähernd gleiche Belastung der Gewinne aus Einzelunternehmen bzw. Mitunternehmerschaften mit der Einkommensbesteuerung von Kapitalgesellschaften sicherstellen und zum anderen die Eigenkapitalbasis der Unternehmen stärken.[4] Laut Gesetzgeber werden zudem durch die geringere Steuerbelastung die Investitionsmöglichkeiten des Unternehmens verbessert, ohne weiteres Fremdkapital in Anspruch nehmen zu müssen.[5] Der Antrag auf Begünstigung ist für jeden Mitunternehmeranteil gesondert bis zur Höhe des nicht entnommenen

[1] Eigene Darstellung, in Anlehnung an Jacobs, O., Unternehmensbesteuerung, 2009, S. 550 f.

[2] Dafür und für das Folgende vgl. Kessler, W./Ortmann-Babel, M./Zipfel, L., Besteuerung, 2007, S. 12 f., Rn. 16.

[3] Vgl. Blum, A., Wann lohnt sich, 2008, S. 322.

[4] Vgl. Niehus, U./Wilke, H., Die Besteuerung, 2010, S. 121, vgl. Kessler, W./Ortmann-Babel, M./Zipfel, L., Besteuerung, 2007, S. 21, Rn. 37, vgl. Schanz, S./Kollruss, T./Zipfel, L., Zur Vorteilhaftigkeit, 2008, S. 1703.

[5] Vgl. BT-Drucks. 16/4841 vom. 27.03.2007, S. 62.

Tab. 3.4 Besteuerung thesaurierter Gewinne[1]

Gewinn vor Steuern	100,00
– Gewerbesteuer (Hebesatz 400 %)	–14,00
= Gewinn nach Gewerbesteuer = nicht entnommener Gewinn	86,00
– Einkommensteuer auf nicht entnommenen Gewinn 28,25 %	–24,30
– Tarifl. Einkommensteuer 45 % auf Gewerbesteuer (45 % × 14,00)	–6,30
+ Steuerermäßigung nach § 35 EStG (3,8 × Gewinn × 3,5 %), max. gezahlte Gewerbesteuer	+ 13,30
– Solidaritätszuschlag ((24,30 + 6,30)–13,30) × 5,5 %	–0,95
= Gewinn nach Steuern	67,75
Steuerbelastung zum Thesaurierungszeitpunkt	*32,25*
– Nachversteuerungspflichtiger Betrag (Begünstigungsbetrag – 28,25 % – 5,5 %) (86,00 – 24,30 – 1,34) × 25 %	60,36
– Einkommensteuer 25 % auf nachversteuerungspflichtigen Betrag	–15,09
– Solidaritätszuschlag (15,09 × 5,5 %)	–0,83
Steuerbelastung insgesamt (inkl. Entnahme)	*48,17*

Gewinns zu stellen, sofern der Anteil am nach § 4 Abs. 1 S. 1 EStG oder § 5 EStG ermittelten Gesamtgewinn mehr als 10 % beträgt bzw. 10.000 EUR übersteigt.[2] Bei späterer Entnahme des begünstigt besteuerten Gewinns erfolgt eine Nachversteuerung des sog. nachversteuerungspflichtigen Betrags analog der Dividendenbesteuerung für im Privatvermögen gehaltene Anteile an Kapitalgesellschaften i. H. v. 25 % zzgl. Solidaritätszuschlag.[3] Der nachversteuerungspflichtige Betrag ergibt sich aus dem begünstigt besteuerten Gewinn (Begünstigungsbetrag) abzüglich der darauf entfallenden gesetzlich definierten Steuerbelastung, d. h. 28,25 % Einkommensteuer zzgl. Solidaritätszuschlag, und ist jährlich fortzuschreiben.[4] Nebenleistungen wie bspw. Säumniszuschläge oder Zinsen dürfen jedoch nicht abgezogen werden.[5]

In Tab. 3.4 wird die Besteuerung des nach § 34a EStG thesaurierten Gewinns (in EUR) auf Ebene des Mitunternehmers dargestellt.

Die Berechnungen in vorstehender Tabelle basieren auf der Annahme, dass eine vollständige Thesaurierung des nach Abzug von Gewerbesteuer verbleibenden Betrags i. H. v. 86 EUR möglich ist und dieser direkt nach vorgenommener Thesaurierung entnommen

---

[1] Eigene Darstellung, in Anlehnung an Niehus, U./Wilke, H., Die Besteuerung, 2010, S. 122 f. sowie Kessler, W./ Ortmann-Babel, M./Zipfel, L., Besteuerung, 2007, S. 28 f.

[2] Vgl. BMF-Schreiben vom 11.08.2008, IV C 6-S 2290-a/07/10001, Rn. 7 ff.

[3] Vgl. Harle, G., Die Auswirkungen, 2008, S. 2152.

[4] Vgl. BMF-Schreiben vom 11.08.2008, IV C 6-S 2290-a/07/10001, Rn. 24 f.

[5] Vgl. Ortmann-Babel, M./Zipfel, L., Unternehmensteuerreform 2008 Teil II, 2007, S. 2212.

wird. Bei einem persönlichen Steuersatz von 45 % beträgt die Thesaurierungsbelastung 32,25 %, die Gesamtbelastung inklusive der Nachversteuerung 48,17 %.

Der Thesaurierungshöchstbetrag, also derjenige Anteil vom Gewinn, der maximal thesauriert werden kann, beinhaltet sämtliche Bestandteile des Mitunternehmeranteils, d. h. den anteiligen Gewinn, den Gewinn aus der Ergänzungsbilanz, Sondervergütungen sowie den Gewinn aus der Sonderbilanz des Gesellschafters, und wird regelmäßig durch den positiven Saldo aus Entnahmen und Einlagen gemindert.[1] Unter diese Entnahmen fallen insbesondere Entnahmen zur Begleichung von Gewerbesteuer, Einkommensteuer und Solidaritätszuschlag, die auf den Gewinn aus der Mitunternehmerschaft entfallen und auch bei Thesaurierung zu entrichten sind.[2] In der Praxis kann es folglich zu keiner vollständigen Thesaurierung kommen, da nur der Teil des Gewinns thesauriert werden kann, der nicht für die Zahlung der laufenden Ertragsteuern benötigt wird.[3] Der maximal mögliche Begünstigungsbetrag lässt sich nach Homburg anhand nachfolgender Formel berechnen:[4]

$$B = \frac{1 - s_e - s_g}{1 + s_b - s_e}$$

Der Begünstigungsbetrag (B) errechnet sich demnach aus der tariflichen Einkommensteuer (s_e) samt Solidaritätszuschlag, dem Gewerbesteuerüberhang (s_g), welcher sich aus der Gewerbesteueranrechnung nach § 35 EStG ergibt, sowie der ermäßigten Einkommensteuer (s_b) für thesaurierte Gewinne. Bei einem Gewinn von 100 EUR, einem tariflichen Einkommensteuersatz von 45 % und einem Gewerbesteuerhebesatz von 400 % können folglich maximal 63,83 EUR thesauriert werden.[5] Ändern sich jedoch Einkommensteuersatz und Hebesatz, so ändert sich auch die maximale Thesaurierungsquote.[6] So können bei einem gleichbleibenden Hebesatz und einem Einkommensteuersatz von 40 % bereits 66,01 % thesauriert werden. Jedoch kann auch bei Annahme einer Vollthesaurierung, d. h. eine Begleichung der laufenden Ertragsteuern durch andere Einkünfte des Gesellschafters, nie der gesamte Gewinn begünstigt werden, da die Gewerbesteuer als nichtabziehbare Betriebsausgabe nach § 4 Abs. 5b EStG tatsächlich verausgabt wurde und somit nicht entnahmefähig ist.[7]

---

[1] Vgl. Ortmann-Babel, M./Zipfel, L., Unternehmensteuerreform 2008 II, 2007, S. 2210, vgl. BMF-Schreiben vom 11.08.2008, IV C 6-S 2290-a/07/10001, Rn. 27 f.

[2] Dafür und für das Folgende vgl. Kessler, W./Ortmann-Babel, M./Zipfel, L., Besteuerung, 2007, S. 29, Rn. 61 f.

[3] Vgl. Jacobs, O., Unternehmensbesteuerung, 2009, S. 570.

[4] Vgl. Homburg, S., Die Abgeltungsteuer, 2007, S. 688.

[5] Vgl. Schanz, S./Kollruss, T./Zipfel, L., Zur Vorteilhaftigkeit, 2008, S. 1703.

[6] Dafür und für das Folgende vgl. Jacobs, O., Unternehmensbesteuerung, 2009, S. 570 f.

[7] Vgl. Förster, G., Rechtsformwahl, 2008, S. 187, vgl. BT-Drucks. 16/4841 vom 27.03.2007, S. 63.

3.5 Vergleich der ertragsteuerlichen Belastung einer GmbH und einer GmbH & Co. KG

3.5.1 Statischer Belastungsvergleich

In diesem Abschnitt soll anhand des in Gliederungspunkt 3.2 dargestellten Ausgangssachverhaltes ein statischer Belastungsvergleich durchgeführt werden. Dieser umfasst lediglich eine Periode und vergleicht die ertragsteuerliche Gesamtbelastung der GmbH bzw. der GmbH & Co. KG (nachfolgend KG) sowohl im Falle einer Ausschüttung bzw. Entnahme als auch im Falle einer Thesaurierung. Um eine Vergleichbarkeit dieser beiden Gewinnverwendungsarten zu erreichen, wird die Annahme getroffen, dass ein im Veranlagungszeitraum thesaurierter Gewinn direkt nach erfolgter Thesaurierung ausgeschüttet bzw. entnommen wird. Dadurch wird auch die latente Steuerbelastung, die bei einer späteren Ausschüttung bzw. Entnahme entsteht, direkt in den Belastungsvergleich miteinbezogen. Neben der Durchführung der Vergleichsrechnung sollen anschließend diejenigen Faktoren, die die Höhe der Gesamtsteuerbelastung maßgeblich beeinflussen, modifiziert werden. Abschließend sollen die zuvor gewonnenen Ergebnisse kritisch betrachtet werden.

3.5.1.1 Durchführung der Vergleichsrechnungen

Anhand der nachfolgenden Tabellen sollen nun die beiden Rechtsformen GmbH und KG im Falle einer vollständigen Gewinnausschüttung bzw. -entnahme sowie einer maximalen Thesaurierung gegenübergestellt werden. Etwaige steuerliche Anpassungen bzw. Korrekturen, bspw. aufgrund steuerlicher Bilanzierungs- und Bewertungsvorschriften, sind im Veranlagungszeitraum nicht vorzunehmen.[1] Der steuerbilanzielle Gewinn beträgt somit 1 Mio. EUR. Um anschließend zum steuerbilanziellen Gesamthandsvermögen zu gelangen, sind etwaige nicht abziehbare Betriebsausgaben sowie Aufwendungen, wie z. B. Körperschaftsteuer, Solidaritätszuschlag oder Gewerbesteuer nach § 10 Nr. 2 KStG bzw. § 4 Nr. 5b EStG zu korrigieren.[2] Da im Veranlagungszeitraum keine Korrekturen vorzunehmen sind, beträgt das steuerbilanzielle Gesamthandsvermögen 1 Mio. EUR.

In der Praxis ist es üblich, dass die nicht am Kapital der KG beteiligte Komplementär-GmbH für die Übernahme des Haftungsrisikos eine Haftungsvergütung erhält. Im vorliegenden Sachverhalt wurde jedoch auf eine Zahlung dieser Sondervergütung verzichtet. In den nachfolgenden Berechnungen wurden zur besseren Übersichtlichkeit keine Nachkommastellen ausgewiesen. Die Ergebnisse wurden kaufmännisch gerundet.

3.5.1.1.1 Vollausschüttung bzw. Entnahme

Anhand der nachfolgenden Tab. 3.5 soll ein statischer Belastungsvergleich im Falle einer vollständigen Gewinnausschüttung bzw. -entnahme für die Varianten GmbH sowie KG zusammenfassend dargestellt werden:

[1] Vgl. Niehus, U./Wilke, H., Die Besteuerung, 2009, S. 40.

[2] Vgl. Scheffler, W., Besteuerung von Unternehmen I, 2009, S. 192 f.

Tab. 3.5 Statischer Belastungsvergleich bei Gewinnausschüttung bzw. -entnahme[1]

	GmbH		GmbH & Co. KG	
	Einkünfte	Steuerlast	Einkünfte	Steuerlast
Gewinn lt. Handelsbilanz = Steuerbilanzielles Gesamthandsvermögen	1.000.000		1.000.000	
1. Gesellschaftsebene				
+ Sonderbetriebseinnahmen	–			
+ Geschäftsführergehalt			100.000	
+ Darlehenszinsen			50.000	
+ Miete/Pacht Grundstück			60.000	
– Sonderbetriebsausgaben	–		–	
= zu versteuerndes Einkommen	*1.000.000*		*1.210.000*	
+ gewerbesteuerliche Hinzu-rechnungen				
+ Zinsen	50.000		–	
+ Miete/Pacht Immobilie (60.000 × 50 %)	30.000		–	
– Freibetrag (100.000)	– 80.000		–	
– Kürzungen	–		–	
– Gewerbesteuerfreibetrag bei	–		– 24.500	
Personengesellschaften (24.500)				
= Gewerbeertrag	1.000.000		1.185.500	
– Gewerbesteuer (Hebesatz 400 %)		– 140.000		165.970
– Körperschaftsteuer 15 %		– 150.000		
– Solidaritätszuschlag 5,5 %		– 8.250		
Steuerbelastung auf Gesellschaftsebene		*– 298.250*		*– 165.970*
		29,83 %		*14,00 %*
2. Gesellschafterebene				
Einkommensteuer:				
Tätigkeitsvergütung	100.000	– 45.000	100.000	– 45.000
Zinsen	50.000	– 22.500	60.000	– 22.500
Dividende/Entnahme	701.750	– 189.473	1.000.000	– 450.000
Miete	60.000	– 27.000	60.000	– 27.000
Gewerbesteuer:				
Mieteinnahmen	60.000	– 4.970		
Anrechnung Gewerbesteuer		4.722		157.672
Zu leistende Einkommensteuer		279.251		386.828
Solidaritätszuschlag auf zu				
leistende Einkommensteuer		– 15.359		– 21.276

[1] Eigene Darstellung, in Anlehnung an Jacobs, O., Unternehmensbesteuerung, 2009, S. 550 ff., Kessler, W./ Ortmann-Babel, M./Zipfel, L., Besteuerung, 2007, S. 30, Harle, G., Die Auswirkungen, 2008, S. 2162.

Tab. 3.5 (Fortsetzung)

	GmbH		GmbH & Co. KG	
	Einkünfte	Steuerlast	Einkünfte	Steuerlast
Steuerbelastung auf Ebene des Gesellschafters		*– 299.580*		*– 408.104*
		32,86 %		*33,73 %*
Gesamtsteuerbelastung		*– 597.830*		*– 574.074*
		49,41 %		*47,44 %*

Tabelle 3.5 zeigt die Höhe der Steuerbelastung der GmbH bzw. der KG auf Ebene der Gesellschaft sowie des Gesellschafters im Falle einer vollständigen Ausschüttung bzw. -entnahme. Da im vorgenannten Beispiel keine Korrekturen erforderlich sind, beträgt das steuerliche Ergebnis 1 Mio. EUR.

Für die weitere Berechnung ist aufgrund der unterschiedlichen steuerlichen Behandlung bei Kapital- und Personengesellschaften zwischen der GmbH und der KG zu unterscheiden:

GmbH: Aufgrund des Trennungsprinzips führen die an den Gesellschafter A gezahlten Leistungsvergütungen nicht zu Sonderbetriebseinnahmen bzw. -ausgaben, da diese bei Gesellschafter A im Rahmen seiner sieben Einkunftsarten zu erfassen sind.[1] Auf Ebene der Gesellschaft stellen die angemessenen Leistungsvergütungen abzugsfähige Betriebsausgaben dar, die das körperschaftsteuerliche Ergebnis bereits gemindert haben.[2] Da im Veranlagungszeitraum keine körperschaftsteuerlichen Verlustvor- bzw. -rückträge nach §§ 10d EStG, 8c KStG zu berücksich-tigen sind, beträgt das zu versteuernde Einkommen der GmbH im Veranlagungszeitraum 1 Mio. EUR.

Anschließend ist der Gewerbeertrag als gewerbesteuerliche Bemessungsgrundlage zu ermitteln. Dabei ist zunächst zu prüfen, ob etwaige Hinzurechnungen nach § 8 GewStG vorzunehmen sind. Demnach sind die an Gesellschafter A entrichteten Darlehenszinsen i. H. v. 50.000 EUR sowie die Hälfte der Miete für ein von der Gesellschaft genutztes Fabrikationsgrundstück i. H. v. 60.000 EUR nach § 8 Nr. 1a bzw. § 8 Nr. 1e GewStG hinzuzurechnen.[3] Die an A bezahlte Geschäftsführervergütung stellt hingegen keinen Hinzurechnungstatbestand des § 8 GewStG dar und bleibt deshalb bei der Ermittlung des Gewerbeertrags unberücksichtigt. Eine Hinzurechnung der Summe aus Zinsen und Miete (80.000 EUR) ist nicht vorzunehmen, da diese den Hinzurechnungsfreibetrag von 100.000 EUR nicht überschreitet.[4] Da keine gewerbesteuerlichen Verlustvorträge nach § 10a GewStG zu berücksichtigen sind, beträgt der Gewerbeertrag der GmbH somit 1 Mio. EUR. Dieser wird auf

[1] Vgl. Rödding, A., Rechtsformwahl, 2008, Rn. 40.

[2] Vgl. Niehus, U./Wilke, H., Die Besteuerung, 2009, S. 7.

[3] Vgl. Grobshäuser, U./Maier, W./Kies, D., Besteuerung, 2011, S. 288.

[4] Vgl. Schneeloch, D., Betriebswirtschaftliche, 2012, S. 174.

Ebene der GmbH zunächst mit 14 % Gewerbesteuer (resultierend aus der Steuermesszahl von 3,5 % multipliziert mit dem Hebesatz von 400 %) belastet, was einer Gewerbesteuerbelastung von 140.000 EUR entspricht. Auf das zu versteuernde Einkommen der GmbH fallen außerdem 15 % Körperschaftsteuer zzgl. 5,5 % Solidaritätszuschlag an. Dies bedeutet eine weitere Belastung von 15,83 %, also insgesamt 158.250 EUR. Somit wird der Gewinn auf Ebene der GmbH mit 298.250 EUR besteuert. Dies entspricht einer Steuerbelastung von rund 29,83 %.

Auf Ebene des Gesellschafters kommt es nur zu einer Besteuerung, sofern der nach Abzug der Steuerbelastung auf Ebene der Gesellschaft verbleibende Gewinn i. H. v. 704.750 EUR ausgeschüttet wird.[1] Gesellschafter A hat der GmbH ein Fabrikationsgrundstück zur betrieblichen Nutzung überlassen. Dieses stellt laut Bundesfinanzhof (BFH) eine wesentliche Betriebsgrundlage für die produzierende GmbH dar, weshalb es aufgrund sachlicher Verflechtung zu einer Betriebsaufspaltung kommt.[2] Die Mieteinnahmen von 60.000 EUR, die A von der GmbH erhält, werden aus diesem Grund seinen gewerblichen Einkünften nach § 15 Abs. 1 Nr. 2 EStG zugeordnet.[3] Neben der Belastung mit Einkommensteuer i. H. v. 27.000 EUR sind diese Einnahmen zusätzlich gewerbesteuerpflichtig. Die erweiterte Grundbesitzkürzung nach § 9 Nr. 1 S. 2 GewStG ist laut FG Nürnberg bei Vorliegen einer sachlichen Verflechtung nicht zu gewähren.[4] Deshalb verbleibt nach Abzug des Freibetrags für natürliche Personen und Personengesellschaften von 24.500 EUR ein Gewerbeertrag von 25.500 EUR, der auf Ebene des Gesellschafters mit 14 % Gewerbesteuer (4.970 EUR) belastet wird.

Als weitere Folge der Betriebsaufspaltung sind die Gewinnausschüttungen der GmbH nach dem Teileinkünfteverfahren zu besteuern.[5] Die daraus resultierende Belastung mit der persönlichen Einkommensteuer des A beträgt bei Annahme einer vollständigen Gewinnausschüttung 189.473 EUR, da nur 60 % der Dividende, also lediglich 421.050 EUR, besteuert werden. Eine weitere Belastung der Dividende mit Gewerbesteuer ist jedoch zu verneinen, da diese über die Kürzungsvorschrift des § 9 Nr. 2 GewStG in vollem Umfang zu kürzen ist. Zusätzlich sind die von der GmbH entrichteten Leistungsvergütungen der persönlichen Einkommensteuer des A zu unterwerfen. Die Tätigkeitsvergütung wird im Rahmen seiner Einkünfte aus nichtselbständiger Arbeit gem. § 19 Abs. 1 Nr. 1 EStG mit 45.000 EUR belastet. Die Zinseinnahmen aus der Überlassung eines Gesellschafterdarlehens sind den Einkünften aus Kapitalvermögen nach § 20 Abs. 1 Nr. 5 EStG zuzuordnen und mit Einkommensteuer i. H. v. 22.500 EUR zu belasten. Eine Anwendung der Abgeltungsteuer auf die Zinseinnahmen des A kommt nicht infrage, da dessen Be-

[1] Vgl. Scheffler, W., Besteuerung von Unternehmen I, 2009, S. 200.

[2] Vgl. Grobshäuser, U./Maier, W./Kies, D., Besteuerung 2011, S. 600 f, vgl. BFH, Beschluss vom 12.09.1991, S. 347, vgl. BFH, Beschluss vom 26.03.1992, S. 830, vgl. Kempermann, M., § 247 Anhang Steuerbilanz, 2012, Rn. 108.

[3] Vgl. Harle, G., Die Auswirkungen, 2008, S. 2162, vgl. Grashoff, D., Aktuelles, 2011, Rn. 318.

[4] Vgl. FG Nürnberg, Urteil vom 19.03.2003.

[5] Vgl. Scheffler, W., Besteuerung von Unternehmen I, 2009, S. 61 f.

teiligung an der GmbH mehr als 10 % beträgt und die Darlehenszinsen somit nach § 32d Abs. 2 Nr. 1b EStG mit dem Normaltarif zu besteuern sind.[1] Da der Gesellschafter A durch die Mieteinnahmen gewerbliche Einkünfte erzielt, kann die darauf entfallende Gewerbesteuer nach § 35 EStG i. H. v. 4.722 EUR auf die tarifliche Einkommensteuer des A angerechnet werden.[2] Der Solidaritätszuschlag wird auf die noch zu leistende Einkommensteuer von 279.251 EUR erhoben und beträgt 15.359 EUR. Auf Ebene des Gesellschafters A führt dies zu einer Belastung von 299.580 EUR, also rund 32,86 %.

Die Gesamtsteuerbelastung der Alternative GmbH ergibt sich aus der Summe von Gesellschafts- sowie Gesellschafterebene und beträgt insgesamt 597.830 EUR. Dies bedeutet eine Steuerbelastung der GmbH von insgesamt rund 49,41 %.

GmbH & Co. KG: Anders als bei der GmbH sind Sonderbetriebseinnahmen und -ausgaben von Gesellschaftern der KG diesen gewinnerhöhend bzw. -mindernd zuzurechnen. Von der Gesellschaft gezahlte Leistungsvergütungen sind nicht als Betriebsausgaben abzugsfähig, sondern stellen einen Gewinnbestandteil des Gesellschafters dar.[3] Die an den Gesellschafter B gezahlten Sondervergütungen in Form einer Geschäftsführervergütung, Zinsen für die Gewährung eines Darlehens sowie einer Miete für die Überlassung eines Fabrikationsgrundstücks sind diesem folglich auf der zweiten Gewinnermittlungsstufe gewinnerhöhend als Sonderbetriebseinnahmen von ins-gesamt 210.000 EUR hinzuzurechnen.[4] Da Gesellschafter B als Kommanditist zu 100 % am Kapital der Gesellschaft beteiligt ist, fließt ihm der gesamte Gewinn der KG i. H. v. 1. Mio. EUR zu. Das zu versteuernde Einkommen des B, bestehend aus Gewinnanteil und Sonderbetriebseinnahmen, beträgt somit 1.210.000 EUR.

Schuldner der Gewerbesteuer sind nicht die Gesellschafter der KG, sondern die Gesellschaft selbst. Zur Ermittlung des Gewerbeertrags der KG werden neben dem Gewinn der Gesellschaft auch die Sonderbetriebseinnahmen bzw. -ausgaben ihrer Gesellschafter herangezogen.[5] Dadurch ist gewährleistet, dass auch die Vergütungen an die Gesellschafter der KG, die im ersten Schritt als Betriebsausgaben das Ergebnis der Gesellschaft gemindert haben, der Gewerbesteuer unterliegen.[6] Folglich ist, anders als bei der GmbH, eine Hinzurechnung der Darlehenszinsen sowie der Mietzahlungen für die Ermittlung des Gewerbeertrags der KG nicht erforderlich.[7] Nach Abzug des für Personengesellschaften zu gewährenden Gewerbesteuerfreibetrags i. H. v. 24.500 EUR ergibt sich ein Gewerbeertrag

[1] Vgl. Jacobs, O., Unternehmensbesteuerung, 2009, S. 618.

[2] Vgl. Scheffler, W., Besteuerung von Unternehmen I, 2009, S. 152 f.

[3] Vgl. Rödding, A., Rechtsformwahl, 2008, Rn. 41.

[4] Vgl. Niehus, U./Wilke, H., Die Besteuerung, 2010, S. 105 f.

[5] Dafür und für das Folgende vgl. Jacobs, O., Unternehmensbesteuerung, 2009, S. 295.

[6] Vgl. Rödding, A., Rechtsformwahl, 2008, Rn. 41 f.

[7] Vgl. Niehus, U./Wilke, H., Die Besteuerung, 2010, S. 25, vgl. Levedag, C., Gewinnermittlung, 2009, Rn. 168.

von 1.185.000 EUR. Dieser wird mit 14 % Gewerbesteuer, d. h. 168.070 EUR, belastet, was zugleich der Gesamtsteuerbelastung auf Gesellschaftsebene entspricht.

Zusätzlich zur Gewerbesteuer sind sämtliche Einkünfte des B aus der KG nach § 15 EStG als Einkünfte aus Gewerbebetrieb dessen persönlicher Einkommensteuer zu unterwerfen. Somit werden die Leistungsvergütung, die Zinseinnahmen, die Miete sowie der Gewinnanteil aus der KG mit Einkommensteuer i. H. v. 544.500 EUR belastet. Da Gesellschafter B aus der KG Einkünfte aus Gewerbebetrieb erzielt, vermindert sich dessen tarifliche Einkommensteuer gem. § 35 Abs. 1 Nr. 2, Abs. 2 EStG um das 3,8-fache des anteiligen Gewerbesteuer-Messbetrags, maximal jedoch um die tatsächlich gezahlte Gewerbesteuer.[1] Aufgrund seiner 100 %-Beteiligung an der KG ist ihm der Gewerbesteuer-Messbetrag von rund 41.493 EUR in voller Höhe zuzurechnen. Dies hat für die KG im Regelfall den Vorteil, dass so „auch die Gewinnanteile der Kommanditgesellschaft, die auf die Komplementär-GmbH entfallen, von der Gewerbesteuer entlastet werden“[2]. Die Steuerermäßigung i. H. v. 157.672 EUR mindert die tarifliche Einkommensteuer als Bemessungsgrundlage des Solidaritätszuschlags. Dieser wird lediglich auf die noch zu leistende Einkommensteuer von 386.829 EUR berechnet und beträgt somit 21.276 EUR. Auf Ebene des Gesellschafters ergibt sich demnach eine Steuerbelastung von 408.104 EUR, also rund 33,73 %.

Die Gesamtsteuerbelastung der Alternative KG beträgt somit 574.074 EUR, d. h. 47,44 %.

Fazit: Der Vergleich zeigt, dass im dargestellten Beispiel die Variante der KG im Falle einer vollständigen Gewinnausschüttung bzw. -entnahme vorzuziehen ist. Bereits auf Gesellschaftsebene hat die KG einen relativen Vorteil gegenüber der GmbH von 15,83 Prozentpunkten, da keine Belastung mit Körperschaftsteuer und Solidaritätszuschlag anfällt.

Während bei der GmbH eine Besteuerung auf Gesellschafterebene erst zum Ausschüttungszeitpunkt stattfindet, ist eine Besteuerung auf Ebene des Mitunternehmers der KG grundsätzlich vorzunehmen. Die Gewinnausschüttung der GmbH unterliegt durch das Teileinkünfte-verfahren einer niedrigeren Besteuerung als der Gewinnanteil der KG, welcher in vollem Umfang der tariflichen Einkommensteuer des Gesellschafters unterliegt.

Im Hinblick auf die Gesamtsteuerbelastung, d. h. nach erfolgter Ausschüttung der GmbH, ist die Alternative KG jedoch um 1,96 Prozentpunkte geringer belastet als die GmbH.

3.5.1.1.2 Thesaurierung

Die nachfolgende Tab. 3.6 zeigt einen statischen Belastungsvergleich für die Variante Gewinnthesaurierung, wobei von einer Thesaurierung des maximal möglichen Betrags ausgegangen wird.

Auf Grundlage von Tab. 3.6 wird die steuerliche Belastung im Falle einer maximalen Gewinnthesaurierung für die Varianten GmbH sowie KG zusammenfassend dargestellt.

[1] Vgl. Scheffler, W., Besteuerung von Unternehmen I, 2009, S. 152 f.

[2] Breithaupt, J., Wesentliche, 2010, Rn. 190.

Tab. 3.6 Statischer Belastungsvergleich bei Thesaurierung[1]

	GmbH		GmbH & Co. KG	
	Einkünfte	Steuerlast	Einkünfte	Steuerlast
Gewinn lt. Handelsbilanz = Steuerbilanzielles Gesamthandsvermögen	1.000.000		1.000.000	
1. Gesellschaftsebene				
+ Sonderbetriebseinnahmen	–			
+ Geschäftsführergehalt			100.000	
+ Darlehenszinsen			50.000	
+ Miete/Pacht Immobilie			60.000	
– Sonderbetriebsausgaben	–		–	
= zu versteuerndes Einkommen	*1.000.000*		*1.210.000*	
+ gewerbesteuerliche Hinzu-rechnungen				
+ Zinsen	50.000		–	
+ Miete/Pacht Immobilie (60.000 × 50 %)	30.000		–	
– Freibetrag (100.000)	*– 80.000*		–	
– Kürzungen	–		–	
– Gewerbesteuerfreibetrag bei Personengesellschaften (24.500)	–		– 24.500	
= Gewerbeertrag	*1.000.000*		*1.185.500*	
– Gewerbesteuer (Hebesatz 400 %)		– 140.000		– 165.970
– Körperschaftsteuer 15 %		– 150.000		
– Solidaritätszuschlag 5,5 %		– 8.250		
Steuerbelastung auf Gesellschaftsebene		*– 298.250*		*– 165.970*
		29,83 %		*14,00 %*
2. Gesellschafterebene				
Einkommensteuer:				
Tätigkeitsvergütung	100.000	– 45.000	100.000	– 45.000
Zinsen	50.000	– 22.500	50.000	– 22.500
Dividende/Entnahme	–	–	–	–
Miete	60.000	– 27.000	60.000	– 27.000
Steuerentnahmen			361.626	– 162.732
ermäßigte Einkommensteuer			638.374	– 180.341

[1] Eigene Darstellung, in Anlehnung an Jacobs, O., Unternehmensbesteuerung, 2009, S. 550 ff., Kessler, W./Ort-mann-Babel, M./Zipfel, L., Besteuerung, 2007, S. 30, Harle, G., Die Auswirkungen, 2008, S. 2162, Hannes, F./ Kuhn, T./Brückmann, M., Familienunternehmen, 2008, S. 41 f.

Tab. 3.6 (Fortsetzung)

	GmbH		GmbH & Co. KG	
	Einkünfte	Steuerlast	Einkünfte	Steuerlast
Gewerbesteuer:				
Mieteinnahmen	60.000	−4.970		
Anrechnung Gewerbesteuer		4.722		157.672
Zu leistende Einkommen-steuer		89.778		279.901
Solidaritätszuschlag auf zu leistende Einkommensteuer		−4.938		−15.395
Steuerbelastung auf Ebene des Gesellschafters bei Thesaurierung		*−99.686*		*−295.295*
		47,47 %		*24,40 %*
Gesamtsteuerbelastung bei Thesaurierung		*−379.936*		*−461.265*
		32,89 %		*38,12 %*
Nachbelastung bei Ausschüttung/Entnahme:				
Latente Einkommensteuer:				
Dividende/Entnahme	701.750	−189.473	448.114	−112.029
Latenter Solidaritätszuschlag auf Einkommensteuer		−10.421		−6.162
Nachbelastung auf Ebene des Gesellschafters bei Ausschüttung/Entnahme		*−199.893*		*−118.190*
		28,49 %		*26,38 %*
Gesamtsteuerbelastung		*−597.830*		*−579.456*
		49,41 %		*47,89 %*

GmbH: Das zu versteuernde Einkommen und der Gewerbeertrag der GmbH ändern sich im Vergleich zur vollständigen Gewinnausschüttung nicht und betragen jeweils 1 Mio. EUR. Der Gewerbeertrag wird mit 140.000 EUR Gewerbesteuer, das zu versteuernde Einkommen mit 150.000 EUR Körperschaftsteuer zzgl. 8.250 EUR Solidaritätszuschlag belastet. Die Steuerbelastung auf Gesellschaftsebene beträgt somit insgesamt rund 29,83 %.

Eine Besteuerung des von der Gesellschaft thesaurierten Gewinns ist auf Ebene des Gesellschafters nicht vorzunehmen. Die von der Gesellschaft an Gesellschafter A gezahlten Leistungsvergütungen hingegen stellen keinen Bestandteil des Gewinns dar und sind deshalb analog des Ausschüttungsfalls mit der persönlichen Einkommensteuer des A zu belasten. Für die Gesellschaftervergütung sind dies 45.000 EUR, für die Zinsen 22.500 EUR sowie für die Miete 27.000 EUR. Diese ist auch hier aufgrund der sachlichen Verflechtung den gewerblichen Einkünften des A zuzuordnen und wird zusätzlich mit Gewerbesteuer i. H. v. 4.970 EUR belastet. Der daraus resultierende Ermäßigungsbetrag liegt, wie im Ausschüttungsbeispiel, bei 4.722 EUR. Die zu leistende Einkommensteuer vermindert sich dadurch auf 89.778 EUR, der darauf entfallende Solidaritätszuschlag beträgt folglich

4.938 EUR. Auf Ebene des Gesellschafters ergibt sich somit eine Belastung von 47,47 %. Die Gesamtbelastung der GmbH zum Zeitpunkt der Thesaurierung beträgt 397.936 EUR, also rund 39,79 %.

Wird der einbehaltene Gewinn der Gesellschaft zu einem späteren Zeitpunkt ausgeschüttet, so wird dieser mit 45 % Einkommensteuer zzgl. Solidaritätszuschlag nachbelastet. Diese Belastung ist jedoch nicht als direkte Nachversteuerung zu betrachten, sondern entspricht der Belastung, die auch im Falle einer direkten Gewinnausschüttung anfällt, da eine Besteuerung auf Ebene des Gesellschafters aufgrund des Trennungsprinzips erst zum Zeitpunkt der Gewinnausschüttung vorzunehmen ist. Die daraus resultierende Steuerlast beträgt 199.893 EUR, also nochmals rund 28,49 %, die auf Ebene des Gesellschafters A zu entrichten sind.

Für die GmbH beträgt die Gesamtbelastung im Falle einer maximalen Thesaurierung 49,41 %, inkl. einer Nachbelastung bei Ausschüttung. Dies entspricht der Höhe der Belastung einer vollständigen Gewinnausschüttung.

GmbH & Co. KG: Nachdem der Gewerbeertrag analog der Variante Vollausschüttung bzw. -entnahme ermittelt wurde, ist dieser mit 165.970 EUR Gewerbesteuer zu belasten. Ausgehend von einem Gewerbeertrag von 1.185.500 EUR beträgt die Belastung auf Ebene der Gesellschaft 14 %.

Für die Ermittlung der Einkommensteuerbelastung wird davon ausgegangen, dass B eine maximale Thesaurierung anstrebt, da nur so eine Vergleichbarkeit mit der Variante GmbH erreicht werden kann. Entnahmen, bspw. zur Begleichung der auf den thesaurierten Gewinn entfallenden ermäßigten Einkommensteuer, mindern den Thesaurierungshöchstbetrag ebenso wie Sondervergütungen der KG an ihren Gesellschafter, sofern diese auf ein privates Konto des Gesellschafters B gebucht und dadurch entnommen werden.[1] Diese Entnahmen, darunter auch die Gewerbesteuer als nicht abziehbare Betriebsausgabe, unterliegen als nicht begünstigter Gewinn der persönlichen Einkommensteuer des B mit 45 % zzgl. Solidaritätszuschlag.[2] Tätigkeitsvergütung, Zinsen, Miete sowie Steuerentnahmen (zur Begleichung von Gewerbesteuer, Einkommensteuer und Solidaritätszuschlag) werden demnach mit Einkommensteuer von insgesamt 257.232 EUR belastet. Der begünstige Gewinn i. H. v. 638.374 EUR ergibt sich aus dem zu versteuernden Einkommen der KG abzüglich der an Gesellschafter B gezahlten Sondervergütungen, multipliziert mit der maximal möglichen Begünstigung von 63,74 %.[3] Die auf den Begünstigungsbetrag entfallende ermäßigte Einkommensteuer nach § 34a Abs. 1 EStG beträgt somit 180.341 EUR. Die Bemessungsgrundlage des Solidaritätszuschlags wird durch die Anrechnung der Gewerbesteuer i. H. v. 157.672 EUR vermindert. Die Belastung durch den Solidaritätszuschlag beläuft sich somit auf 15.395 EUR. Daraus resultiert eine Belastung auf Ebene des Gesellschafters von rund 24,40 %, d. h. 295.295 EUR.

[1] Vgl. Hey, J., Unternehmensteuerreform, 2007, S. 928.

[2] Vgl. Homburg, S., Die Abgeltungsteuer, 2007, S. 688.

[3] Vgl. Schanz, S./Kollruss, T./Zipfel, L., Zur Vorteilhaftigkeit, 2008, S. 1703.

Die Begünstigung ist nur so lange zu gewähren, wie der begünstigt besteuerte Gewinn im Unternehmen verbleibt. So wird laut Gesetzgeber nur „demjenigen Steuerpflichtigen eine Vergünstigung gewährt, der durch den Verzicht auf die private Verwendung von Gewinnen seinem Betrieb erwirtschaftetes Kapital weiterhin zur Verfügung stellt und damit die Eigenkapitalbasis seines Unternehmens nachhaltig stärkt“[1]. Demnach entfällt der Begünstigungsgrund, sobald der thesaurierte Gewinn in einer nachfolgenden Periode aus dem Unternehmen entnommen wird. Der sog. nachversteuerungspflichtige Betrag unterliegt dann gem. § 34a Abs. 4 EStG einer Nachversteuerung von 25 % zzgl. Solidaritätszuschlag. Für die obige Berechnung wurde vereinfachend davon ausgegangen, dass der begünstigt besteuerte Gewinn direkt nach der Thesaurierung entnommen wird. Zum Zeitpunkt der Thesaurierung beträgt die Belastung auf Ebene des Gesellschafters bei Annahme einer maximalen Thesaurierung 24,40 %, die Gesamtbelastung der KG liegt mit 461.265 EUR bei rund 38,12 %.

Im Gegensatz zur GmbH kommt es im Falle einer Entnahme zu einer Nachversteuerung des begünstig besteuerten Gewinns. Deshalb ist zunächst der nachversteuerungspflichtige Betrag des B zu ermitteln. Dieser errechnet sich aus dessen Begünstigungsbetrag abzgl. der darauf entfallenden ermäßigten Einkommensteuer sowie des Solidaritätszuschlags auf die ermäßigte Einkommensteuer (638.374 EUR ./. 180.341 EUR ./. 9.919 EUR) und beträgt 448.114 EUR.[2] Wird dieser nun zu einem späteren Zeitpunkt entnommen, sind auf die Entnahme 112.029 EUR Einkommensteuer zzgl. 6.162 EUR Solidaritätszuschlag zu entrichten. Bei einer teilweisen Entnahme ist eine Nachversteuerung nur anteilig vorzunehmen. Die Belastung durch die Nachversteuerung auf Ebene des Gesellschafters B beläuft sich somit auf 118.190 EUR, also rund 26,38 %.

Für die Alternative KG ergibt sich im Falle einer maximalen Gewinnthesaurierung unter Berücksichtigung einer späteren Entnahme eine Gesamtsteuerbelastung von 579.456 EUR. Dies entspricht rund. 47,89 %.

Fazit: Im Falle einer Gewinnthesaurierung ist die Variante GmbH zunächst die steuerlich günstigere Rechtsform, da eine Besteuerung auf Gesellschafterebene erst bei einer Gewinnausschüttung vorzunehmen ist. Die Gesamtbelastung der GmbH beträgt zum Zeitpunkt der Thesaurierung rund 32,89 % und ist damit um 5,23 Prozentpunkte geringer als die der KG.

Wird der zuvor thesaurierte Gewinn an die Gesellschafter ausgeschüttet bzw. entnommen, ist die Belastung bei der KG jedoch geringer als bei der GmbH. Dies ist darauf zurückzuführen, dass bei der KG lediglich der nachversteuerungspflichtige Betrag, der durch die zum Thesaurierungszeitpunkt zu entrichtende ermäßigte Einkommensteuer zzgl. Solidaritätszuschlag gemindert wurde, einer Nachversteuerung unterworfen wird. Hingegen ist bei der GmbH der vollständige Ausschüttungsbetrag der Besteuerung zu unterwerfen.

[1] BT-Drucks. 16/4841 vom 17.03.2007. S. 62.

[2] Dafür und für das Folgende vgl. Ortmann-Babel, M./Zipfel, L., Unternehmensteuerreform 2008 Teil II, 2007, S. 2212.

Tab. 3.7 Überblick statischer Belastungsvergleich

	GmbH		KG	
	Ausschüttung	Thesaurierung	Entnahme	Thesaurierung
Gesamtsteuer-belastung	597.830 EUR	597.830 EUR	574.074 EUR	579.456 EUR
	49,41 %	49,41 %	47,44 %	47,89 %

Ein zusätzlicher Nachteil der GmbH ist die Anwendung des Teileinkünfteverfahrens, wodurch eine Ausschüttung höher belastet wird als eine Entnahme bei der KG.

Die Gesamtbelastung der KG, d. h. inkl. einer Nachbelastung der Ausschüttung bzw. Entnahme, ist somit um 1,52 Prozentpunkte geringer als bei der GmbH.

3.5.1.2 Diskussion der Ergebnisse und Gestaltungsüberlegungen

Die Ergebnisse der in den vorstehenden Abschnitten durchgeführten statischen Belastungsvergleiche sind in Tab. 3.7 zusammengefasst:

Der statische Belastungsvergleich zeigt, dass im Bereich des Spitzensteuersatzes von 45 % zwischen den einzelnen Alternativen keine gravierenden Unterschiede bzgl. der Höhe der Steuerbelastung auftreten.[1]

Im vorliegenden Beispiel stellt jedoch die KG im Falle einer direkten Gewinnentnahme die Variante mit der geringsten Gesamtsteuerbelastung dar. Bei einem Steuersatz von 45 % und einer vollständigen Ausschüttung bzw. Entnahme des Gewinns ist die steuerliche Belastung der KG um 1,96 Prozentpunkte niedriger als bei der GmbH. Im Falle einer Gewinnthesaurierung hat zunächst die GmbH zum Zeitpunkt der Thesaurierung einen Belastungsvorteil i. H. v. 5,23 Prozentpunkten gegenüber der KG, was auf die geringere steuerliche Belastung des Gewinns auf Unternehmensebene zurückzuführen ist. Wird der Gewinn noch in derselben Periode ausgeschüttet bzw. entnommen, was für den statischen Belastungsvergleich als Annahme zugrunde gelegt wurde, so erzielt die KG im dargestellten Szenario gegenüber der GmbH einen Vorteil von 1,52 Prozentpunkten.

Inwieweit sich die Gesamtsteuerbelastung und damit die Vorteilhaftigkeit der aufgezeigten Varianten ändert, wenn einzelne Faktoren innerhalb des Belastungsvergleichs variiert werden, soll nun nachfolgend untersucht werden. Um die Auswirkungen einer Änderung der Größen Einkommensteuersatz und Hebesatz mit den zuvor gewonnen Ergebnissen vergleichbar zu machen wird angenommen, dass weitere Rahmenbedingungen wie Gewinn und Gesellschaftervergütungen konstant bleiben. Da eine Modifikation der Gewinngröße sich in diesem Beispiel nicht auf die bereits getroffenen Aussagen zur Vorteilhaftigkeit auswirkt, wird dies nachfolgend nicht weiter betrachtet.

3.5.1.2.1 Variation des Einkommensteuersatzes

Die Vorteilhaftigkeit einer Personen- gegenüber einer Kapitalgesellschaft hängt maßgeblich von der Höhe des persönlichen Einkommensteuersatzes des Gesellschafters ab.[2] Im

[1] Vgl. Förster, G., Rechtsformwahl, 2008, S. 189.

[2] Vgl. Jacobs, O., Unternehmensbesteuerung, 2009, S. 559.

Tab. 3.8 Belastungsvergleich in Abhängigkeit vom Einkommensteuersatz[1]

Einkommen steuersatz	GmbH		KG	
(%)	Ausschüttung (%)	Thesaurierung (%)	Entnahme (%)	Thesaurierung (%)
20	35,65	35,65	21,07	37,40
25	38,40	38,40	26,34	39,26
30	41,15	41,15	31,62	41,22
35	43,91	43,91	36,89	43,29
40	46,66	46,66	42,17	45,51
42	47,76	47,76	44,28	46,44
45	49,41	49,41	47,44	47,89

Ausgangssachverhalt wurde ein Einkommensteuersatz von 45 % unterstellt. Nachfolgend soll nun betrachtet werden, wie sich die Gesamtsteuerbelastung der GmbH bzw. KG in Abhängigkeit von der Höhe des persönlichen Einkommensteuersatzes des Gesellschafters unter sonst gleichbleibenden Prämissen ändert. Die Ergebnisse sollen anhand von Tab. 3.8 zusammenfassend dargestellt werden:

Diese Übersicht zeigt, wie stark der relative Vorteil der KG im Fall einer Ausschüttung bzw. Entnahme gegenüber der GmbH mit sinkenden Einkommensteuersätzen steigt. Bereits bei einem Einkommensteuersatz von 42 % ist die Steuerlast der KG um 3,48 Prozentpunkte niedriger als die der GmbH. Dies ist darauf zurückzuführen, dass die KG aufgrund des Einheitsprinzips in vollem Umfang von sinkenden Einkommensteuersätzen profitiert, wohingegen die GmbH diese aufgrund des Trennungsprinzips nur in begrenztem Umfang nutzen kann.[2] Da die Dividenden an Gesellschafter A nach dem Teileinkünfteverfahren belastet werden, wirken sich sinkende Einkommensteuersätze lediglich auf 60 % der Dividenden positiv aus. Würde stattdessen die Abgeltungsteuer zur Anwendung kommen (siehe Wegfall der Betriebsaufspaltung), so würden die Dividenden mit einem von den persönlichen Verhältnissen des A unabhängigen Satz von 25 % belastet. Sinkende Einkommensteuersätzen würden sich in diesem Fall nicht auf die ausgeschütteten Gewinne auswirken.

Im Falle einer Gewinnthesaurierung ist die GmbH bei sehr niedrigeren Einkommensteuersätzen jedoch vorteilhafter. Bei der KG erhöhen sinkende Einkommensteuersätzen zwar den be-günstigungsfähigen Gewinn und dadurch auch den Betrag, der mit dem ermäßigten Steuersatz unabhängig von den persönlichen Verhältnissen des Gesellschafters belastet wird. Bei einer Nachversteuerung aber wird der zuvor begünstigt besteuerte Gewinn insgesamt höher besteuert, als es bei einer Regelversteuerung der Fall gewesen wäre, woraus eine höhere Gesamtsteuerbelastung der KG resultiert. Bei der GmbH wirkt sich der

[1] Eigene Darstellung, in Anlehnung an Knief, J./Nienaber, M., Gewinnthesaurierung, 2007, S. 1313. Die tabellarische Darstellung ist im Anhang (Abb. 3.5) zusätzlich als Liniendiagramm hinterlegt.

[2] Dafür und für das Folgende vgl. Förster, G., Rechtsformwahl, 2008, S. 190.

niedrige Steuersatz zwar nur auf 60 % der Dividenden aus, dennoch genügt diese Entlastung, um die höhere Steuerlast auf Gesellschaftsebene zu kompensieren. Ab einem Steuersatz von über 30 % hingegen ist die KG der GmbH vorzuziehen, da die Entlastung niedrigerer Einkommensteuersätze die Belastung durch Körperschaftsteuer und Solidaritätszuschlag nicht mehr kompensieren kann. Desweiteren lässt sich aus vorstehender Tab. 3.6 entnehmen, dass sich die Position der thesaurierenden im Vergleich zur ausschüttenden KG mit fallenden Einkommensteuersätzen weiter verschlechtert. Während der begünstigte Gewinn mit einem festen Tarif von 28,25 % sowie einer Nachversteuerung mit 25 % im Falle einer Ausschüttung bzw. Entnahme, jeweils zzgl. Solidaritätszuschlag, besteuert wird, wirken sich sinkende Einkommensteuersätze nur auf den Teil des Gewinns aus, der zur Begleichung von Gewerbesteuer und Einkommensteuer entnommen wird.[1] Ein Anstieg des persönlichen Steuersatzes macht sich dadurch weniger bemerkbar als bei einer Entnahme. Bei der ausschüttenden KG hingegen zieht der gesamte ausgeschüttete Gewinn einen Vorteil aus fallenden Einkommensteuersätzen. Eine kurzfristige Gewinnthesaurierung der KG ist bei sinkenden Steuersätzen somit nicht zu empfehlen, da Gesellschafter B sich so wesentlich schlechter stellt als bei einer Entnahme. Besonders gravierend ist dieser Unterschied bei sehr niedrigen Steuersätzen. So beträgt der relative Nachteil der Thesaurierung bei einem Einkommensteuersatz von 20 % bspw. 16,33 Prozentpunkte.

Im dargestellten Ausgangssachverhalt nimmt der persönliche Einkommensteuersatz einen maßgeblichen Einfluss auf die Höhe der Gesamtsteuerbelastung sowie die Rangfolge der Vorteilhaftigkeit. Die KG ist im Falle einer Entnahme umso vorteilhafter, je weiter der persönliche Einkommensteuersatz sinkt. Im Thesaurierungsfall ist die KG erst ab Steuersätzen von über 30 % die vorteilhaftere Rechtsform.

3.5.1.2.2 Variation des Hebesatzes

Neben der Höhe des persönlichen Einkommensteuersatzes ist der Gewerbesteuerhebesatz ein weiterer wichtiger Einflussfaktor auf die Höhe der Steuerbelastung beider Unternehmen.[2] Da die Gewerbesteuer nicht mehr als Betriebsausgabe abzugsfähig ist und durch die Senkung des Körperschaftsteuersatzes auf 15 % einen relativ größeren Anteil an der Steuerbelastung auf Unternehmensebene hat, ist deren Bedeutung insbesondere für die GmbH seit der Unternehmensteuerreform stark gestiegen.[3]

Für die KG ist die Gewerbesteuer im dargestellten Beispiel aufgrund der Anrechenbarkeit nach § 35 EStG zunächst nur von untergeordneter Bedeutung. Eine vollständige Kompensation der gezahlten Gewerbesteuer wird bei einem Hebesatz von 380 % erreicht.[4] Da die Anrechnung aber zusätzlich eine Minderung der Bemessungsgrundlage des Solida-

[1] Vgl. Förster, G., Rechtsformwahl, 2008, S. 190, vgl. Jacobs, O., Unternehmensbesteuerung, 2009, S. 574.

[2] Vgl. Jacobs, O., Unternehmensbesteuerung, 2009, S. 559.

[3] Vgl. Mindermann, T./Lukas, K., Aspekte, 2011, S. 3849, vgl. König, R./Maßbaum, A./Sureth, C., Besteuerung, 2011, S. 119.

[4] Vgl. Kessler, W./Ortmann-Babel, M./Zipfel, L., Besteuerung, 2007, S. 17 f.

ritätszuschlags herbeiführt, ergibt sich erst ab einem Hebesatz von mehr als 401 % eine effektive gewerbesteuerliche Belastung des Mitunternehmers.[2] Demnach liegt im dargestellten Beispiel eine Überkompensation der Gewerbesteuer durch den Solidaritätszuschlag vor. Die anrechenbare Gewerbesteuer ist durch die tatsächlich gezahlte Gewerbesteuer begrenzt, d. h. bei Hebesätzen kleiner 380 % beläuft sich der Vorteil lediglich auf den Solidaritätszuschlagseffekt.[3]

Wie sich unterschiedliche Gewerbesteuerhebesätze auf die Gesamtsteuerbelastung unter sonst gleichbleibenden Bedingungen auswirken, soll anhand nachfolgender Übersicht dargestellt werden:

Tab. 3.9 Belastungsvergleich in Abhängigkeit vom Hebesatz[1]

Gewerbesteuer-hebesatz	A-GmbH		B-GmbH & Co. KG	
(%)	Ausschüttung (%)	Thesaurierung (%)	Entnahme (%)	Thesaurierung (%)
200	45,26	45,26	47,10	47,60
250	46,29	46,29	47,00	47,49
300	47,32	47,32	46,91	47,38
380	48,97	48,97	46,76	47,21
400	49,41	49,41	47,44	47,89
490	51,36	51,36	50,53	50,95

Anhand von Tab. 3.9 lässt sich gut erkennen, dass sich sinkende Hebesätze positiv auf die Gesamtsteuerbelastung der GmbH auswirken, da diese dadurch effektiv entlastet wird.[4] Steigende Hebesätze haben einen Anstieg der Gewerbesteuerbelastung und damit eine Erhöhung der Gesamtsteuerbelastung zur Folge. Bei einem Hebesatz von 490 % beträgt diese 51,36 %. Eine höhere Belastung durch die Gewerbesteuer auf Ebene der GmbH mindert jedoch die Bemessungsgrundlage für die Einkommensteuer des Gesellschafters und führt dadurch wiederum zu einer Abschwächung der höheren Steuerbelastung.[5] Bei einem Hebesatz von 400 % beträgt die Belastung durch die Gewerbesteuer 14 %, die effektive Mehrbelastung hingegen ist mit + 10,22 % um 3,99 Prozentpunkte geringer. Durch diesen Effekt fällt ein weiteres Ansteigen des Hebesatzes bei der GmbH nicht so stark ins Gewicht. Somit

[1] Eigene Darstellung, in Anlehnung an Jacobs, O., Unternehmensbesteuerung, 2009, S. 562 sowie Kessler, W./ Ortmann-Babel, M./Zipfel, L., Besteuerung, 2007, S. 14. Die tabellarische Darstellung ist im Anhang (Abb. 6) zusätzlich als Liniendiagramm hinterlegt.

[2] Vgl. Jacobs, O., Unternehmensbesteuerung, 2009, S. 561.

[3] Vgl. Herzig, N./Lochmann, U., Unternehmensteuerreform 2008, 2007, S. 1039.

[4] Vgl. Förster, G., Rechtsformwahl, 2008, S. 189.

[5] Dafür und für das Folgende vgl. Jacobs, O., Unternehmensbesteuerung, 2009, S. 563.

sind hohe Gewerbesteuerhebesätze zwar zunächst von Vorteil, da sie die Steuerlast auf Ebene des Gesellschafters mindern, allerdings fließen dem Gesellschafter der GmbH aufgrund der höheren Belastung auf Gesellschaftsebene weniger liquide Mittel zu.[1]

Anders verhält sich dies bei der Personengesellschaft. Bis zu einem Hebesatz von 380 % sinkt die Gesamtsteuerbelastung der KG mit steigenden Hebesätzen, danach steigt sie mit jeder weiteren Erhöhung an. Die Anrechnung der Gewerbesteuer auf die tarifliche Einkommensteuer und die damit einhergehende Minderung der Bemessungsgrundlage für den Solidaritätszuschlag führt zu einer Minderbelastung gewerbesteuerpflichtiger Einkünfte.[2] Diese erhöht sich laut Herzig und Lochmann mit steigenden Hebesätzen bis zu einem Wert von 380 % von – 0,38 % auf – 0,73 % (siehe Anhang Abb. 3.5). Aus diesem Grund ist die Gesamtsteuerbelastung der KG bei einem Hebesatz von 380 % am geringsten, da der Entlastungseffekt durch die Gewerbesteueranrechnung den höchsten Wert erreicht. Demnach wirken sich steigende Hebesätze bis zu einem Wert von 380 % positiv auf die Gesamtsteuerbelastung der KG aus.[3] Bei einem Hebesatz von 401 % hingegen kommt es weder zu einer Minder- noch zu einer Mehrbelastung gewerbesteuerpflichtiger Einkünfte.[4] Weiter steigende Hebesätze führen zu einer Erhöhung der effektiven Mehrbelastung, da die gezahlte Gewerbesteuer nicht mehr vollständig kompensiert werden kann. Die Mehrbelastung beträgt bei einem Hebesatz von 490 % bereits + 3,12 %. Dies erklärt, warum die Gesamtsteuerbelastung der Alternative KG, sowohl bei einer Entnahme als auch bei einer Thesaurierung, zunächst mit steigenden Hebesätzen bis zu einem Wert von 380 % sinkt, anschließend aber mit steigenden Hebesätzen zunimmt.

Die zuvor genannten Werte einer Mehr- bzw. Minderbelastung wurden aus einer Grenzbetrachtung gewonnen und bilden daher nicht die tatsächliche Mehr- bzw. Minderbelastung ab.[5] Diese errechnet sich unter Berücksichtigung des gewerbesteuerlichen Freibetrags von 24.500 EUR, welcher regelmäßig für ein Abweichen von einkommensteuerlicher bzw. gewerbesteuerlicher Bemessungsgrundlage führt.[6]

Die Wahl des Unternehmensstandortes und damit die Höhe des gewerbesteuerlichen Hebesatzes nimmt somit einen großen Einfluss auf die Beurteilung der Vorteilhaftigkeit der beiden Rechtsformen. Der obige Vergleich zeigt, dass die KG im Falle einer Entnahme bei Hebesätzen zwischen rund 280 % und 550 %, bei Thesaurierung zwischen rund 300 % und 515 %, der GmbH vorzuziehen ist.

---

[1] Vgl. Klipstein, I., Rechtsformwahl, 2009, S. 807.

[2] Dafür und für das Folgende vgl. Herzig, N./Lochmann, U., Unternehmensteuerreform 2008, 2007, S. 1039.

[3] Vgl. Kessler, W./Ortmann-Babel, M./Zipfel, L., Besteuerung, 2007, S. 18.

[4] Dafür und für das Folgende vgl. Jacobs, O., Unternehmensbesteuerung, 2009, S. 562.

[5] Dafür und für das Folgende vgl. Herzig, N./Lochmann, U., Unternehmensteuerreform 2008, 2007, S. 1039 f.

[6] Zur weiterführenden Betrachtung siehe Herzig, N./Lochmann, U., Unternehmensteuerreform 2008, 2007, S. 1039 f.

Tab. 3.10 Variation von Einkommensteuersatz und Gewerbesteuerhebesatz bei Vollausschüttung[1]

Einkommen-steuersatz (%)	Gewerbesteuerhebesatz					
	200 %	250 %	300 %	380 %	400 %	490 %
20	+9,87	+11,22	+12,58	+14,75	+14,58	+13,86
25	+7,52	+8,84	+10,14	+12,24	+12,06	+11,26
30	+4,74	+6,45	+7,71	+9,74	+9,53	+8,65
35	+2,84	+4,06	+5,28	+7,22	+7,02	+6,04
40	+0,51	+1,67	+2,58	+4,72	+4,49	+3,43
42	−0,43	+0,72	+1,88	+3,73	+3,48	+2,39
45	−1,84	−0,71	+0,41	+2,21	+1,97	+0,83

In der Praxis sind zurzeit Hebesätze zwischen 320 % und 490 % der Regelfall, der durchschnittliche Hebesatz sämtlicher Gemeinden der Bundesrepublik Deutschland lag laut Statistischem Bundesamt im Jahr 2010 bei 390 %.[2] Hohe Hebesätze sind insbesondere in Groß-städten, wie bspw. München (490 %) oder Frankfurt a. M. (460 %), vorzufinden[3], wohingegen die unmittelbar umliegenden Städten und Gemeinden verhältnismäßig niedrige Gewerbesteuerhebesätze erheben. So liegt der Hebesatz in Eschborn, das direkt an Frankfurt a. M. angrenzt, bei nur 280 %. Für Unternehmen, die ihre Steuerlast senken und gleichzeitig die Nähe zu einer Großstadt nicht verlieren wollen, bietet sich dies als nicht außer Acht zu lassende Steueroptimierungsmöglichkeit an.

Im Ausgangsbeispiel liegt der kritische Hebesatz, bei dessen Unterschreitung die GmbH der GmbH & Co. KG vorzuziehen ist, im Falle einer Gewinnausschüttung bzw. Entnahme bei 280 %. Für die Praxis stellt dies somit einen durchaus realistischen Wert dar.

3.5.1.2.3 Kombination von Einkommensteuersatz und Gewerbesteuerhebesatz

Im nachfolgenden Vergleich werden die zuvor isoliert betrachteten Einflussfaktoren Einkommensteuersatz und Gewerbesteuerhebesatz zusammengefasst, um so das Zusammenwirken beider Faktoren im Hinblick auf die Gesamtsteuerbelastung aufzuzeigen. Alle anderen Prämissen bleiben unverändert.

Der nachfolgende Vergleich betrachtet lediglich den Fall einer vollständigen Ausschüttung bzw. Entnahme. Die Ergebnisse zeigen die relative Vorteilhaftigkeit der einen gegenüber der anderen Rechtsform. Dabei zeigt ein positives Vorzeichen einen steuerlichen Vorteil der KG gegenüber der GmbH. Umgekehrt bedeutet ein negatives Vorzeichen einen relativen Vorteil der GmbH.

In Tab. 3.10 werden die Auswirkungen unterschiedlicher Einkommensteuersätze in Verbindung mit variierenden Gewerbesteuerhebesätzen auf die Vorteilhaftigkeit der Rechtsformen GmbH bzw. KG dargestellt. Die KG ist demnach steuerlich grundsätzlich

[1] Eigene Darstellung, in Anlehnung an Jacobs, O. Unternehmensbesteuerung, 2009, S. 565.

[2] Vgl. Hammer, K. J., Gewerbesteuerhebesätze, 2011.

[3] Dafür und für das Folgende vgl. o. V., Realsteuerhebesätze, 2012.

von Vorteil, sofern der Einkommensteuersatz des Gesellschafters 40 % nicht übersteigt.[1] Die Höhe des Hebesatzes ist erst bei höheren Einkommensteuersätzen für die Vorteilhaftigkeit maßgeblich. Bei einem Einkommensteuersatz von 42 % liegt der sog. kritische Gewerbesteuerhebesatz, dessen Unterschreitung zu einer geringeren Belastung der Gewinne der GmbH führt, bei 218 %.[3] Die KG ist somit nur vorzuziehen, wenn der Hebesatz mindestens 220 % beträgt. Bei Zugrundelegung des Spitzensatzes von 45 % muss der Hebesatz zwischen 282 % und 550 % liegen, damit die Gesamtbelastung der KG geringer ist als die der GmbH. Demnach ist der Vorteil der KG gegenüber der GmbH umso größer, „je geringer der persönliche Einkommensteuersatz des Gesellschafters ist und je näher der Gewerbesteuerhebesatz bei 380 % liegt“[4].

Wie sich die obigen Aussagen im Falle einer Gewinnthesaurierung verändern, ist in der nachfolgenden Tabelle dargestellt.

Tab. 3.11 Variation von Einkommensteuersatz und Gewerbesteuerhebesatz bei Thesaurierung[1]

Einkommensteuersatz (%)	Gewerbesteuerhebesatz					
	200 %	250 %	300 %	380 %	400 %	490 %
20	−7,91	−6,20	−4,48	−1,73	−1,75	−1,82
25	−6,62	−5,00	−3,39	−0,80	−0,86	−1,10
30	−5,39	−3,88	−2,38	+0,04	−0,07	−0,50
35	−4,26	−2,87	−1,47	+0,75	+0,62	−0,06
40	−3,23	−1,97	−0,69	+1,34	+1,15	+0,28
42	−2,86	−1,64	−0,42	+1,53	+1,32	+0,36
45	−2,34	−1,20	−0,06	+1,76	+1,52	+0,41

In Tab. 3.11 werden die Auswirkungen von unterschiedlichen Einkommensteuersätzen bzw. Hebesätzen auf die Gesamtsteuerbelastung der GmbH bzw. KG bei vollständiger Thesaurierung dargestellt. Zu erkennen ist, dass sich die Vorteilhaftigkeit zugunsten der GmbH gewendet hat. Bei einem Einkommensteuersatz von 20 % ist die GmbH unabhängig von der Höhe des Hebesatzes vorzuziehen, ab einem Steuersatz von 40 % jedoch nur bei niedrigen Hebesätzen. Hingegen ist eine Vorteilhaftigkeit der KG grundsätzlich bei Hebesätzen ab 380 % und Einkommensteuersätzen über 40 % gegeben, da es in diesem Bereich zu keiner effektiven Mehrbelastung durch die Gewerbesteuer kommt.

[1] Dafür und für das Folgende vgl. Jacobs, O., S. 565.

[2] Eigene Darstellung, in Anlehnung an Jacobs, O. Unternehmensbesteuerung, 2009, S. 578.

[3] Vgl. Förster, G., Rechtsformwahl, 2008. S. 189.

[4] Jacobs, O., Unternehmensbesteuerung, 2009, S. 564.

3.5.1.2.4 Auswirkung von Gesellschaft-Gesellschafter-Vergütungen

Laut Jacobs kann das Vorhandensein von Gesellschaft-Gesellschafter-Verträgen bei einer Personengesellschaft auch negativen Einfluss auf die Gesamtsteuerbelastung haben.[1] Ist in der KG neben Gesellschafter B noch ein zweiter Gesellschafter C vorhanden (Beteiligung zu jeweils 50 %), so bemisst sich der Anteil des einzelnen Gesellschafters am Gewerbesteuermessbetrag anhand des allgemeinen Gewinnverteilungsschlüssels der Gesellschaft. Durch die mit B abgeschlossenen Gesellschaft-Gesellschafter-Verträge weicht die tatsächliche Aufteilung des Gewinns von der vertraglichen Gewinnverteilungsabrede ab. So wird auch Gesellschafter C, dem keine Sondervergütungen zufließen, mit dem darauf entfallenden Anteil an der Gewerbesteuer belastet, da diese die gewerbesteuerliche Bemessungsgrundlage erhöhen.[2] Bei einer Verteilung des Gewerbesteuermessbetrags anhand des vertraglichen Gewinnverteilungsschlüssels erhalten B und C jeweils die Hälfte. Bei der Anrechnung der Gewerbesteuer auf die tarifliche Einkommensteuer kann B zwar die Steuerermäßigung in voller Höhe geltend machen, gemessen an seinen Einkünften aus Gewerbebetrieb bekommt er aber einen relativ geringen Anteil am Gewerbesteuermessbetrag und damit einhergehend eine relativ geringe Steuerermäßigung zugerechnet. Gesellschafter C hingegen würde so einen relativ höheren Anteil am Gewerbesteuermessbetrag zugerechnet bekommen. Leistungsvergütungen der Gesellschaft an die Gesellschafter sind zudem stets als Gewinnverwendung, d. h. Entnahmen, einzustufen und sind daher ausschließlich mit dem tariflichen Einkommensteuersatz zu belasten.[3]

Bei Kapitalgesellschaften mindern Leistungen aus Gesellschafter-Gesellschaft-Verträgen den Gewinn auf Ebene der Gesellschaft und werden daher gerne im Rahmen der Steuerplanung genutzt, um bspw. die Ertragsteuerbelastung zu mindern.[4] Leistungsvergütungen werden innerhalb der sieben Einkunftsarten mit dem persönlichen Einkommensteuersatz des Gesellschafters belastet. Ist dieser niedriger als die Belastung der Dividenden auf Ebene der Gesellschaft, so empfiehlt sich der Abschluss schuldrechtlicher Verträge, um die Steuerbelastung des Gesellschafters gering zu halten. Im umgekehrten Fall erhöht sich die Summe der auf Gesellschaftsebene zu zahlenden Ertragsteuern. Außerdem ergeben sich zusätzliche Vorteile, sofern die Leistungsvergütungen die gewerbesteuerlichen Hinzurechnungsvorschriften nicht erfüllen. Die Geschäftsführervergütung des A führt demnach zu einer vollumfänglichen, die Darlehenszinsen sowie die Mietzahlungen für ein überlassenes Grundstück zu einer anteiligen Minderung der Gewerbesteuer. Weitere im Zusammenhang mit dem Grundstück stehende Aufwendungen sind jedoch nicht gewerbesteuermindernd zu berücksichtigen, ebenso wie eine gewerbesteuerliche Kürzung für Grundstückserträge nach § 9 Nr. 1 S. 1 GewStG nicht zu gewähren ist.

Leistungen der KG im Rahmen eines Geschäftsführervertrags unterliegen sowohl der Gewerbesteuer als auch der persönlichen Einkommensteuer des B, wohingegen auf Geschäftsführervergütungen der GmbH lediglich der persönlichen Einkommensteuer des

[1] Dafür und für das Folgende vgl. Jacobs, O., Unternehmensbesteuerung, 2009, S. 600 ff.

[2] Vgl. Inhester, M., Die steuerliche Behandlung, 2009, Rn. 54.

[3] Vgl. Mindermann, T./Lukas, K., Aspekte, 2011, S. 3855.

[4] Dafür und für das Folgende vgl. Jacobs, O., Unternehmensbesteuerung, 2009, S. 603 ff.

A unterliegt (aufgrund der Abziehbarkeit als Betriebsausgabe).[1] Bei einem Hebesatz von 400 % ergibt sich dennoch ein geringer Vorteil für die KG.

Bei der GmbH wirkt sich die Zahlung einer Leistungsvergütung insbesondere bei hohen Gewerbesteuerhebesätzen positiv auf die Gesamtsteuerbelastung aus.[2] Die Entlastungswirkung von Geschäftsführervergütungen bei der GmbH nimmt mit steigenden Hebesätzen und gleichzeitig sinkenden Einkommensteuersätzen zu.[3] Laut Jacobs ist der Abschluss eines Geschäftsführungsvertrags bei Zugrundelegung eines Hebesatzes von 400 % selbst bei Einkommensteuersätzen im Bereich des Spitzensatzes von Vorteil. Bei der KG mit sofortiger Entnahme wirken sich Leistungsvergütungen nicht auf die Höhe der Gesamtbelastung aus. Bei der thesaurierenden KG hingegen haben sie einen positiven Effekt, da sie als Entnahmen mit der persönlichen Einkommensteuer belastet werden, was im statischen Modell regelmäßig zu einer geringeren Steuerlast führt.[4]

Werden keinerlei Sondervergütungen an die Gesellschafter entrichtet, ändert sich im Thesaurierungsfall die Steuerbelastung auf Gesellschafterebene. Während bei der KG die Steuerentnahmen mit tariflicher sowie der begünstigte Gewinn mit ermäßigter Einkommensteuer mit insgesamt 225.064 EUR belastet werden (dies entspricht 22,51 %), fallen bei der GmbH keine Steuern auf Ebene des Gesellschafters an. Werden die Gewinne somit längerfristig im Unternehmen einbehalten, so ist in diesem Fall die GmbH vorzuziehen, da die Belastung auf Ebene des Gesellschafters aufgeschoben wird.

Steigende Leistungsvergütungen hingegen können bei Überschreitung des Hinzurechnungsfreibetrags von 100.000 EUR zu einer Hinzurechnung und damit einer Erhöhung des Gewerbeertrags der GmbH führen. Dadurch erhöht sich die Steuerlast auf Ebene des Gesellschafters, da die Zinsen bzw. die Miete in Höhe des Hinzurechnungsbetrags einer doppelten Belastung durch die Gewerbesteuer sowie die tarifliche Einkommensteuer unterliegen. Bei der KG hingegen wirken sich steigende Leistungsvergütungen im Falle einer Thesaurierung leicht positiv auf die Höhe der Gesamtsteuerbelastung aus, da diese im statischen Modell mit der tariflichen Einkommensteuer einer geringeren Belastung unterliegen als bei der Thesaurierungsbesteuerung. So führt bspw. eine Erhöhung der Darlehenszinsen auf 80.000 EUR zu einer Gesamtbelastung der GmbH von 49,44 % bzw. 47,88 % bei der KG.

3.5.1.2.5 Änderung der Thesaurierungsquote

Die Höhe der Steuerbelastung der GmbH bzw. KG hängt neben den bereits genannten Faktoren auch davon ab, wie der im Unternehmen erwirtschaftete Gewinn verwendet wird.[5] Im dargestellten Beispiel wird davon ausgegangen, dass entweder der gesamte Gewinn ausgeschüttet bzw. entnommen oder thesauriert wird. Nachfolgend soll nun untersucht werden, wie sich eine Änderung der Thesaurierungsquote bei ansonsten unverän-

[1] Dafür und für das Folgende vgl. Jacobs, O., Unternehmensbesteuerung, 2009, S. 612 ff.

[2] Vgl. Harle, G., Die Auswirkungen, 2008, S. 2156 f.

[3] Dafür und für das Folgende vgl. Jacobs, O., Unternehmensbesteuerung, 2009, S. 612 ff.

[4] Vgl. Homburg, S., Die Abgeltungsteuer, 2007, S. 688.

[5] Vgl. Jacobs, O., Unternehmensbesteuerung, 2009, S. 582.

Tab. 3.12 Änderung der Thesaurierungsquote[1]

Thesaurierungsquote	GmbH		KG	
	Thesaurierung (%)	Gesamt (%)	Thesaurierung (%)	Gesamt (%)
0 %	49,41	49,41	47,44	47,44
50 %	41,15	49,41	40,14	47,79
Max. (100 %/63,84 %)	32,89	49,41	38,12	47,89

derten Prämissen auf die Höhe der Steuerbelastung der GmbH bzw. KG auswirkt. Eine vollständige, d. h. 100 %ige, Thesaurierung ist bei der KG jedoch nicht möglich, da der begünstigungsfähige Gewinn neben der Gewerbesteuer noch durch weitere Steuerentnahmen gemindert wird. Die maximale Thesaurierungsquote der KG liegt daher bei 63,84 %.

In Tab. 3.12 ist die Höhe der Steuerbelastung des im Unternehmen erwirtschafteten Gewinns bei Thesaurierung sowie bei einer späteren Ausschüttung bzw. Entnahme dargestellt. Die Steuerbelastung bei Thesaurierung gibt an, wie hoch die zum Thesaurierungszeitpunkt entrichtete Steuer ist. Die Gesamtbelastung bezieht zusätzlich die Belastung einer späteren Ausschüttung bzw. Entnahme in die Berechnung ein. Vergütungen aus Gesellschaft-Gesellschafter-Verträgen sind sowohl bei der GmbH als auch bei der KG nicht thesaurierbar und werden direkt der Besteuerung unterworfen.

Bei der GmbH wirkt sich eine Veränderung der Thesaurierungsquote deutlich auf die Höhe der Steuerbelastung zum Thesaurierungszeitpunkt aus. Bei maximaler Thesaurierungsquote von 100 % ist die Belastung mit 32,89 % deutlich niedriger als bei einer Thesaurierung von nur 50 %. Auch bei der KG nimmt die Höher der Thesaurierungsquote Einfluss auf die Höhe der Steuerbelastung. Wie bei der GmbH ist die Belastung zum Thesaurierungszeitpunkt bei der KG umso geringer, je höher die Thesaurierungsquote ist. Dies ist darauf zurückzuführen, dass der ausgeschüttete Gewinn mit dem persönlichen Einkommensteuersatz von 45 % belastet wird, während der begünstigte Gewinn nur einer Besteuerung von 28,25 % (jeweils zzgl. Solidaritätszuschlag) unterliegt. Bei einer höheren Thesaurierungsquote wird somit ein größerer Anteil des Gewinns begünstigt besteuert.

Wird der thesaurierte Gewinn zu einem späteren Zeitpunkt aus dem Unternehmen entnommen, wird dieser bei der KG mit einem festen Satz von 25 % zzgl. Solidaritätszuschlag nachversteuert. Insgesamt führen steigende Thesaurierungsquoten bei der KG somit zu einer steigenden Gesamtsteuerbelastung, da der zuvor begünstigt besteuerte Gewinn durch die Nachversteuerung insgesamt höher belastet wird als bei einer Regelbesteuerung.[2] Die Dividenden der GmbH hingegen werden nach dem Teileinkünfteverfahren besteuert, d. h. 60 % der Ausschüttung unterliegen der persönlichen Einkommensteuer von 45 % zzgl. Solidaritätszuschlag. Im Gegensatz dazu wirkt sich eine höhere Thesaurierungsquote bei der GmbH nicht auf die Höhe der Gesamtsteuerbelastung aus. Dies ist darauf zurückzuführen, dass die Besteuerung der Dividende lediglich in den Veranlagungszeitraum der Ausschüt-

[1] Eigene Darstellung, in Anlehnung an Harle, G., Die Auswirkungen, 2008, S. 2158.

[2] Vgl. Kessler, W./Ortmann-Babel, M./Zipfel, L., Besteuerung, 2007, S. 46.

tung verlagert wird und im Vergleich zu einer sofortigen Ausschüttung keine zusätzliche Nachbelastung für thesaurierte Gewinne anfällt, wie bei der KG.

Da steigende Thesaurierungsquoten bei der KG zu einer höheren Gesamtbelastung führen, kann eine Optimierung der Steuerbelastung im statischen Modell nur über die Senkung der Thesaurierungsquote erfolgen.[1] Die Thesaurierungsbegünstigung stellt im Ein-Perioden-Fall lediglich eine Steuerstundung dar, die bei einer Entnahme einen höheren nominalen Steuersatz zur Folge hat.[2] Die GmbH führt in diesem Modell unabhängig von der Höhe des einbehaltenen Gewinns stets zu einer höheren Gesamtbelastung. Lediglich bei sehr hohen Thesaurierungsquoten werden die einbehaltenen Gewinne niedriger besteuert als bei der KG. Eine positive Auswirkung bei Variation der Thesaurierungsquoten auf die Gesamtsteuerbelastung der GmbH bzw. KG konnte anhand des statischen Modells nicht festgestellt werden. Hierzu ist es erforderlich, zusätzlich die Renditen des über die Thesaurierungsdauer im Unternehmen investierten Kapitals mit in die Betrachtung einzubeziehen.

3.5.1.2.6 Keine Betriebsaufspaltung

Im vorliegenden Sachverhalt kommt es durch die Grundstücksvermietung des A an die GmbH zu einer Betriebsaufspaltung aufgrund sachlicher Verflechtung.[3] Es wird nun die Annahme getroffen, dass die Vermietung des Fabrikationsgrundstücks bei sonst unveränderten Prämissen zu keiner Betriebsaufspaltung führt. Die Anteile an der GmbH befinden sich folglich nicht mehr im Betriebs-, sondern im Privatvermögen von Gesellschafter A.

Nachfolgend sollen nun die Auswirkungen des Wegfalls der Betriebsaufspaltung auf die Steuerbelastung der GmbH dargestellt werden. Das zu versteuernde Einkommen sowie der Gewerbeertrag wurden aus Abschn. 5.1.1.1 übernommen und betragen jeweils 1 Mio. EUR. Die Höhe der Steuerbelastung auf Gesellschaftsebene beläuft sich auf 29,83 % bzw. 298.250 EUR.

Aus Tab. 3.13 ist ersichtlich, welche Unterschiede sich bei einem Vergleich von Teileinkünfteverfahren bzw. Abgeltungsteuer im Hinblick auf die Gesamtsteuerbelastung der ausschüttenden GmbH ergeben.

Bei einem Wegfall der Betriebsaufspaltung unterliegen die Dividenden der GmbH zunächst grundsätzlich der 25 %igen Abgeltungsteuer zzgl. Solidaritätszuschlag nach § 32d EStG. Auf Ebene des Gesellschafters hingegen wirkt sich der Wegfall der Betriebsaufspaltung jedoch nicht nur auf die Besteuerung der Gewinnausschüttung aus. So ist die Miete für das Fabrikationsgrundstück nicht mehr den gewerblichen Einkünften des A, sondern seinen Einkünften aus Vermietung und Verpachtung zuzuordnen.[4] Dies führt dazu, dass eine zusätzliche Belastung der Miete mit Gewerbesteuer entfällt. Folglich ist auch keine Anrechnung nach § 35 EStG vorzunehmen. Die Tätigkeitsvergütung, die Zinsen und die Miete

[1] Vgl. Jacobs, O., Unternehmensbesteuerung, 2009, S. 583.

[2] Vgl. Kessler, W./Ortmann-Babel, M./Zipfel, L., Besteuerung, 2007, S. 46.

[3] Vgl. Grobshäuser, U./Maier, W./Kies, D., Besteuerung, 2011, S. 600 f.

[4] Vgl. Grashoff, D., Aktuelles, 2011, Rn. 318.

Tab. 3.13 Wegfall der Betriebsaufspaltung[1]

	GmbH		GmbH	
	Teileinkünfteverfahren		Abgeltungsteuer	
	Einkünfte	Steuerlast	Einkünfte	Steuerlast
2. Gesellschafterebene				
Einkommensteuer:				
Tätigkeitsvergütung	100.000	– 45.000	100.000	– 45.000
Zinsen	50.000	– 22.500	50.000	– 22.500
Dividende/Entnahme	701.750	– 189.473	701.750	– 175.438
Miete	60.000	– 27.000	60.000	– 27.000
Gewerbesteuer:				
Mieteinnahmen	60.000	– 4.970		
Anrechnung Gewerbesteuer		4.722		
Zu leistende Einkommensteuer		279.251		269.938
Solidaritätszuschlag		– 15.359		– 14.847
Steuerbelastung auf Ebene des Gesellschafters	*681.050*	*– 299.580*	*911.750*	*– 284.784*
		32,86 %		*31,23 %*
Gesamtsteuerbelastung		*– 597.830*		*– 583.034*
		49,41 %		*48,18 %*

werden mit Einkommensteuer von 94.500 EUR zzgl. Solidaritätszuschlag von 5.198 EUR belastet. Die Dividende der GmbH hingegen wird nun unabhängig von den persönlichen Verhältnissen des A mit einem festen Satz von 25 % zzgl. Solidaritätszuschlag, also insgesamt mit 185.087 EUR besteuert. Im Falle einer sofortigen Gewinnausschüttung reduziert sich die Steuerbelastung auf Gesellschafterebene um 14.799 EUR auf 284.784 EUR. Dies entspricht einer Belastung von nur noch 31,23 % (anstatt 32,86 %). Die Gesamtsteuerbelastung der GmbH beläuft sich bei Anwendung der Abgeltungsteuer auf 48,18 %, also ca. 1,22 Prozentpunkte weniger als unter Zugrundelegung des Teileinkünfteverfahrens.

Da die Beteiligung des A an der Gesellschaft mehr als 25 % beträgt, hat er zusätzlich die Möglichkeit, eine Anwendung des Teileinkünfteverfahrens nach § 32d Abs. 2 Nr. 3 EStG zu beantragen.[2] Dieser Antrag ist für fünf Jahre bindend, sofern er nicht widerrufen wird. Um einen ständigen Wechsel zwischen beiden Verfahren zu vermeiden, ist eine erneute Antragstellung für dieselbe Beteiligung jedoch nicht möglich.[3] Aufgrund der Tatsache, dass das Teileinkünfteverfahren jedoch einen steuerlichen Nachteil von 1,22 Prozentpunkten mit sich bringt, ist von der Ausübung dieses Wahlrechts abzuraten und eine Besteuerung

[1] Eigene Darstellung, in Anlehnung an Pflüger, H., Ist die GmbH, 2011, S. 426.

[2] Dafür und für das Folgende vgl. Rech, C., Das Teileinkünfteverfahren, 2008, S. 88.

[3] Vgl. Treiber, A., in: Blümich EStG-KStG-GewStG, 2012, § 32d EStG, Rn. 153.

mit Abgeltungsteuer vorzuziehen. Hingegen ist eine Besteuerung nach dem Teileinkünfteverfahren zu empfehlen, wenn der persönliche Einkommensteuersatz des A unter 41,67 % liegt.[1] In diesem Fall kehrt sich die Vorteilhaftigkeit zugunsten des Teileinkünfteverfahrens um. Bei Steuersätzen, die über diesem Wert liegen, ist die Abgeltungsteuer regelmäßig die steuerlich günstigere Variante. Einen großen Vorteil des Teileinkünfteverfahrens stellt jedoch die Abzugsfähigkeit von 60 % der im Zusammenhang mit der Beteiligung stehenden Werbungskosten nach § 3c Abs. 2 EStG dar.[2] Dadurch kann das Teileinkünfteverfahren auch im Bereich des Spitzensatzes von 45 % steuerlich günstiger sein als die Belastung mit Abgeltungsteuer, bei der ein Abzug der Werbungskosten nach § 20 Abs. 9 EStG untersagt ist.

3.5.1.3 Kritische Betrachtung

Anhand des statischen Belastungsvergleichs lässt sich relativ einfach ein Bild der Vorteilhaftigkeit unterschiedlicher Rechtsformen erstellen. Um der Vielzahl an Einflussfaktoren Rechnung zu tragen, ist jedoch stets eine Einzelfallbetrachtung vorzunehmen.[3] Das Treffen von „mehr oder weniger starken Prämissen"[4] ist dafür unumgänglich.

Inwieweit eine Thesaurierung gegenüber einer Vollausschüttung doch von Vorteil sein kann, lässt sich anhand eines statischen Modells nicht ermitteln. Da dieses lediglich eine Periode betrachtet, werden sowohl Thesaurierungs- als auch Zinseffekte, die aufgrund der gestundeten Steuer entstehen, außer Acht gelassen.[5] Zudem ist die vereinfachte Unterstellung, dass nach der Thesaurierung eine sofortige Ausschüttung bzw. Entnahme stattfindet, für die Praxis weniger geeignet.[6] Aufgrund der Tatsache, dass erst im darauffolgenden Veranlagungszeitraum geprüft wird, ob eine Ausschüttung bzw. Entnahme thesaurierter Gewinne erfolgt und somit eine Nachversteuerung erforderlich ist, müsste deshalb auch für den statischen Belastungsvergleich eine Betrachtung von zumindest zwei Perioden erfolgen.

Es ergibt sich daher die Notwendigkeit, für eine weitere Betrachtung ein dynamisches Modell zu verwenden, welches sowohl Zins- als auch Thesaurierungseffekte in die Betrachtung miteinbezieht. Dieses soll im nachfolgenden Gliederungspunkt 3.5.2 dargestellt werden.

3.5.2 Dynamischer Belastungsvergleich

Der statische Belastungsvergleich betrachtet als einperiodiges Modell nur einen Veranlagungszeitraum und lässt damit Thesaurierungs- und Zinseffekte außer Acht.[7] Deshalb ist eine Gewinnthesaurierung im Vergleich zu einer direkten Ausschüttung bzw. Entnahme

[1] Vgl. Jacobs, O., Unternehmensbesteuerung, 2009, S. 556.

[2] Vgl. Grobshäuser, U./Maier, W./Kies, D., Besteuerung, 2011, S. 525.

[3] Vgl. Wicke, H., Gesetz, 2011, Kap. 8, Rn. 42.

[4] Schiffers, J., Die mittelständische GmbH & Co. KG, 2007, S. 505.

[5] Vgl. Knief, J./Nienaber, M., Gewinnthesaurierung, 2007, S. 1312, vgl. Binz, H.-B., Unternehmensteuerreform 2008, 2007, S. 1695.

[6] Dafür und für das Folgende vgl. Klipstein, I., Rechtsformwahl, 2009, S. 808.

[7] Vgl. Knief, J./Nienaber, M., Gewinnthesaurierung, 2007, S. 1313.

regelmäßig von Nachteil. In der Praxis wird der im Thesaurierungsfall einbehaltene Gewinn nach Abzug sämtlicher Steuern im Unternehmen investiert und wirft dadurch über die Thesaurierungsdauer hinweg Zinserträge ab.[1]

Um den Thesaurierungs- bzw. Zinseffekten Rechnung zu tragen, wird in diesem Gliederungspunkt ein dynamisches Modell eingeführt. Dieses soll zunächst aufzeigen, welche Rechtsform zum Zeitpunkt der Thesaurierung einerseits und zum Zeitpunkt einer späteren Ausschüttung bzw. Entnahme andererseits vorzuziehen ist. Weiterhin soll untersucht werden, ab wann eine Thesaurierung gegenüber der Regelbesteuerung, in Abhängigkeit vom persönlichen Einkommensteuersatz sowie von der erwarteten Rendite, vorzuziehen ist. Die Leistungsvergütungen der Gesellschaften an ihre Gesellschafter werden für den dynamischen Belastungsvergleich außer Acht gelassen.

Zum Zeitpunkt der Thesaurierung weist die GmbH im statischen Modell aufgrund der geringeren steuerlichen Belastung auf Unternehmensebene einen Vorteil gegenüber der KG auf. Durch die geringere Steuerlast steht der GmbH somit mehr Liquidität zur Verfügung, die langfristig im Unternehmen investiert und mit einer unternehmensinternen Rendite verzinst werden kann. Anhand des dynamischen Modells soll nun untersucht werden, welche Rechtsform nach einer zehnjährigen Laufzeit und einer Rendite von 5 % den höheren Vermögensendwert aufweist.

Bei der KG können lediglich 86 % des Gewinns thesauriert werden, da die Belastung durch die Gewerbesteuer als Entnahme zu qualifizieren ist. Für die Berechnung werden die nachfolgend aufgeführten Formeln nach Knief und Nienaber[2] angewendet. Die Ausgangsgröße für die Berechnungen ist der Gewerbeertrag. Bei der KG beträgt dieser 975.500 EUR, bei der GmbH 1.000.000 EUR.

$$EndwertKG = 975.500 \times 67,75\% \times (1 + 5\% \times (1 - 32,25\%))^{10}$$

$$EndwertGmbH = 1.000.000 \times 70,175\% \times (1 + 5\% \times (1 - 29,825\%))^{10}$$

Bei der Endwertberechnung wird der Gewerbeertrag jeweils um die unternehmensspezifische Steuerlast gemindert und zu einem Zins von 5 % angelegt. Die Belastung auf Ebene der KG setzt sich zusammen aus der Gewerbesteuer i. H. v. 14 % sowie der Einkommensteuerbelastung (inkl. Solidaritätszuschlag sowie Anrechnung der Gewerbesteuer) des Gesellschafters i. H. v. 18,25 %. Bei der GmbH fallen bei Thesaurierung lediglich Körperschaftsteuer, Solidaritätszuschlag sowie Gewerbesteuer i. H. v. insgesamt 29,825 % an. Eine Belastung des Gesellschafters mit Einkommensteuer und Solidaritätszuschlag fällt zu diesem Zeitpunkt nicht an. Die aus der Investition resultierenden Zinserträge werden um die unternehmensspezifische Steuerbelastung gemindert und im Folgejahr zzgl. des Gewinns des ersten Jahres wieder investiert.[3]

[1] Vgl. Ortmann-Babel, M./Zipfel, L., Unternehmensteuerreform 2008 Teil II, 2007, S. 2215, vgl. Knief, J./ Nien-aber, M., Gewinnthesaurierung, 2007, S. 1313 f.

[2] Vgl. Knief, J./Nienaber, M., Gewinnthesaurierung, 2007, S. 1314.

[3] Vgl. Ortmann-Babel, M./Zipfel, L., Unternehmensteuerreform 2008 Teil II, 2007, S. 2215.

Tab. 3.14 Vergleich der Endwerte von KG und GmbH[1]

Jahre	Zinssatz				
	2 %	3 %	4 %	5 %	10 %
1	3.540	3.444	3.347	3.251	2.769
2	3.341	3.141	2.938	2.731	1.654
3	3.136	2.824	2.503	2.172	372
4	2.925	2.493	2.042	1.570	- 1.094
5	2.707	2.147	1.553	928	- 2.765
6	2.483	1.785	1.036	233	- 4.660
7	2.252	1.408	489	- 507	- 6.804
8	2.014	1.014	- 88	- 1.299	- 9.221
9	1.769	603	- 698	- 2.145	- 11.940
10	1.517	175	- 1.342	- 3.047	- 14.990
15	145	- 2.247	- 5.113	- 8.519	- 36.459
20	- 1.429	- 5.193	- 9.995	- 15.908	- 72.575

Demnach beträgt der Endwert der KG 922.183 EUR, derjenige der GmbH hingegen 990.725 EUR. Zum Zeitpunkt der Thesaurierung, d. h. ohne Ausschüttung bzw. Entnahme, ist folglich die GmbH aufgrund der höheren Liquidität sowohl im statischen als auch im dynamischen Modell vorzuziehen.

Nachfolgend soll nun untersucht werden, wie sich eine Thesaurierung auf den Vermögenszufluss bei den Gesellschaftern A und B im Falle einer späteren Ausschüttung bzw. Entnahme auswirkt. Für den Vergleich werden die jeweiligen Vermögensendwerte der GmbH sowie der KG unter Zugrundelegung unterschiedlicher Laufzeiten sowie Zinssätze miteinander verglichen. Für die Berechnungen wurden die im vorherigen Abschnitt erläuterten Formeln jeweils um die steuerliche Belastung der Ausschüttung bzw. Entnahme erweitert. Im Falle der KG beträgt diese 23,50 %, da die Bemessungsgrundlage für eine Nachversteuerung, der nachversteuerungspflichtige Betrag, um die bereits entrichtete Thesaurierungsbelastung zu reduzieren ist.[2] Die Ausschüttung der GmbH wird nach dem Teileinkünfteverfahren mit rund 28,49 % (tarifliche Einkommensteuer zzgl. Solidaritätszuschlag) belastet.

Die Ergebnisse der vorstehenden Tab. 3.14 stellen jeweils den Unterschiedsbetrag der Vermögensendwerte von GmbH und KG dar. Dabei zeigen die negativen, grau unterlegten, Werte einen absoluten Vorteil der GmbH gegenüber der KG.

Bei einer Rendite von 5 % und einer Investitionsdauer von mindestens sieben Jahren ist die GmbH die steuerlich günstigere Rechtsform, obwohl eine spätere Ausschüttung, bedingt durch das Teileinkünfteverfahren, einer höheren Belastung unterliegt als eine Ent-

[1] Eigene Darstellung, in Anlehnung an Knief, J./Nienaber, M., Gewinnthesaurierung, 2007, S. 1313 f. sowie Ortmann-Babel, M./Zipfel, L., Unternehmensteuerreform 2008 Teil II, 2007, S. 2215.

[2] Dafür und für das Folgende vgl. Knief, J./Nienaber, M., Gewinnthesaurierung, 2007, S. 1310 ff.

nahme bei der KG. Je höher die Rendite steigt, desto größer ist der positive Zinseffekt auf die Kapitalgesellschaft, da deren Steuerbelastung bei einer Thesaurierung deutlich geringer ist als die der KG.[1] Umgekehrt ist die KG bei kurzen Investitionszeiten sowie niedrigen Renditen der GmbH vorzuziehen. Bei einer Rendite von 2 % dauert es bspw. 16 Jahre, bis die GmbH einen Vorteil gegenüber der KG erzielt. Je länger der Gewinn im Unternehmen thesauriert werden kann, desto vorteilhafter wird die GmbH gegenüber der KG. Dies ist darauf zurückzuführen, dass der Gewinn der GmbH zzgl. der darauf entfallenden Zinsen im Falle einer Thesaurierung nur auf Unternehmensebene besteuert wird und somit einer geringeren Belastung unterliegt als bei der KG, bei der eine zusätzliche Thesaurierungsbelastung anfällt. Der Belastungsnachteil der GmbH, der aus der höheren Gesamtbelastung bei einer späteren Ausschüttung zuvor thesaurierter Gewinne resultiert, lässt sich demnach über den Zinseffekt mit steigender Thesaurierungsdauer kompensieren. Kommt es im Ausgangssachverhalt hingegen zu einem Wegfall der Betriebsaufspaltung und somit zu einer Anwendung der Abgeltungsteuer auf Gewinnausschüttungen der GmbH, so sinkt dadurch deren Steuersatznachteil gegenüber der KG. Dieser kann somit schneller über den Zinseffekt kompensiert werden, wodurch die GmbH der KG auch bei niedrigen Renditen nach nur kurzer Investitionsdauer vorzuziehen ist.

Ab wann eine Thesaurierung gegenüber einer direkten Ausschüttung bzw. Entnahme vorzuziehen ist, soll im Folgenden untersucht werden. Als Vergleichsanlage, an der die Vorteilhaftigkeit der Investition im Unternehmen gemessen werden soll, dient eine unmittelbare Anlage des nicht thesaurierten Gewinns am externen Kapitalmarkt. Zinserträge, die der GmbH-Gesellschafter A durch eine Anlage am Kapitalmarkt erzielt, sind fortlaufend mit 25 % Abgeltungsteuer zzgl. Solidaritätszuschlag belastet, wohingegen die erzielten Zinserträge des B mit dessen tariflicher mit Einkommensteuer zzgl. Solidaritätszuschlag belastet werden, da sie in dessen Betriebsvermögen fließen.[2]

Bei einer Rendite von 5 % ergeben sich in Abhängigkeit von der Thesaurierungsdauer folgende Ergebnisse:

Bei einem dynamischen Belastungsvergleich zeigt sich, dass die Möglichkeit der Gewinnthesaurierung nicht unbedingt von Nachteil ist. Im vorliegenden Ausgangssachverhalt ist der Endwert der ausschüttenden GmbH bei einem Planungszeitraum von zehn Jahren am höchsten, da die aus einer Anlage am Kapitalmarkt resultierenden Zinserträge, im Gegensatz zur Thesaurierung, der Abgeltungsteuer unterliegen. Die sofortige Entnahme bei der KG, die im statischen Modell die günstigere Alternative dargestellt hat, weist dabei den geringsten Endwert auf. Dies ist darauf zurückzuführen, dass der gesamte Gewinn der KG mit dem persönlichen Einkommensteuersatz zzgl. Solidaritätszuschlag belastet wird und somit nur ein geringerer Betrag am Kapitalmarkt angelegt werden kann.[3] Zudem unterliegen die daraus resultierenden Zinserträge als gewerbliche Einkünfte fortlaufend der persönlichen Einkommensteuer.

[1] Vgl. Knief, J./Nienaber, M., Gewinnthesaurierung, 2007, S. 1313 f.

[2] Vgl. Knief, J./Nienaber, M., Gewinnthesaurierung, 2007, S. 1313.

[3] Vgl. Knief, J./Nienaber, M., Gewinnthesaurierung, 2007, S. 1313 f.

Tab. 3.15 Vergleich Ausschüttung bzw. Entnahme und Thesaurierung[1]

	GmbH direkte Ausschüttung	GmbH Thesaurierung	KG direkte Entnahme	KG Thesaurierung
1 Jahr	520.376	519.465	526.188	522.448
5 Jahre	601.338	596.300	583.680	596.919
10 Jahre	720.476	708.517	664.458	705.108

Die Ergebnisse aus der vorstehenden Tab. 3.15 sollen in nachfolgendem Schaubild für einen Thesaurierungszeitraum von zehn Jahren grafisch dargestellt werden:

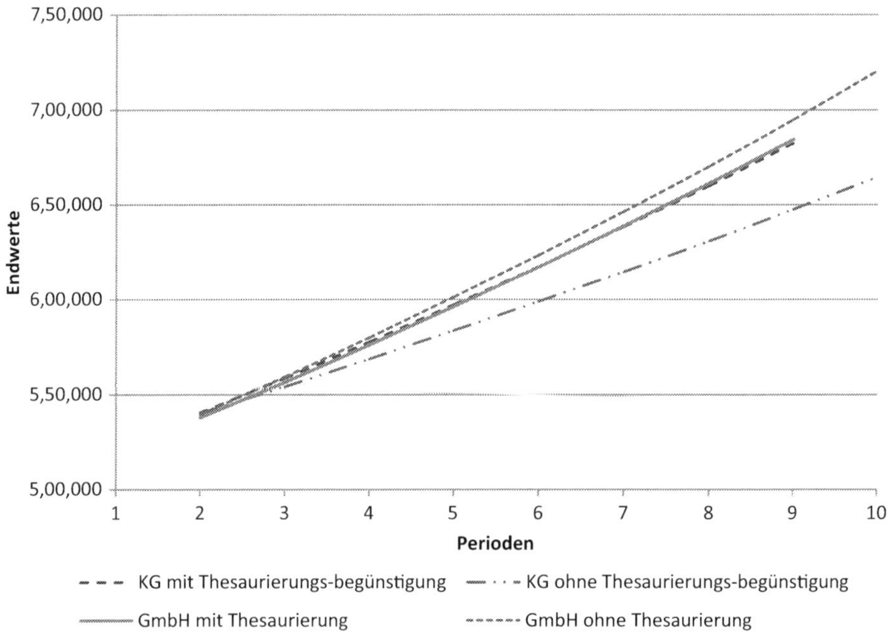

Abb. 3.1 Vergleich von KG und GmbH im dynamischen Modell[2]

Aus der vorstehenden Abb. 3.1 lässt sich gut erkennen, dass die Vermögensendwerte der einzelnen Alternativen nach zwei Perioden nahezu identisch sind, sich die Abweichungen aber mit steigender Thesaurierungsdauer vergrößern.[3]

Fazit: Im vorliegenden Sachverhalt ist eine Thesaurierung bei der Rechtsform GmbH nicht zu empfehlen, da eine sofortige Ausschüttung des Gewinns und eine Anlage am

[1] Eigene Darstellung, in Anlehnung an Knief, J./Nienaber, M., Gewinnthesaurierung, 2007, S. 1313 f. sowie Ortmann-Babel, M./Zipfel, L., Unternehmensteuerreform 2008 Teil II, 2007, S. 2215.

[2] Eigene Darstellung, in Anlehnung an Knief, J./Nienaber, M., Gewinnthesaurierung, 2007, S. 1313 f.

[3] Vgl. Klipstein, I., Rechtsformwahl, 2009, S. 809.

externen Kapitalmarkt einen höheren Vermögensendwert aufweist als eine Investition im Unternehmen. Grund hierfür ist die Anwendung des Teileinkünfteverfahrens auf Gewinnausschüttungen der GmbH. Bei einer sofortigen Ausschüttung und einer Anlage der Dividende am Kapitalmarkt werden die daraus resultierenden Zinsen als Einkünfte aus Kapitalvermögen der Abgeltungsteuer unterworfen, was bei einem Steuersatz von 45 % zu einer niedrigeren Belastung führt als eine Anwendung des Teileinkünfteverfahrens. Der Zinseffekt reicht trotz des bei Thesaurierung höheren Investitionsbetrags nicht aus, um die höhere Steuerlast zum Zeitpunkt der Ausschüttung durch das Teileinkünfteverfahren zu kompensieren. Bei Annahme eines Einkommensteuersatzes von 42 % ist die Thesaurierungsbegünstigung bei Annahme einer 5 %igen Verzinsung jedoch bereits nach einem Jahr der vollständigen Ausschüttung vorzuziehen, da die höhere Steuerbelastung bei nachträglicher Ausschüttung durch den Zinseffekt überkompensiert wird. Bei der KG hingegen ist eine Inanspruchnahme der Thesaurierungsbegünstigung mit fortschreitender Thesaurierungsdauer gegenüber der sofortigen Entnahme vorzuziehen. Dies ist darauf zurückzuführen, dass aufgrund der gestundeten Steuerbelastung mehr Gewinn im Unternehmen investiert werden kann und dadurch ein höherer Vermögensendwert entsteht.[1] Zudem unterliegen der thesaurierte Gewinn sowie die aus der Investition resultierenden Zins-erträge lediglich der Thesaurierungsbesteuerung, während bei einer sofortigen Entnahme der persönliche Einkommensteuersatz zzgl. Solidaritätszuschlag anzuwenden ist.[2] Die insgesamt höhere Besteuerung bei späterer Entnahme des begünstigten Gewinns wird durch den so erwirtschafteten Zinsvorteil über den Planungszeitraum hinweg ausgeglichen, sodass eine Thesaurierungsbegünstigung bei langfristiger Thesaurierung vorzuziehen ist.

Für den obigen Vergleich zwischen sofortiger Ausschüttung bzw. Entnahme und einer Thesaurierung wurde davon ausgegangen, dass am Kapitalmarkt dieselbe Rendite erzielt werden kann wie bei einer Investition im Unternehmen. In der Praxis gibt es jedoch sehr wohl Unterschiede zwischen den einzelnen Renditen. Wird deshalb von einer 2 %igen Rendite für eine sichere Anlage auf dem Kapitalmarkt, bei gleichbleibender unternehmensinterner Rendite, ausgegangen, so zeigt sich schnell, dass eine Thesaurierung für beide Rechtsformen von Vorteil ist, da durch den höheren Investitionsbetrag sowie die höhere Rendite ein deutlich höherer Vermögensendwert erzielt werden kann. Zudem stärkt eine Gewinnthesaurierung die Eigenkapitalbasis der Unternehmen, wodurch weniger Fremdkapital zur Refinanzierung benötigt wird.[3] Durch den sinkenden Zinsaufwand erhöht sich die Rendite, was zum einen positiv für das Unternehmen selbst ist und zum anderen auch einen Vorteil für dessen Gesellschafter hat, da diese von der höheren Rendite ebenfalls profitieren. Bei einer Entscheidung für oder gegen eine Thesaurierung sollten somit neben der Höhe der erzielbaren Rendite auch mögliche Kosten einer Fremdfinanzierung mit einbezogen werden.

Bei einer Variation von Einkommensteuersatz, Rendite sowie Planungshorizont ist für den jeweiligen Einzelfall zu prüfen, welche der zuvor genannten Alternativen die steuerlich günstigere darstellt.

---

[1] Vgl. Kessler, W./Ortmann-Babel, M./Zipfel, L., Besteuerung, 2007, S. 46.

[2] Vgl. Knief, J./Nienaber, M., Gewinnthesaurierung, 2007, S. 1313 f.

[3] Vgl. Schanz, S./Kollruss, T./Zipfel, L., Zur Vorteilhaftigkeit, 2008, S. 1703.

3.5.3 Beurteilung von Verlustsituationen

In den vorstehenden Abschnitten wurden ausschließlich Gewinnsituationen betrachtet. Daher soll in diesem Abschnitt nun untersucht werden, wie Verluste bei der GmbH bzw. der KG zu behandeln sind.

Bei der GmbH ist die Berücksichtigung von Verlusten aufgrund des Trennungsprinzips ausschließlich auf Ebene der Gesellschaft gem. § 8 Abs. 1 KStG i. V. m § 10d EStG möglich.[1] So sind negative Einkünfte, die im Veranlagungszeitraum nicht ausgeglichen werden können, über den Verlustrücktrag nach § 10d Abs. 1 EStG „bis zu einem Betrag von 511.500 EUR […] vom Gesamtbetrag der Einkünften des unmittelbar vorangegangenen Veranlagungszeitraums“ abzuziehen. Verbleibende Verluste sind im Rahmen des Verlustvortrages nach § 10d Abs. 2 EStG „in den nachfolgenden Veranlagungszeiträumen bis zu einem Gesamtbetrag der Einkünfte von 1 Mio. EUR unbeschränkt, darüber hinaus bis zu 60 % des 1 Mio. EUR übersteigenden Gesamtbetrags der Einkünfte“ abzuziehen. Dadurch werden im Veranlagungszeitraum, in dem ein Verlustvortrag verrechnet wird, 40 % des 1 Mio. EUR übersteigenden Gesamtbetrags der Einkünfte der Besteuerung unterworfen.[2] Durch diese Begrenzung entstehende Mindestbesteuerung wird die Entlastungswirkung des Verlustvortrages über mehrere Perioden gestreckt. Für gewerbesteuerliche Verluste gibt es in § 10a GewStG eine eigenständige Regelung analog zu den Vorschriften des § 10d Abs. 2 EStG, wonach ausschließlich ein Verlustvortrag entsprechend der einkommen- bzw. körperschaftsteuerlichen Ermittlung vorzunehmen ist.[3] Die Höhe des Verlustabzugs wird jedoch zusätzlich durch die Regelung des § 8c KStG beschränkt. Werden demnach innerhalb eines Fünf-Jahres-Zeitraums mittelbar oder unmittelbar mehr als 25 %, jedoch weniger als 50 % der Anteile an einer Körperschaft übertragen, sind die bis zum schädlichen Beteiligungserwerb nicht genutzten Verluste nicht mehr abziehbar. Bei einer Übertragung von mehr als 50 % der Anteile ist ein Verlustabzug gänzlich zu untersagen, da sich die wirtschaftliche Identität durch den Anteilseignerwechsel vollständig ändert.[4] Das neue wirtschaftliche Engagement soll dadurch nicht von in früherer Zeit erwirtschafteten Verlusten profitieren.[5] Von Bedeutung ist diese Vorschrift auch im Hinblick auf einen Mantelkauf, bei dem die Verluste einer maroden GmbH im Rahmen einer neuen Tätigkeit genutzt werden sollen.[6] Durch die Regelung des § 8c KStG wird von dem bei Kapitalgesellschaften vorherrschenden Trennungsprinzip, wonach kein wechselseitiger Einfluss zwischen der Gesellschaft und ihren Gesellschaftern besteht, abgewichen.[7]

[1] Vgl. Jacobs, O., Unternehmensbesteuerung, 2009, S. 673.

[2] Dafür und für das Folgende vgl. Niehus, U./Wilke, H., Die Besteuerung, 2009, S. 223.

[3] Vgl. Schneeloch, D., Betriebswirtschaftliche, 2012, S. 198 f.

[4] Dafür und für das Folgende vgl. Lenz, M./Ribbock, M., Versagung, 2007, S. 589, vgl. BMF-Referentenentwurf vom 05.02.2007, S. 109, vgl. Schlenker, A., in: Blümich EStG-KStG-GewStG, 2012, § 10a GewStG, Rn. 66 f.

[5] Vgl. Niehus, U./Wilke, H., Die Besteuerung, 2009, S. 230.

[6] Vgl. Schneeloch, D., Betriebswirtschaftliche, 2012, S. 196 f.

[7] Vgl. Rödding, A., Rechtsformwahl, 2008, Rn. 24.

Bei der KG werden entstehende Verluste aufgrund des Transparenzprinzips unmittelbar den persönlich haftenden Gesellschaftern zugerechnet und bei diesen im Rahmen des Einheitsprinzips in den Verlustausgleich bzw. -abzug miteinbezogen.[1] Verluste, die im Entstehungsjahr nicht (vollständig) ausgeglichen wurden, können somit gem. der Regelung des § 10d Abs. 1 und 2 EStG in einen anderen Veranlagungszeitraum rück- oder vorgetragen werden.[2] Ein Verlustrücktrag ist nach § 10d Abs. 1 EStG bis zu einer Höhe von 511.500 EUR unbeschränkt in den direkt vorangegangenen Veranlagungszeitraum möglich, Verlustvorträge sind nach § 10d Abs. 2 EStG bis zu einer Höhe von 1 Mio. EUR unbeschränkt, darüber hinaus nur i. H. v. 60 % des 1 Mio. EUR übersteigenden Gesamtbetrags der Einkünfte abzugsfähig. Gewerbeverluste sind nach § 10a GewStG ausschließlich analog der bereits erläuterten Regelung des § 10d Abs. 2 EStG in nachfolgende Veranlagungszeiträume vorzutragen. Der gewerbesteuerliche Verlustvortrag entfällt jedoch komplett, wenn der gesamte Gewerbebetrieb auf einen anderen Unternehmer übergeht, bzw. anteilig, wenn nicht alle, sondern nur ein einzelner Gesellschafter wechselt.[3] Der einkommensteuerliche Verlustvortrag wird davon jedoch nicht berührt, da die Personengesellschaft zwar Subjekt der Einkunftserzielung, jedoch nicht der Einkommensteuer ist, sodass ein Verlust nur bei dem jeweiligen Gesellschafter berücksichtigt werden kann.[4]

Eine Besonderheit ergibt sich bei der Behandlung des zuzurechnenden Verlustanteils eines beschränkt haftenden Gesellschafters, welcher durch die gesellschaftsrechtliche Haftung beschränkt wird.[5] Sofern der Verlustanteil das Kapitalkonto des Kommanditisten nicht übersteigt, kann dieser gem. § 15a Abs. 1 S. 1 EStG mit anderen positiven Einkünften saldiert bzw. nach der Vorschrift des § 10d EStG vor- oder zurückgetragen werden.[6] Darüber hinausgehende Verluste können nicht sofort, sondern nur mit künftigen Gewinnen aus der Beteiligung verrechnet werden.[7] Hingegen werden Verluste, die das Sonderbetriebsvermögen des Gesellschafters betreffen, nicht von der Regelung des § 15a EStG erfasst und können somit unbeschränkt ausgeglichen bzw. nach § 10d EStG abgezogen werden.[8]

Hinsichtlich der Behandlung von Verlusten ist die KG gegenüber der GmbH im Vorteil.[9] Laufende Verluste der KG verbleiben nicht auf Ebene der Gesellschaft sondern können bei den Gesellschaftern mit anderen positiven Einkünften innerhalb der Grenzen des

[1] Vgl. Jacobs, O., Unternehmensbesteuerung, 2009, S. 673.

[2] Dafür und für das Folgende vgl. Schneeloch, D., Betriebswirtschaftliche, 2012, S. 195 f.

[3] Vgl. Förster, G., Rechtsformwahl, 2008, S. 193, vgl. Drüen, K.-D., in: Blümich EStG-KStG-GewStG, 2012, § 10a GewStG, Rn. 66 f.

[4] Vgl. Schlenker, A., in: Blümich EStG-KStG-GewStG, 2012, § 10a GewStG, Rn. 66 f.

[5] Vgl. Jacobs, O., Unternehmensbesteuerung, 2009, S. 673.

[6] Dafür und für das Folgende vgl. Niehus, U./Wilke, H., Die Besteuerung, 2010, S. 282, vgl. Jacobs, O., Unternehmensbesteuerung, 2009, S. 673.

[7] Vgl. Heno, R., Bilanzsteuerrecht, 2009, S. 277.

[8] Heuermann, B., in: Blümich EStG-KStG-GewStG, 2012, § 15a EStG, Rn. 29, vgl. Niehus, U./Wilke, H., Die Besteuerung, 2010, S. 286.

[9] Dafür und für das Folgende vgl. Jacobs, O., Unternehmensbesteuerung, 2009, S. 673 f., vgl. Förster, G., Rechtsformwahl, 2008, S. 192 f.

§§ 10d und 15a EStG verrechnet werden. Bei der GmbH hingegen verbleiben die Verluste stets auf Ebene der Gesellschaft, eine Verrechnung mit anderen positiven Einkünften des Gesellschafters ist nicht möglich. Die KG ist dabei auch von Vorteil, wenn die Verluste einem Kommanditisten zugerechnet werden, da dieser die Verluste unmittelbar in Höhe seines positiven Kapitalkontos mit anderen positiven Einkünften, darüber hinaus in den Folgejahren mit künftigen Beteiligungsgewinnen der KG, verrechnen kann. Während Gesellschaft-Gesellschafter-Verträge sich in Gewinnsituationen positiv auf die Steuerbelastung der GmbH auswirken, kann die Zahlung von Leistungsvergütungen in Verlustsituationen zusätzlich einen negativen Einfluss auf die Höhe der Steuerlast auf Ebene des Gesellschafters haben. Diese erhöhen den Verlust auf Ebene der Gesellschaft, werden auf Ebene des Anteilseigners aber in vollem Umfang der Einkommensteuer unterworfen. Dies kann durch eine entsprechende Ausgestaltung der Verträge zumindest teilweise abgeschwächt werden.

Zusätzlich kann der Gesellschafter der KG seine negativen Einkünfte aus anderen Einkunftsarten mit positiven Einkünften der KG verrechnen, wohingegen der Gesellschafter einer GmbH nur 60 % der Dividenden (bei Anwendung des Teileinkünfteverfahrens) mit anderen negativen Einkünften saldieren kann.

Der (teilweise) Untergang körperschaftsteuerlicher und gewerbesteuerlicher Verlustvorträge bei einem schädlichen Beteiligungserwerb ist ein weiterer Nachteil der GmbH. Bei der KG hingegen bleiben einkommensteuerliche Verlustvorträge bei Veräußerung eines Mitunternehmeranteils stets unberührt, gewerbesteuerliche Verlustvorträge bleiben jedoch nur erhalten, wenn lediglich ein Teilbetrieb bzw. Teil eines Mitunternehmeranteils veräußert wird.

Somit ist die KG in Verlustsituationen aufgrund der Verrechnung der Verluste auf Gesellschafterebene unabhängig von der Ausgestaltung weiterer Faktoren regelmäßig die günstigere Rechtsform. Zudem entstehen für den Anteilseigner einer GmbH aufgrund des Trennungsprinzips erhebliche Liquiditäts- und Zinsnachteile.[1]

3.5.4 Vergleich von Eigen- und Fremdfinanzierung

Im diesem Abschnitt soll untersucht werden, wie sich eine Substitution von Eigen- durch Fremdkapital auf die Gesamtsteuerbelastung der GmbH bzw. der KG auswirkt. Um eine Vergleichbarkeit mit der KG zu erreichen, sind die Fremdkapitalzinsen in diesem Beispiel so hoch festgesetzt, dass die Gesellschaft aus dem Gewinn sowohl die Zinszahlungen als auch die Ertragsteuerbelastung aus Gewerbesteuer, Körperschaftsteuer und Solidaritätszuschlag tilgen kann.[2] D. h. der Gewinn der Gesellschaft beträgt nach Abzug der Zinszahlungen noch rund 4 %, dies entspricht ca. 44.180 EUR. Die Zahlungen von Geschäftsführergehalt und Miete bleiben unverändert.

[1] Vgl. Breithaupt, J., Wesentliche, 2010, Rn. 148.

[2] Vgl. Jacobs, O., Unternehmensbesteuerung, 2009, S. 620.

Im Falle einer Eigenfinanzierung sind bei der GmbH auf Gesellschaftsebene Körperschaftsteuer, Solidaritätszuschlag sowie Gewerbesteuer zu entrichten, auf Ebene des Gesellschafters wird die Dividende zusätzlich dem Teileinkünfteverfahren unterworfen.[1] Im Gegensatz dazu mindern die Darlehenszinsen bei einer Fremdfinanzierung als abzugsfähige Betriebsausgabe die körperschaftsteuerliche Bemessungsgrundlage. Lediglich im Rahmen der Gewerbesteuer sind diese zu einem Viertel hinzuzurechnen und somit gewerbesteuerpflichtig. Bei einer Gesellschafterfremdfinanzierung sind überhöhte Zinszahlungen regelmäßig als verdeckte Gewinnausschüttungen gem. § 8 Abs. 3 KStG zu qualifizieren und somit nur in Höhe des angemessenen Anteils als Betriebsausgabe abzugsfähig.[2] Zudem ist bei Zinsaufwendungen, die die Zinseinnahmen übersteigen, die Zinsschrankenregelung des § 4h EStG zu beachten, wonach Schuldzinsüberhänge nur bis zur Höhe des verrechenbaren EBITDA im Veranlagungszeitraum abgezogen werden dürfen. Auf Ebene des Gesellschafters sind die Zinseinnahmen als Einkünfte aus Kapitalvermögen i. S. d. § 20 Abs. 1 EStG in Abhängigkeit von der Höhe der Beteiligung entweder der Abgeltungsteuer oder der persönlichen Einkommensteuer zu unterwerfen.[3] Bei einer Beteiligung von über 10 %, wie im Ausgangsbeispiel vorliegend, sind die Zinseinnahmen gem. § 32d Abs. 2 Nr. 1b EStG mit dem persönlichen Einkommensteuersatz des Gesellschafters zu besteuern, bei geringeren Beteiligungshöhen greift die Ab-geltungsteuer. In diesem Fall wären Aufwendungen, die im Zusammenhang mit dem Gesellschafterdarlehen stehen, nach § 20 Abs. 9 EStG nicht abzugsfähig.

Wird im Ausgangsbeispiel das Eigen- durch Fremdkapital unter sonst unveränderten Prämissen substituiert, so steigt die Gesamtbelastung der GmbH bei einer Ausschüttung geringfügig an. Wird der Gewerbesteuerhebesatz bei einem konstanten Einkommensteuersatz von 45 % erhöht, so ist die Gesamtsteuerbelastung durch den positiven Effekt auf die Gewerbesteuer geringer. Auch bei niedrigeren Einkommensteuersätzen lässt sich bei einem konstanten Hebesatz von 400 % durch eine Gesellschafterfremdfinanzierung ein Belastungsvorteil erzielen. Der Vorteil ist laut Jacobs umso größer, je niedriger der persönliche Einkommensteuersatz des Gesellschafters und je höher der Gewerbesteuerhebesatz ist.[4] Im Ausgangsbeispiel ist die Substitution von Eigen- durch Fremdkapital unter sonst gleichen Bedingungen aufgrund des Belastungsnachteils jedoch nicht zu empfehlen. Zudem ist eine vollständige Abzugsfähigkeit der Zinsaufwendungen aufgrund deren Höhe im Hinblick auf die Regelungen des § 8 Abs. 3 KStG sowie § 4h EStG fraglich.

Bei der KG stellen die Zinsen aus der Gewährung eines Gesellschafterdarlehens aufgrund der Mitunternehmerstellung Einkünfte aus Gewerbebetrieb dar.[5] Das Darlehen ist folglich dem Sonderbetriebsvermögen des Gesellschafters zuzurechnen, die Zinsen stellen somit Sonderbetriebseinnahmen dar. Diese sind bei der Ermittlung des Gewerbeertrags

[1] Dafür und für das Folgende vgl. Jacobs, O., Unternehmensbesteuerung, 2009, S. 592 f.

[2] Vgl. Eilers, S./Ottermann, T., Fremdkapitalmaßnahmen, 2008, Rn. 40.

[3] Dafür und für das Folgende vgl. Jacobs, O., Unternehmensbesteuerung, 2009, S. 618 ff., vgl. Förster, G., Rechtsformwahl, 2008, S. 194.

[4] Vgl. Jacobs, O., Unternehmensbesteuerung, 2009, S. 622.

[5] Dafür und für das Folgende vgl. Niehus, U./Wilke, H., Die Besteuerung, 2010, S. 105 ff., S. 116.

Tab. 3.16 Steuersatzeffekte bei Gesellschafterfremdfinanzierung[1]

	GmbH	KG
Gesellschaftsrechtlicher Bereich (Ausschüttung/Entnahme)	29,83 % bis 49,41 %	0,00 % bis 47,44 %
Gesellschafterdarlehen	3,81 % bis 49,47 %	0,00 % bis 47,44 %
Veränderung durch Gesellschafterdarlehen	– 26,02 % bis + 0,06 %	± 0,00 %

miteinzubeziehen, sodass die Zinseinnahmen in vollem Umfang der Gewerbesteuer unterliegen. Demgegenüber sind Aufwendungen des Gesellschafters als Sonderbetriebsausgaben zu berücksichtigen und mindern dadurch wiederum die Belastung durch die Gewerbesteuer bzw. die Einkommensteuer.[2] Die Belastung der Gewerbesteuer wird bei einem Hebesatz von 400 % jedoch in vollem Umfang durch die Steuerermäßigung des § 35 EStG kompensiert, sodass sich daraus kein Belastungsnachteil ergibt.[3]

Für den Mitunternehmer ergibt sich im Ausgangsbeispiel bei einer Substitution von Eigen- durch Fremdkapital kein Unterschied in der Höhe der Gesamtsteuerbelastung. Dies lässt sich dadurch begründen, dass die Zinseinnahmen als gewerbliche Einkünfte ebenso wie Entnahmen besteuert werden und sich somit kein Unterschied hinsichtlich der Höhe der Steuerbelastung ergeben kann.

Die Steuersatzeffekte bei einer Gesellschafterfremdfinanzierung lassen sich in Anlehnung an Jacobs wie folgt darstellen:

Tabelle 3.16 zeigt die Höhe der Gesamtsteuerbelastung in Abhängigkeit des Einkommensteuersatzes bei einem Gewerbesteuerhebesatz von 400 %. Lediglich bei der GmbH wirken sich Gesellschafterdarlehen auf die Höhe der Gesamtsteuerbelastung aus und bewirken im Bereich niedriger Einkommensteuer einen Belastungsvorteil. Bei der KG hingegen wirken sich Gesellschafterdarlehen unabhängig von der Höhe des Einkommensteuersatzes weder positiv noch negativ auf die Gesamtsteuerbelastung aus. Somit kann auch bei einer Optimierung der Gesamtbelastung der GmbH durch eine Gesellschafterfremdfinanzierung kein steuerlicher Vorteil gegenüber der KG erzielt werden.

Wird hingegen nur ein Teil des Eigenkapitals durch Fremdkapital ersetzt und dadurch die Zinsbelastung des Unternehmens gesenkt, so hat dies bei der GmbH bei einem konstanten Einkommensteuersatz von 45 % nur einen sehr geringen Einfluss auf die Höhe der steuerlichen Gesamtbelastung. Bei der KG wirkt sich eine Änderung der Fremdkapitalquote nicht auf die Höhe der Gesamtsteuerbelastung aus.

3.6 Zusammenfassung und Fazit

Die obigen Ausführungen sollen eine Hilfestellung für die Entscheidung der Rechtsform aus ertragsteuerlicher Sicht geben. Die Berechnungen haben gezeigt, dass die Rechtsformen GmbH und GmbH & Co. KG hinsichtlich ihrer ertragsteuerlichen Gesamtbelastung

[1] Eigene Darstellung in Anlehnung an Jacobs, O., Unternehmensbesteuerung, 2009, S. 623.

[2] Vgl. Jacobs, O., Unternehmensbesteuerung, 2009, S. 626.

[3] Vgl. Kessler, W./Ortmann-Babel, M./Zipfel, L., Besteuerung, 2007, S 13.

durch die Unternehmensteuerreform 2008 einander angeglichen wurden.[1] Insbesondere im Bereich hoher Einkommensteuersätze von 42 % und 45 % bestehen kaum Unterschiede zwischen der GmbH und der GmbH & Co. KG.

Im Falle einer Gewinnausschüttung bzw. Entnahme ist die im Ausgangsbeispiel dargestellte, regelbesteuerte GmbH & Co. KG die steuerlich günstigere Alternative, da sowohl die Steuerlast auf Ebene der Gesellschaft als auch auf Ebene des Gesellschafters geringer ist als bei der ausschüttenden GmbH. Hingegen ist die GmbH im Falle einer vollständigen und langfristigen Gewinnthesaurierung der GmbH & Co. KG vorzuziehen. Durch die niedrigere Besteuerung auf Unternehmensebene lässt sich bei der GmbH ein höherer Gewinn investieren, der über die Thesaurierungsdauer mit der unternehmensinternen Rendite verzinst wird. Der daraus resultierende Zinseffekt wächst mit zunehmender Thesaurierungsdauer und kann dadurch die höhere Steuerbelastung einer späteren Ausschüttung (über-)kompensieren.[2] Bei hohen internen Renditen und einem hohen persönlichen Einkommensteuersatz des Gesellschafters bedarf es nur einer geringen Thesaurierungsdauer, um einen Zinsvorteil der GmbH gegenüber der GmbH & Co. KG zu erzielen.[3]

In beiden Fällen, sowohl Ausschüttung bzw. Entnahme als auch Thesaurierung, lässt sich die Höhe der Gesamtsteuerbelastung über Gestaltungsmaßnahmen, bspw. die Variation von Einkommensteuersatz, Hebesatz, Gesellschaft-Gesellschafter-Vergütungen oder auch die Höhe der Thesaurierungsquote, minimieren.[4] Ein Vorteil der GmbH gegenüber der GmbH & Co. KG lässt sich im Falle einer Ausschüttung bzw. Entnahme jedoch nur bei niedrigen Gewerbesteuerhebesätzen und gleichzeitig hohen Einkommensteuersätzen erzielen.

Für den Fall, dass die Gesellschaft Verluste erzielt, ist die GmbH & Co. KG aufgrund des Transparenzprinzips von Vorteil, da die Verluste auf Ebene des Gesellschafters unmittelbar ausgeglichen bzw. abgezogen werden können, während Verluste bei der GmbH auf Gesellschaftsebene eingesperrt bleiben.[5]

Ein Vorteil der KG liegt zudem in deren höherer steuerlicher Flexibilität. Laut Schiffers werden dort durch die Art der Gewinnverwendung lediglich die steuerlichen Konsequenzen eingegrenzt, d. h. im Rahmen der tatsächlichen Besteuerung existieren noch Wahlrechte, während bei der GmbH die steuerlichen Folgen bereits durch die Gewinnverwendung zwingend festgelegt werden.[6] Zudem besteht bei der KG die Möglichkeit, die Art der Gewinnverwendung für jeden Mitunternehmer gesondert festzulegen. D. h. jeder Mitunternehmer kann individuell entscheiden, ob er die Möglichkeit der Thesaurierungsbegünstigung in Anspruch nehmen möchte oder nicht. Bei der GmbH hingegen ist eine

[1] Dafür und für das Folgende vgl. Förster, G., Rechtsformwahl, 2008, S. 196, vgl. Harle, G., Die Auswirkungen, 2008, S. 2166.

[2] Vgl. Mindermann, T./Lukas, K., Aspekte, 2011. S. 3857.

[3] Vgl. Förster, G., Rechtsformwahl, 2008, S. 196.

[4] Vgl. Mindermann, T./Lukas, K., Aspekte, 2011, S. 3857.

[5] Vgl. Jacobs, O., Unternehmensbesteuerung, 2009, S. 673.

[6] Dafür und für das Folgende vgl. Schiffers, J., Die mittelständische GmbH & Co KG, 2007, S. 507.

einheitliche Strategie für sämtliche Gesellschafter zu wählen, sodass bei einer Thesaurierung der Gewinnanteil aller Gesellschafter im Unternehmen verbleibt.

Kritisch ist anzumerken, dass für die Belastungsvergleiche zahlreiche Prämissen getroffen werden mussten, ohne die eine Berechnung aufgrund der hohen Komplexität kaum durchführbar bzw. vergleichbar gewesen wäre. So ist bspw. die Annahme eines Einkommensteuersatzes von 20 % bei unveränderter Höhe der erzielten Einkünfte für die Vergleichbarkeit mit dem Ausgangssachverhalt essentiell, in der Realität aber ließe sich dies so nicht darstellen, da der persönliche Einkommensteuersatz gem. § 32a EStG an der Höhe des zu versteuernden Einkommens bemessen wird.

Das für den Belastungsvergleich herangezogene statische Modell betrachtet neben der Höhe des Einkommensteuersatzes und des Gewerbesteuerhebesatzes als maßgebliche Einflussfaktoren auch die Höhe der an den Gesellschafter entrichteten Leistungsvergütungen aufgrund von Gesellschaft-Gesellschafter-Verträgen. Diese werden in der Literatur zumeist nicht betrachtet und tragen zu einer erheblichen Komplexitätserhöhung im statischen Modell und damit zu einer zusätzlichen Erschwerung des Belastungsvergleichs bei. Insbesondere bei der GmbH & Co. KG spielen Sonderbetriebseinnahmen eine wichtige Rolle, da diese im Falle einer Thesaurierung nicht begünstigt werden und somit einer Besteuerung mit dem persönlichen Einkommensteuersatz unterliegen, was vor allem bei hohen Einkommensteuersätzen und langer Thesaurierungsdauer von Nachteil sein kann.

Das statische Modell ist für eine Beurteilung der Vorteilhaftigkeit einer Gewinnthesaurierung nicht geeignet, da dieses lediglich eine Periode betrachtet und vereinfachend unterstellt, dass ein thesaurierter Gewinn im selben Veranlagungszeitraum ausgeschüttet bzw. entnommen wird.[1] Tatsächlich muss eine Thesaurierung jedoch über mindestens zwei Perioden erfolgen, da die Prüfung, ob ein nachversteuerungspflichtiger Betrag vorliegt, erst im darauffolgenden Veranlagungszeitraum vorgenommen wird. Um die Ausschüttungs- und die Thesaurierungsalternative realistisch miteinander vergleichen zu können, muss neben dem statischen Modell zusätzlich ein dynamisches Modell erstellt werden, mit dessen Hilfe die durch eine Thesaurierung entstehenden Zins- und Thesaurierungseffekte in die Bewertung miteinbezogen werden können. Im dynamischen Modell entstehen weitere Gestaltungsmöglichkeiten, darunter die Bestimmung der Thesaurierungsdauer sowie die Festlegung unbekannter Faktoren, wie bspw. die unternehmensinterne Rendite, wodurch ein Vergleich beider Alternativen erschwert wird.

Die in den vorangegangenen Abschnitten durchgeführten Belastungsvergleiche zeigen, dass es nicht einfach ist, eine Entscheidung für eine der genannten Rechtsformen anhand der zuvor ermittelten Ergebnisse zu treffen. Da die obigen Berechnungen stets vom Einzelfall abhängig sind und folglich bei einer Veränderung der Ausgangsdaten variieren, ist eine generelle Aussage über die Vorteilhaftigkeit einer Rechtsform nicht möglich. Vielmehr ist für jeden Einzelfall erneut zu prüfen, welche Rechtsform die steuerlich günstigere darstellt. Auch in der Literatur wird von einer generellen Aussage über den steuerlichen Vorzug

[1] Dafür und für das Folgende vgl. Klipstein, I., Rechtsformwahl, 2009, S. 808.

einer Rechtsform über die andere Abstand genommen und stets auf eine Betrachtung des konkret vorliegenden Ausgangssachverhaltes verwiesen.

Die Entscheidung für eine Rechtsform hängt neben der steuerlichen Belastung noch von einer Vielzahl anderer Faktoren ab. So müssen bei der Entscheidungsfindung sämtliche rechtsformspezifische Merkmale, unter anderem Finanzierungsmöglichkeiten, Publizitätspflichten oder auch Rechtsbeziehungen im Innen- und Außenverhältnis, berücksichtigt werden.[1] Die vorliegende Ausarbeitung betrachtet mit der Analyse der ertragsteuerlichen Belastung nur einen kleinen Teil der für eine Rechtsformentscheidung ausschlaggebenden Kriterien und sollte nicht als alleiniges Entscheidungsinstrument betrachtet werden.

Anhang

Anmerkung zu Abb. 3.2 und 3.3 Da die Gesamtbelastung bei der GmbH im Falle einer Ausschüttung mit derjenigen im Thesaurierungsfall übereinstimmt, wird in diesen Diagrammen nur der Thesaurierungsfall abgebildet (Abb. 3.4[2] und 3.5[3]).

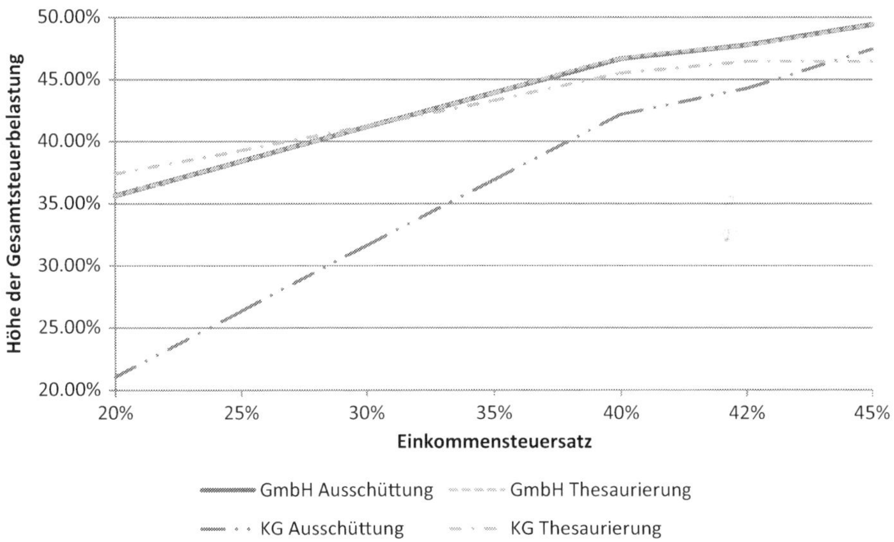

Abb. 3.2 Belastungsvergleich in Abhängigkeit vom Einkommensteuersatz

[1] Vgl. König, R./Maßbaum, A./Sureth, C., Besteuerung, 2011, S. 6.

[2] Eigene Darstellung nach Herzig, N./Lochmann, U., Unternehmensteuerreform 2008, 2007, S. 1039.

[3] Eigene Darstellung, in Anlehnung an Jacobs, O., Unternehmensbesteuerung, 2009, S. 563.

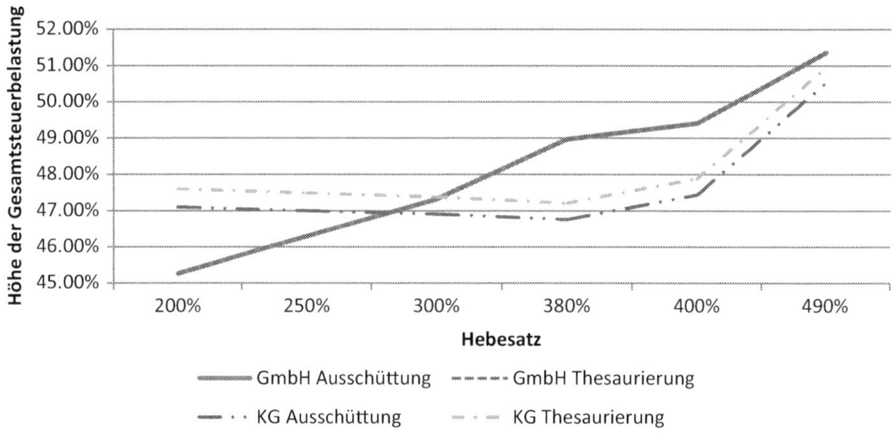

Abb. 3.3 Belastungsvergleich in Abhängigkeit vom Gewerbesteuerhebesatz

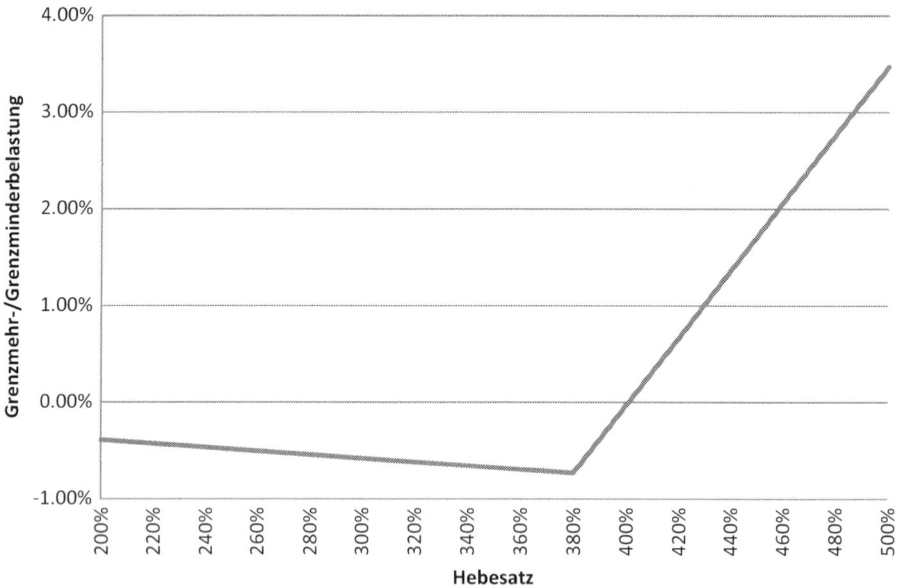

Abb. 3.4 Grenzmehr-/Grenzminderbelastung gewerblicher Gewinne

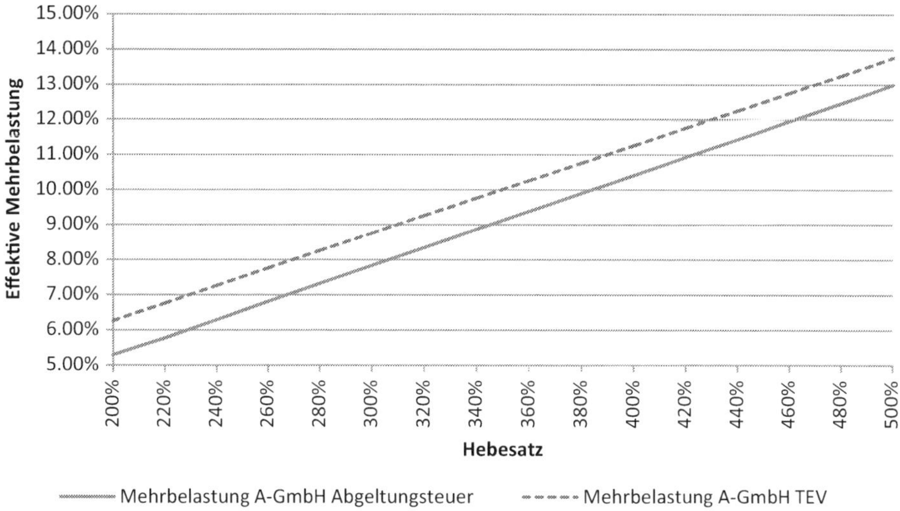

Abb. 3.5 Mehrbelastung durch Gewerbesteuer (Kapitalgesellschaft)

Literaturverzeichnis

BFH, Beschluss vom 12.02.1980, (zur Zugehörigkeit einer verdeckten Einlage zu den Anschaffungskosten i. S. v. § 17 Abs. 2 S. 1 EStG) - VIII R 114/77, BStBl. 1980 II, S. 494.

BFH, Beschluss vom 12.09.1991, (zur Qualifikation eines Fabrikationsogrundstücks als wesentliche Betriebsgrundlage) - IV R 8/90, BStBl. 1992 II, S. 347.

BFH, Beschuss vom 26.03.1992, (zur Zugehörigkeit von Grundstücken, die der Fabrikation dienen, zu den wesentlichen Betriebsgrundlagen im Rahmen einer Betriebsaufspaltung) - IV R 50/91, BStBl. 1992 II, S. 830.

Binz, H.-B., Unternehmensteuerreform 2008, 2007: Unternehmensteuerreform 2008: Rechtsformspezifische Steuerwirkungen im Überblick, in: DStR 2007, S. 1692–1695.

Blum, A., Wann lohnt sich, 2008: Wann lohnt sich die Thesaurierungsbegünstigung für Personengesellschaften nach der Unternehmensteuerreform 2008?, in: BB 2008, S. 322–326.

Blümich EStG-KStG-GewStG, 2012: Blümich EStG-KStG-GewStG, Kommentar, hrsg. B. Heuermann, München 2010, Loseblatt-ausgabe, Stand Februar 2012.

BMF-Referentenentwurf vom 05.02.2007, betr.: Entwurf eines Unternehmensteuerreformgesetzes 2008.

BMF-Schreiben vom 11.08.2008, IV C 6-S 2290-a/07/10001, betr.: Anwendungsschreiben zur Begünstigung der nicht entnommenen Gewinne (§ 34a EStG).

Breithaupt, J., Wesentliche, 2010: Wesentliche steuerliche Gesichtspunkte bei der Rechtsformwahl, in: Kompendium Gesellschaftsrecht - Formwahl - Gestaltung - Muster für die Praxis, hrsg. von J. Breithaupt und J. H. Ottersbach, München 2010.

Deutscher Bundestag Drucksache 16/4841, betr.: Entwurf eines Unternehmensteuerreformgesetzes 2008 vom 27.03.2007.

Eilers, S./Ottermann, T., Fremdkapitalmaßnahmen, 2008: § 8 Fremdkapitalmaßnahmen von Gesellschaftern und Dritten, in: Unternehmensteuerrecht - Gründung, Finanzierung, Umstrukturierung, Übertragung, Liquidation, hrsg. von J. Lüdicke und C. Sistermann, München 2008.

FG Nürnberg, Urteil vom 19.03.2003, (zum Ausschluss der erweiterten Kürzung für Grundstücksunternehmen bei Betriebsaufspaltung) – III 103/2001, in: EFG 2003, S. 1109.

Förster, G., Rechtsformwahl, 2008: Rechtsformwahl und Rechtsformoptimierung nach der Unternehmensteuerreform, in: Ubg 2008, S. 185–196.

Grashoff, D., Aktuelles, 2011: Aktuelles Steuerrecht 2011, 7. Auflage, München 2011.

Grobshäuser, U./Maier, W./Kies, D., Besteuerung, 2011: Besteuerung der Gesellschaften, 3. Auflage, Stuttgart 2011.

Hammer, K. J., Gewerbesteuerhebesätze, 2011: Gewerbesteuerhebesätze 2010 im Bundesdurchschnitt gestiegen, https://www.destatis.de/DE/PresseService/Presse/Pressemitteilungen/2011/08/PD11_298_735.html, Zugriff 17.07.2012.

Hannes, F./Kuhn, T./Brückmann, M., Familienunternehmen, 2008: Familienunternehmen – Recht, Steuern, Beratung, Wiesbaden 2008.

Harle, G., Die Auswirkungen, 2008: Die Auswirkungen der Unternehmensteuerreform 2008 auf die Rechtsform, in: BB 2008, S. 2151–2166.

Harle, G./Kulemann, G., Besteuerung, 2007: Besteuerung der Kapital- und Personengesellschaften nach der Unternehmenssteuerreform 2008 – ein Belastungsvergleich, in: GmbHR 2007, S. 1138–1144.

Heno, R., Bilanzsteuerrecht, 2009: Bilanzsteuerrecht und Unternehmensbesteuerung, Heidelberg 2009.

Herzig, N./Lochmann, U., Unternehmensteuerreform 2008, 2007: Unternehmensteuerreform 2008 – Wirkung des neuen Systems zur Entlastung gewerblicher Personenunternehmen von der Gewerbesteuer, in: DB 2007, S. 1037–1044.

Hey, J., Unternehmensteuerreform, 2007: Unternehmensteuerreform: das Konzept der Sondertarifierung des § 34a EStG-E – Was will der Gesetzgeber und was hat er geregelt?, in: DStR 2007, S. 925–931.

Hierl, S./Huber, S., Rechtsformen, 2008: Rechtsformen und Rechtsformwahl, Wiesbaden 2008.

Homburg, S., Die Abgeltungsteuer, 2007: Die Abgeltungsteuer als Instrument der Unternehmensfinanzierung, in: DStR 2007, S. 686–690.

Inhester, M., Die steuerliche Behandlung, 2009: Die steuerliche Behandlung der vermögensbezogenen Mitgliedschaftsrechte der OHG, in: Münchener Handbuch des Gesellschaftsrechts - Band 1, hrsg. von H. Gummert und L. Weipert, München 2009.

Jacobs, O., Unternehmensbesteuerung, 2009: Unternehmensbesteuerung und Rechtsform - Handbuch zur Besteuerung deutscher Unternehmen, 4. Auflage, München 2009.

Jorde, T./Götz, H., Kapital- oder Personengesellschaft?, 2007: Kapital- oder Personengesellschaft? Steuerliche Gesichtspunkte der Rechtsformwahl - national und international, in: BB 2008, S. 1032–1038.

Kempermann, M., § 247 Anhang Steuerbilanz, 2012: § 247 Anhang Steuerbilanz der Personenhandelsgesellschaft, in: Münchener Kommentar zum Bilanzrecht – Band 2 Bilanzrecht, hrsg. von J. Hennrichs, D. Kleindiek und C. Watrin, München 2012.

Kessler, W./Ortmann-Babel, M./Zipfel, L., Besteuerung, 2007: Besteuerung von Personenunternehmen, in: Die Unternehmensteuerreform 2008, hrsg. von U. Höret und M. Ortmann-Babel, Bonn 2007.

Klipstein, I., Rechtsformwahl, 2009: Rechtsformwahl im Lichte der Besteuerung thesaurierter Gewinne, in: DStZ 2009, S. 805–810.

Knief, J./Nienhaber, M., Gewinnthesaurierung, 2007: Gewinnthesaurierung bei Personengesellschaften im Rahmen der Unternehmensteuerreform 2008 – ein belastungsvergleich mit Fokus auf den Mittelstand, in: BB 2007, S. 1309–1314.

König, R./Maßbaum, A./Sureth, C., Besteuerung, 2011: Besteuerung und Rechtsformwahl – Personen-, Kapitalgesellschaften und Mischformen im Vergleich, 5. Auflage, Herne 2011.

Kraft, C./Kraft, G., Grundlagen, 2009: Grundlagen der Unternehmensbesteuerung, 3. Auflage, Wiesbaden 2009.

Lenz, M./Ribbock, M, Versagung, 2007: Versagung des Verlustabzugs bei Anteilseignerwechsel – kritische Analyse des § 8c KStG in der Fassung des Referentenentwurfs zur Unternehmensteuerreform 2008, in: BB 2007, S. 587–590.

Levedag, C., Gewinnermittlung, 2009: § 57 Gewinnermittlung und -verteilung, in: Münchener Handbuch des Gesellschaftsrechts – Band 2 (Kommanditgesellschaft - GmbH & Co. KG – Publikums-KG – Stille Gesellschaft), hrsg. von H. Gummert und L. Weipert, 3. Auflage, München 2009.

Littmann, E./Bitz, H./Pust, H., Das Einkommensteuerrecht, 2010: Das Einkommensteuerrecht, Kommentar, hrsg. von E. Littmann, H. Bitz und H. Pust, Stuttgart 2010, Loseblattausgabe, Stand: August 2010.

Lüdicke, J., Besteuerung, 2008: Besteuerung der Personengesellschaft und ihrer Gesellschafter nach der Unternehmensteuerreform 2008, in: Unternehmensteuerrecht – Gründung, Finanzierung, Umstrukturierung, Übertragung, Liquidation, hrsg. von J. Lüdicke und C. Sistermann, München 2008.

Mindermann, T./Lukas, K., Aspekte, 2011: Aspekte der Unternehmensbesteuerung in Abhängigkeit von der Rechtsform - Bedeutung der Rechtsformwahl bei der Unternehmensgründung, in: NWB 2011, S. 3847–3857.

Niehus, U./Wilke, H., Die Besteuerung, 2009: Die Besteuerung der Kapitalgesellschaften, 2. Auflage, Stuttgart 2010.

Niehus, U./Wilke, H., Die Besteuerung, 2010: Die Besteuerung der Personengesellschaften, 5. Auflage, Stuttgart 2010.

OFD-München, Verfügung vom 02.04.2001, (zur ertragsteuerlichen Beurteilung der Mitunternehmern gehörenden Anteilen an Kapitalgesellschaften), in: DStR 2001, S. 1032–1033.

OFD-Münster, Verfügung vom 06.11.2008, (zu den Anteilen an einer Komplementär-GmbH als funktional wesentliche Betriebsgrundlage), in: GmbHR 2009, S. 108–110.

Ortmann-Babel, M./Zipfel, L., Besteuerung von Kapitalgesellschaften, 2007: Besteuerung von Kapitalgesellschaften, in: Die Unternehmensteuerreform 2008, hrsg. von U. Höret und M. Ortmann-Babel, Bonn 2007.

Ortmann-Babel, M./Zipfel, L., Unternehmensteuerreform 2008 Teil II, 2007: Unternehmensteuerreform 2008 Teil II: Besteuerung von Personengesellschaften insbesondere nach Einführung der Thesaurierungsbegünstigung, in: BB 2007, S. 2205–2212.

Ottersbach, J. H., Ertragsteuerliche Behandlung, 2010: Ertragsteuerliche Behandlung der Personengesellschaft, in: Kompendium Gesellschaftsrecht- Formwahl – Gestaltung – Muster für die Praxis, hrsg. von J. Breithaupt und J. H. Ottersbach, München 2010.

O. V., Realsteuerhebesätze, 2012: Realsteuerhebesätze des IHK-Bezirks Frankfurt für die Jahre 2012 und 2011, http://www.frankfurt-main.ihk.de/recht/steuerrecht/gewerbe_grund/realsteuerhebesaetze/index.html, Zugriff 05.06.2012.

Pflüger, H., Ist die GmbH, 2011: Ist die GmbH oder die GmbH & Co. KG die steuerlich günstigere Rechtsform?, in: NWV 2011, S. 424–428.

Rech, C., Das Teileinkünfteverfahren, 2008: Das Teileinkünfteverfahren im Rahmen der Abgeltungsteuer 2009, in: BC 2008, S. 86–89.

Rödding, A., Rechtsformwahl, 2008: Rechtsformwahl, in: Unternehmensteuerrecht – Gründung, Finanzierung, Umstrukturierung, Übertragung, Liquidation, hrsg. von J. Lüdicke und C. Sistermann, München 2008.

Schanz, S./Kollruss, T./Zipfel, L., Zur Vorteilhaftigkeit, 2008: Zur Vorteilhaftigkeit der Thesaurierungsbegünstigung für Personenunternehmen: Stand der Diskussion und Beispiele, in: DStR 2008, S. 1702–1706.

Scheffler, W., Besteuerung von Unternehmen I, 2009: Besteuerung von Unternehmen I – Ertrag-, Substanz- und Verkehrsteuern, 11. Auflage, Heidelberg 2009.

Schiffers, J., Die mittelständische GmbH & Co. KG, 2007: Die mittelständische GmbH & Co. KG im Rechtsformvergleich nach der Unternehmensteuerreform 2008- Eine erste Analyse auf Grundlage des Regierungsentwurfs vom 14.3.2007, in: GmbHR 2007, S. 505–213.

Schneeloch, D., Betriebswirtschaftliche, 2012: Betriebswirtschaftliche Steuerlehre - Band 1: Besteuerung, 6. Auflage, München 2012.

Schulze zur Wiesche, D., Die Personengesellschaft, 2010: Die Personengesellschaft als Steuersubjekt, in: Kompendium Gesellschaftsrecht- Formwahl - Gestaltung - Muster für die Praxis, hrsg. von J. Breithaupt und J. H. Ottersbach, München 2010.

Wicke, H., Gesetz, 2011: Gesetz betreffend die Gesellschaften mit beschränkter Haftung (GmbH), 2. Auflage, München 2011.

Wollgarten, W., Gewinnermittlung, 2010: Gewinnermittlung bei der Personengesellschaft, in: Kompendium Gesellschaftsrecht- Formwahl - Gestaltung - Muster für die Praxis, hrsg. von J. Breithaupt und J. H. Ottersbach, München 2010.

Wollgarten, W., Personengesellschaft, 2010: Personengesellschaft und Betriebsaufspaltung, in: Kompendium Gesellschaftsrecht- Formwahl - Gestaltung - Muster für die Praxis, hrsg. von J. Breithaupt und J. H. Ottersbach, München 2010.

4 Monique Schilling: Die Zinsschranke – Darstellung und kritische Analyse

Inhaltsverzeichnis

I. Malms, *Erfolgreiche Abschlussarbeiten - Steuern und Rechnungslegung,*
DOI 10.1007/978-3-658-02800-8_4, © Springer Fachmedien Wiesbaden 2013

Abbildungsverzeichnis

Abkürzungsverzeichnis

€	Euro
§	Paragraph
%	Prozent
&	und
a. F.	alte Fassung
Abb.	Abbildung
Abs.	Absatz
AdV	Aussetzung der Vollziehung
AG	Aktiengesellschaft
AktG	Aktiengesetz
Alt.	Alternative
AO	Abgabenordnung
Art.	Artikel
AStG	Außensteuergesetz
BB	Betriebs-Berater (Zeitschrift)
Bd.	Band
BDI	Bundesverband der deutschen Industrie
begr.	begründet
BFH	Bundesfinanzhof
BilMoG	Bilanzrechtsmodernisierungsgesetz
BMF	Bundesministerium der Finanzen
BR-Drucks.	Bundesrats-Drucksache
bspw.	beispielsweise
BStBl.	Bundessteuerblatt
BT-Drucks.	Bundestags-Drucksache
Buchst.	Buchstabe
bzgl.	bezüglich
bzw.	beziehungsweise
d. h.	das heißt
DB	Der Betrieb (Zeitschrift)
DIW	Deutsches Institut für Wirtschaftsforschung e. V.
DStR	Deutsches Steuerrecht (Zeitschrift)
e. V.	eingetragener Verein
EBITDA	Earnings before interest and taxes, depreciation and amortization
EG	Europäische Gemeinschaft
EGHGB	Einführungsgesetz zum Handelsgesetzbuch
EK	Eigenkapital
EStB	Der Ertrag-Steuer-Berater (Zeitschrift)
EStG	Einkommensteuergesetz
EuGH	Europäischer Gerichtshof

EUR	Euro
evtl.	eventuell
EWG	Europäische Wirtschaftsgemeinschaft
f.	folgende
ff.	fortfolgende
FG	Finanzgericht
FK	Fremdkapital
FR	Finanz-Rundschau (Zeitschrift)
gem.	gemäß
GewSt	Gewerbesteuer
GewStG	Gewerbesteuergesetz
GG	Grundgesetz
ggf.	gegebenenfalls
GmbH	Gesellschaft mit beschränkter Haftung
GmbHR	GmbH-Rundschau (Zeitschrift)
h. M.	herrschende Meinung
HGB	Handelsgesetzbuch
hrsg.	herausgegeben
i. d. R.	in der Regel
i. H. v.	in Höhe von
i. S. d.	im Sinne des/der/dieser
i. S. v.	im Sinne von
i. V. m.	in Verbindung mit
IAS	International Accounting Standards
IDW	Institut der Wirtschaftsprüfer
IFRS	International Financial Reporting Standards
INF	Die Information für Steuerberater und Wirtschaftsprüfer (Zeitschrift)
insb.	insbesondere
IStR	Internationales Steuerrecht (Zeitschrift)
KMU	Kleine und mittlere Unternehmen
KoR	Zeitschrift für internationale und kapitalmarktorientierte Rechnungslegung (Zeitschrift)
KSt	Körperschaftsteuer
KStG	Körperschaftsteuergesetz
lt.	laut
max.	maximal
Mio.	Millionen
Mrd.	Milliarden
n. F.	neue Fassung
Nr.	Nummer
NWB	Neue Wirtschaftsbriefe (Zeitschrift)
o. g.	oben genannte/-r/-s

p. a.	pro anno
PPP	Public Private Partnership
PS	Prüfungsstandard
Rz.	Randziffer
S.	Seite
sog.	so genannte
SolZ	Solidaritätszuschlag
StuB	Steuer- und Bilanzpraxis (Zeitschrift)
u. a.	unter anderem
u. U.	unter Umständen
UmwStG	Umwandlungssteuergesetz
US-GAAP	United States Generally Accepted Accounting Principles
vgl.	vergleiche
WPg	Die Wirtschaftsprüfung (Zeitschrift)
z. B.	zum Beispiel

4.1 Einleitung

4.1.1 Einführung der Zinsschranke im Rahmen der Unternehmensteuerreform 2008

Die Zinsschranke wurde im Rahmen der Unternehmensteuerreform 2008 eingeführt und löste damit die bis dahin geltende Regelung zur Gesellschafterfremdfinanzierung des § 8a KStG a. F. ab. Hauptziele der Unternehmensteuerreform 2008 waren zum einen die Erhöhung der Standortattraktivität Deutschlands und zum anderen die längerfristige Sicherung des deutschen Steuersubstrats.[1]

Auch Deutschland ist vom internationalen Steuerwettbewerb betroffen. Investoren richten sich bei der Standortwahl ihrer Investitionen oftmals nicht nur nach der Standortqualität, sondern auch nach der Steuerbelastung. Da die Ertragsteuerbelastung deutscher Kapitalgesellschaften im Vergleich zu anderen EU-Mitgliedstaaten vor der Unternehmensteuerreform 2008 sehr hoch war, ergab sich für Deutschland ein Wettbewerbsnachteil.[2] Daher verfolgte der Gesetzgeber im Rahmen der Unternehmensteuerreform 2008 ein beliebtes Prinzip, das bereits Leitbild einiger Steuerreformen war: die Reduktion der Steuersätze bei gleichzeitiger Verbreiterung der Bemessungsgrundlage. Dadurch kann eine niedrige Besteuerung bei annähernd unverändertem Steueraufkommen realisiert werden.[3]

[1] Vgl. Entwurf eines Unternehmensteuerreformgesetzes 2008, BT-Drucks. 16/4841 vom 27.03.2007, S. 1.

[2] Vgl. Entwurf eines Unternehmensteuerreformgesetzes 2008, BT-Drucks. 16/4841 vom 27.03.2007, S. 1; vgl. DIW, Wochenbericht 25/2012, 2012, S. 11.

[3] Vgl. DIW, Wochenbericht 25/2012, 2012, S. 12.

Bedeutende Maßnahmen im Rahmen der Unternehmensteuerreform 2008 zur Verbesserung der Standortattraktivität Deutschlands waren die Senkung des Körperschaftsteuer- und Gewerbesteuersatzes ebenso wie die Schaffung eines begünstigten Thesaurierungssteuersatzes für Personengesellschaften. Dadurch sollten ausländische Investoren wieder nach Deutschland gelockt werden und inländische Unternehmen sollten weiterhin an Deutschland gebunden werden. Gleichzeitig wollte der Gesetzgeber Gewinnverlagerungsaktivitäten international tätiger Konzerne mit Hilfe der Unternehmensteuerreform 2008 verhindern und somit auch langfristig das deutsche Steuersubstrat sichern. Zu diesem Zwecke führte er die Zinsschranke ein.[4]

Die Zinsschranke soll verhindern, dass international tätige Konzerne mittels grenzüberschreitender konzerninterner Fremdkapitalfinanzierung ihre im Inland erwirtschafteten Gewinne in niedrig besteuerte Länder verlagern und so die Steuerbemessungsgrundlage deutscher Unternehmen senken.[5]

In vorliegender Arbeit soll nun die Funktionsweise der mitunter stark kritisierten Zinsschranke dargestellt werden und einer ausführlichen kritischen Würdigung unterzogen werden. Ebenfalls werden einige Gestaltungsmöglichkeiten zur Umgehung der Zinsschranke dargestellt und erläutert. Auch die Änderungen der Regelung für Körperschaften gem. § 8a KStG werden in dieser Arbeit ausführlich behandelt.

4.1.2 Gang der Arbeit

Folgendes Gliederungspunkt beschäftigt sich zunächst mit den Gründen für die Einführung der Zinsschranke im Rahmen der Unternehmensteuerreform 2008 und deren Zielen. Anschließend folgt sogleich eine kritische Würdigung der Einführung der Zinsschranke, insbesondere im Hinblick auf deren Zielsetzungen.

Gliederungspunkt 4.3 beinhaltet eine ausführliche Erläuterung der im § 4h Abs. 1 EStG enthaltenen Zinsschranken-Grundregel. In diesem Zusammenhang wird auch detailliert auf den Anwendungsbereich der Zinsschranke und die Ableitung des steuerlichen EBITDA eingegangen. Zinsvortrag und EBITDA-Vortrag sind ebenfalls wichtige Bestandteile der im Gliederungspunkt 4.3 dargelegten Wirkungsweise der Zinsschranke.

Nachdem im in Gliederungspunkt 4.4 die im § 4h Abs. 2 EStG verankerten Ausnahmeregelungen der Zinsschranke erläutert und kritisch gewürdigt werden, folgen in den Gliederungspunkten 4.5 und 4.6 ausführliche Darstellungen der Besonderheiten der Zinsschranke für Körperschaften und Personengesellschaften. Das Hauptaugenmerk liegt hier auf den Rückausnahmen beim Vorliegen einer schädlichen Gesellschafterfremdfinanzierung gem. § 8a Abs. 2 und 3 KStG. Auch die Besonderheiten bei nachgeordneten Mitunternehmerschaften werden in diesem Zusammenhang erläutert.

---

[4] Vgl. Kußmaul, H./Ruiner, C./Schappe, C., Zinsschranke, 2008c, S. 1.

[5] Vgl. Tillmanns, J.-L./Wehmschulte, J., Vereinbarkeit, 2011, S. 15; vgl. Entwurf eines Unternehmensteuerreformgesetzes 2008, BT-Drucks. 16/4841 vom 27.03.2007, S. 31.

Nachdem zunächst in Gliederungspunkten 4.7 mögliche Gestaltungen zur Vermeidung der Anwendung der Zinsschranke dargestellt und erläutert in den Gliederungspunkten 4.8 und 4.9 abschließende kritische Würdigung der Zinsschranke, vor allem im Hinblick auf deren Vereinbarkeit mit grundlegenden Besteuerungsprinzipien und eine Darstellung der aktuellen Entwicklungen im Zusammenhang mit der Zinsschranke.

4.2 Entstehung des § 4h EStG

4.2.1 Von der Gesellschafterfremdfinanzierung zur Zinsschranke

Da dem Grunde nach jeder Anteilseigner frei über die Frage entscheiden darf, inwieweit er seine Gesellschaft mit Eigen- und Fremdkapital ausstattet,[6] entstand in der Vergangenheit der Trend, Eigenkapital inländischer Kapitalgesellschaften durch Fremdkapital ausländischer Anteilseigner zu substituieren. D. h. ein ausländischer Anteilseiger gab der Gesellschaft ein Darlehen. Somit konnte der Gewinn inländischer Kapitalgesellschaften mittels hoher Fremdkapitalzinsen in das niedrig besteuerte Ausland verlagert werden. In Deutschland waren die Fremdkapitalzinsen als Betriebsausgaben abzugsfähig und minderten demnach die körperschaftsteuerliche Steuerbemessungsgrundlage.[7] Um diesem Trend entgegenzuwirken wurde im Rahmen des Standortsicherungsgesetzes 1993 im § 8a KStG a. F. die Regelung zur Gesellschafterfremdfinanzierung eingeführt, eine Regelung zur Eindämmung der übermäßigen Fremdfinanzierung inländischer Kapitalgesellschaften durch ihre ausländischen Anteilseigner. Dieser Regelung nach wurden Darlehenszinsen zur verdeckten Gewinnausschüttung umqualifiziert, wenn sie von einer unbeschränkt steuerpflichtigen inländischen Kapitalgesellschaft an ihren nicht in Deutschland veranlagten wesentlich beteiligten Anteilseigner bezahlt wurden.[8] Weitere Voraussetzungen für die Umqualifizierung waren die Überschreitung einer Freigrenze und eines bestimmten Fremdfinanzierungsrahmens (sog. safe haven).[9] Somit wurde durch § 8a KStG a. F. der Betriebsausgabenabzug für diese Fremdkapitalzinsen eliminiert, indem die Darlehenszinsen dem Einkommen der zinszahlenden Kapitalgesellschaft außerbilanziell hinzugerechnet wurden.[10] Dadurch kam es regelmäßig zu einer Doppelbesteuerung der Vergütung für Fremdkapital. In seinem Urteil vom 12.12.2002 stellte der europäische Gerichtshof je-

[6] Unter der Voraussetzung, dass kein Missbrauch vorliegt und die gesetzliche Mindesteinlage erfüllt wurde, siehe hierzu Brähler, G., Steuerrecht, 2009, S. 273.

[7] Vgl. Brähler, G., Steuerrecht, 2009, S. 273; vgl. Kraft, C./Kraft, G., Unternehmensbesteuerung, 2006, S. 158 f.

[8] Vgl. Entwurf eines Gesetzes zur Verbesserung der steuerlichen Bedingungen zur Sicherung des Wirtschaftsstandorts Deutschland im Europäischen Binnenmarkt (Standortsicherungsgesetz – StandOG), BT-Drucks. 12/4487 vom 05.03.1993, S. 36 f.; vgl. Brähler, G., Steuerrecht, 2009, S. 273 ff.

[9] Zu den exakten Voraussetzungen siehe Brähler, G., Steuerrecht, 2009, S. 277 ff.

[10] Vgl. Shou, S., Zinsschranke, 2010, S. 14 f.

doch fest, dass § 8a KStG a. F. wegen der unterschiedlichen Behandlung von inländischen und ausländischen Gesellschaftern gegen die Niederlassungsfreiheit gem. Art. 43 des EG-Vertrages verstößt. Daher wurde § 8a KStG a. F. ab dem Veranlagungszeitraum 2004 neu gefasst. Nun war die Regelung zur Gesellschafterfremdfinanzierung gem. § 8a KStG a. F. ebenfalls auf inländische Anteilseigner anzuwenden.[11]

Im Rahmen der Unternehmensteuerreform 2008 führte der Gesetzgeber die sog. Zinsschranke nach § 4h EStG i. V. m § 8a KStG ein, zum einen als Gegenfinanzierungsmaßnahme und zum anderen, um die Umgehung der bisherigen Regelung zur Gesellschafterfremdfinanzierung zu verhindern. Die Hauptintention der Zinsschranke ist weiterhin die Verhinderung der Verlagerung inländischer Gewinne ins Ausland[12] und die Abwehr aller Finanzierungsgestaltungen, die sich nachteilig für den deutschen Fiskus auswirken könnten.[13] Daher wurden im Rahmen der Zinsschranke einige erhebliche Änderungen und Verschärfungen im Gegensatz zur Gesellschafterfremdfinanzierung des § 8a KStG a. F. eingeführt. Zum Ersten wurde die beschränkte Abzugsfähigkeit von Zinsen durch die Verankerung der Zinsschranke im EStG rechtsformübergreifend eingeführt. Somit spielt die Zinsschranke nicht mehr nur für Kapitalgesellschaften, sondern auch für Einzelunternehmen und Personengesellschaften eine Rolle. Der § 8a KStG wurde ebenfalls grundlegend reformiert und durch Rückausnahmen zu bestimmten Ausnahmeregelungen erweitert. Von der früheren Verfahrensweise der Umqualifizierung bestimmter Vergütungen aus Gesellschafterdarlehen in verdeckte Gewinnausschüttungen wurde im Rahmen der Zinsschranke abgewichen, stattdessen führte der Gesetzgeber einen unter bestimmten Voraussetzungen geltenden Ausschluss des Betriebsausgabenabzugs für Zinsaufwendungen ein. Eine weitere enorme Änderung bietet die Zinsschranke dadurch, dass diese nicht nur Zinsen aus Gesellschafterdarlehen, sondern jede Art von Vergütungen für Fremdkapital erfasst, d. h. auch Zinsen aus reinen Bankdarlehen. Demnach ist das Abzugsverbot für Zinsen als Betriebsausgaben nach § 4h EStG nun vollumfänglich unabhängig von der Person des Kreditgebers.[14]

Nach § 4h Abs. 1 Satz 1 EStG sind Zinsen nur noch bis zur Höhe der Zinserträge und darüber hinaus bis zu 30 % des steuerlichen EBITDA[15] als Betriebsausgaben abzugsfähig.[16] Somit wird im Rahmen der Zinsschranke anhand einer Gewinngröße (steuerliches EBITDA) festgestellt, ob eine schädliche Fremdfinanzierung vorliegt, während die frühere Regelung zur Gesellschafterfremdfinanzierung mit Hilfe der Eigen-/Fremdkapital-Re-

[11] Vgl. EuGH, Urteil vom 12.12.2002, C-324/00, S. 2390; vgl. Entwurf eines Gesetzes zur Umsetzung der Protokollerklärung der Bundesregierung zur Vermittlungsempfehlung zum Steuervergünstigungsabbaugesetz, BT-Drucks. 15/1518 vom 08.09. 2003, S. 6 f.

[12] Vgl. Brähler, G., Steuerrecht, 2012, S. 284 f.

[13] Vgl. Tillmanns, J.-L./Wehmschulte, J., Vereinbarkeit, 2011, S. 14.

[14] Vgl. Grobshäuser, U./Maier, W./Kies, D., Besteuerung, 2011, S. 258 f.

[15] EBITDA = Earnings before interest, tax, depreciation and amortization.

[16] Vgl. Winkeljohann, N./Fuhrmann, S., Unternehmensteuerreform, 2007, S. 76 f.

lation zwischen schädlicher und unschädlicher Fremdfinanzierung unterschieden hat.[17] Der neue § 4h EStG ermöglicht es nun auch, nicht abzugsfähige Zinsen in die Folgejahre vorzutragen und ggf. dort als Betriebsausgaben abzuziehen (sog. Zinsvortrag). Um kleine und mittelgroße Unternehmen zu schützen führte der Gesetzgeber zunächst eine Freigrenze i. H. v. 1 Mio. EUR ein. Demnach waren die Zinsaufwendungen voll abzugsfähig, wenn der negative Saldo aus Zinsaufwendungen und Zinserträgen unter 1 Mio. EUR lag. Diese Freigrenze wurde im Rahmen des Wachstumsbeschleunigungsgesetzes 2009 auf 3 Mio. EUR erhöht.[18] Ebenfalls durch das Wachstumsbeschleunigungsgesetz 2009 wurde ein sog. EBITDA-Vortrag eingeführt.[19]

4.2.2 Ziele der Zinsschranke

Der Gesetzgeber verfolgt mit der Einführung der Zinsschranke zugleich mehrere wesentliche Ziele.[20] Im Vordergrund steht das Ziel der Sicherung des deutschen Steuersubstrats.[21] Daher soll die Zinsschranke zum einen als wichtige Gegenfinanzierungsmaßnahme der Unternehmensteuerreform 2008 dienen. Die verlorenen Steuereinnahmen aus Maßnahmen wie der Senkung des Körperschaftsteuersatzes von 25 % auf 15 % sollen somit anteilig aufgefangen werden.[22]

Weiterhin hat der Gesetzgeber festgestellt, dass deutsche Unternehmen im internationalen Vergleich eine sehr hohe Fremdkapitalquote aufweisen, was erhebliche Risiken für die Liquiditätssituation der Unternehmen mit sich bringen kann. Mit der Zinsschranke soll demnach ebenfalls vermieden werden, dass deutsche Unternehmen nur zur Steueroptimierung bzw. zur Reduktion der Steuerbelastung nach einer hohen Fremdkapitalquote streben.[23] Die Zinsschrankenregelung wurde so konzipiert, dass die Abzugsfähigkeit von Zinsaufwendungen als Betriebsausgaben vom Gewinn abhängig ist. Ziel des Gesetzgebers ist, Konzerne dazu zu bewegen, ihre Gewinne wieder nach Deutschland zu verlagern, um so ihr Zinsabzugspotenzial zu erhöhen. Dadurch gewinnt der Fiskus wieder an Steuersubstrat.[24]

---

[17] Vgl. Welling, B., Zinsschranke, 2007, S. 737.

[18] Vgl. Grobshäuser, U./Maier, W./Kies, D., Besteuerung, 2011, S. 259.

[19] Vgl. Entwurf eines Gesetzes zur Beschleunigung des Wirtschaftswachstums (Wachstumsbeschleunigungsgesetz), BT-Drucks. 17/15 vom 09.11.2009, S. 4.

[20] Vgl. München, M., Zinsschranke, 2010, S. 11.

[21] Vgl. Entwurf eines Unternehmensteuerreformgesetzes 2008, BT-Drucks. 16/4841 vom 27.03.2007, S. 1.

[22] Vgl. Brähler, G., Steuerrecht, 2012, S. 284 f.

[23] Vgl. Entwurf eines Unternehmensteuerreformgesetzes 2008, BT-Drucks. 16/4841 vom 27.03.2007, S. 31.

[24] Vgl. München, M., Zinsschranke, 2010, S. 11.

Ein weiteres besonders wichtiges Ziel der Zinsschranke ist die Verhinderung bzw. Eindämmung von konzerninternen Gestaltungen zur grenzüberschreitenden Gewinnverlagerung. So erwies es sich für international tätige Konzerne in der Vergangenheit als lukrativ durch grenzüberschreitende konzerninterne Fremdkapitalfinanzierung ihre im Inland erwirtschafteten Gewinne ins niedrig besteuerte Ausland zu verlagern und so die Steuerbemessungsgrundlage deutscher Unternehmen zu senken.[25] Hauptsächlich sollen mit Hilfe der Zinsschranke drei wichtige Fallgruppen solcher gewinnverlagernden Gestaltungen unterbunden werden: Die Down-stream-Inboundfinanzierung, die Up-stream-Inboundfinanzierung und die Outboundfinanzierung.[26]

4.2.2.1 Die Down-stream-Inboundfinanzierung

Im Falle der Down-stream-Inboundfinanzierung versorgt eine ausländische Mutterkapitalgesellschaft ihre inländische Tochterkapitalgesellschaft mit übermäßig viel Fremdkapital bzw. substituiert Eigenkapital durch Fremdkapital.[27] Dadurch entstehen bei der Tochterkapitalgesellschaft immens hohe Zinsaufwendungen, die nach § 8 Abs. 1 Satz 1 KStG i. V. m. § 4 Abs. 4 EStG als Betriebsausgaben ihren Gewinn mindern. Genau dies liegt bei der Down-stream-Inboundfinanzierung im Interesse der Gesellschaften. Da das Steuerniveau im Inland i. d. R. sehr viel höher ist als das Steuerniveau im Land der Mutterkapitalgesellschaft, lohnt es sich Gewinne ins Ausland zu verlagern (sog. internationales Steuergefälle). Die Steuerbemessungsgrundlage der Tochterkapitalgesellschaft sinkt durch die Zinsaufwendungen, umgekehrt steigt der Gewinn und damit die Steuerbemessungsgrundlage der Mutterkapitalgesellschaft durch die vereinnahmten Zinserträge. Da jedoch die Mutterkapitalgesellschaft in einem niedriger besteuerten Land ansässig ist, entsteht eine Steuerersparnis für den gesamten Konzern. Diese Finanzierungsgestaltungen und die damit einhergehenden Zinszahlungen der inländischen Tochterkapitalgesellschaft an ihre ausländische Mutterkapitalgesellschaft bedeuten für den deutschen Fiskus Abfluss von Steuersubstrat.[28] Abbildung 4.1 verdeutlicht die Funktionsweise der Down-stream-Inboundfinanzierung.

4.2.2.2 Die Up-stream-Inboundfinanzierung

Im Falle der Up-stream-Inboundfinanzierung versorgt eine inländische Mutterkapitalgesellschaft ihre ausländische Tochterkapitalgesellschaft mit viel Eigenkapital. Mit Hilfe des Eigenkapitals gestattet die Tochterkapitalgesellschaft wiederum ihrer inländischen Mutter-

[25] Vgl. Tillmanns, J.-L./Wehmschulte, J., Vereinbarkeit, 2011, S. 15; vgl. Entwurf eines Unternehmensteuerreformgesetzes 2008, BT-Drucks. 16/4841 vom 27.03.2007, S. 31.

[26] Vgl. Welling, B., Zinsschranke, 2007, S. 737.

[27] Vgl. Grobshäuser, U./Maier, W./Kies, D., Besteuerung, 2011, S. 258.

[28] Vgl. München, M., Zinsschranke, 2010, S. 12 f.

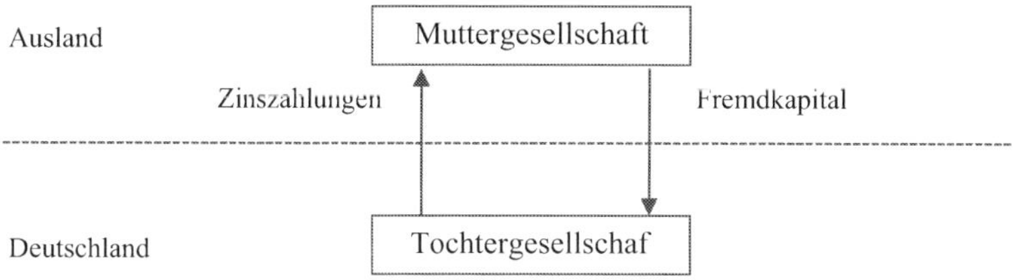

Abb. 4.1 Down-stream-Inboundfinanzierung[29]

kapitalgesellschaft ein Darlehen.[30] Diese Gestaltung ist für den Gesamtkonzern besonders dann attraktiv, wenn die Steuerbelastung im Ausland viel niedriger ist als die im Inland.[31] Durch die Aufnahme des Darlehens entstehen bei der Mutterkapitalgesellschaft Zinsaufwendungen, die nach § 8 Abs. 1 Satz 1 KStG i. V. m. § 4 Abs. 4 EStG als Betriebsausgaben ihre Steuerbemessungsgrundlage mindern. Somit sinkt die Steuerlast der Mutterkapitalgesellschaft. Umgekehrt erhöhen die Zinseinnahmen den Gewinn der ausländischen Tochterkapitalgesellschaft. Schüttet die ausländische Tochterkapitalgesellschaft künftig ihre eingenommenen Zinsen an die inländische Mutterkapitalgesellschaft aus, sind diese nach § 8b Abs. 1 Satz 1 und Abs. 5 Satz 1 KStG zu 95 % steuerfrei, da dies eine Ausschüttung von Dividenden nach § 20 Abs. 1 Nr. 1 EStG darstellt. Die verbleibenden 5 % der vereinnahmten Gewinnanteile dürfen nach § 8b Abs. 5 Satz 1 KStG nicht als Betriebsausgaben abgezogen werden und sind daher steuerpflichtig. Solche Finanzierungsgestaltungen und die damit einhergehenden Zinszahlungen der inländischen Mutterkapitalgesellschaft an ihre ausländische Tochterkapitalgesellschaft bedeuten für den deutschen Fiskus Abfluss von Steuersubstrat.[32] Abbildung 4.2 verdeutlicht die Funktionsweise der Up-stream- Inboundfinanzierung.

4.2.2.3 Die Outboundfinanzierung

Im Falle der Outboundfinanzierung stattet eine inländische Mutterkapitalgesellschaft ihre ausländische Tochterkapitalgesellschaft mit Eigenkapital aus und finanziert dies mit Hilfe eines Bankdarlehens.[33] Aus dieser Eigenkapitalinvestition erhält die Mutterkapitalgesellschaft Gewinnanteile im Sinne des § 20 Abs. 1 Nr. 1 EStG. Die Gewinnanteile, die die Mutterkapitalgesellschaft von ihrer Tochterkapitalgesellschaft erhält, sind nach § 8b Abs. 1 Satz 1 und Abs. 5 Satz 1 KStG zu 95 % steuerfrei. Lediglich die restlichen 5 % der vereinnahmten Dividenden sind nach § 8b Abs. 5 Satz 1 KStG nicht als Betriebsausgaben abziehbar und daher steuerpflichtig.[35] Im Gegensatz dazu konnte die Mutterkapitalgesell-

[29] Entnommen aus Bräuning, K./Welling, B., Einführung, 2007, S. 285.

[30] Vgl. Niehus, U./Wilke, H., Kapitalgesellschaften, 2012, S. 100.

[31] Vgl. München, M., Zinsschranke, 2010, S. 13.

[32] Vgl. Rödder, T., Unternehmensteuerreformgesetz, 2007, S. 6; vgl. München, M., Zinsschranke, 2010, S. 13.

[33] Vgl. Grobshäuser, U./Maier, W./Kies, D., Besteuerung, 2011, S. 258.

[34] Entnommen aus Bräuning, K./Welling, B., Einführung, 2007, S. 285.

[35] Vgl. München, M., Zinsschranke, 2010, S. 14.

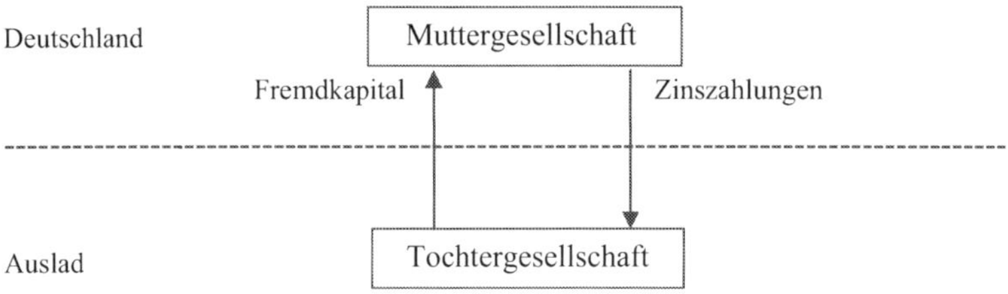

Abb. 4.2 Up-stream-Inboundfinanzierung[34]

schaft vor der Unternehmensteuerreform 2008 die gesamten verausgabten Zinsen für das zur Investition genutzte Bankdarlehen körperschaftsteuerlich nach § 8 Abs. 1 Satz 1 KStG i. V. m. § 4 Abs. 4 EStG als Betriebsausgaben abziehen. Somit sanken der Gewinn und die Steuerbemessungsgrundlage der inländischen Mutterkapitalgesellschaft. Gewerbesteuerlich mussten die vereinnahmten Zinsen nach § 8 Nr. 1 GewStG zur Hälfte wieder hinzugerechnet werden.[36] Diese Finanzierungsgestaltungen und die damit einhergehenden Dividendenzahlungen der ausländischen Tochterkapitalgesellschaft an ihre inländische Mutterkapitalgesellschaft bedeuten für den deutschen Fiskus Abfluss von Steuersubstrat.[37] Abbildung 4.3 verdeutlicht die Funktionsweise der Outboundfinanzierung.

4.2.3 Kritische Würdigung der Einführung der Zinsschranke insbesondere im Hinblick auf ihre Ziele

Mit der Zinsschranke führte der Gesetzgeber eine bedeutende steuerliche Neuerung ein. Die Notwendigkeit zur Gegenfinanzierung der Körperschaftsteuersenkung im Rahmen der Unternehmensteuerreform 2008 und die Gestaltungsanfälligkeit der bisherigen Regelung zur Gesellschafterfremdfinanzierung des § 8a KStG a. F. veranlassten den Gesetzgeber u. a. dazu, mit der Zinsschranke völliges Neuland zu betreten. Obwohl mit der Zinsschranke bestehende Probleme insbesondere auch im Hinblick auf die o. g. Down-stream- Inboundfinanzierung, die Up-stream-Inboundfinanzierung und die Outboundfinanzierung gelöst werden sollen,[38] gibt es jedoch auch einiges zu kritisieren. Diese Kritikpunkte, besonders im Hinblick auf die vom Gesetzgeber benannten Ziele der Zinsschranke, werden nachfolgend dargestellt.

Vorbild der Zinsschranke sollten bereits bestehende Unterkapitalisierungsregelungen im Ausland sein, wie z. B. die US-amerikanischen ‚Earnings Stripping Rules'. Aber schon hier schoss der Gesetzgeber weit über das Ziel hinaus. Denn die US-amerikanischen ‚Earnings Stripping Rules', wie auch die Unterkapitalisierungsregelungen in den Niederlanden und Frankreich beschränken sich nur auf übermäßige Gesellschafterfremdfinanzierung, wohingegen in Deutschland sogar die reine Bankenfinanzierung in den Anwendungsbe-

[36] Vgl. Rödder, T., Unternehmensteuerreformgesetz, 2007, S. 6.

[37] Vgl. München, M., Zinsschranke, 2010, S. 14.

[38] Vgl. Welling, B., Zinsschranke, 2007, S. 736 f.

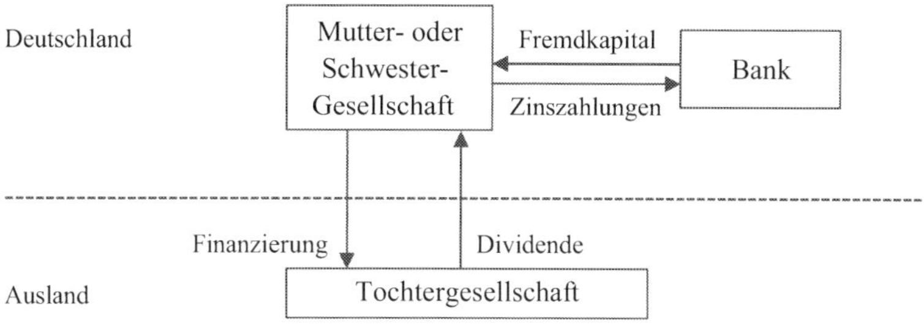

Abb. 4.3 Outboundfinanzierung[39]

reich der Zinsschranke einbezogen wurde.[40] In anderen Ländern, wie z. B. den Niederlanden, existiert sogar eine Ausnahme für Holdinggesellschaften.[41] „Die ‚Zinsschranke' ist damit international ohne Vorbild und führt zu einem steuerlichen Paradigmenwechsel in der Behandlung von Fremdfinanzierungsaufwendungen."[42]

Die im Rahmen der Unternehmensteuerreform 2008 durchgeführte Körperschaftsteuersenkung von 25 % auf 15 % bedurfte zweifelsohne einer Gegenfinanzierungsmaßnahme. Trotzdem führte die Einführung der Zinsschranke, als Teil der Gegenfinanzierungsmaßnahme, zu lautstarker Kritik.[43] Insbesondere das Ziel der Zinsschranke, das deutsche Steuersubstrat zu sichern, geriet stark in die Diskussion. So wird das durch die Zinsschranke erwirtschaftete Steuermehraufkommen nur auf ca. 750 Mio. EUR[44] pro Jahr geschätzt.[45] Dies stellt lediglich einen Bruchteil des Steueraufkommens dar, das durch die Senkung des Körperschaftsteuersatzes verloren geht. Lt. Gesetzesentwurf schätzt der Gesetzgeber die Steuermindereinnahmen pro Jahr auf ca. 12,5 Mrd. EUR.[46] Somit wurde das Ziel der Zinsschranke – die Gegenfinanzierung der Körperschaftsteuersenkung – kaum erreicht.

Besonders unsinnig erscheint die Zinsschrankenregelung, wenn man das geschätzte Steuermehraufkommen mit den geplanten Bürokratiekosten lt. BT-Drucks. 16/5491 vergleicht. So werden die Bürokratiekosten für den Nachweis der Voraussetzung zur Nichtanwendung der Zinsschranke bei Nicht-Konzernen bereits auf 878.750 EUR geschätzt. Wobei dies ca. 50.000 Unternehmen betreffen soll. Folglich würden schon allein hieraus

[39] Entnommen aus Bräuning, K./Welling, B., Einführung, 2007, S. 285.

[40] Vgl. Stangl, I./Hageböke, J., Zinsschranke, 2007, S. 449.

[41] Vgl. Kessler, W./Köhler, S./Knörzer, D., Problemfelder, 2007, S. 418 ff.

[42] Stangl, I./Hageböke, J., Zinsschranke, 2007, S. 449.

[43] Vgl. Ernst & Young GmbH, Unternehmensteuerreform, 2010, S. 11.

[44] Da in dieser Zahl die Änderungen der Zinsschrankenregelung durch das Wachstumsbeschleunigungsgesetz noch nicht berücksichtigt sind, dürfte das Steuermehraufkommen heute noch niedriger sein, siehe hierzu DIW, Wochenbericht 17/2009, 2009, S. 283.

[45] Vgl. DIW, Wochenbericht 17/2009, 2009, S. 283.

[46] Vgl. Entwurf eines Unternehmensteuerreformgesetzes 2008, BT-Drucks. 16/4841 vom 27.03.2007, S. 39.

Bürokratiekosten i. H. v. ca. 44 Mrd. EUR entstehen.[47] Demgegenüber stehen jedoch lediglich geschätzte Steuermehreinnahmen von ca. 750 Mio. EUR durch die Zinsschranke.[48] Dies zeigt die enorme Mehrbelastung, der einige Unternehmen durch die Zinsschranke ausgesetzt sind.

Als weiteres Ziel der Zinsschranke wird im Gesetzesentwurf die Verhinderung missbräuchlicher Gestaltungen zur konzerninternen grenzüberschreitenden Gewinnverlagerung genannt. D. h. international tätigen Großkonzernen soll es erschwert werden durch grenzüberschreitende konzerninterne Fremdkapitalfinanzierung Gewinne in niedrig besteuerte Länder zu verlagern und so die Bemessungsgrundlage deutscher Unternehmen zu senken.[49] Zwar ist das grundsätzliche Ziel der Zinsschranke, Missbrauch zu vermeiden, aufgrund der Gestaltungsanfälligkeit der alten Regelung des § 8a KStG a. F. gut und nachvollziehbar, tatsächlich geht die Wirkung der Zinsschranke jedoch weit über die Missbrauchsprävention hinaus. Mit der zusätzlichen Einbeziehung reiner Bankdarlehen hat der Gesetzgeber den Anwendungsbereich der Zinsschranke im Gegensatz zur früheren Regelung der Gesellschafterfremdfinanzierung gem. § 8a KStG a. F. erheblich erweitert. Damit werden nun nicht mehr nur international tätige Großkonzerne belastet, wie es der Gesetzgeber eigentlich vorsah, sondern beinahe alle Unternehmen mit hohem Zinsaufwand. Dies sind insbesondere auch Unternehmen in der Start-up-Phase und Unternehmen aus Branchen mit grundsätzlich hohen Fremdkapitalquoten.[50] Das führt dazu, dass nicht nur missbräuchliche Steuergestaltungen von der Zinsschranke betroffen sind, sondern auch ökonomisch sinnvolle Unternehmensfinanzierungen ohne missbräuchlichen Charakter. Zudem werden auch reine Inlandsfälle von der Zinsschranke erfasst. Dies stellt einen Widerspruch zu dem Ziel der Zinsschranke dar, missbräuchliche grenzüberschreitende Gewinnverlagerungen verhindern zu wollen. Bedingt durch diese diskriminierende Behandlung der Fremdfinanzierung ist ein Rückgang fremdfinanzierter Investitionen denkbar.[51]

Als weiterer enormer Kritikpunkt wird der Zinsschranke zudem oftmals eine krisenverschärfende Wirkung unterstellt. In Krisenzeiten müssen betroffene Unternehmen meist ihre Finanzierungssituation an die geänderten Bedingungen anpassen. D. h. aufgrund der Krise verschlechtert sich meist die Ertragssituation und der Fremdfinanzierungsbedarf betroffener Unternehmen steigt. Gleichzeitig steigen die Zinsen für die Aufnahme von Fremdkapital oder die Verlängerung von Krediten, bedingt durch die schwächere Ertragssituation und die damit einhergehende sinkende Bonität. Diese gestiegenen Zinsaufwendungen verschlechtern das Unternehmensergebnis weiterhin. Somit sinkt in Krisenzeiten i. d. R. das steuerliche EBITDA des Unternehmens und dadurch auch die potentiell abzugs-

[47] Vgl. Töben, T., Kritik, 2007, S. 741.

[48] Vgl. DIW, Wochenbericht 17/2009, 2009, S. 283.

[49] Vgl. Tillmanns, J.-L./Wehmschulte, J., Vereinbarkeit, 2011, S. 15; vgl. Entwurf eines Unternehmensteuerreformgesetzes 2008, BT-Drucks. 16/4841 vom 27.03.2007, S. 31.

[50] Vgl. Töben, T., Kritik, 2007, S. 740; vgl. Köhler, S., Einführung, 2007a, S. 110; vgl. Köhler, S., Zinsschranke, 2007b, S. 603; vgl. Herzig, N./Bohn, A., Zinsschranke, 2007, S. 9.

[51] Vgl. Pasedag, A., Paradoxe Wirkungen, 2010, S. 302.

fähigen Zinsaufwendungen, da diese nur i. H. v. 30 % des steuerlichen EBITDA abzugsfähig sind. Gleichzeitig haben krisenbetroffene Unternehmen meist aufgrund der schlechteren Ertragssituation höhere Zinsaufwendungen. Demnach kann es passieren, dass ein Unternehmen der Zinsschranke unterliegt und besteuert wird, obwohl es handelsrechtlich keinen Gewinn erwirtschaftet hat, d. h. es kommt zu einer Scheingewinnbesteuerung.[52] Bedingt durch diese Kettenreaktion im Falle einer Krise wird die Zinsschranke in der Literatur oftmals als „reine Schönwetterregel"[53] bezeichnet.[54] Abbildung 4.11 des Anhangs verdeutlicht die Abhängigkeit der Zinsschrankenfälle von der Konjunktur.

Ebenfalls problematisch im Rahmen der Zinsschranke ist die 30 %-Grenze,[55] bis zu der die Nettozinsaufwendungen[56] voll abzugsfähig sind. Denn damit unterstellt der Gesetzgeber – bei gleicher Eigenkapital- und Fremdkapitalrendite – eine Eigenkapitalquote i. H. v. 70 %.[57] D. h. mit einer Eigenkapitalquote i. H. v. 70 % geht der Gesetzgeber davon aus, dass keine missbräuchlichen Finanzierungsgestaltungen vorliegen und somit die gesamten Zinsaufwendungen als Betriebsausgaben abgezogen werden dürfen. Diese Annahmen des Gesetzgebers sind jedoch sehr unrealistisch, da die Eigenkapitalquoten deutscher Unternehmen weit unter dem Wert von 70 % liegen.[58] Dies verdeutlicht Abb. 4.4. Insofern zeigt sich einmal mehr, dass die Zinsschrankenregelung viel zu streng ausgestaltet wurde und ihr Anwendungsbereich weit über Missbrauchsfälle hinausgeht.

4.3 Grundkonzeption der Zinsschranke nach § 4h EStG

4.3.1 Zinsschranken-Grundregel

Die Zinsschranken-Grundregel ist im § 4h Abs. 1 Satz 1 EStG verankert und gilt somit nicht nur für Kapitalgesellschaften, sondern auch für Einzelunternehmen und Personengesellschaften. Der § 4h Abs. 1 Satz 1 EStG besagt, dass Zinsaufwendungen eines Betriebs nur

[52] Scheingewinnbesteuerung bedeutet, dass Gewinne besteuert werden, die nicht entstanden wären, wenn tatsächlich angefallene Aufwendungen als Betriebsausgaben abgezogen werden dürften, siehe hierzu Vereinigung der Bayerischen Wirtschaft e. V., Unternehmensteuerreform, 2008, S. 5.

[53] BDI, Zinsschranke, 2009; vgl. auch Ortmann-Babel, M./Bolik, A./Fuest, C., Beurteilung, 2010, S. 1866.

[54] Vgl. Müller-Kabisch, M., Zinsschranke, 2010, S. 1 f.; vgl. BDI, Zinsschranke, 2009.

[55] Übersteigen die Zinsaufwendungen eines Wirtschaftsjahres den Zinsertrag des gleichen Wirtschaftsjahres, sind diese nur in Höhe von 30 % des steuerlichen EBITDA abziehbar (§ 4h Abs. 1 Satz 1 EStG).

[56] Überschuss der Zinsaufwendungen eines Wirtschaftsjahres über die Zinserträge des gleichen Wirtschaftsjahres.

[57] Sofern keine wesentlichen Absetzungen für Abnutzung vorliegen.

[58] Vgl. Kessler, W./Köhler, S./Knörzer, D., Problemfelder, 2007, S. 419; vgl. Pasedag, A., Paradoxe Wirkungen, 2010, S. 302.

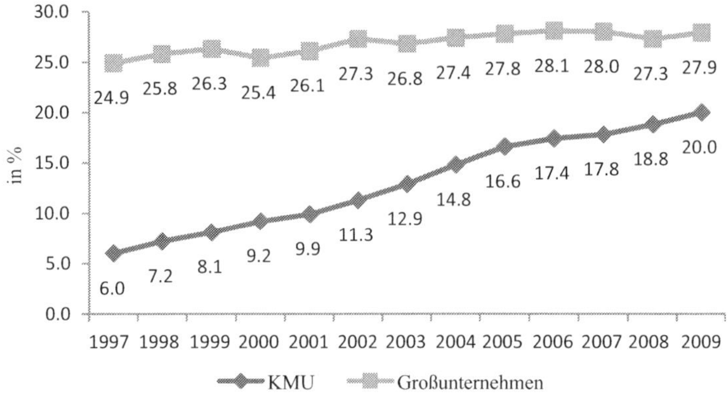

Abb. 4.4 Durchschnittliche Eigenkapitalquoten der KMU und Großunternehmen[59]

in Höhe der Zinserträge vollständig als Betriebsausgaben abziehbar sind.[60] Übersteigen die Zinsaufwendungen eines Wirtschaftsjahres jedoch die Zinserträge des gleichen Wirtschaftsjahres (es entsteht ein sog. negativer Zinssaldo bzw. Nettozinsaufwand), sind diese nur in Höhe des verrechenbaren EBITDA abziehbar. Gem. § 4h Abs. 1 Satz 2 EStG beträgt das verrechenbare EBITDA 30 % des steuerlichen EBITDA, d. h. des um die Zinsaufwendungen und um bestimmte Abschreibungen erhöhten und um die Zinserträge verminderten maßgeblichen Gewinns. Übersteigt das verrechenbare EBITDA den Nettozinsaufwand eines Wirtschaftsjahres, darf gem. § 4h Abs. 1 Satz 3 EStG der übersteigende Betrag in die folgenden fünf Wirtschaftsjahre vorgetragen werden (sog. EBITDA-Vortrag).[61] Der Anteil der Zinsaufwendungen, der in einem Wirtschaftsjahr nicht als Betriebsausgaben abgezogen werden darf, wird gem. § 4h Abs. 1 Satz 5 EStG in die folgenden Wirtschaftsjahre vorgetragen (sog. Zinsvortrag) und kann unter bestimmten Umständen[62] in den folgenden Wirtschaftsjahren als Betriebsausgaben abgezogen werden.[63]

Im § 4h Abs. 2 EStG hat der Gesetzgeber drei Ausnahmen[64] verankert, die dazu führen, dass die Zinsschranke nicht greift. Zum einen wirkt die Zinsschranke nicht, wenn die Zinsaufwendungen eines Betriebs zwar die Zinserträge übersteigen, dieser Überhang jedoch noch unter der im § 4h Abs. 2 Satz 1 Buchst. a EStG geregelten Freigrenze i. H. v. 3 Mio. EUR liegt. Die Zinsschranke greift somit erst, sobald der Nettozinsaufwand mindestens 3 Mio. EUR beträgt. Die zweite Ausnahme wird Konzernklausel oder auch Standalone-Klausel genannt. Dieser Regel nach greift die Zinsschranke gem. § 4h Abs. 2 Satz

[59] Entnommen aus IfM Bonn, Eigenkapitalausstattung, 2008.

[60] Vgl. Rödder, T., Unternehmensteuerreformgesetz, 2007, S. 7.

[61] Vgl. Kußmaul, H., Steuerlehre, 2010, S. 331.

[62] Diese Umstände werden in Gliederungspunkt 4.3.4 erläutert.

[63] Vgl. Grefe, C., Unternehmenssteuern, 2012, S. 113.

[64] Die Ausnahmeregelungen werden in Gliederungspunkt 4.4 näher erläutert.

1 Buchst. b EStG nicht, wenn ein Betrieb keinem oder nur anteilsmäßig einem Konzern angehört. Die dritte Ausnahme wird Escape-Klausel genannt und ist im § 4h Abs. 2 Satz 1 Buchst. c EStG verankert. Dieser Ausnahmeregelung nach greift die Zinsschranke nicht, wenn ein Betrieb einem Konzern angehört und dessen Eigenkapitalquote gleich hoch oder höher ist als die Eigenkapitalquote des gesamten Konzerns.[65]

Um die Abzugsfähigkeit der Zinsaufwendungen zu ermitteln, muss eine dreistufige Prüfung erfolgen. Zuerst werden die Zinsaufwendungen des Wirtschaftsjahres mit den Zinserträgen desselben Wirtschaftsjahres verglichen. Hierbei sind die Zinsaufwendungen bis zur Höhe der Zinserträge unbegrenzt abzugsfähig. Des Weiteren muss die Freigrenze i. H. v. 3 Mio. EUR beachtet werden. Im zweiten Schritt wird geprüft, ob der Betrieb einem Konzern angehört (Konzernklausel). Zudem wird die Höhe der Eigenkapitalquote des Betriebs mit der des Konzerns verglichen (Escape-Klausel). Wurden in diesem Schritt keine Ausnahmetatbestände erfüllt, wird im dritten Schritt das steuerliche EBITDA berechnet. Die Nettozinsaufwendungen sind in diesem Schritt nur noch i. H. v. 30 % des steuerlichen EBITDA als Betriebsausgaben abziehbar.[66]

Gem. § 52 Abs. 12d EStG ist die Zinsschranke für alle Wirtschaftsjahre anzuwenden, die nach dem 25.05.2007 begonnen und nicht vor dem 01.01.2008 geendet haben. Die späteren Änderungen der Zinsschranke durch das Wachstumsbeschleunigungsgesetz – die Freigrenze, den EBITDA-Vortrag und die Escape-Klausel betreffend – sind für Wirtschaftsjahre anzuwenden, die nach dem 31.12.2009 geendet haben.[67]

4.3.2 Anwendungsbereich

4.3.2.1 Personeller Anwendungsbereich

Während die frühere Regelung der Gesellschafterfremdfinanzierung gem. § 8a KStG a. F. in den personellen Anwendungsbereich nur Kapitalgesellschaften und Kapitalgesellschaften nachgeordnete Personengesellschaften einbezog, greift die Zinsschranke nun viel weiter. Die Zinsschranke gilt rechtsformunabhängig. Dies resultiert daraus, dass sie sowohl im EStG (§ 4h) als auch im KStG (§ 8a) enthalten ist und somit für Einkommensteuer- und Körperschaftsteuersubjekte anzuwenden ist.[68] Der Gesetzesbegründung nach sind jedoch Einzelunternehmen, die keine weiteren Beteiligungen halten, Betriebsaufspaltungen, Organkreise, PPP-Projektge-sellschaften (Public Private Partnership), die nicht in einen Konzern eingebunden sind, und Verbriefungszweckgesellschaften nicht von der Zins-

[65] Vgl. Krimpmann, A., Latente Steuern, 2011, S. 69; vgl. Hey, J., in: Tipke, K./Lang, J., Steuerrecht, 2010, § 11 KSt, Rz. 52; vgl. Niehus, U./Wilke, H., Kapitalgesellschaften, 2012, S. 111 ff.

[66] Vgl. Grobshäuser, U./Maier, W./Kies, D., Besteuerung, 2011, S. 259.

[67] Vgl. Brähler, G., Steuerrecht, 2012, S. 286.

[68] Vgl. Köhler, S., Einführung, 2007a, S. 111.

schranke betroffen.[69] Der Gesetzgeber bindet die Anwendung der Zinsschranke nun an das Vorliegen eines inländischen Betriebs, dessen Finanzierung ganz oder teilweise über Fremdkapital erfolgt.[70] „Obwohl der „Betrieb" das zentrale Bezugsobjekt der Zinsschranke ist – sowohl die Ermittlung des Zinssaldos in § 4h Abs. 1 Satz 1 EStG als auch die Ausnahmetatbestände in § 4h Abs. 2 Satz 1 Buchst. b und c EStG sind betriebsbezogen ausgestaltet – und der Betriebsbegriff im EStG mehrfach verwendet wird, findet sich bislang keine eindeutige gesetzliche Definition des Begriffs."[71] Gem. der Stellungnahme der Bundesregierung vom 27.03.2007 gilt für Zwecke der Zinsschranke grundsätzlich der Betriebsbegriff des Einkommensteuerrechts.[72] Nach Jacobs „ist unter einem Betrieb eine selbständige und unternehmerisch lebensfähige, organisatorisch abgeschlossene Einheit von personellen, sachlichen und immateriellen Produktions- und Leistungsfaktoren zu verstehen, die darauf gerichtet ist, am Markt Leistungen anzubieten und nachzufragen."[73] Die Finanzverwaltung verdeutlicht in ihrem BMF-Schreiben vom 04.07.2008, dass die Voraussetzung für die Anwendbarkeit der Zinsschranke das Vorliegen von Gewinneinkünften gem. § 2 Abs. 2 Nr. 1 EStG, somit Einkünften aus Land- und Forstwirtschaft, Gewerbebetrieb oder selbständiger Arbeit ist. Umgekehrt sind Überschusseinkunftsarten nicht von der Zinsschranke betroffen und daraus resultierende Zinsaufwendungen können unbeschränkt als Betriebsausgaben abgezogen werden.[74] Des Weiteren greift die Zinsschrankenregelung unabhängig davon, ob es sich um ein bilanzierendes Unternehmen handelt oder nicht. Demnach sind auch Einnahmen-Überschussrechner von der Zinsschranke betroffen.[75]

Natürlichen Personen können gleichzeitig mehrere Betriebe zugeordnet werden,[76] für die die Zinsschranke jeweils einzeln gilt.[77] Dagegen verfügt eine Mitunternehmerschaft immer nur über einen Betrieb, dem nicht nur das Gesamthandsvermögen, sondern auch das Sonderbetriebsvermögen der Mitunternehmer zuzuordnen ist.[78] Demnach werden die Zinsaufwendungen zusammenhängend mit dem Sonderbetriebsvemögen des Mitunternehmers dem Betrieb der Mitunternehmerschaft zugewiesen und bilden gem. der Zinsschrankenregelung keinen eigenen Betrieb.[79]

---

[69] Vgl. Entwurf eines Unternehmensteuerreformgesetzes 2008, BT-Drucks. 16/4841 vom 27.03.2007, S. 31.

[70] Vgl. Preißer, M./von Rönn, M./Schultz-Aßberg, I., Unternehmensteuerreform, 2007, S. 58.

[71] München, M., Zinsschranke, 2010, S. 15.

[72] Vgl. Antwort der Bundesregierung auf die Kleine Anfrage der Abgeordneten Dr. Hermann Otto Solms, Frank Schäffler, Carl-Ludwig Thiele, weiterer Abgeordneter und der Fraktion FDP, BT-Drucks. 16/4835 vom 27.03.2007, S. 1 f.

[73] Endres, D./Jacobs, O.H./Spengel, C., Unternehmensbesteuerung, 2011, S. 981.

[74] Vgl. BMF-Schreiben vom 04.07.2008, IV C 7 – S 2742-a/07/10001, S. 2.

[75] Vgl. Winkeljohann, N./Fuhrmann, S., Unternehmensteuerreform, 2007, S. 83.

[76] Vgl. BMF-Schreiben vom 04.07.2008, IV C 7 – S 2742-a/07/10001, S. 2.

[77] Vgl. Winkeljohann, N./Fuhrmann, S., Unternehmensteuerreform, 2007, S. 84.

[78] Vgl. Niehus, U./Wilke, H., Personengesellschaften, 2010, S. 95.

[79] Vgl. Stangl, I./Hageböke, J., Zinsschranke, 2007, S. 455 f.

Vermögensverwaltende Personengesellschaften unterliegen nicht der Zinsschrankenregelung nach § 4h EStG, da es ihnen an Gewinneinkünften mangelt und sie somit keinen Betrieb darstellen. Erwirtschaftet die vermögensverwaltende Personengesellschaft jedoch Einkünfte, die kraft gewerblicher Prägung gem. § 15 Abs. 3 Nr. 2 EStG Gewinneinkünfte darstellen, stellt sie einen Betrieb i. S. d. Zinsschranke dar.[80]

Kommanditgesellschaften auf Aktien verfügen nur über einen Betrieb i. S. d. Zinsschranke. Zu diesem Betrieb zählt auch der Gewinnanteil des persönlich haftenden Gesellschafters.[81] Kapitalgesellschaften verfügen ebenfalls immer nur über einen Betrieb, der insgesamt der Regelung der Zinsschranke unterliegt.[82]

Im Falle einer ertragsteuerlichen Organschaft, die sich aus Organträger und mindestens einer Organgesellschaft zusammensetzt, geht das Gesetz nach § 15 Satz 1 Nr. 3 Satz 2 KStG auch grundsätzlich von einem einheitlichen Betrieb aus.[83] Somit werden Zinsaufwendungen und Zinserträge der Organgesellschaft zur Anwendung der Zinsschranke erst beim Organträger berücksichtigt. Folglich wird die Zinsschranke erst auf der Ebene des Organträgers angewendet und die Organgesellschaft bleibt von der Zinsschrankenregelung unberührt.[84]

Besitzt ein Unternehmen eine oder mehrere Betriebstätten, bilden diese keinen eigenen Betrieb i. S. d. Zinsschrankenregelung. Diese gehören stattdessen zum Betrieb des Unternehmens.[85]

4.3.2.2 Sachlicher Anwendungsbereich

Der sachliche Anwendungsbereich der Zinsschranke wurde im Gegensatz zur früheren Gesellschafterfremdfinanzierung nach § 8a KStG a. F. erheblich erweitert. Die Zinsschranke erfasst nun gem. der BR-Drucksache vom 30.03.2007 alle Erträge und Aufwendungen aus der vorübergehenden Überlassung von Geldkapital. Diese Überlassung von Geldkapital betrifft nicht mehr nur die Gesellschafterfremdfinanzierung, sondern jede Art der Fremdfinanzierung, auch die Bankenfinanzierung. Jedoch umfasst der Anwendungsbereich nur die Überlassung von Geldkapital, nicht aber von Sachkapital.[86] Somit sind Auf-

[80] Vgl. BMF-Schreiben vom 04.07.2008, IV C 7 – S 2742-a/07/10001, S. 3.

[81] Vgl. Niehus, U./Wilke, H., Kapitalgesellschaften, 2012, S. 105; vgl. BMF-Schreiben vom 04.07.2008, IV C 7 – S 2742-a/07/10001, S. 3.

[82] Vgl. Niehus, U./Wilke, H., Kapitalgesellschaften, 2012, S. 105.

[83] Vgl. Stangl, I./Hageböke, J., Zinsschranke, 2007, S. 456; vgl. Antwort der Bundesregierung auf die Kleine Anfrage der Abgeordneten Dr. Hermann Otto Solms, Frank Schäffler, Carl-Ludwig Thiele, weiterer Abgeordneter und der Fraktion FDP, BT-Drucks. 16/4835 vom 27.03.2007, S. 1 f.

[84] Vgl. Althoff, F./Taron, A., Umsetzung, 2012b, S. 68.

[85] Vgl. Niehus, U./Wilke, H., Kapitalgesellschaften, 2012, S. 105.

[86] Vgl. Entwurf eines Unternehmensteuerreformgesetzes 2008, DR-Drucks. 220/07 vom 30.03.2007, S. 78; vgl. BMF-Schreiben vom 04.07.2008, IV C 7 – S 2742-a/07/10001, S. 3.

wendungen wie Mieten, Pachten und Leasingzahlungen für die Überlassung von Sachkapital nicht von der Zinsschranke betroffen.[87]

Der Begriff der Zinsaufwendungen wird im Gesetz in § 4h Abs. 3 Satz 2 EStG als „Vergütungen für Fremdkapital, die den maßgeblichen Gewinn gemindert haben" bezeichnet. Zinserträge sind gem. § 4h Abs. 3 Satz 3 EStG „Erträge aus Kapitalforderungen jeder Art, die den maßgeblichen Gewinn erhöht haben." Lt. der Gesetzesbegründung muss die Rückzahlung des Fremdkapitals bzw. der Kapitalforderung oder ein Entgelt für die Überlassung des Fremdkapitals bzw. der Kapitalforderung zur Nutzung zugesagt oder gewährt worden sein, auch wenn die Höhe des Entgelts von einem ungewissen Ereignis abhängt.[88] Im BMF-Schreiben vom 04.07.2008 wird der Begriff des Fremdkapitals noch näher erläutert. Demnach gehören zum Fremdkapital alle als Verbindlichkeit passivierungspflichtigen Kapitalzuführungen in Geld, die nach steuerlichen Kriterien nicht zum Eigenkapital gehören. Somit umfasst die Zinsschranke insbesondere auch Vergütungen aus fest und variabel verzinslichen Darlehen, partiarischen Darlehen, typisch stillen Beteiligungen, Gewinnschuldverschreibungen und Genussrechtskapital (mit Ausnahme des Genussrechtskapitals i. S. d. § 8 Abs. 3 Satz 2 KStG). Für die Anwendbarkeit der Zinsschranke ist die Dauer der Überlassung des Fremdkapitals völlig unerheblich, im Gegensatz zur alten Regelung der Gesellschafterfremdfinanzierung gem. § 8a KStG a. F., bei der es von Bedeutung war, ob die Überlassung von Fremdkapital kurz-, mittel- und langfristig war. Vergütungen für Fremdkapital i. S. d. Zinsschranke sind neben Zinsen, Gewinnbeteiligungen und Umsatzbeteiligungen auch Disagien, Vorfälligkeitsentschädigungen, Provisionen und Gebühren, die an den Fremdkapitalgeber bezahlt werden, da diese ebenfalls den Charakter einer Vergütung haben. Ebenso als Zinsaufwendungen oder Zinserträge i. S. d. Zinsschranke zu betrachten, sind gem. § 4h Abs. 3 Satz 4 EStG die Auf- und Abzinsung unverzinslicher oder niedrig verzinslicher Verbindlichkeiten oder Kapitalforderungen. Befreit sind in diesem Zusammenhang jedoch Erträge aus der erstmaligen Bewertung von Verbindlichkeiten (Abzinsung) und Aufwendungen aus der Bewertung von Kapitalforderungen zum Barwert.[89] Gleichermaßen nicht unter die Regelung der Zinsschranke fallen der Gesetzesbegründung nach Dividenden, Zinsen nach § 233 ff. AO, Skonti und Boni.[90] Da dem Gesetzeswortlaut zufolge nur Zinsaufwendungen von der Zinsschranke betroffen sind, die den maßgeblichen Gewinn gemindert haben, fallen steuerlich nicht abziehbare Zinsaufwendungen nicht unter die Zinsschranke. Dies sind insbesondere nicht abziehbare Zinsen gem. § 3c Abs. 1 EStG und § 4 Abs. 4a EStG, Zinsen einer Personengesellschaft an ihren Mitunternehmer für die Gewährung eines Darlehens gem. § 15 Abs. 1 Satz 1 Nr. 2 EStG, Zin-

[87] Vgl. BMF-Schreiben vom 04.07.2008, IV C 7 – S 2742-a/07/10001, S. 5.

[88] Vgl. Entwurf eines Unternehmensteuerreformgesetzes 2008, BT-Drucks. 16/4841 vom 27.03.2007, S. 49.

[89] Vgl. Köhler, S., Einführung, 2007a, S. 114; vgl. BMF-Schreiben vom 04.07.2008, IV C 7 – S 2742-a/07/10001, S. 3 ff.

[90] Vgl. Entwurf eines Unternehmensteuerreformgesetzes 2008, BT-Drucks. 16/4841 vom 27.03.2007, S. 49.

sen, die durch § 8 Abs. 3 Satz 2 KStG als verdeckte Gewinnausschüttung zählen und Zinsen resultierend aus einer Steuerhinterziehung gem. § 235 AO i. V. m. § 4 Abs. 5 Nr. 8a EStG.[91]

4.3.3 Maßgeblicher Gewinn und Ableitung des steuerlichen EBITDA

Die Zinsschranke knüpft an das steuerliche EBITDA als Grenze für die maximal abzugsfähigen Zinsaufwendungen an.[92] Gem. § 4h Abs. 1 Satz 1 EStG sind bis zur Höhe der Zinserträge des Betriebs eines Wirtschaftsjahres alle Zinsaufwendungen desselben Wirtschaftsjahres uneingeschränkt als Betriebsausgaben abziehbar und darüber hinaus sind die Zinsaufwendungen nur in Höhe von 30 % des steuerlichen EBITDA, sog. verrechenbares EBITDA, abziehbar.[93] Ausgangsgröße für die Ermittlung des steuerlichen EBITDA ist der maßgebliche Gewinn des Betriebs. Dieser ist gem. § 4h Abs. 3 Satz 1 EStG mit dem steuerpflichtigen Gewinn des Betriebs vor der Anwendung der Zinsschranke gem. § 4h EStG gleichzusetzen.[94]

Im Falle von Körperschaften ist die Ausgangsgröße für die Ermittlung des steuerlichen EBITDA gem. § 8a Abs. 1 Satz 1 und 2 KStG das maßgebliche Einkommen des Betriebs. Hierbei handelt es sich um das zu versteuernde Einkommen einer Körperschaft vor der Anwendung der Zinsschranke gem. § 4h EStG, des Verlustabzugs gem. § 10d EStG und des Spendenabzugs gem. § 9 Abs. 1 Satz 1 Nr. 2 KStG.[95]

Zur Ermittlung des steuerlichen EBITDA wird der maßgebliche Gewinn bzw. bei Körperschaften das maßgebliche Einkommen um die Zinsaufwendungen und um bestimmte Abschreibungen nach den § 6 Abs. 2 Satz 1 EStG, § 6 Abs. 2a Satz 2 EStG und § 7 EStG erhöht und um die Zinserträge gekürzt.[96] Der Gesetzgeber verfolgte mit der Hinzurechnung bestimmter Abschreibungen zum steuerlichen EBITDA das Ziel, inländische Unternehmen dazu zu bewegen, mehr Anlageinvestitionen in Deutschland zu tätigen und somit Deutschland als Investitionsstandort attraktiver zu machen.[97] Dagegen werden Forschungs- und Entwicklungskosten im steuerlichen EBITDA nicht berücksichtigt. Diese Tatsache wird vielfach kritisiert, da Unternehmen, die anstatt in Sachanlagen vermehrt in Forschung und Entwicklung investieren, stark benachteiligt werden.[99]

[91] Vgl. Brähler, G., Steuerrecht, 2012, S. 285 f.

[92] Vgl. Stangl, I./Hageböke, J., Zinsschranke, 2007, S. 457.

[93] Vgl. Endres, D./Jacobs, O.H./Spengel, C., Unternehmensbesteuerung, 2011, S. 980 f.

[94] Vgl. Niehus, U./Wilke, H., Kapitalgesellschaften, 2012, S. 107.

[95] Vgl. Niehus, U./Wilke, H., Kapitalgesellschaften, 2012, S. 107.

[96] Vgl. BMF-Schreiben vom 04.07.2008, IV C 7 – S 2742-a/07/10001, S. 11; vgl. Niehus, U./Wilke, H., Kapitalgesellschaften, 2012, S. 107.

[97] Vgl. Bericht des Finanzausschusses (7. Ausschuss), BT-Drucks. 16/5491 vom 24.05.2007, S. 17.

[98] Entnommen aus BMF-Schreiben vom 04.07.2008, IV C 7 – S 2742-a/07/10001, S. 11.

[99] Vgl. Hallerbach, D., Problemfelder, 2007, S. 488.

Steuerpflichtiger Gewinn vor Anwendung des § 4h EStG	
./.	Zinserträge
+	Zinsaufwendungen
+	Sofortabschreibung von geringwertigen Wirtschaftsgütern gem. § 6 Abs. 2 Satz 1 EStG
+	Sammelpostenabschreibung gem. § 6 Abs. 2a EStG
+	Abschreibungen auf Wirtschaftsgüter gem. § 7 EStG
=	steuerliches EBITDA

Abb. 4.5 Ermittlung des steuerlichen EBITDA bei Personenunternehmen[98]

Abbildung 4.5 zeigt die Berechnung des steuerlichen EBITDA bei Personenunternehmen gem. des BMF-Schreibens vom 04.07.2008.

Im Falle von Körperschaften sind gem. § 8a Abs. 1 Satz 2 KStG noch weitere Anpassungen des maßgeblichen Einkommens vorzunehmen, daher errechnet sich das steuerliche EBITDA hierbei gemäß Abb. 4.6.

Der Finanzverwaltung zufolge wird das steuerliche EBITDA betriebsbezogen ermittelt und, da eine Mitunternehmerschaft immer nur aus einem Betrieb besteht, können Posten, die bereits dem steuerlichen EBITDA der Mitunternehmerschaft zugerechnet wurden, nicht erneut dem Mitunternehmer angerechnet werden.[100]

Im Falle einer Organschaft wird die Zinsschranke erst auf Ebene des Organträgers angewandt. Daher werden alle Zinsaufwendungen, Zinserträge und Abschreibungen der Organgesellschaften dem steuerlichen EBITDA des Organträgers zugerechnet.[101]

4.3.4 Zinsvortrag

4.3.4.1 Erläuterung des Zinsvortrags

Gem. § 4h Abs. 1 Satz 5 EStG dürfen in einem Wirtschaftsjahr nicht als Betriebsausgaben abziehbare Zinsaufwendungen zeitlich unbeschränkt in die folgenden Wirtschaftsjahre vorgetragen werden (sog. Zinsvortrag).[103] Dieser Zinsvortrag ist nach § 4h Abs. 4 Satz 1 und 2 EStG vom zuständigen Finanzamt gesondert festzustellen. Einen Zinsrücktrag sieht das Gesetz jedoch nicht vor.[104] Der Zinsvortrag erhöht in den folgenden Wirtschafts-

[100] Vgl. Loschelder, F., in: Einkommensteuergesetz Kommentar, 2011, § 4h EStG, Rz. 11.

[101] Vgl. BMF-Schreiben vom 04.07.2008, IV C 7 – S 2742-a/07/10001, S. 12; vgl. Loschelder, F., in: Einkommensteuergesetz Kommentar, 2011, § 4h EStG, Rz. 11.

[102] Entnommen aus BMF-Schreiben vom 04.07.2008, IV C 7 – S 2742-a/07/10001, S. 11.

[103] Vgl. Endres, D./Jacobs, O.H./Spengel, C., Unternehmensbesteuerung, 2011, S. 983; vgl. Stangl, I./Hageböke, J., Zinsschranke, 2007, S. 462; vgl. Beußer, T., Zinsvortrag, 2009, S. 49.

[104] Vgl. Endres, D./Jacobs, O.H./Spengel, C., Unternehmensbesteuerung, 2011, S. 983.

Einkommen der Körperschaft i. S. d. § 8 Abs. 1 KStG vor Anwendung des § 4h EStG	
./.	Zinserträge
+	Zinsaufwendungen
+	Sofortabschreibung von geringwertigen Wirtschaftsgütern gem. § 6 Abs. 2 Satz 1 EStG
+	Sammelpostenabschreibung gem. § 6 Abs. 2a EStG
+	Abschreibungen auf Wirtschaftsgüter gem. § 7 EStG
+	Verlustabzug i. S. v. § 10d EStG
+	Spendenabzug i .S. v. § 9 Abs. 1 Satz 1 Nr. 2 KStG
=	steuerliches EBITDA

Abb. 4.6 Ermittlung des steuerlichen EBITDA bei Körperschaften[102]

jahren gem. § 4h Abs. 1 Satz 6 EStG nur die Zinsaufwendungen, nicht aber den maßgeblichen Gewinn.[105] Damit gibt der Gesetzgeber dem Betrieb die Möglichkeit gezahlte Zinsen als Betriebsausgaben in den folgenden Wirtschaftsjahren abzuziehen, ohne den maßgeblichen Gewinn und damit das Zinsabzugsvolumen der folgenden Wirtschaftsjahre zu erhöhen.[106] Diese Vorschrift ist systemgerecht, da die Zinsaufwendungen bereits den maßgeblichen Gewinn im Wirtschaftsjahr ihres Aufkommens erhöht haben und ansonsten doppelt berücksichtigt werden würden.[107] Grundsätzlich verstößt der Ausschluss der steuerlichen Abzugsfähigkeit von Zinsaufwendungen durch die Zinsschranke gegen das verfassungsrechtlich vorgeschriebene Leistungsfähigkeitsprinzip. Denn das aus diesem Prinzip abgeleitete objektive Nettoprinzip besagt, dass es für den Steuerpflichtigen möglich sein muss, entstandene Betriebsausgaben steuerlich geltend zu machen. Durch den Zinsvortrag versucht der Gesetzgeber dem objektiven Nettoprinzip zu entsprechen, indem die Abzugsfähigkeit von Zinsaufwendungen nicht endgültig ausgeschlossen, sondern nur in die folgenden Wirtschaftsjahre verschoben wird.[108] Dies birgt jedoch auch Nachteile für den Steuerpflichtigen. Zum einen entstehen durch die Verzögerung des Betriebsausgabenabzugs negative Zinseffekte, da die Betriebsausgaben erst den steuerpflichtigen Gewinn der folgenden Wirtschaftsjahre mindern.[109] Ein weiteres Risiko des Zinsvortrags besteht darin, dass ein Betrieb die Freigrenze der Zinsschranke i. H. v. 3 Mio. EUR überschreitet, obwohl der tatsächliche Zinsaufwand der Periode unter 3 Mio. EUR liegt. Dies geschieht dadurch, dass der Zinsvortrag den Zinsaufwand der folgenden Wirtschaftsjahre erhöht.[110]

---

[105] Vgl. Beußer, T., Zinsvortrag, 2009, S. 49.

[106] Vgl. Entwurf eines Unternehmensteuerreformgesetzes 2008, BT-Drucks. 16/4841 vom 27.03.2007, S. 48.

[107] Vgl. Schaden, M./Käshammer, D., Zinsvortrag, 2007b, S. 2317.

[108] Vgl. Schaden, M./Käshammer, D., Zinsvortrag, 2007a, S. 127; vgl. Preißer, M./von Rönn, M./Schultz-Aßberg, I., Unternehmensteuerreform, 2007, S. 91.

[109] Vgl. Brähler, G., Steuerrecht, 2012, S. 297.

[110] Vgl. Loschelder, F., in: Einkommensteuergesetz Kommentar, 2011, § 4h EStG, Rz. 13.

Weiterhin existieren auch einige Fälle, nach denen der Zinsabzug vollständig verloren geht. So kann der Zinsvortrag in den folgenden Wirtschaftsjahren nur genutzt werden, wenn sich entweder maßgebliche Ermittlungstatbestände, wie z. B. das steuerliche EBITDA des Betriebs oder die Zinsaufwendungen ändern, oder wenn eine der drei Ausnahmeregelungen greift und die Zinsschranke nicht zur Anwendung kommt. Passiert dies nicht, kann der Zinsvortrag auch in den Folgejahren nicht abgebaut werden und es entsteht ein dauerhafter Zinsvortrag, der mit einem Abzugsverbot gleichzusetzen ist. Des Weiteren entsteht für den Steuerpflichtigen ebenfalls eine unwiderrufliche steuerliche Belastung, wenn der Zinsvortrag untergeht.[111]

4.3.4.2 Untergang des Zinsvortrags

„Beim Zinsvortrag handelt es sich um eine betriebsbezogene und nicht um eine personenbezogene Größe."[112] Demnach geht ein nicht verbrauchter Zinsvortrag unter, wenn ein Betrieb im Ganzen aufgegeben oder übertragen wird (§ 4h Abs. 5 Satz 1 EStG). Auch die Aufgabe oder Übertragung eines Teilbetriebs führt zum anteiligen Untergang des Zinsvortrags. Dagegen führt die Übertragung einzelner Wirtschaftsgüter nicht zum Untergang des Zinsvortrags. Der Untergang wirkt unabhängig davon, ob die Übertragung entgeltlich oder unentgeltlich durchgeführt wurde.[113]

Im Falle von Mitunternehmerschaften geht der Zinsvortrag gem. § 4h Abs. 5 Satz 2 EStG anteilig in Höhe der Beteiligungsquote unter, wenn ein Mitunternehmer ausscheidet.[114] Dies gilt völlig unabhängig davon, ob der ausgeschiedene Mitunternehmer den Zinsvortrag verursacht hat, oder ob der Zinsvortrag vollständig von einem anderen Mitunternehmer verursacht wurde, der nicht aus der Mitunternehmerschaft ausscheidet.[115]

Das Schicksal des Untergangs des Zinsvortrags trifft den Betrieb gem. § 4 Abs. 2 Satz 2 Umw-StG auch im Falle einer Verschmelzung, einer Spaltung und eines Formwechsels. Auch die Einbringung des Betriebs in eine Kapital- oder Personengesellschaft hat gem. § 20 Abs. 9 bzw. § 24 Abs. 6 UmwStG einen Untergang des Zinsvortrags zur Folge.[116]

Nach § 8a Abs. 1 Satz 3 KStG gilt die verschärfte Mantelkaufregelung gem. § 8c KStG auch für den Zinsvortrag und hat zur Folge, dass bei einem schädlichen Anteilseignerwechsel einer Körperschaft der Zinsvortrag verloren geht.[117] D. h. werden gem. § 8c Abs. 1 Satz 2 KStG innerhalb von fünf Jahren mittelbar oder unmittelbar mehr als 50 % des gezeichneten Kapitals, der Mitgliedschaftsrechte, der Beteiligungsrechte oder der Stimmrechte einer Körperschaft an einen Erwerber oder an eine diesem nahestehende Person

[111] Vgl. Brähler, G., Steuerrecht, 2012, S. 297 f.; vgl. Loschelder, F., in: Einkommensteuergesetz Kommentar, 2011, § 4h EStG, Rz. 13.

[112] Schaden, M./Käshammer, D., Zinsvortrag, 2007a, S. 130.

[113] Vgl. Beußer, T., Zinsvortrag, 2009, S. 52; vgl. BMF-Schreiben vom 04.07.2008, IV C 7 – S 2742-a/07/10001, S. 12.

[114] Vgl. Winkeljohann, N./Fuhrmann, S., Unternehmensteuerreform, 2007, S. 94.

[115] Vgl. Schaden, M./Käshammer, D., Zinsvortrag, 2007a, S. 132.

[116] Vgl. Winkeljohann, N./Fuhrmann, S., Unternehmensteuerreform, 2007, S. 94.

[117] Vgl. Stangl, I./Hageböke, J., Zinsschranke, 2007, S. 492 f.

übertragen, geht der Zinsvortrag komplett unter. Werden zwischen 25 % und 50 % übertragen, geht der Zinsvortrag gem. § 8c Abs. 1 Satz 1 KStG nur anteilig unter. Der § 8c KStG sieht jedoch auch Ausnahmen vor, in denen der Zinsvortrag trotz eines schädlichen Beteiligungserwerbs nicht untergeht. Dies betrifft zum einen nach § 8c Abs. 1a KStG den Beteiligungserwerb zum Zwecke einer Sanierung. „Die sog. ‚Sanierungsklausel' wurde im Rahmen des Bürgerentlastungsgesetzes Krankenversicherung in das Gesetz eingeführt und soll helfen, die globale Finanz- und Wirtschaftskrise zu bewältigen."[118] Zum anderen geht der Zinsvortrag im Rahmen eines Beteiligungserwerbs gem. § 8c Abs. 1 Satz 5 KStG ebenfalls nicht unter, wenn dieselbe Person sowohl am übertragenden als auch am übernehmenden Rechtsträger zu 100 % beteiligt ist (sog. Konzernklausel).[119]

4.3.4.3 Kritische Würdigung des Zinsvortrags

Oftmals kann der Zinsvortrag nur von wirtschaftlich gesunden Unternehmen genutzt werden. Diesen ist es am ehesten möglich, ihr steuerliches EBITDA zu erhöhen, um somit in den Folgejahren ein höheres Zinsabzugspotenzial zu schaffen.[120] Erhöht sich z. B. bei gleichbleibendem Nettozinsaufwand das steuerliche EBITDA um 100.000 EUR, wird ein zusätzliches Zinsabzugsvolumen i. H. v. 30 %, d. h. 30.000 EUR geschaffen. In dieser Höhe kann der Zinsvortrag abgebaut werden.

Wirtschaftlich angeschlagene Unternehmen sind dagegen meist von der sog. Zinsvortragsfalle betroffen. D. h. sie können den Zinsvortrag auch in den folgenden Jahren nicht nutzen und so entsteht eine steuerliche Doppelbelastung.[121] Diese Unternehmen schaffen es i. d. R. nicht, ihr steuerliches EBITDA in den Folgejahren so weit zu erhöhen, dass zusätzliches Zinsabzugspotenzial geschaffen wird und der Zinsvortrag abgebaut werden kann (um 1 EUR Zinsvortrag abbauen zu können, muss ein zusätzlicher Gewinn i. H. v. 3,33 EUR generiert werden, da gem. § 4h Abs. 1 EStG nur 30 % davon abziehbar sind).[122] Solchen wirtschaftlich angeschlagenen Unternehmen ist es in den meisten Fällen ebenfalls nicht möglich ihren Nettozinsaufwand so weit zu senken, dass ein Zinsabzugspotenzial in den Folgejahren zur Verfügung steht, um den Zinsvortrag abbauen zu können. So könnte der Nettozinsaufwand im Folgejahr entweder gesenkt werden, indem die erwirtschafteten Zinserträge steigen und/oder die Zinsaufwendungen des Wirtschaftsjahres sinken. Dies zeigt, dass die sog. Zinsvortragsfalle für wirtschaftlich angeschlagene Unternehmen zu einer erheblichen steuerlichen Belastung führt, da sich der Zinsvortrag jährlich erhöht, er aber nie genutzt werden kann.[123]

Besonders in Krisenzeiten sind Unternehmen oftmals von der Zinsvortragsfalle betroffen. Denn in Zeiten von Finanz- und Wirtschaftskrisen sinkt i. d. R. das steuerliche

[118] Brähler, G., Steuerrecht, 2012, S. 299.

[119] Vgl. Brähler, G., Steuerrecht, 2012, S. 299 f.

[120] Vgl. Schaden, M./Käshammer, D., Zinsvortrag, 2007a, S. 128.

[121] Vgl. Beußer, T., Zinsvortrag, 2009, S. 50.

[122] Vgl. Schaden, M./Käshammer, D., Zinsvortrag, 2007a, S. 128.

[123] Vgl. Beußer, T., Zinsvortrag, 2009, S. 50.

EBITDA der betroffenen Unternehmen und gleichzeitig steigt der Finanzierungsbedarf durch Fremdkapital und somit auch der Zinsaufwand. Zudem wirken sich evtl. notwendige Restrukturierungsmaßnahmen ebenfalls negativ auf das steuerliche EBITDA aus. Folglich baut sich bei diesen Unternehmen ein permanenter Zinsvortrag auf, der wie ein Zinsabzugsverbot wirkt.[124] Die mögliche Entstehung eines permanenten Zinsvortrags verdeutlicht Beispiel 2 des Anhangs.

Gleichermaßen sehr problematisch im Rahmen des Zinsvortrags ist, die Tatsache, dass dieser die Zinsaufwendungen der folgenden Wirtschaftsjahre erhöht. Demzufolge kann es passieren, dass ein Betrieb nur durch die Zurechnung des Zinsvortrags zu den Zinsaufwendungen des Wirtschaftsjahres die Freigrenze i. H. v. 3 Mio. EUR überschreitet. Daraus resultiert eine enorme zusätzliche Steuerbelastung. Daher wäre es wohl am sinnvollsten, wenn die betroffenen Betriebe in solch einer Situation auch auf die Nutzung des Zinsvortrags verzichten könnten.[125]

Neben Kritikpunkten bietet der Zinsvortrag jedoch auch Gestaltungsmöglichkeiten. Gelingt es dem Betrieb, z. B. in einem Wirtschaftsjahr eine der drei Ausnahmeregelungen der Zinsschranke zu nutzen, kann ein über mehrere Wirtschaftsjahre aufgebauter Zinsvortrag möglicherweise in einem Wirtschaftsjahr abgebaut werden. So könnte ein konzernzugehöriger Betrieb z. B. durch geplante Kapitalmaßnahmen seine Eigenkapitalquote so beeinflussen, dass die Escape-Klausel genutzt werden kann.[126] Durch solch eine Maßnahme kann es schnell passieren, dass sich ein Zinsvortrag in einen Verlustvortrag umwandelt. D. h. durch die volle steuerliche Abzugsfähigkeit des gesamten Zinsvortrags können hohe Verluste entstehen.[127]

4.3.4.4 Belastungsvergleichsrechnung

Die Vergleichsrechnung in Abb. 4.7 zeigt die Steuerbelastung von Mutter- und Tochtergesellschaft im Falle einer Darlehensgewährung der Muttergesellschaft an die Tochtergesellschaft sowohl nach der alten Regelung des § 8a KStG a. F. als auch nach der neuen Zinsschranke.

Es ist ersichtlich, dass es in dem Jahr, in dem die Fremdkapitalzinsen von der Tochtergesellschaft an die Muttergesellschaft bezahlt werden, im Falle der Zinsschranke zu einer Gesamtsteuerbelastung von 59,66 % kommt. Dies stellt eine Erhöhung zur alten Regelung des § 8a KStG a. F. i. H. v. 19,08 %[129] dar. Allerdings ist hierbei anzumerken, dass diese Erhöhung der Steuerbelastung nur eintritt, wenn die Zinseinnahmen bei der Muttergesellschaft tatsächlich der Besteuerung unterliegen und wenn auf Ebene der Tochtergesell-

[124] Vgl. Schaden, M./Käshammer, D., Zinsvortrag, 2007b, S. 2317.

[125] Vgl. Niehus, U./Wilke, H., Kapitalgesellschaften, 2012, S. 108 f.

[126] Vgl. Schaden, M./Käshammer, D., Zinsvortrag, 2007a, S. 128 f.

[127] Vgl. Niehus, U./Wilke, H., Kapitalgesellschaften, 2012, S. 109.

[128] Entnommen aus Winkeljohann, N./Fuhrmann, S., Unternehmensteuerreform, 2007, S. 79.

[129] Ergibt sich aus 59,66 % abzüglich 40,58 %.

	bisherige Rechtslage	Zinsschranke	Zinsvortrag
Veranlagungszeitraum	01	01	02
Belastung der Tochtergesellschaft			
nicht abziehbare Zinsen	100 €	100 €	./. 100 €
Steuersatz (KSt, SolZ, GewSt)	38,65 %	29,83 %	29,83 %
Steuerbelastung	38,65 €	29,83 €	./. 29,83 €
Belastung der Muttergesellschaft			
	Dividenden-einnahmen	Zinseinnahmen	
steuerpflichtiger Betrag	5 €	100 €	--
Steuersatz (KSt, SolZ, GewSt)	38,65 %	29,83 %	--
Steuerbelastung	1,93 €	29,83 €	--
Gesamte Steuerbelastung	**40,58 €**	**59,66 €** **./. 29,83 €** **29,83 €**	**./. 29,83 €**

Abb. 4.7 Belastungsvergleichsrechnung[128]

schaft kein Zinsvortrag gem. § 4h Abs. 1 Satz 5 und 6 EStG in den Folgejahren in Anspruch genommen werden kann.[130]

Tritt jedoch der Fall ein, dass die Tochtergesellschaft den Zinsvortrag im folgenden Jahr nutzen kann, sinkt die Gesamtsteuerbelastung im Rahmen der Zinsschranke im Vergleich zur alten Regelung des § 8a KStG a. F. um 10,75 %.[131] Dies ist zum einen auf die Körperschaftsteuersenkung von 25 % auf 15 % zurückzuführen, zum anderen auf die Änderungen im Rahmen der Gewerbesteuer. Jedoch wurde der Zinseffekt in dieser Vergleichsrechnung vernachlässigt, der sich immer stärker auswirkt, je länger der Zinsvortrag besteht und nicht verrechnet werden kann.[132]

Diese Belastungsvergleichsrechnung verdeutlicht nochmals sehr stark die Auswirkung der Zinsschranke auf krisenbetroffene Unternehmen. D. h. schafft es ein Unternehmen nicht in den folgenden Wirtschaftsjahren maßgebliche Ermittlungstatbestände (Zinserträge, Zinsaufwendungen, steuerliches EBITDA) zu ändern, kann der Zinsvortrag nicht genutzt werden und die Steuerbelastung dieser betroffenen Unternehmen steigt drastisch im Vergleich zur vorherigen Regelung des § 8a KStG a. F.

[130] Vgl. Winkeljohann, N./Fuhrmann, S., Unternehmensteuerreform, 2007, S. 77 f.

[131] Ergibt sich aus 40,58 % abzüglich 29,83 %.

[132] Vgl. Winkeljohann, N./Fuhrmann, S., Unternehmensteuerreform, 2007, S. 79.

4.3.5 EBITDA-Vortrag

4.3.5.1 Erläuterung des EBITDA-Vortrags

Im Rahmen des Wachstumsbeschleunigungsgesetzes wurde der EBITDA-Vortrag als zusätzliches Element der Zinsschranke eingeführt. Dieser EBITDA-Vortrag ermöglicht es nun den Anteil des verrechenbaren EBITDA, der den Nettozinsaufwand eines Wirtschaftsjahres übersteigt, in die folgenden fünf Wirtschaftsjahre vorzutragen. Grund für die Einführung des EBITDA-Vortrags war hauptsächlich die sich in der Finanz- und Wirtschaftskrise herausgestellte krisenverschärfende Wirkung der Zinsschranke.[133] In Krisenzeiten sinkt i. d. R. der Gewinn eines Unternehmens und somit auch das steuerliche EBITDA. Gleichzeitig bleibt jedoch der Zinsaufwand bestehen bzw. erhöht sich weiterhin, wenn das Unternehmen weiteren Fremdkapitalbedarf hat. Diese beiden Auswirkungen einer Krise haben zur Folge, dass das Unternehmen einer noch höheren steuerlichen Belastung unterliegt, da mit dem steuerlichen EBITDA auch das Zinsabzugspotenzial sinkt und demnach weniger Fremdkapitalzinsen steuerlich abzugsfähig sind. Weiterhin wurde mit der Einführung des EBITDA-Vortrags auch das Ziel verfolgt die Bildung eines dauerhaften Zinsvortrags zu vermeiden.[134]

Um diesen nachteiligen Wirkungen der Zinsschranke besonders in Krisenzeiten, in denen Steuerpflichtige vielmehr Steuerentlastungen als Steuerbelastungen benötigen, zu entgehen, führte der Gesetzgeber rückwirkend ab dem Jahr 2007 den EBITDA-Vortrag ein.[135]

Der EBITDA-Vortrag gilt erstmalig für Wirtschaftsjahre, die nach dem 31.12.2009 enden. Auf Antrag können jedoch auch ‚fiktive' EBITDA-Vorträge aus den Wirtschaftsjahren 2007 bis 2009 frühestens im Wirtschaftsjahr 2010 genutzt werden.[136]

Gem. § 4h Abs. 1 Satz 3 EStG wird ein EBITDA-Vortrag gebildet, wenn das verrechenbare EBITDA die um die Zinserträge verminderten Zinsaufwendungen des Betriebs übersteigt. Der übersteigende Betrag wird in die folgenden fünf Wirtschaftsjahre vorgetragen und dient dort als zusätzliches Zinsabzugspotenzial. D. h. in den Folgejahren dürfen Zinsaufwendungen, die grundsätzlich der Zinsabzugsbeschränkung gem. § 4h Abs. 1 Satz 1 EStG unterliegen, doch bis zur Höhe des EBITDA-Vortrags abgezogen werden. Falls mehrere EBITDA-Vorträge vorhanden sind (angesammelt in mehreren Vorjahren), werden diese nach dem First-In-First-Out-Prinzip abgearbeitet, bis sie schließlich nach fünf Jah-

[133] Vgl. Entwurf eines Gesetzes zur Beschleunigung des Wirtschaftswachstums (Wachstumsbeschleunigungsgesetz), BT-Drucks. 17/15 vom 09.11.2009, S. 1; vgl. Rödding, A., Wachstumsbeschleunigungsgesetz, 2009, S. 2649 ff.

[134] Vgl. Herzig, N./Liekenbrock, B., EBITDA-Vortrag, 2010, S. 690; vgl. Herzig, N./Bohn, A., Wachstumsbeschleunigungsgesetz, 2009, S. 2341; vgl. Brähler, G., Steuerrecht, 2012, S. 300 f.

[135] Vgl. Herzig, N./Bohn, A., Wachstumsbeschleunigungsgesetz, 2009, S. 2344; vgl. Entwurf eines Gesetzes zur Beschleunigung des Wirtschaftswachstums (Wachstumsbeschleunigungsgesetz), BT-Drucks. 17/15 vom 09.11.2009, S. 10.

[136] Vgl. Loschelder, F., in: Einkommensteuergesetz Kommentar, 2011, § 4h EStG, Rz. 12.

ren untergehen.[137] Somit mildert der EBITDA-Vortrag die krisenverschärfende Wirkung der Zinsschranke insofern ab als Unternehmen in wirtschaftlich guten Zeiten nicht verbrauchtes EBITDA ansammeln können, um dies in wirtschaftlich schlechten Zeiten zu nutzen. Ein gesunkenes EBITDA kann dadurch ganz oder teilweise durch den EBITDA-Vortrag ausgeglichen werden. Der EBITDA-Vortrag kann jedoch nicht in Wirtschaftsjahren genutzt werden, in denen eine der drei Ausnahmeregelungen der Zinsschranke gem. § 4h Abs. 2 EStG greift. Wie auch der Zinsvortrag ist der EBITDA-Vortrag gem. § 4h Abs. 4 Satz 1 und 2 EStG beim zuständigen Finanzamt gesondert festzustellen.[138]

Obwohl die Einführung des EBITDA-Vortrags grundsätzlich als sehr positiv zu beurteilen ist, existieren jedoch trotzdem insbesondere für Start-up-Unternehmen noch einige Probleme. Oftmals sind Start-up-Unternehmen durch einen hohen Fremdfinanzierungsbedarf und anfängliche Verluste gekennzeichnet. Somit erwirtschaften diese zu Beginn meist kein positives steuerliches EBITDA und der EBITDA-Vortrag kann von diesen Unternehmen nicht genutzt werden. Stattdessen kann es sogar vorkommen, dass ein Start-up-Unternehmen trotz Verlustsituation besteuert wird. Die einzige Möglichkeit solcher Unternehmen der Zinsschranke zu entkommen, wäre die Nutzung einer Ausnahmeregelung. Insbesondere kommt hier die Freigrenze i. H. v. 3 Mio. EUR in Betracht.[139]

4.3.5.2 Untergang des EBITDA-Vortrags

Ein EBITDA-Vortrag geht zum einen fünf Wirtschaftsjahre nach dessen Entstehung automatisch unter. Zum anderen existieren einige Fälle, nach denen alle EBITDA-Vorträge untergehen, ganz gleich in welchem Wirtschaftsjahr diese entstanden sind.[140] Gem. § 4h Abs. 5 Satz 1 EStG ist dies der Fall, wenn der Betrieb vollständig aufgegeben oder übertragen wird. Der EBITDA-Vortrag geht gem. § 4h Abs. 5 Satz 2 EStG in Höhe der Beteiligungsquote unter, wenn ein Mitunternehmer aus einer Gesellschaft ausscheidet. Da diese Regelungen vom Zinsvortrag auf den EBITDA-Vortrag übernommen wurden,[141] wirkt auch hier der Untergang unabhängig davon, ob die Übertragung entgeltlich oder unentgeltlich durchgeführt wurde. Ebenfalls wie beim Zinsvortrag geht auch der EBITDA-Vortrag in Fällen der Umwandlung nach den §§ 4 Abs. 2 Satz 2, 20 Abs. 9 und 24 Abs. 6 UmwStG unter.[142]

Im Unterschied zum Zinsvortrag geht der EBITDA-Vortrag jedoch im Falle des Vorliegens eines schädlichen Beteiligungserwerbs gem. § 8c KStG nicht verloren. Die Regelung des § 4h Abs. 5 Satz 3 EStG gilt ausschließlich für den Zinsvortrag.[143]

---

[137] Vgl. Herzig, N./Liekenbrock, B., EBITDA-Vortrag, 2010, S. 690.

[138] Vgl. Brähler, G., Steuerrecht, 2012, S. 301.

[139] Vgl. Herzig, N./Bohn, A., Wachstumsbeschleunigungsgesetz, 2009, S. 2345.

[140] Vgl. Brähler, G., Steuerrecht, 2012, S. 303.

[141] Vgl. Rödding, A., Wachstumsbeschleunigungsgesetz, 2009, S. 2651.

[142] Vgl. Loschelder, F., in: Einkommensteuergesetz Kommentar, 2011, § 4h EStG, Rz. 32.

[143] Vgl. Bohn, A./Loose, T., EBITDA-Vortrag, 2011, S. 244.

4.4 Ausnahmeregelungen

Im § 4h Abs. 2 Satz 1 Buchstabe a bis c EStG hat der Gesetzgeber drei Ausnahmenregelungen zur Zinsschranke verankert. Demnach greift § 4h Abs. 1 Satz 1 EStG nicht, wenn

- der Nettozinsaufwand des Betriebs weniger als 3 Mio. EUR beträgt (§ 4h Abs. 2 Satz 1 Buchst. a EStG)
- der Betrieb nicht oder nur anteilsmäßig zu einem Konzern gehört, sog. Konzernklausel (§ 4h Abs. 2 Satz 1 Buchst. b EStG)
- der Betrieb zu einem Konzern gehört und seine Eigenkapitalquote maximal 2 % niedriger ist als die des Konzerns, sog. Escape-Klausel (§ 4h Abs. 2 Satz 1 Buchst. c EStG).

Liegt eine dieser drei Ausnahmeregelungen vor, greift die Beschränkung des Betriebsausgabenabzugs gem. § 4h Abs. 1 Satz 1 und 2 EStG nicht und der Betrieb kann seine gesamten Zinsaufwendungen ohne Einschränkungen als Betriebsausgaben abziehen.

Der § 8a Abs. 2 und 3 KStG enthält zwei Rückausnahmen, die die Anwendbarkeit der Konzernklausel und der Escape-Klausel im Falle von Kapitalgesellschaften unter bestimmten Umständen ausschließen, um eine schädliche Gesellschafterfremdfinanzierung zu vermeiden.[144]

Abbildung 4.8 verdeutlicht die einzelnen Prüfschritte bei der Anwendung der Zinsschranke.

4.4.1 Freigrenze i. H. v. 3 Mio. EUR

Nach § 4h Abs. 2 Satz 1 Buchst. a EStG kann ein Betrieb seine gesamten Zinsaufwendungen als Betriebsausgaben abziehen, wenn der Nettozinsaufwand des Wirtschaftsjahres unter 3 Mio. EUR liegt. Gem. § 8a Abs. 1 KStG gilt diese Regelung auch für Körperschaften. Die Freigrenze ist betriebsbezogen, kann daher beim Vorliegen von mehreren Betrieben mehrfach genutzt werden. Im Falle einer Organschaft gelten Organträger und Organgesellschaft gem. § 15 Satz 1 Nr. 3 Satz 2 KStG als ein Betrieb. Daher wird die Freigrenze nur einmal gewährt.[146] Die Freigrenze wurde zunächst i. H. v. 1 Mio. EUR eingeführt, um kleine und mittelgroße Betriebe vor der zusätzlichen Steuerbelastung der Zinsschranke zu schützen.[147] Im Rahmen des Bürgerentlastungsgesetzes Krankenversicherung wurde die Freigrenze rückwirkend ab Beginn der Zinsschranke und zeitlich begrenzt bis zum

[144] Vgl. Brähler, G., Steuerrecht, 2012, S. 290 f.; siehe hierzu Gliederungspunkt 4.5.2 dieser Arbeit.

[145] Modifiziert Entnommen aus Brähler, G., Steuerrecht, 2012, S. 304.

[146] Vgl. BMF-Schreiben vom 04.07.2008, IV C 7 – S 2742-a/07/10001, S. 13 f.

[147] Vgl. Entwurf eines Unternehmensteuerreformgesetzes 2008, BT-Drucks. 16/4841 vom 27.03.2007, S. 48.

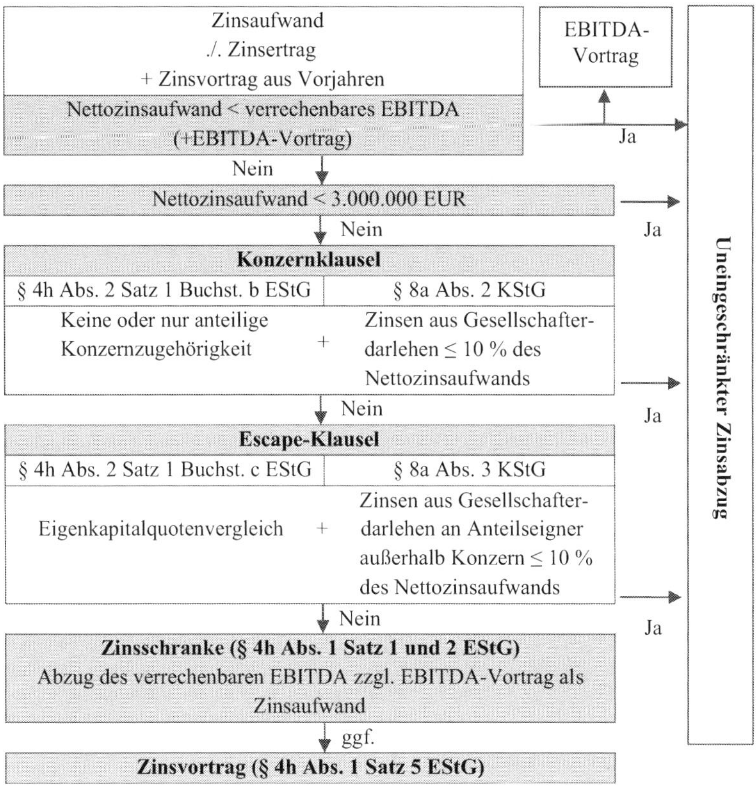

Abb. 4.8 Prüfungsschema zur Anwendung von § 4h EStG und § 8a KStG[145]

31.12.2009 von 1 Mio. EUR auf 3 Mio. EUR erhöht.[148] Diese Maßnahme führte der Gesetzgeber vor allem durch, um kleine und mittelgroße Betriebe auch in Zeiten von Finanz- und Wirtschaftskrisen, während denen ein höherer Fremdkapitalbedarf herrscht, vor der Zinsabzugsbeschränkung der Zinsschranke zu schützen. Aus dem gleichen Grund[149] wurde die Erhöhung der Freigrenze von 1 Mio. EUR auf 3 Mio. EUR im Rahmen des Wachstumsbeschleunigungsgesetzes zeitlich unbegrenzt eingeführt.[150] Durch diese Erhöhung können Unternehmen nun bei einem angenommenen Zinssatz von 5 % und unter der Annahme, dass keine Zinserträge vorliegen, bis zu 60 Mio. EUR Fremdkapital aufnehmen, ohne die Zinsabzugsbeschränkung der Zinsschranke fürchten zu müssen.[151]

---

[148] Vgl. Gesetz zur verbesserten steuerlichen Berücksichtigung von Vorsorgeaufwendungen (Bürgerentlastungsgesetz Krankenversicherung), BR-Drucks. 567/09 vom 19.06.2009, S. 2.

[149] Vgl. Müller-Kabisch, M., Zinsschranke, 2010, S. 2.

[150] Vgl. Entwurf eines Gesetzes zur Beschleunigung des Wirtschaftswachstums (Wachstumsbeschleunigungsgesetz), BT-Drucks. 17/15 vom 09.11.2009, S. 10.

[151] Vgl. Müller-Kabisch, M., Zinsschranke, 2010, S. 2.

Trotzdem wird die Freigrenze in der Literatur vielfach kritisiert, da eine Überschreitung der Freigrenze von nur 1 EUR zu einer bedeutenden steuerlichen Zusatzbelastung führt (sog. Belastungssprung), die enorm negative Auswirkungen für Unternehmen hat, welche sich oftmals bereits in einer Krisensituation befinden. Zudem kann die Überschreitung der Freigrenze auch völlig unverhofft und unvorhersehbar, z. B. durch eine Betriebsprüfung eintreten. Daher wäre es wohl sinnvoller von der Freigrenze abzuweichen und stattdessen z. B. einen Freibetrag einzuführen. Somit würde ein minimales Überschreiten des Freibetrags auch nur zu einer geringen zusätzlichen Steuerbelastung führen. Eine weitere Möglichkeit zur Abmilderung des Belastungssprungs durch die Freigrenze wäre die Einführung eines abgestuften Freibetrags, der mit steigendem Nettozinsaufwand abschmilzt.[152] Beispiel 3 des Anhangs verdeutlicht den durch die Freigrenze auftretenden sog. Belastungssprung.

4.4.2 Konzernklausel

Eine weitere Ausnahmeregelung der Zinsschranke ist die sog. Konzernklausel oder auch Stand-Alone-Klausel genannt. Diese Klausel besagt gem. § 4h Abs. 2 Satz 1 Buchst. b EStG, dass der begrenzte Betriebsausgabenabzug der Zinsschranke nach § 4h Abs. 1 Satz 1 EStG nicht anzuwenden ist, wenn ein Betrieb nicht oder nur anteilsmäßig zu einem Konzern gehört und sofern keine schädliche Gesellschafterfremdfinanzierung gem. § 8a Abs. 2 KStG vorliegt. Gehört ein Betrieb somit keinem Konzern an, dürfen alle Zinsaufwendungen als Betriebsausgaben abgezogen werden. Lt. Gesetzesbegründung ist dies typischerweise der Fall, wenn ein Einzelunternehmer keine weiteren Beteiligungen hält, oder wenn sich eine Kapitalgesellschaft im Streubesitz befindet und auch keine weiteren Beteiligungen hält.[153] Die Nachweispflicht im Falle eines nicht konzernzugehörigen Unternehmens trägt jedoch der Steuerpflichtige.[154] Die Ausnahmeregelung der Konzernklausel geht einher mit einem der wichtigsten Ziele der Zinsschranke, die Missbrauchsvermeidung. Hierbei geht der Gesetzgeber davon aus, dass missbräuchliche konzerninterne Finanzierungsgestaltungen und damit verbundene Gewinnverschiebungen ins Ausland nur dann stattfinden können, wenn ein Betrieb zu einem Konzern gehört. Daher kann angenommen werden, dass nicht konzerngebundene Betriebe keine missbräuchlichen Finanzierungsgestaltungen im Sinne haben und daher von der Zinsschranke befreit werden können.[155] Besonders entscheidend zur Beurteilung der Anwendbarkeit der Zinsschranke ist die Definition des Konzernbegriffs.[156]

[152] Vgl. Köhler, S., Einführung, 2007a, S. 116 f.

[153] Vgl. Entwurf eines Unternehmensteuerreformgesetzes 2008, BT-Drucks. 16/4841 vom 27.03.2007, S. 48.

[154] Vgl. Blumenberg, J./Lechner, F., Zinsschranke, 2007, S. 146.

[155] Vgl. Rödder, T., Unternehmensteuerreformgesetz, 2007, S. 9.

[156] Vgl. Köhler, S., Einführung, 2007a, S. 118.

4.4.2.1 Keine oder nur anteilsmäßige Konzernzugehörigkeit

Zur Beurteilung der Konzernzugehörigkeit hat der Gesetzgeber einen deutlich erweiterten Konzernbegriff festgelegt, der weit über die bisherige Konzerndefinitionen der § 290 ff. HGB und § 16 ff. AktG hinausgeht. Daraus resultiert ein sichtlich erweiterter Konsolidierungskreis.[157] „Zielsetzung dieses eigenen steuerlichen Konzernbegriffs ist es u. a., dass auch typische mittelständische Beteiligungsstrukturen/-verhältnisse vom Anwendungsbereich der Zinsschranke erfasst werden."[158] Gem. § 4h Abs. 3 Satz 5 EStG gehört ein Betrieb zu einem Konzern i. S. d. Zinsschranke, wenn er nach den maßgeblichen Rechnungslegungsstandards in einen Konzernabschluss einbezogen werden könnte. Dies setzt keinesfalls voraus, dass tatsächlich eine Konsolidierung stattfinden muss. Allein die Möglichkeit dazu macht den Betrieb schon zu einem Konzernunternehmen i. S. d. erweiterten Konzernbegriffs.[159] Aufgrund dessen gelten z. B. auch Unternehmen als konzernzugehörig i. S. d. Zinsschranke, die aus Wesentlichkeitsgründen nach § 296 HGB bzw. IAS 8.8 nicht in den Konzernabschluss miteinbezogen wurden.[160]

Die maßgeblichen Rechnungslegungsstandards für die Bestimmung der Konzernzugehörigkeit i. S. d. Zinsschranke benennt der Gesetzgeber im § 4h Abs. 2 Satz 1 Buchst. c Satz 8 und 9 EStG. Demnach sind die International Financial Reporting Standards (IFRS) vorrangig anzuwenden. Hiervon darf abgewichen werden, wenn derzeit und für keines der letzten fünf Wirtschaftsjahre ein IFRS-Konzernabschluss erstellt und offengelegt wurde. In diesem Fall darf stattdessen das Handelsrecht eines Mitgliedstaats der Europäischen Union angewandt werden. Wenn sowohl kein Abschluss nach IFRS oder nach dem Handelsrecht eines Mitgliedstaats der Europäischen Union erstellt und offengelegt wird, darf auch ein Abschluss nach den Generally Accepted Accounting Principles der Vereinigten Staaten von Amerika (US-GAAP) verwendet werden. Gem. der Gesetzesbegründung sind aus Praktikabilitätsgründen andere Rechnungslegungsstandards außer IFRS, Handelsrecht eines Mitgliedstaats der Europäischen Union und US-GAAP nicht zugelassen. Die Konsolidierung eines Betriebs in einen, nach anderen Rechnungslegungsstandards aufgestellten Konzernabschluss, führt zu keiner Konzernzugehörigkeit i. S. d. Zinsschranke.[161] Hat ein Unternehmen mehrere Betriebsstätten im Ausland, stellt dies nicht automatisch einen Konzern dar.[162]

Für Zwecke der Zinsschranke gehören nur Unternehmen zum Konzern, die voll konsolidiert werden könnten. Gemeinschaftsunternehmen, die gem. § 310 HGB oder IAS 31 nur quotal konsolidiert werden (sog. Quotenkonsolidierung) und assoziierte Unternehmen, die gem. § 311 HGB oder IAS 28 ebenfalls nur anteilig (sog. Equity-Methode) in den

[157] Vgl. Brähler, G., Steuerrecht, 2012, S. 291.

[158] Forst, P./Schaaf, A., Gleichordnungskonzern, 2008, S. 414.

[159] Vgl. Stangl, I./Hageböke, J., Zinsschranke, 2007, S. 469.

[160] Vgl. Winkeljohann, N./Fuhrmann, S., Unternehmensteuerreform, 2007, S. 98.

[161] Vgl. Entwurf eines Unternehmensteuerreformgesetzes 2008, BT-Drucks. 16/4841 vom 27.03.2007, S. 48 f.; vgl. Brähler, G., Steuerrecht, 2012, S. 292; vgl. Weber-Grellet, H., Konzernbegriff, 2009, S. 558.

[162] Vgl. BMF-Schreiben vom 04.07.2008, IV C 7 – S 2742-a/07/10001, S. 14.

Konzernabschluss einbezogen werden, sind demnach keine Konzernunternehmen i. S. d. Zinsschranke, sofern keine Beherrschung i. S. d. § 4h Abs. 3 Satz 6 EStG vorliegt.[163]

Auch im Falle von Organschaften bilden Organträger und Organgesellschaft gem. § 15 Satz 1 Nr. 3 Satz 2 KStG einen Betrieb. Es liegt daher kein Konzern i. S. d. Zinsschranke vor.[164]

4.4.2.2 Einheitliche Bestimmung der Finanz- und Geschäftspolitik

Auch wenn kein Konzern i. S. d. Zinsschranke aufgrund einer möglichen Vollkonsolidierung vorliegt, wird nach Maßgabe des § 4h Abs. 3 Satz 6 EStG ebenfalls eine Konzernzugehörigkeit im Falle eines Beherrschungsverhältnisses nach IAS 27 angenommen. Demnach gehört ein Betrieb auch zu einem Konzern, wenn seine Finanz- und Geschäftspolitik mit einem oder mehreren anderen Betrieben einheitlich bestimmt werden kann (sog. Gleichordnungskonzern).[165] Hier kommt es ebenso nicht darauf an, ob die Finanz- und Geschäftspolitik eines Betriebs tatsächlich mit einem anderen Betrieb einheitlich bestimmt wird. Die bloße Möglichkeit dazu reicht aus.[166] „Ein Betrieb kann i. d. R. nur durch einen einzelnen mittelbar oder unmittelbar beteiligten Anteilseigner oder Gesellschafter beherrscht werden."[167] Dieser Anteilseigner kann auch eine natürliche Person sein. So liegt gem. BMF-Schreiben vom 04.07.2008 bspw. ein Konzern i. S. d. Zinsschranke vor, wenn eine natürliche Person an der Spitze eines Konzerns steht und Beteiligungen an mehreren Kapitalgesellschaften im Privatvermögen hält. Ein Konzern liegt in diesem Fall auch vor, wenn anstelle einer natürlichen Person eine vermögensverwaltende Gesellschaft an der Spitze des Konzerns steht. Gem. des BMF-Schreibens vom 04.07.2008 liegt jedoch im Falle von Betriebsaufspaltungen kein Konzern i. S. d. Zinsschranke vor.[168]

4.4.3 Escape-Klausel

Die Escape-Klausel stellt die dritte und letzte Ausnahmeregelung der Zinsschranke dar und ermöglicht unter bestimmten Umständen auch Konzernunternehmen einen unbeschränkten Betriebsausgabenabzug aller Zinsaufwendungen. Demzufolge unterliegt ein

---

[163] Vgl. BMF-Schreiben vom 04.07.2008, IV C 7 – S 2742-a/07/10001, S. 14; vgl. Winkeljohann, N./Fuhrmann, S., Unternehmensteuerreform, 2007, S. 99 f.

[164] Vgl. BMF-Schreiben vom 04.07.2008, IV C 7 – S 2742-a/07/10001, S. 14; vgl. Winkeljohann, N./Fuhrmann, S., Unternehmensteuerreform, 2007, S. 99.

[165] Vgl. Entwurf eines Unternehmensteuerreformgesetzes 2008, BT-Drucks. 16/4841 vom 27.03.2007, S. 50; vgl. Forst, P./Schaaf, A., Gleichordnungskonzern, 2008, S. 415.

[166] Vgl. Forst, P./Schaaf, A., Gleichordnungskonzern, 2008, S. 416.

[167] Entwurf eines Unternehmensteuerreformgesetzes 2008, BT-Drucks. 16/4841 vom 27.03.2007, S. 50.

[168] Vgl. BMF-Schreiben vom 04.07.2008, IV C 7 – S 2742-a/07/10001, S. 14; vgl. Entwurf eines Unternehmensteuerreformgesetzes 2008, BT-Drucks. 16/4841 vom 27.03.2007, S. 50.

Betrieb gem. § 4h Abs. 2 Satz 1 Buchst. c EStG nicht dem beschränkten Betriebsausgabenabzug der Zinsschranke, wenn er zu einem Konzern gehört und seine Eigenkapitalquote gleich hoch oder höher ist als die des Konzerns. Dies gilt auch, wenn der Betrieb die Freigrenze i. H. v. 3 Mio. EUR übersteigt. Zunächst war bis zum Veranlagungszeitraum 2009 ein Unterschreiten der Eigenkapitalquote des Konzerns von bis zu 1 % unschädlich.[169] Im Rahmen des Wachstumsbeschleunigungsgesetzes wurde diese Unschädlichkeitsgrenze auf 2 % erhöht, um die Möglichkeit zur Nutzung der Escape-Klausel zu erhöhen.[170]

Auch diese Ausnahmeregelung geht einher mit dem Ziel der Missbrauchsvermeidung der Zinsschranke. Denn der Gesetzgeber geht davon aus, dass i. d. R. keine missbräuchlichen konzerninternen Finanzierungsgestaltungen und damit verbundene Gewinnverschiebungen ins Ausland vorliegen, wenn die Eigenkapitalquote des Betriebs nahezu der Eigenkapitalquote des Konzerns entspricht.[171] Diese Annahme ist jedoch sehr vereinfacht und trifft in einigen Fällen nicht zu. Deutsche Unternehmen verfügen häufig über sehr hohe Pensionsverpflichtungen, die die Eigenkapitalquote im Vergleich zu ausländischen Unternehmen schwächt, da bei ausländischen Unternehmen solch hohe Pensionsverpflichtungen i. d. R. nicht auftreten. Somit wird einigen Unternehmen der unbeschränkte Zinsabzug verwehrt, auch wenn diese keine missbräuchlichen Finanzierungsgestaltungen im Sinne hatten. Des Weiteren ist zu beachten, dass auch die Nutzung der Escape-Klausel durch die Rückausnahme des § 8a Abs. 3 KStG bei schädlicher Gesellschafterfremdfinanzierung verwehrt wird.[172]

Im Rahmen der Escape-Klausel erfolgt die Ermittlung des erforderlichen Eigenkapitals laut Gesetz in einem zweistufigen Prozess. Zuerst werden für Betrieb und Konzern einheitliche Rechnungslegungsstandards angewandt, sodass eine Vergleichbarkeit zwischen den Abschlüssen hergestellt wird. Im zweiten Schritt wird das ermittelte Eigenkapital steuerlich modifiziert.[173]

4.4.3.1 Einheitlicher Rechnungslegungsstandard

Um die Eigenkapitalquoten von Betrieb und Konzern vergleichen zu können, müssen der Jahresabschluss des Betriebs und der Abschluss des Konzerns nach einheitlichen Rechnungslegungsstandards erstellt werden.[174] Vorrangig sind die Abschlüsse, wie auch schon im Rahmen der Konzernklausel, nach den International Financial Reporting Standards (IFRS) gem. § 4h Abs. 2 Satz 1 Buchst. c Satz 8 EStG zu erstellen. Subsidiär dürfen die Abschlüsse jedoch gem. § 4h Abs. 2 Satz 1 Buchst. c Satz 9 EStG auch nach dem Handelsrecht

[169] Vgl. Brähler, G., Steuerrecht, 2012, S. 294.

[170] Vgl. Entwurf eines Gesetzes zur Beschleunigung des Wirtschaftswachstums (Wachstumsbeschleunigungsgesetz), BT-Drucks. 17/15 vom 09.11.2009, S. 10.

[171] Vgl. Entwurf eines Unternehmensteuerreformgesetzes 2008, BT-Drucks. 16/4841 vom 27.03.2007, S. 50; vgl. Winkeljohann, N./Fuhrmann, S., Unternehmensteuerreform, 2007, S. 103.

[172] Vgl. Köhler, S., Einführung, 2007a, S. 120.

[173] Vgl. Köhler, S., Einführung, 2007a, S. 120.

[174] Vgl. Winkeljohann, N./Fuhrmann, S., Unternehmensteuerreform, 2007, S. 103.

eines Mitgliedstaats der Europäischen Union erstellt werden, wenn derzeit und für keines der letzten fünf Wirtschaftsjahre ein IFRS-Konzernabschluss erstellt und offengelegt wurde. Falls auch kein Konzernabschluss nach dem Handelsrecht eines Mitgliedstaats der Europäischen Union erstellt und offengelegt wird, dürfen gem. § 4h Abs. 2 Satz 1 Buchst. c Satz 9 EStG nachrangig auch nach den Generally Accepted Accounting Principles der Vereinigten Staaten von Amerika (US-GAAP) aufzustellende und offen zu legende Abschlüsse verwendet werden. Grundsätzlich muss der Konzernabschluss jedoch gem. § 4h Abs. 2 Satz 1 Buchst. c Satz 10 EStG den Anforderungen der handelsrechtlichen Konzernrechnungslegung genügen oder die Voraussetzungen erfüllen, unter denen ein Abschluss nach § 291 und § 292 des HGB befreiende Wirkung hat oder hätte.[175] Aus Praktikabilitätsgründen und um zu hohen administrativen Aufwand zu vermeiden, lässt der Gesetzgeber keine weiteren Rechnungslegungsstandards zu.[176] Dies bedeutet im Umkehrschluss, dass Konzerne, die ihren Abschluss grundsätzlich nach keinem der drei zugelassenen Rechnungslegungsstandards erstellen, die Escape-Klausel nicht nutzen können. Diesen Konzernen bleibt nur die Möglichkeit, rein aus steuerlichem Interesse heraus zusätzlich einen Konzernabschluss nach einem zugelassenen Rechnungslegungsstandard zu erstellen. Dies führt für die betroffenen Konzerne wiederum zu erheblichem Verwaltungsaufwand und zu enormen Verwaltungskosten. Ein Überblick über die zur Bestimmung der Konzernzugehörigkeit sowie zur Ermittlung der Eigenkapitalquote maßgeblichen Rechnungslegungsvorschriften ist im Anhang Übersicht 4 enthalten.

Im Falle der Nutzung der Escape-Klausel müssen die Eigenkapitalquoten von Betrieb und Konzern vergleichbar sein, d. h. die gleichen Rechnungslegungsstandards müssen zu Grunde liegen.[177] Handelt es sich jedoch z. B. um einen internationalen Konzern, der seinen Konzernabschluss nach IFRS erstellt, wohingegen der untergeordnete Betrieb seinen Einzelabschluss nach HGB erstellt, muss die Eigenkapitalquote des Betriebs gem. § 4h Abs. 2 Satz 1 Buchst. c Satz 11 EStG mit Hilfe einer Überleitungsrechnung an den Rechnungslegungsstandard des Konzerns angepasst werden.[178] Diese Überleitungsrechnung unterliegt keinen speziellen Formerfordernissen und muss gem. § 4h Abs. 2 Satz 1 Buchst. c Satz 12 EStG nur einer prüferischen Durchsicht i. S. v. IDW PS 900 unterzogen werden. Zusätzlich kann die Finanzbehörde gem. § 4h Abs. 2 Satz 1 Buchst. c Satz 13 EStG jedoch verlangen, den Einzelabschluss und auch die Überleitungsrechnung des Betriebs durch einen Abschlussprüfer, der die Voraussetzungen des § 319 HGB erfüllt, prüfen zu lassen.[179]

[175] Vgl. Stangl, I./Hageböke, J., Zinsschranke, 2007, S. 474 ff.; vgl. Entwurf eines Unternehmensteuerreformgesetzes 2008, BT-Drucks. 16/4841 vom 27.03.2007, S. 48 f.

[176] Vgl. Entwurf eines Unternehmensteuerreformgesetzes 2008, BT-Drucks. 16/4841 vom 27.03.2007, S. 49.

[177] Vgl. Winkeljohann, N./Fuhrmann, S., Unternehmensteuerreform, 2007, S. 103.

[178] Vgl. Federmann, R., Bilanzierung, 2010, S. 76.

[179] Vgl. Stangl, I./Hageböke, J., Zinsschranke, 2007, S. 487.

Im Rahmen der Erstellung des Einzel- und Konzernabschlusses ist zu beachten, dass möglicherweise vorhandene Wahlrechte gem. § 4h Abs. 2 Satz 1 Buchst. c Satz 4 EStG einheitlich auszuüben sind.[180] In diesem Zusammenhang hat der Gesetzgeber jedoch nicht geklärt, wie mit Wahlrechten umzugehen ist, die zwar im Einzelabschluss, jedoch nicht im Konzernabschluss vorgesehen sind. Stangl und Hageböke gehen davon aus, dass der Steuerpflichtige in solchen Situationen frei entscheiden darf, ob er vom Wahlrecht Gebrauch macht oder nicht.[181] Die Gesetzesbegründung regelt weiterhin, dass im Einzelabschluss sowohl Vermögenswerte und Schulden als auch Rückstellungen, Bilanzierungshilfen und Rechnungsabgrenzungsposten mit den Werten des Konzernabschlusses anzusetzen sind.[182]

Da es sich bei der Escape-Klausel um eine Ausnahmeregelung handelt, die den Steuerpflichtigen von den Rechtsfolgen der Zinsschranke befreit, obliegt dem Steuerpflichtigen die Nachweispflicht einer gleich hohen oder höheren Eigenkapitalquote des Betriebs. Lt. Gesetzesbegründung gilt der Nachweis nur als erbracht, wenn die Abschlüsse von Betrieb und Konzern in deutscher Sprache oder in einer beglaubigten Übersetzung vorgelegt werden. Zusätzlich muss der Konzernabschluss grundsätzlich durch einen Abschlussprüfer testiert werden, der Einzelabschluss jedoch nur auf konkretes Verlangen der Finanzbehörde.[183]

Ist ein zum Nachweis der Eigenkapitalquote vorgelegter Abschluss unrichtig in dem Sinne, dass sich daraus höhere Zinsaufwendungen gem. § 4h Abs. 1 EStG ergeben, so wird ein Strafzuschlag gem. § 162 Abs. 4 Satz 1 und 2 AO festgesetzt. Der Strafzuschlag beträgt mindestens 5 % und höchstens 10 % der Mehreinkünfte, die sich aus der Korrektur des Abschlusses ergeben. Mindestens wird jedoch ein Strafzuschlag i. H. v. 5.000 EUR festgesetzt.[184]

4.4.3.2 Eigenkapitalquote des Betriebs

Für die Escape-Klausel ist gem. § 4h Abs. 2 Satz 1 Buchst. c Satz 1 EStG die Eigenkapitalquote des Betriebs am Schluss des vorangegangenen Abschlussstichtages maßgeblich. Im Falle einer Firmenneugründung darf auf das Eigenkapital der Eröffnungsbilanz zur Berechnung der Eigenkapitalquote zurückgegriffen werden. Nach der Berechnung der Eigenkapitalquote des Betriebs wird diese mit der Eigenkapitalquote des Konzerns

[180] Vgl. Köhler, S., Einführung, 2007a, S. 121; vgl. Entwurf eines Unternehmensteuerreformgesetzes 2008, BT-Drucks. 16/4841 vom 27.03.2007, S. 49.

[181] Vgl. Stangl, I./Hageböke, J., Zinsschranke, 2007, S. 480.

[182] Vgl. Entwurf eines Unternehmensteuerreformgesetzes 2008, BT-Drucks. 16/4841 vom 27.03.2007, S. 49.

[183] Vgl. Stangl, I./Hageböke, J., Zinsschranke, 2007, S. 479; vgl. Volb, H., Unternehmensteuerreform, 2007, S. 54.

[184] Vgl. Stangl, I./Hageböke, J., Zinsschranke, 2007, S. 487 f.; vgl. Entwurf eines Unternehmensteuerreformgesetzes 2008, BT-Drucks. 16/4841 vom 27.03.2007, S. 49; vgl. Volb, H., Unternehmensteuerreform, 2007, S. 54.

verglichen, um die Möglichkeit zur Nutzung der Escape-Klausel zu ermitteln.[185] Gem. § 4h Abs. 2 Satz 1 Buchst. c Satz 3 EStG ist die Eigenkapitalquote des Betriebs auf Grundlage des Einzelabschlusses zu berechnen. Sie ergibt sich aus dem Verhältnis des Eigenkapitals zur Bilanzsumme. Dabei ist anzumerken, dass der Einzelabschluss des Betriebs nicht nur inländisches, sondern auch ausländisches Vermögen enthalten darf.[186]

Bevor anhand der Eigenkapitalquote des Betriebs und der Eigenkapitalquote des Konzerns geprüft werden kann, ob eine Nutzung der Escape-Klausel möglich ist, müssen gem. § 4h Abs. 2 Satz 1 Buchst. c Satz 5 EStG einige Modifikationen am Eigenkapital des Betriebs vorgenommen werden.[187]

Um Konzernabschluss und Einzelabschluss vergleichen zu können, wird das Eigenkapital des Betriebs um einen im Konzernabschluss enthaltenden Firmenwert sowie um im Rahmen eines Beteiligungserwerbs mitbezahlte stille Reserven der Beteiligungsgesellschaft erhöht, sofern diese auf den entsprechenden Betrieb entfallen.[188] „Ein solcher Firmenwert ist bei einer nach der Erwerbsmethode vorgenommenen Kapitalkonsolidierung immer dann auszuweisen, wenn der Beteiligungsbuchwert des Mutterunternehmens das Eigenkapital des Tochterunternehmens (nach Aufdeckung aller stillen Reserven und stillen Lasten (!)) übersteigt."[189] Firmenwert und stille Reserven werden in der Konzernbilanz aktiviert und führen somit zu einer höheren Eigenkapitalquote des Konzerns. Im Einzelabschluss des Tochterunternehmens werden Firmenwert und stille Reserven jedoch nicht aktiviert, daher bewirken diese hier keinen Anstieg der Eigenkapitalquote. Um jedoch dem Anspruch der Vergleichbarkeit der Eigenkapitalquoten von Betrieb und Konzern nachzukommen, schreibt der Gesetzgeber vor, sowohl den auf den Betrieb entfallenden Firmenwert als auch im Rahmen eines Beteiligungserwerbs mitbezahlte stille Reserven der Beteiligungsgesellschaft für Zwecke des Eigenkapitalvergleichs ebenfalls im Eigenkapital des Betriebs zu berücksichtigen.[190]

Weiterhin muss das Eigenkapital des Betriebs um 50 % des Sonderpostens mit Rücklageanteil (§ 273 HGB a. F.) erhöht werden. Allerdings ist hierbei zu beachten, dass im Rahmen des BilMoG § 273 HGB a. F. aufgehoben wurde. Daher kommt diese Modifikation nur noch für Betriebe in Frage, die das Beibehaltungswahlrecht gem. Art. 67 Abs. 3 EGHGB nutzen. Die anteilige Hinzurechnung des Sonderpostens mit Rücklageanteil begründet der Gesetzgeber damit, dass dieser Sonderposten unversteuerte Rücklagen enthält, die wirtschaftlich sowohl aus einem Eigenkapitalanteil als auch aus einem Fremdkapitalanteil bestehen. Die hälftige Aufteilung des Gesetzgebers in Eigen- und Fremdkapital ist jedoch – besonders im Hinblick auf die Steuersenkung im Rahmen der Unternehmensteuerreform

[185] Vgl. BMF-Schreiben vom 04.07.2008, IV C 7 – S 2742-a/07/10001, S. 15.

[186] Vgl. Stangl, I./Hageböke, J., Zinsschranke, 2007, S. 481.

[187] Vgl. Volb, H., Unternehmensteuerreform, 2007, S. 53.

[188] Vgl. BMF-Schreiben vom 04.07.2008, IV C 7 – S 2742-a/07/10001, S. 16.

[189] Preißer, M./von Rönn, M./Schultz-Aßberg, I., Unternehmensteuerreform, 2007, S. 71.

[190] Vgl. Preißer, M./von Rönn, M./Schultz-Aßberg, I., Unternehmensteuerreform, 2007, S. 71 f.; vgl. BMF-Schreiben vom 04.07.2008, IV C 7 – S 2742-a/07/10001, S. 16.

2008 – sehr fragwürdig. Denn bei einer angenommenen Ertragsteuerbelastung i. H. v. 30 % müssten dem Eigenkapital anstatt 50 % sogar 70 % des Sonderpostens mit Rücklageanteil zugerechnet werden. Wird der Sonderposten jedoch aufgelöst und in die Gewinnrücklagen integriert, steigt das Eigenkapital aufgrund der Bildung passiver latenter Steuern tatsächlich nicht nur um 50 %, sondern um ca. 70 %.[191] Weiterhin ist hierbei anzumerken, dass die hälftige Hinzurechnung des Sonderpostens mit Rücklageanteil im Rahmen eines IFRS-Abschlusses keinerlei Wirkung hat, da die Passivierung eines steuerlich begründeten Sonderpostens mit Rücklageanteil im IFRS-Abschluss nicht gestattet ist. Stattdessen werden Sonderposten im IFRS-Abschluss gem. IAS 20 als Fremdkapital ausgewiesen.[192]

Das Gesetz sieht im § 4h Abs. 2 Satz 1 Buchst. c Satz 5 EStG jedoch nicht nur Hinzurechnungen, sondern auch Kürzungen des Eigenkapitals vor, um die Vergleichbarkeit zwischen der Eigenkapitalquote des Betriebs und des Konzerns herzustellen. So muss das Eigenkapital des Betriebs um den Anteil gekürzt werden, der keine Stimmrechte vermittelt, es sein denn, es handelt sich um Vorzugsaktien. Der Gesetzgeber zielt mit dieser Regelung auf das Mezzanine-Kapital ab, das durch das Fehlen von Stimmrechten gekennzeichnet und handelsrechtlich im Eigenkapital ausgewiesen wird. Steuerlich jedoch ist es vielmehr als Fremdkapital zu betrachten.[193] Die Kürzung des für die Escape-Klausel maßgeblichen Eigenkapitals um dieses stimmrechtslose Mezzanine-Kapital erscheint gerechtfertigt, wenn die Vergütung dafür als Betriebsausgabe abgezogen werden kann. Eine Abzugsfähigkeit der Vergütungen als Betriebsausgaben lässt eindeutig auf Mezzanine-Kapital mit Fremdkapital-Charakter schließen. Im anderen Fall, wenn die Vergütung dafür nicht als Betriebsausgabe abgezogen werden kann, sollte nach Stangl und Hageböke keine Kürzung erfolgen.[194]

Des Weiteren muss das Eigenkapital um Anteile an anderen Konzerngesellschaften gekürzt werden.[195] „Mit dieser Beteiligungsbuchwertkürzung soll ein ansonsten drohender Kaskadeneffekt verhindert werden."[196] Problematisch ist diese Regelung jedoch für Holdinggesellschaften, da im Gegensatz zur früheren Regelung des § 8a KStG a. F. keine Ausnahme mehr für sie besteht.[197] Die Beteiligungsbuchwertkürzung führt dazu, dass

[191] Vgl. Entwurf eines Unternehmensteuerreformgesetzes 2008, BT-Drucks. 16/4841 vom 27.03.2007, S. 49; vgl. Stangl, I./Hageböke, J., Zinsschranke, 2007, S. 484; vgl. Niehus, U./Wilke, H., Kapitalgesellschaften, 2012, S. 124 f.

[192] Vgl. Preißer, M./von Rönn, M./Schultz-Aßberg, I., Unternehmensteuerreform, 2007, S. 72; vgl. Blumenberg, J./Lechner, F., Zinsschranke, 2007, S. 162.

[193] Vgl. Volb, H., Unternehmensteuerreform, 2007, S. 53; vgl. Niehus, U./Wilke, H., Kapitalgesellschaften, 2012, S. 125; vgl. Bericht des Finanzausschusses (7. Ausschuss), BT-Drucks. 16/5491 vom 24.05.2007, S. 17.

[194] Vgl. Stangl, I./Hageböke, J., Zinsschranke, 2007, S. 484; vgl. Bericht des Finanzausschusses (7. Ausschuss), BT-Drucks. 16/5491 vom 24.05.2007, S. 17.

[195] Vgl. Niehus, U./Wilke, H., Kapitalgesellschaften, 2012, S. 125.

[196] Stangl, I./Hageböke, J., Zinsschranke, 2007, S. 484.

[197] Vgl. Niehus, U./Wilke, H., Kapitalgesellschaften, 2012, S. 125; vgl. Stangl, I./Hageböke, J., Zinsschranke, 2007, S. 484 f.

das Eigenkapital der Holdinggesellschaften entweder vollständig aufgebraucht wird oder zumindest die Eigenkapitalquote der Gesellschaft so stark senkt, dass sie weit unter der Eigenkapitalquote des zugehörigen Konzerns liegt. Die Möglichkeit zur Nutzung der Escape-Klausel schwindet somit stark für Unternehmen mit hohem Beteiligungsbesitz.[198]

Das Eigenkapital des Betriebs wird ebenfalls um Einlagen der letzten sechs Monate vor dem maßgeblichen Abschlussstichtag gekürzt, soweit ihnen Entnahmen oder Ausschüttungen innerhalb der ersten sechs Monate nach dem maßgeblichen Abschlussstichtag gegenüberstehen. Mit dieser Regelung verfolgt der Gesetzgeber das Ziel, Gestaltungen zur Erhöhung des Eigenkapitals zu vermeiden. Fragwürdig erscheint jedoch die in diesem Zusammenhang sehr lang gewählte Frist von sechs Monaten, da in diesen zeitlichen Rahmen sogar die ordnungsmäßigen Ausschüttungen fallen.[199]

Im Falle einer Mitunternehmerschaft sieht der Gesetzgeber gem. § 4h Abs. 2 Satz 1 Buchst. c Satz 7 EStG als letzte Modifikation die Zuordnung des Sonderbetriebsvermögens zum Betrieb der Mitunternehmerschaft vor, soweit es im Konzernvermögen enthalten ist.[200] Somit „werden Gestaltungsmöglichkeiten durch die Zuordnung von Wirtschaftsgütern verhindert."[201] Es wird sowohl positives als auch negatives Sonderbetriebsvermögen hinzugerechnet. Ebenfalls irrelevant für diese Regelung ist, ob es sich um notwendiges oder gewillkürtes Sonderbetriebsvermögen handelt. Gehört das Sonderbetriebsvermögen allerdings nicht zum Konzernvermögen, tritt die Regelung nicht in Kraft.[202]

Abbildung 4.9 verdeutlicht die Modifikationen des Eigenkapitals des Betriebs.

Die Eigenkapitalquote des Betriebs, die für den Eigenkapitalvergleich herangezogen wird ergibt sich gem. § 4h Abs. 2 Satz 1 Buchst. c Satz 3 EStG aus dem Verhältnis des Eigenkapitals zur Bilanzsumme. Für Zwecke der Escape-Klausel muss demnach nicht nur das Eigenkapital des Betriebs, sondern auch dessen Bilanzsumme modifiziert werden.[204]

Die zuvor erläuterten Modifikationen des § 4h Abs. 2 Satz 1 Buchst. c Satz 5 und 7 EStG bzgl. Firmenwert und stillen Reserven, Anteile an anderen Konzerngesellschaften, kurzfristige Einlagen und Sonderbetriebsvermögen gelten somit ebenso für die Bilanzsumme,[205] da diese Modifikationen neben dem Eigenkapital auch die Bilanzsumme berühren. Wird z. B. das Eigenkapital des Betriebs um einen Firmenwert erhöht, steigt die Bilanzsumme in gleichem Umfang. Lediglich der Sonderposten mit Rücklageanteil und das Eigenkapital, welches keine Stimmrechte vermittelt (Mezzanine-Kapital), bleiben bei

198 Vgl. Köhler, S., Zinsschranke, 2007b, S. 601.

199 Vgl. Stangl, I./Hageböke, J., Zinsschranke, 2007, S. 485.

200 Vgl. Preißer, M./von Rönn, M./Schultz-Aßberg, I., Unternehmensteuerreform, 2007, S. 75.

201 Entwurf eines Unternehmensteuerreformgesetzes 2008, BT-Drucks. 16/4841 vom 27.03.2007, S. 49.

202 Vgl. Blumenberg, J./Lechner, F., Zinsschranke, 2007, S. 166.

203 Entnommen aus BMF-Schreiben vom 04.07.2008, IV C 7 – S 2742-a/07/10001, S. 16 f.

204 Vgl. Niehus, U./Wilke, H., Kapitalgesellschaften, 2012, S. 126.

205 Vgl. Stangl, I./Hageböke, J., Zinsschranke, 2007, S. 486; vgl. BMF-Schreiben vom 04.07.2008, IV C 7 – S 2742-a/07/10001, S. 17.

Eigenkapital des Betriebs	
+	im Konzernabschluss enthaltender Firmenwert, soweit er auf den Betrieb entfällt
+ ./.	Korrektur der Wertansätze der Vermögensgegenstände und Schulden (Ausweis mit den im Konzernabschluss enthaltenen Werten)
+	die Hälfte des Sonderpostens mit Rücklageanteil
./.	Eigenkapital, das keine Stimmrechte vermittelt (mit Ausnahme von Vorzugsaktien)
./.	Anteile an anderen Konzerngesellschaften
./.	Einlagen der letzten sechs Monate vor dem maßgeblichen Abschlussstichtag, soweit ihnen Entnahmen oder Ausschüttungen innerhalb der ersten sechs Monate nach dem maßgeblichen Abschlussstichtag gegenüberstehen
+ ./.	Sonderbetriebsvermögen ist dem Betrieb der Mitunternehmerschaft zuzuordnen
=	Modifiziertes Eigenkapital i. S. d. § 4h Abs. 2 Satz 1 Buchst. c EStG

Abb. 4.9 Modifiziertes Eigenkapital des Betriebs[203]

der Modifikation der Bilanzsumme unberücksichtigt. Diese Änderungen bewirken nämlich nur eine Umgliederung von Posten aus dem Fremdkapital in das Eigenkapital bzw. aus dem Eigenkapital in das Fremdkapital.[206]

Zusätzlich sieht das Gesetz im § 4h Abs. 2 Satz 1 Buchst. c Satz 6 EStG eine Modifikation vor, der nur die Bilanzsumme des Betriebs unterliegt. Demnach muss die Bilanzsumme des Betriebs um Kapitalforderungen gegenüber anderen Konzernunternehmen gekürzt werden, die nicht im Konzernabschluss ausgewiesen sind und denen Verbindlichkeiten i. S. d. § 4h Abs. 3 EStG in mindestens gleicher Höhe gegenüberstehen.[208] D. h. jenes Fremdkapital eines Betriebs, das dieser wiederum als Darlehen an ein anderes Konzernunternehmen vergibt, soll die Eigenkapitalquote des Betriebs nicht senken.[209]

Abbildung 4.10 verdeutlicht die Modifikation der Bilanzsumme des Betriebs.

4.4.3.3 Kritische Würdigung der Escape-Klausel

Die Escape-Klausel steht im Einklang mit dem grundsätzlichen Ziel der Zinsschranke, missbräuchliche Gestaltungen zur Senkung der deutschen Steuerbemessungsgrundlage zu vermeiden. Die Zinsschranke soll insbesondere auch mit Hilfe der Escape-Klausel eine

---

[206] Vgl. Niehus, U./Wilke, H., Kapitalgesellschaften, 2012, S. 126; vgl. Stangl, I./Hageböke, J., Zinsschranke, 2007, S. 486.

[207] Entnommen aus BMF-Schreiben vom 04.07.2008, IV C 7 – S 2742-a/07/10001, S. 17.

[208] Vgl. Volb, H., Unternehmensteuerreform, 2007, S. 54.

[209] Vgl. Entwurf eines Unternehmensteuerreformgesetzes 2008, BT-Drucks. 16/4841 vom 27.03.2007, S. 49.

Bilanzsumme des Betriebs	
+	im Konzernabschluss enthaltender Firmenwert, soweit er auf den Betrieb entfällt
+ ./.	Korrektur der Wertansätze der Vermögensgegenstände und Schulden (Ausweis mit den im Konzernabschluss enthaltenen Werten)
./.	Anteile an anderen Konzerngesellschaften
./.	Einlagen der letzten sechs Monate vor dem maßgeblichen Abschlussstichtag, soweit ihnen Entnahmen oder Ausschüttungen innerhalb der ersten sechs Monate nach dem maßgeblichen Abschlussstichtag gegenüberstehen
./.	Kapitalforderungen, die nicht im Konzernabschluss ausgewiesen sind und denen Verbindlichkeiten i. S. d. § 4h Abs. 3 EStG in mindestens gleicher Höhe gegenüberstehen
+ ./.	Sonderbetriebsvermögen ist dem Betrieb der Mitunternehmerschaft zuzuordnen
=	Modifizierte Bilanzsumme des Betriebs

Abb. 4.10 Modifizierte Bilanzsumme des Betriebs[207]

übermäßig hohe Fremdkapitalfinanzierung und damit eine immer weiter schrumpfende Eigenkapitalquote inländischer Unternehmen vermeiden.[210] Durch die Escape-Klausel soll verhindert werden, dass „Konzerne mittels grenzüberschreitender konzerninterner Fremdkapitalfinanzierung in Deutschland erwirtschaftete Erträge ins Ausland transferieren“[211] und so Steuersubstrat ins Ausland verlagert wird.[212]

Im Gegenzug wollte der Gesetzgeber mit Hilfe der Escape-Klausel bewirken, dass Unternehmen von den Rechtsfolgen der Zinsschranke befreit werden, „die ohne steuerliche Gestaltungen eine hohe Außenfinanzierung aufweisen“,[213] d. h. die keine missbräuchlichen Gestaltungen vorgenommen haben. Dies ist lt. Gesetzesbegründung der Fall, wenn der konzerngebundene Betrieb nachweisen kann, dass seine Finanzierungsstruktur für den Konzern typisch ist.[214]

---

[210] Vgl. Entwurf eines Unternehmensteuerreformgesetzes 2008, BT-Drucks. 16/4841 vom 27.03.2007, S. 31.

[211] Entwurf eines Unternehmensteuerreformgesetzes 2008, BT-Drucks. 16/4841 vom 27.03.2007, S. 31.

[212] Vgl. Blumenberg, J./Lechner, F., Zinsschranke, 2007, S. 151; vgl. Entwurf eines Unternehmensteuerreformgesetzes 2008, BT-Drucks. 16/4841 vom 27.03.2007, S. 31.

[213] Entwurf eines Unternehmensteuerreformgesetzes 2008, BT-Drucks. 16/4841 vom 27.03.2007, S. 31.

[214] Vgl. Entwurf eines Unternehmensteuerreformgesetzes 2008, BT-Drucks. 16/4841 vom 27.03.2007, S. 31.

Der Grundgedanke des Gesetzgebers bei der Gestaltung der Escape-Klausel, Unternehmen ohne missbräuchliche Steuergestaltungen von der Zinsschranke zu befreien, war gut. Dieses Ziel wird jedoch oftmals nicht erreicht. Dies resultiert zum einen daraus, dass der Gesetzgeber stark typisierend annahm, eine übermäßige und missbräuchliche Fremdfinanzierung anhand eines Vergleichs der Eigenkapitalquoten von Betrieb und Konzern erkennen zu können. Im Hinblick auf diese Annahme vernachlässigt der Gesetzgeber jedoch vollständig, dass nicht nur zinstragende Verbindlichkeiten die Eigenkapitalquote des Betriebs senken, sondern ebenfalls sonstige Fremdkapitalposten, wie z. B. Pensionsverpflichtungen. Insbesondere deutsche Unternehmen weisen im Vergleich zu ausländischen Unternehmen oftmals hohe Pensionsverpflichtungen auf. Dies führt zu einer weitaus geringeren Eigenkapitalquote und damit u. U. zu einer Versagung des Eigenkapital-Escapes. Auch die sehr hohen Gewährleistungsrückstellungen, die in bestimmten Branchen vorkommen, senken die Eigenkapitalquote.[215] Somit kann es dazu kommen, dass einem Betrieb die Anwendung der Escape-Klausel verwehrt wird, obwohl dieser keinerlei übermäßige und missbräuchliche Fremdfinanzierung durchführt.

Im Rahmen eines Mischkonzerns wird ein Eigenkapital-Escape regelmäßig ebenfalls kaum möglich sein, da die Finanzierungsstrukturen der dem Konzern angehörenden Unternehmen oftmals sehr unterschiedlich sind. Insbesondere, wenn die Unternehmen in verschiedenen Branchen agieren, ist es nahezu unmöglich, eine so einheitliche Eigenkapitalstruktur zu erreichen.[216]

Somit ist ersichtlich, dass vielen Konzernunternehmen die Möglichkeit zur Nutzung der Escape-Klausel verwehrt wird, obwohl diese keinerlei missbräuchliche Finanzierungsgestaltungen vornehmen. Die Zielgenauigkeit der Regelung wird demzufolge stark verfehlt.[217]

Neben der starken Typisierung weist die Escape-Klausel weitere bedeutende Mängel auf. Zum einen stellt die erhebliche Komplexität der Regelung für einige Unternehmen ein unüberwindbares Hindernis dar. Zum anderen führt die Inanspruchnahme der Escape-Klausel zu enormen Verwaltungskosten, insbesondere wenn z. B. die Eigenkapitalquote des Betriebs mit Hilfe einer Überleitungsrechnung an den Rechnungslegungsstandard des Konzerns angepasst werden muss. Aber auch die für den Eigenkapitalquotenvergleich grundsätzlich notwendigen Anpassungen der Eigenkapitalquote des Betriebs führen zu erhöhten Verwaltungskosten.[218]

Einen weiteren Kritikpunkt stellt die geringe Toleranzgrenze i. H. v. 2 % dar. Diese Grenze führt schon bei minimaler Überschreitung dazu, dass das Unternehmen erheblichen steuerlichen Mehrbelastungen ausgesetzt ist. Während bei einer Unterschreitung der 2 %-Grenze alle Zinsaufwendungen vollumfänglich als Betriebsausgaben abzugsfähig

[215] Vgl. Blumenberg, J./Lechner, F., Zinsschranke, 2007, S. 151; vgl. Köhler, S., Einführung, 2007a, S. 120.

[216] Vgl. Hallerbach, D., Problemfelder, 2007, S. 491; vgl. Sandin, C., Zinsschranke, 2008, S. 204.

[217] Vgl. Köhler, S., Einführung, 2007a, S. 120.

[218] Vgl. Stangl, I./Hageböke, J., Zinsschranke, 2007, S. 479.

sind, greift die Zinsschranke voll, wenn die 2 %-Grenze nur minimal überschritten wird. Dies stellt einen enormen Belastungssprung dar.[219] Die Escape-Klausel sollte daher anstatt einer absoluten eine relative Toleranzgrenze beinhalten. Denkbar wäre z. B. eine Toleranzgrenze i. H. v. 10 % der Eigenkapitalquote des Konzerns. Hätte in diesem Fall der Konzern eine Eigenkapitalquote i. H. v. 50 %, müsste die Eigenkapitalquote des Betriebs min. 45 % betragen, um den Eigenkapital-Escape zu schaffen und den Rechtsfolgen der Zinsschranke zu entgehen.[220] So würde die Möglichkeit zur Nutzung der Escape-Klausel immer noch von der Konzerneigenkapitalquote abhängen. D. h. konzerngebundene Betriebe müssten immer noch nachweisen, dass ihre Finanzierungsstruktur für den Konzern typisch ist.[221] Gleichzeitig würde jedoch diese Erweiterung des Toleranzrahmens die Anwendbarkeit der Escape-Klausel für sehr viel mehr Betriebe ermöglichen.

Wie bereits im Gliederungspunkt 4.4.3.1 erläutert, erlaubt der Gesetzgeber im Rahmen der Escape-Klausel die Verwendung mehrerer Rechnungslegungsstandards zur Erstellung der Abschlüsse von Betrieb und Konzern (unter bereits im Gliederungspunkt 4.4.3.1 erläuterten Voraussetzungen). Während vorrangig die International Financial Reporting Standards anzuwenden sind, dürfen subsidiär jedoch auch das Handelsrecht eines Mitgliedstaats der Europäischen Union oder die Generally Accepted Accounting Principles der Vereinigten Staaten von Amerika verwendet werden. Dieser Umstand eröffnet im Hinblick auf die Escape-Klausel einige Gestaltungsmöglichkeiten. Je nach verwendetem Rechnungslegungsstandard, ergibt sich u. U. eine höhere oder niedrigere Eigenkapitalquote.[222] Im Rahmen des IFRS-Abschlusses gibt es z. B. die Möglichkeit Vermögenswerte zum Fair Value[223] zu bewerten. Diese Buchwerterhöhung wird als Neubewertungsrücklage im Eigenkapital erfasst und erhöht somit das Eigenkapital. Dagegen sieht das HGB z. B. keine Bewertungen zum Fair Value vor, demnach existiert auch keine Neubewertungsrücklage.[224]

Die Nachweispflicht einer gleich hohen oder höheren Eigenkapitalquote des Betriebs obliegt im Rahmen der Escape-Klausel dem Steuerpflichtigen.[225] Diese Regelung verbunden mit der hohen Komplexität der Escape-Klausel, den stark typisierenden Annahmen des Gesetzgebers und den hohen Verwaltungskosten führt dazu, dass die Escape-Klausel in der Praxis nur selten in Anspruch genommen werden kann.[226] „Zugleich ist der

---

[219] Vgl. Köhler, S., Einführung, 2007a, S. 124.

[220] Vgl. Köhler, S., Zinsschranke, 2007b, S. 601.

[221] Vgl. Entwurf eines Unternehmensteuerreformgesetzes 2008, BT-Drucks. 16/4841 vom 27.03.2007, S. 31.

[222] Vgl. Köhler, S., Einführung, 2007a, S. 124; vgl. Stangl, I./Hageböke, J., Zinsschranke, 2007, S. 474 ff.

[223] Unter dem Begriff „Fair Value" versteht man den Verkehrswert bzw. Marktwert von Vermögensgegenständen oder Schulden, siehe hierzu auch Grünberger, D., IFRS, 2011, S. 37 ff.

[224] Vgl. Federmann, R., Bilanzierung, 2010, S. 374.

[225] Vgl. Stangl, I./Hageböke, J., Zinsschranke, 2007, S. 479.

[226] Vgl. Ernst & Young GmbH, Unternehmensteuerreform, 2010, S. 12.

Nachweis des Nichtvorliegens einer schädlichen Gesellschafterfremdfinanzierung für den gesamten Zinsschrankenkonzern in der Praxis in vielen Fällen faktisch unmöglich".[227]

Insbesondere für Holdinggesellschaften weist die Escape-Klausel einen weiteren Schwachpunkt auf. Da im Rahmen der Eigenkapitalanpassungen des Betriebs gem. § 4h Abs. 2 Satz 1 Buchst. c Satz 5 EStG Beteiligungsbuchwerte zu kürzen sind, können Holdinggesellschaften die Escape-Klausel in den allermeisten Fällen nicht nutzen. Deren Eigenkapitalquote sinkt durch die Beteiligungsbuchwertkürzung oftmals so stark, dass kein Eigenkapital-Escape möglich ist.[228] Im Hinblick auf diese starke Benachteiligung ist sicher, dass Deutschland als Investitionsstandort, zumindest für Holdinggesellschaften, an Attraktivität verloren hat. Dies steht stark im Kontrast zu einem der wichtigsten Ziele der Unternehmensteuerreform 2008, die Standortattraktivität Deutschlands zu verbessern.[229] Daher sollte – wie es bereits im Rahmen der Gesellschafterfremdfinanzierung gem. § 8a KStG a. F. der Fall war – eine Ausnahme für Holdinggesellschaften eingeführt werden.

4.5 Besonderheiten nach § 8a KStG

4.5.1 Anwendbarkeit des § 4h EStG auf Körperschaften

Aufgrund der Vorschrift des § 8 Abs. 1 Satz 1 KStG betrifft die Zinsschrankenregelung nach § 4h EStG auch Körperschaften. Somit ersetzen die Zinsschranke nach § 4h EStG und die Verschärfungen des § 8a KStG n. F. die alte Regelung zur Gesellschafterfremdfinanzierung des § 8a KStG a. F.[230] Zudem erweitert § 8a Abs. 1 Satz 4 KStG den Anwendungsbereich der Zinsschranke bei Körperschaften über die Gewinneinkünfte hinaus auch auf Überschusseinkünfte. Folglich gilt der beschränkte Betriebsausgabenabzug der Zinsschranke nicht nur für unbeschränkt steuerpflichtige Körperschaften, sondern auch für beschränkt steuerpflichtige Körperschaften, die nur Überschusseinkünfte erwirtschaften. Ausgenommen hiervon sind jedoch bestimmte Körperschaften, wie Stiftungen, Genossenschaften und Vereine. Diese fallen nur in den Anwendungsbereich der Zinsschranke, wenn sie Gewinneinkünfte erzielen. Zu beachten ist, dass bei der Anwendung der Zinsschranke bei Körperschaften gem. § 8a Abs. 1 Satz 1 KStG an die Stelle des maßgeblichen Gewinns das maßgebliche Einkommen tritt.[231] Die Ermittlung des maßgeblichen Einkommens und die Ableitung des steuerlichen EBITDA wurden bereits im Gliederungspunkt 4.3.3 erläutert.

---

[227] Ernst & Young GmbH, Unternehmensteuerreform, 2010, S. 12.

[228] Vgl. Ernst & Young GmbH, Unternehmensteuerreform, 2010, S. 12; vgl. Köhler, S., Zinsschranke, 2007b, S. 601.

[229] Vgl. Entwurf eines Unternehmensteuerreformgesetzes 2008, BT-Drucks. 16/4841 vom 27.03.2007, S. 1.

[230] Vgl. Preißer, M./von Rönn, M./Schultz-Aßberg, I., Unternehmensteuerreform, 2007, S. 83.

[231] Vgl. Schaden, M./Käshammer, D., Zinsvortrag, 2007a, S. 136.

Im Rahmen der Anwendung der Zinsschranke bei Körperschaften müssen weiterhin die Besonderheiten des § 8a Abs. 2 und 3 KStG beachtet werden. Demnach kann eine Körperschaft nur von den Ausnahmeregelungen der Konzernklausel und der Escape-Klausel Gebrauch machen, wenn keine schädliche Gesellschafterfremdfinanzierung vorliegt.[232] Der Gesetzgeber führte diese Einschränkung ein, um „Finanzierungsgestaltungen zwischen einer Körperschaft und ihrem Anteilseigner [zu, Anm. d. Verf.] verhindern.“[233]

4.5.2 Rückausnahmen bei schädlicher Gesellschafterfremdfinanzierung

4.5.2.1 Konzernklausel

Eine schädliche Gesellschafterfremdfinanzierung liegt nach § 8a Abs. 2 KStG vor, wenn eine Körperschaft Vergütungen für Fremdkapital an

- einen zu mehr als 25 % unmittelbar oder mittelbar am Grund- oder Stammkapital beteiligten Anteilseigner oder
- eine diesem nahestehende Person i. S. d. § 1 Abs. 2 AStG oder
- einen Dritten, der auf eine der o. g. Personen zurückgreifen kann,[234]

entrichtet und diese Vergütungen höher als 10 % des Nettozinsaufwands der Körperschaft sind.[235]

Die Körperschaft muss das Unterschreiten dieser 10 %-Grenze nachweisen. Gelingt dies nicht, so greift die Rückausnahme des § 8a Abs. 2 KStG und somit unterliegt auch eine nicht konzerngebundene Körperschaft der Zinsabzugsbeschränkung der Zinsschranke.[236] „Anders als im Bereich des § 8a KStG a. F. ist weder eine Entlastungsmöglichkeit durch einen Fremdvergleich noch ein safe haven in Form einer unschädlichen EK/FK-Relation vorgesehen.“[237] Eine Überschreitung der 10 %-Grenze führt dazu, dass die gesamten Zinsaufwendungen der Zinsschranke unterliegen und nicht nur diejenigen, wie man annehmen könnte, die die 10 %-Grenze übersteigen.[238]

Um das Tatbestandsmerkmal der mittelbaren oder unmittelbaren Beteiligung zu mehr als 25 % prüfen zu können, muss die Beteiligungshöhe des Anteilseigners ermittelt werden. Dabei ist die Höhe der Kapitalbeteiligung entscheidend, nicht die Anzahl der Stimmrechte.[239] Mittelbare und unmittelbare Beteiligungen werden zusammengezählt. Aller-

232 Vgl. Schaden, M./Käshammer, D., Zinsvortrag, 2007a, S. 136 ff.

233 Entwurf eines Unternehmensteuerreformgesetzes 2008, BT-Drucks. 16/4841 vom 27.03.2007, S. 74 f.

234 Zu den Begriffsdefinitionen siehe z. B. Niehus, U./Wilke, H., Kapitalgesellschaften, 2012, S. 117 ff.

235 Vgl. Brähler, G., Steuerrecht, 2012, S. 292.

236 Vgl. Niehus, U./Wilke, H., Kapitalgesellschaften, 2012, S. 117.

237 Niehus, U./Wilke, H., Kapitalgesellschaften, 2012, S. 117.

238 Vgl. Dinkelbach, A., Ertragsteuern, 2012, S. 306.

239 Vgl. Niehus, U./Wilke, H., Kapitalgesellschaften, 2012, S. 117.

dings werden mittelbare Beteiligungen nur quotal in der Beteiligungshöhe berücksichtigt. Lt. Finanzverwaltung muss keine unmittelbare Beteiligung des Anteilseigners vorliegen. Die 25%-Grenze kann auch nur durch mittelbare Beteiligungen überschritten werden.[240] Die Beteiligungsquoten mehrerer Anteilseigner werden nicht zusammengerechnet. Auch nicht, wenn die Anteilseigner gemeinsam eine Personenvereinigung bilden, ein Anteilseigner von dem anderen beherrscht wird oder, wenn beide Anteilseigner durch einen Dritten beherrscht werden.[241]

Eine schädliche Gesellschafterfremdfinanzierung liegt lt. Gesetzgeber auch dann vor, wenn Fremdkapitalvergütungen i. H. v. mehr als 10% des Nettozinsaufwands an einen rückgriffsberechtigten Dritten geleistet werden. Hierbei beschränkt sich der Gesetzgeber nicht mehr nur auf sog. ‚Back-to-Back-Finanzierungen' wie dies nach § 8a KStG a. F. der Fall war.[242] Im Falle einer Back-to-Back-Finanzierung gewährt eine Bank der Körperschaft ein Darlehen, gleichzeitig unterhält der Anteilseigner eine Einlage bei dieser Bank.[243] Im Rahmen der neuen Regelung des § 8a KStG n. F. gilt diese Beschränkung eines Rückgriffs auf sog. ‚Back-to-Back-Finanzierungen' nicht mehr. Stattdessen wird die neue Regelung erheblich verschärft und ein Rückgriff liegt bereits dann vor, „wenn der Anteilseigner oder die ihm nahestehende Person dem Dritten gegenüber faktisch für die Erfüllung der Schuld einsteht."[244] So wird lt. Gesetzesbegründung keine Abtretung einer Einlageforderung gegen die Bank mehr vorausgesetzt. Für das Vorliegen eines Rückgriffs reicht lt. Gesetzesbegründung bereits ein konkreter rechtlich durch-setzbarer Anspruch (z. B. eine Garantieerklärung oder eine Bürgschaft), eine Vermerkpflicht in der Bilanz, eine dringliche Sicherheit (z. B. Sicherungseigentum oder Grundschuld) oder eine harte oder weiche Patronatserklärung aus. Diese sind jedoch für das Vorliegen eines Rückgriffs nicht erforderlich.[245]

Bedingt durch diese extrem weite Auslegung des Rückgriffs, kann es nun dazu kommen, dass ökonomisch sinnvolle Sicherheiten ohne missbräuchliche Hintergedanken nun nur aus steuerlichen Gründen nicht mehr gegeben werden können.[246]

4.5.2.2 Escape-Klausel

Eine Körperschaft kann gem. § 8a Abs. 3 KStG durch die Ausnahmeregelung der Escape-Klausel nur von den Rechtsfolgen der Zinsschranke befreit werden, wenn keine schädliche Gesellschafterfremdfinanzierung vorliegt. Die Voraussetzungen für das Vorliegen einer

---

[240] Vgl. BMF-Schreiben vom 04.07.2008, IV C 7 – S 2742-a/07/10001, S. 18; vgl. Schaden, M./Käshammer, D., Zinsvortrag, 2007a, S. 137.

[241] Vgl. Schaden, M./Käshammer, D., Zinsvortrag, 2007a, S. 137.

[242] Vgl. Schaden, M./Käshammer, D., Zinsvortrag, 2007a, S. 138.

[243] Vgl. Preißer, M./von Rönn, M./Schultz-Aßberg, I., Unternehmensteuerreform, 2007, S. 84.

[244] Entwurf eines Unternehmensteuerreformgesetzes 2008, BT-Drucks. 16/4841 vom 27.03.2007, S. 75.

[245] Vgl. Entwurf eines Unternehmensteuerreformgesetzes 2008, BT-Drucks. 16/4841 vom 27.03.2007, S. 75.

[246] Vgl. Blumenberg, J./Lechner, F., Zinsschranke, 2007, S. 148.

schädlichen Gesellschafterfremdfinanzierung stimmen überwiegend mit den zuvor im Rahmen der Konzernklausel erläuterten Voraussetzungen überein.[247] Auch hier liegt eine schädliche Gesellschafterfremdfinanzierung vor, wenn die Körperschaft nicht nachweisen kann, dass die Vergütungen für Fremdkapital an einen zu mehr als 25 % beteiligten Anteilseigner oder eine diesem nahestehende Person oder an einen rückgriffsberechtigten Dritten niedriger sind als 10 % des Nettozinsaufwands.[248]

Es existieren jedoch zwei wesentliche Unterschiede zu der Rückausnahme im Rahmen der Konzernklausel. So wird die Anwendung der Escape-Klausel gem. § 8a Abs. 3 Satz 2 KStG im Rahmen von Körperschaften nur verwehrt, wenn die Bezahlung von Vergütungen für Fremdkapital an Konzernexterne erfolgt. D. h. die Zinszahlungen für Fremdkapital werden nur in der 10 %-Grenze berücksichtigt, wenn das zugehörige Fremdkapital im vollkonsolidierten Konzernabschluss enthalten ist. Da Fremdkapital nur im vollkonsolidierten Konzernabschluss erscheint, wenn dies von nicht konzernzugehörigen Anteilseignern investiert wurde, sind von der Rückausnahme der Escape-Klausel nur über die Konzerngrenzen hinausgehende Finanzierungsgestaltungen betroffen. Konzerninterne Finanzierungen, wie z. B. konzerninterne Bürgschaften haben keinerlei negative Auswirkung auf die Anwendbarkeit der Escape-Klausel.[249] Gewährt jedoch die Konzernspitze, die selbst kein Unternehmen betreibt, im Falle eines Gleichordnungskonzerns einem Konzernunternehmen ein Darlehen, liegt keine konzerninterne Finanzierung vor. Dies kann z. B. vorkommen, wenn eine natürliche Person als Konzernspitze mehrere Kapitalgesellschaften beherrscht. In diesem Fall greift die Rückausnahme des § 8a Abs. 3 KStG und die Escape-Klausel kann nicht genutzt werden.[250]

Weiterhin wird die Anwendung der Escape-Klausel – im Gegensatz zur Konzernklausel – bereits für den gesamten Konzern verwehrt, wenn nur bei einem in- oder ausländischen Konzernunternehmen eine schädliche Gesellschafterfremdfinanzierung vorliegt. D. h. für alle Konzernunternehmen muss einzeln geprüft werden, ob die Vergütungen für Fremdkapital an einen zu mehr als 25 % beteiligten Anteilseigner oder eine diesem nahestehende Person oder an einen rückgriffsberechtigten Dritten höher sind als 10 % des Nettozinsaufwands. Bereits die schädliche Gesellschafterfremdfinanzierung eines Konzernunternehmens infiziert den gesamten Konzern und die Escape-Klausel darf nicht genutzt werden. Als schädliche Gesellschafterfremdfinanzierung gilt bereits die Zinszahlung i. H. v. mehr als 10 % des Nettozinsaufwands an einen konzernexternen wesentlich beteiligten Anteilseigner eines anderen Konzernunternehmens.[251]

---

[247] Vgl. Niehus, U./Wilke, H., Kapitalgesellschaften, 2012, S. 126.

[248] Vgl. Brunsbach, S./Syré, M., 10 %-Grenze, 2008, S. 158.

[249] Vgl. Blumenberg, J./Lechner, F., Zinsschranke, 2007, S. 168 f.; vgl. Niehus, U./Wilke, H., Kapitalgesellschaften, 2012, S. 126; vgl. BMF-Schreiben vom 04.07.2008, IV C 7 – S 2742-a/07/10001, S. 18.

[250] Vgl. Niehus, U./Wilke, H., Kapitalgesellschaften, 2012, S. 126; vgl. BMF-Schreiben vom 04.07.2008, IV C 7 – S 2742-a/07/10001, S. 18.

[251] Vgl. Niehus, U./Wilke, H., Kapitalgesellschaften, 2012, S. 127; vgl. BMF-Schreiben vom 04.07.2008, IV C 7 – S 2742-a/07/10001, S. 17 f.

4.6 Besonderheiten bei Personengesellschaften

4.6.1 Ermittlung und Aufteilung der nicht abziehbaren Zinsaufwendungen

Durch die Verankerung der Zinsschranke in das EStG im Rahmen der Unternehmensteuerreform 2008 spielt diese nun nicht mehr nur für Kapitalgesellschaften, sondern auch für Personengesellschaften und Einzelunternehmen eine Rolle.[252] Gem. BMF-Schreiben vom 04.07.2008 unterhält eine Mitunternehmerschaft nur einen Betrieb i. S. d. Zinsschranke, zu dem sowohl das Gesamthandsvermögen des Betriebs als auch das Sonderbetriebsvermögen der Mitunternehmer gehört. Somit müssen für Zwecke der Zinsschranke die Sonderbetriebseinnahmen und -ausgaben der Mitunternehmer bei der Ermittlung des Nettozinsaufwands und des steuerlichen EBITDA berücksichtigt werden.[253] Nicht berücksichtigt werden jedoch Zinsausgaben der Gesamthand, die gleichzeitig Sondervergütungen eines Mitunternehmers darstellen (z. B. Mitunternehmer gewährt der Gesellschaft ein Darlehen), da der maßgebliche Gewinn der Gesellschaft durch diese Darlehensgewährung nicht sinkt.[254]

Die Einbeziehung der Sonderbetriebseinnahmen und -ausgaben im Rahmen der Zinsschranke kann sich u. U. problematisch auswirken. So kann ein hoher Verlust im Sonderbetriebsvermögen eines Mitunternehmers das steuerliche EBITDA und somit auch das Zinsabzugsvolumen der gesamten Mitunternehmerschaft stark mindern. Ebenfalls kann es vorkommen, dass die Mitunternehmerschaft die Freigrenze i. H. v. 3 Mio. EUR nur durch die Berücksichtigung der Sonderbetriebsausgaben überschreitet und daher die gesamte Mitunternehmerschaft der Zinsschranke unterliegt.[255]

Lt. Finanzverwaltung sind die im Rahmen der Zinsschranke nicht abziehbaren Zinsen betriebsbezogen zu ermitteln. D. h. die nicht abziehbaren Zinsen werden für die gesamte Gesellschaft vorerst einheitlich ermittelt und anschließend gem. allgemeinem Gewinnverteilungsschlüssel den einzelnen Mitunternehmern zugeordnet. Auch wenn die Zinsaufwendungen ausschließlich aus dem Sonderbetriebsvermögensbereich eines Mitunternehmers stammen, werden die nicht abziehbaren Zinsen trotzdem auf alle Mitunternehmer verteilt. Eine verursachungsgerechte Verteilung sieht die Finanzverwaltung nicht vor.[256]

---

[252] Vgl. Niehus, U./Wilke, H., Personengesellschaften, 2010, S. 94.

[253] Vgl. Niehus, U./Wilke, H., Personengesellschaften, 2010, S. 95; vgl. BMF-Schreiben vom 04.07.2008, IV C 7 – S 2742-a/07/10001, S. 3 f.

[254] Vgl. Grobshäuser, U./Maier, W./Kies, D., Besteuerung, 2011, S. 265.

[255] Vgl. Niehus, U./Wilke, H., Personengesellschaften, 2010, S. 95.

[256] Vgl. Kußmaul, H./Ruiner, C./Schappe, C., Problemfelder, 2008a, S. 905; vgl. BMF-Schreiben vom 04.07.2008, IV C 7 – S 2742-a/07/10001, S. 12.

4.6.2 Aufteilung und Untergang des Zins- und EBITDA-Vortrags

Zins- und EBITDA-Vortrag sind gem. § 4h Abs. 4 Satz 1 EStG gesondert festzustellen. Da die nicht abziehbaren Zinsen betriebsbezogen ermittelt werden, sind nicht die Mitunternehmer Adressat des Feststellungsbescheids, sondern die Mitunternehmerschaft.[257] D. h. im Falle der Abzugsfähigkeit des Zinsvortrags mindert sich das Einkommen aller Mitunternehmer gem. ihrer Beteiligungsquote. Hier ist es unerheblich, ob der Zinsvortrag z. B. nur durch einen Mitunternehmer verursacht wurde.[258]

Diese Verfahrensweise der Finanzverwaltung zeigt sich ebenfalls im Falle eines Gesellschafterwechsels. Gem. § 4h Abs. 5 Satz 2 EStG gehen Zins- und EBITDA-Vortrag anteilig unter, wenn ein Mitunternehmer aus einer Gesellschaft ausscheidet. Dies gilt auch, wenn der Zinsvortrag allein aus Sonderbetriebsausgaben eines anderen Mitunternehmers entstand. Eine verursachungsgerechte Ermittlung und Aufteilung von Zins- und EBITDA-Vortrag wäre passender.[259]

4.6.3 Besonderheiten bei nachgeordneten Mitunternehmerschaften

4.6.3.1 Rückausnahme des § 8a Abs. 2 KStG

Gem. § 4h Abs. 2 Satz 2 EStG ist die Rückausnahme zur Konzernklausel des § 8a Abs. 2 KStG ebefalls für nachgeordnete Mitunternehmerschaften anzuwenden, die nicht oder nur anteilsmäßig einem Konzern angehören. Eine Mitunternehmerschaft wird als einer Körperschaft nachgeordnet bezeichnet, wenn die Körperschaft unmittelbar oder auch mittelbar an der Mitunternehmerschaft beteiligt ist.[260] Die Beteiligungsquote der Körperschaft an der Mitunternehmerschaft ist hierbei unerheblich.[261] Somit bleibt auch einer nachgeordneten Mitunternehmerschaft die Möglichkeit zur Anwendung der Konzernklausel verwehrt, wenn eine schädliche Gesellschafterfremdfinanzierung vorliegt. Würde diese Regelung nicht existieren, könnten Körperschaften einfach eine nachgeordnete Mitunternehmerschaft gründen, welcher anschließend das schädliche Gesellschafterfremdkapital durch den wesentlich beteiligten Anteilseigner gewährt wird. Demzufolge könnte die Körperschaft trotz schädlicher Gesellschafterfremdfinanzierung die Konzernklausel nutzen und wäre so von den Rechtsfolgen der Zinsschranke befreit. Um dieser Gestaltungsmöglichkeit entgegenzuwirken, wurde die Rückausnahme des § 8a Abs. 2 KStG auch auf nachgeordnete Mitunternehmerschaften ausgeweitet.[262]

---

[257] Vgl. BMF-Schreiben vom 04.07.2008, IV C 7 – S 2742-a/07/10001, S. 12.

[258] Vgl. Niehus, U./Wilke, H., Personengesellschaften, 2010, S. 98 f.

[259] Vgl. Niehus, U./Wilke, H., Personengesellschaften, 2010, S. 98 f.

[260] Vgl. Brähler, G., Steuerrecht, 2012, S. 304.

[261] Vgl. Hick C., Besteuerung, 2010, S. 150.

[262] Vgl. Preißer, M./von Rönn, M./Schultz-Aßberg, I., Unternehmensteuerreform, 2007, S. 87.

Fraglich ist jedoch, auf welcher Ebene das Vorliegen einer schädlichen Gesellschafterfremdfinanzierung zu prüfen ist. Aufgrund des Regelungsziels des § 4h Abs. 2 Satz 2 EStG, die Umgehung der Rückausnahme des § 8a Abs. 2 KStG zu verhindern, geht die h. M. davon aus, dass die den Anteilseigner betreffenden Tatbestandsvoraussetzungen des § 8a Abs. 2 KStG (wesentlich beteiligter Anteilseigner, nahestehende Person oder rückgriffsberechtigter Dritter) auf Ebene der übergeordneten Körperschaft zu prüfen sind.[263] Dagegen wird die 10%-Grenze des § 8a Abs. 2 KStG auf Ebene der nachgeordneten Mitunternehmerschaft geprüft. D. h. es werden nur die Vergütungen für Gesellschafterfremdkapital berücksichtigt, die die Mitunternehmerschaft selbst leistet. Zinsen, die von der übergeordneten Körperschaft oder einer anderen der Körperschaft untergeordneten Mitunternehmerschaft bezahlt werden, sind bei der Berechnung der 10%-Grenze nicht zu berücksichtigen.[264]

4.6.3.2 Rückausnahme des § 8a Abs. 3 KStG

Gem. § 4h Abs. 2 Satz 2 EStG ist die Rückausnahme zur Escape-Klausel des § 8a Abs. 3 KStG auch für Mitunternehmerschaften anzuwenden, die einer Körperschaft mittelbar oder unmittelbar nachgeordnet sind. Somit bleibt auch einer nachgeordneten Mitunternehmerschaft die Möglichkeit zur Anwendung der Escape-Klausel verwehrt, wenn eine schädliche Gesellschafterfremdfinanzierung vorliegt.[265] Im Rahmen der Rückausnahme zur Escape-Klausel nach § 8a Abs. 3 KStG muss die Mitunternehmerschaft einem Konzern angehören, nicht aber die übergeordnete Körperschaft. Diese Regelung führt dazu, dass die Rückausnahme des § 8a Abs. 3 KStG auch dann für die Mitunternehmerschaft anzuwenden ist, wenn sie einem reinen Personengesellschaftskonzern angehört.[266]

Anders als zuvor im Rahmen des § 8a Abs. 2 KStG, müssen die anteilseignerbezogenen Merkmale im Falle der Rückausnahme zur Escape-Klausel jedoch nicht auf der Ebene der übergeordneten Körperschaft geprüft werden. Stattdessen ist § 8a Abs. 3 KStG sofort vollumfänglich auf Mitunternehmerschaften anzuwenden, wenn eine Körperschaft an der Mitunternehmerschaft beteiligt ist und die Mitunternehmerschaft konzerngebunden ist. Dies stellt einen beachtlichen Unterschied zu § 8a Abs. 2 KStG dar.[267]

---

[263] Vgl. Stangl, I./Hageböke, J., Zinsschranke, 2007, S. 500; gleicher Meinung sind Niehus, U./Wilke, H., Personengesellschaften, 2010, S. 103 und Schaden, M./Käshammer, D., Zinsvortrag, 2007a, S. 140.

[264] Vgl. Schaden, M./Käshammer, D., Zinsvortrag, 2007a, S. 141.

[265] Vgl. Stangl, I./Hageböke, J., Zinsvortrag, 2007, S. 510.

[266] Vgl. Schaden, M./Käshammer, D., Zinsvortrag, 2007a, S. 144.

[267] Vgl. Schaden, M./Käshammer, D., Zinsvortrag, 2007a, S. 144.

4.7 Gestaltungsmöglichkeiten zur Vermeidung der Anwendung der Zinsschranke

Der Gesetzgeber führte die Zinsschranke im Rahmen der Unternehmensteuerreform 2008 ein und löste damit die bisherige Regelung zur Gesellschafterfremdfinanzierung ab. Ziel war es missbräuchliche konzerninterne Gestaltungen zur grenzüberschreitenden Gewinnverlagerung zu verhindern und dadurch das deutsche Steuersubstrat zu sichern.[268] Im Zuge der Zinsschranke wurde jedoch nicht nur der sachliche Anwendungsbereich erheblich ausgedehnt. Die Anwendung der Zinsschrankenregelung kann jetzt sogar zu einem vorübergehenden oder dauerhaften Ausschluss des Betriebsausgabenabzugs für Zinsaufwendungen führen.[269] „In Deutschland ansässige Unternehmen müssen somit mit einer massiven Zunahme der Steuerbelastung durch die Anwendung der Zinsschrankenregelung rechnen."[270] Aufgrund dieser erheblichen Auswirkungen der Zinsschranke sind betroffene Unternehmen bemüht, Gestaltungsmöglichkeiten zur Umgehung der Zinsschranke zu nutzen bzw. die negativen Auswirkungen der Zinsschranke mit Hilfe von Gestaltungen zu minimieren.[271] Im Folgenden werden ausgewählte Möglichkeiten zur Umgehung der Zinsschranke aufgezeigt und erläutert.

4.7.1 Neugestaltung der Finanzierungsstruktur

4.7.1.1 Austausch von Geldkapital durch Sachkapital

Gem. § 4h Abs. 1 EStG sind die Zinsaufwendungen eines Betriebs nur in Höhe der Zinserträge und darüber hinaus nur bis max. 30 % des steuerlichen EBITDA als Betriebsausgaben abziehbar. Daher können Unternehmen, die von keiner der drei Ausnahmeregelungen[272] der Zinsschanke Gebrauch machen dürfen, mit Hilfe der Änderung ihrer Finanzierungsstruktur die negativen Auswirkungen der Zinsschranke eindämmen.[273] D. h. durch eine gezielte Erhöhung der Zinserträge oder eine Verminderung der Zinsaufwendungen kann ein hoher Nettozinsaufwand vermieden oder reduziert und somit auch die Höhe der nicht abziehbaren Zinsaufwendungen vermindert werden.[274]

Die Verminderung der Zinsaufwendungen kann zunächst durch eine Senkung der Fremdverschuldung realisiert werden, d. h. mittels Substitution von Fremdkapital durch

[268] Vgl. Entwurf eines Unternehmensteuerreformgesetzes 2008, BT-Drucks. 16/4841 vom 27.03.2007, S. 31.

[269] Vgl. Kußmaul, H./Ruiner, C./Schappe, C., Gestaltungsmaßnahmen, 2008b, S. 505.

[270] Kußmaul, H./Ruiner, C./Schappe, C., Gestaltungsmaßnahmen, 2008b, S. 505.

[271] Vgl. Rupp, C., Problembereiche, 2007, S. 419.

[272] Siehe Gliederungspunkt 4.4.

[273] Vgl. Avella, F.-A./Mehret, S.-A., Gestaltungsmöglichkeiten, 2009, S. 15.

[274] Vgl. Preißer, M./von Rönn, M./Schultz-Aßberg, I., Unternehmensteuerreform, 2007, S. 133.

Eigenkapital.[275] Ebenfalls denkbar ist die Reduktion der Zinsaufwendungen durch einen Austausch von Geldkapital in Sachkapital. Der sachliche Anwendungsbereich der Zinsschranke umfasst nur Vergütungen für die Überlassung von Geldkapital, nicht aber von Sachkapital. Folglich bietet es sich in diesem Zusammenhang an, Wirtschaftsgüter des Anlagevermögens zu mieten oder zu leasen anstatt diese fremdfinanziert zu kaufen. Des Weiteren bietet es sich an, bereits im Anlagevermögen befindliche kreditfinanzierte Wirtschaftsgüter zu verkaufen und zurückzumieten (sog. Sale-and-lease-back-Geschäfte). Diese Gestaltungen führen dazu, dass die der Zinsschranke unterliegenden Zinsaufwendungen in Sachaufwand (z. B. Lizenz- oder Leasinggebühren oder Mieten) umqualifiziert werden. Dieser Sachaufwand fällt nicht unter den Zinsbegriff der Zinsschranke lt. § 4h Abs. 3 Satz 2 EStG. Somit sinkt der Nettozinsaufwand des Betriebs. Jedoch ist hierbei anzumerken, dass der Sachaufwand im Zuge der gewerbesteuerlichen Hinzurechnungen berücksichtigt wird. Daher muss jeweils im Einzelfall geprüft werden, ob die Umqualifizierung von Zinsaufwand in Sachaufwand vorteilhaft ist.[276] Aufgrund der Möglichkeit zur Umgehung der Zinsschranke bzw. zur Abmilderung ihrer Auswirkungen, verstärkt sich der Trend „einer weiteren Verschlankung der Unternehmen".[277] Es werden zunehmend Outsourcing und Sale-and-lease-back-Geschäfte bestimmter Geschäftsbereiche durchgeführt. Somit konzentrieren sich die Unternehmen immer stärker auf ihre Kerngeschäftsbereiche.[278]

Der gleichen Überlegung folgend können ebenso die Zinserträge erhöht werden. D. h. auf der Ertragsseite können Sacherträge, z. B. Erträge aus Vermietung oder Leasingerträge, die im Rahmen der Anwendung der Zinsschranke nicht berücksichtigt werden, in Zinserträge i. S. d. § 4h Abs. 3 Satz 3 EStG umgewandelt werden. So könnte z. B. ein Leasingvertrag durch einen Finanzierungsvertrag ausgetauscht werden. Infolge der Erhöhung der Zinserträge steigt das Zinsabzugsvolumen für die Zinsaufwendungen und so besteht die Chance, dass der Betrieb durch den Anstieg der Zinserträge die Freigrenze i. H. v. 3 Mio. EUR unterschreitet und daher alle Zinsaufwendungen vollständig als Betriebsausgaben abzugsfähig sind.[279] Ebenso besteht die Möglichkeit die Zinserträge und somit auch das Zinsabzugspotenzial zu erhöhen, indem z. B. zinstragende Finanzanlagen in den durch die Zinsschranke belasteten Betrieb eingebracht werden.[280]

[275] Vgl. Preißer, M./von Rönn, M./Schultz-Aßberg, I., Unternehmensteuerreform, 2007, S. 133.

[276] Vgl. Kußmaul, H./Ruiner, C./Schappe, C., Gestaltungsmaßnahmen, 2008b, S. 506; vgl. Preißer, M./von Rönn, M./Schultz-Aßberg, I., Unternehmensteuerreform, 2007, S. 133; vgl. Endres, D./Jacobs, O.H./Spengel, C., Unternehmensbesteuerung, 2011, S. 986.

[277] Preißer, M./von Rönn, M./Schultz-Aßberg, I., Unternehmensteuerreform, 2007, S. 133.

[278] Vgl. Preißer, M./von Rönn, M./Schultz-Aßberg, I., Unternehmensteuerreform, 2007, S. 133.

[279] Vgl. Avella, F.-A./Mehret, S.-A., Gestaltungsmöglichkeiten, 2009, S. 15.

[280] Vgl. Preißer, M./von Rönn, M./Schultz-Aßberg, I., Unternehmensteuerreform, 2007, S. 133.

4.7.1.2 Änderung der konzerninternen Fremdfinanzierung

Innerhalb des Konzerns können ebenfalls Gestaltungen stattfinden, um die Anwendbarkeit der Zinsschranke zu vermeiden. Gem. der Zielsetzung der Zinsschranke, eine hohe Fremdkapitalquote inländischer Unternehmen zu vermeiden, dürfen diese ihren Zinsaufwand ins Ausland verlagern. D. h. anstatt eines inländischen Konzernunternehmens nimmt ein ausländisches Konzernunternehmen Fremdkapital im Ausland auf und überlässt dies dem inländischen Konzernunternehmen als Einlage. So sinken die Zinsaufwendungen des inländischen Konzernunternehmens und diese unterschreiten möglicherweise die Freigrenze i. H. v. 3 Mio. EUR.[281]

Im Gegenzug können durch konzerninterne Gestaltungen die Zinserträge eines Unternehmens gesteigert werden. So könnte z. B. ein inländisches Konzernunternehmen einem ausländischen, nicht von der Zinsschranke betroffenen Konzernunternehmen ein Darlehen gewähren. Dadurch steigen sowohl die Zinserträge als auch das Zinsabzugspotenzial des inländischen Konzernunternehmens. Ebenso ist es möglich eine kreditfinanzierte Investition eines von der Zinsschranke betroffenen Konzernunternehmens auf ein anderes, nicht von der Zinsschranke betroffenen Konzernunternehmens auszulagern und somit die Zinsaufwendungen zu senken.[282]

Das Mittel der konzerninternen Vergabe von Darlehen kann auch dazu dienen, eigenkapitalschwachen Unternehmen des Konzerns die Unterschreitung der Freigrenze zu ermöglichen, da diese wegen ihrer niedrigen Eigenkapitalquote i. d. R. keinen Gebrauch von der Escape-Klausel machen können. So verfügen Konzernunternehmen mit viel Eigenkapital meist über eine gute Bonität und können Fremdkapital zu einem günstigen Zinssatz beschaffen. Dieses Fremdkapital kann dann wiederum dem entsprechenden eigenkapitalschwachen Unternehmen des Konzerns zu einem niedrigen Zins überlassen werden, sodass dessen Zinsaufwand sinkt.[283]

Eine weitere Gestaltungsmöglichkeit zur Vermeidung der Anwendung der Zinsschranke bietet der Austausch von Fremdkapital durch Eigenkapital. Dies kann z. B. durch eine Umwandlung von Gesellschafterdarlehen in Eigenkapital erfolgen. Ebenfalls ist hierbei die Gewinnthesaurierung oder der Einsatz von Mezzanine-Kapital denkbar, das steuerlich auch als Eigenkapital akzeptiert wird, z. B. atypische stille Beteiligungen. All diese Maßnahmen führen zu einer höheren Eigenkapitalquote und erhöhen somit die Chance von der Escape-Klausel Gebrauch machen zu können. Im Gegenzug kann jedoch auch eine geplante Erhöhung des Fremdkapitals bzw. eine Reduktion der Bilanzsumme anderer Konzernunternehmen dazu führen, dass ein eigenkapitalschwaches Konzernunternehmen den Eigenkapital-Escape schafft.[284]

---

[281] Vgl. Kußmaul, H./Ruiner, C./Schappe, C., Gestaltungsmaßnahmen, 2008b, S. 507.

[282] Vgl. Avella, F.-A./Mehret, S.-A., Gestaltungsmöglichkeiten, 2009, S. 17 f.

[283] Vgl. Kußmaul, H./Ruiner, C./Schappe, C., Gestaltungsmaßnahmen, 2008b, S. 508 f.

[284] Vgl. Avella, F.-A./Mehret, S.-A., Gestaltungsmöglichkeiten, 2009, S. 18; vgl. Kußmaul, H./Ruiner, C./Schappe, C., Gestaltungsmaßnahmen, 2008b, S. 509.

4.7.1.3 Bilanzpolitische Maßnahmen

Bilanzpolitische Maßnahmen bieten auch Gelegenheit die Eigenkapitalquote zu erhöhen und somit mit Hilfe der Escape-Klausel den Rechtsfolgen der Zinsschranke zu entgehen.[285] Existiert für einen Betrieb z. B. die Möglichkeit den für die Ermittlung der Eigenkapitalquote maßgeblichen Rechnungslegungsstandard gem. § 4h Abs. 2 Satz 1 Buchst. c Satz 8 und 9 EStG selbst zu bestimmen, so kann der Rechnungslegungsstandard gewählt werden, der den größten Spielraum in Bezug auf die Eigenkapitalquote erlaubt. Nach IFRS kommt bspw. der Ansatz von Vermögenswerten zum Fair Value in Betracht.[286] Dies kann zu einer Erhöhung des Eigenkapitals führen. Auch nach dem Handelsrecht existieren Möglichkeiten zur Beeinflussung der Eigenkapitalquote, z. B. das Wahlrecht zum Ansatz der Vollkosten nach § 255 Abs. 2 HGB im Bereich der Herstellungskosten.[287]

Es kann ebenfalls zweckdienlich sein eine variable EBITDA-abhängige Verzinsung zu vereinbaren anstatt fest verzinsliche Darlehen aufzunehmen. D. h. mit steigendem steuerlichen EBITDA steigt auch die Zinsbelastung, mit sinkendem EBITDA dagegen reduziert sich die Zinsbelastung. Dies ist besonders im Falle von wirtschaftlich schlechten Zeiten hilfreich, in welchen das steuerliche EBITDA i. d. R. sinkt. Denn mit dieser Regelung mindert sich somit auch die Zinsbelastung und führt dazu, dass der Betrieb u. U. trotzdem seine gesamten Zinsaufwendungen als Betriebsausgaben abziehen kann. Möglich sind solche Absprachen jedoch i. d. R. nur mit Gesellschaftern oder nahestehenden Personen.[288]

Gestaltungsmaßnahmen, wie die steuerwirksame Aufdeckung stiller Reserven, können zwar nicht genutzt werden, um die Zinsbelastung zu senken, aber um das steuerliche EBITDA zu erhöhen. Z. B. kann ein Betrieb nicht betriebsnotwendige Wirtschaftsgüter veräußern und so evtl. vorhandene stille Reserven aufdecken. Durch diese Maßnahme steigt das steuerliche EBITDA einmalig und somit auch das Zinsabzugspotenzial.[289]

Im Rahmen der bilanzpolitischen Maßnahmen können ebenfalls Maßnahmen ergriffen werden, um die Abschreibungen gem. § 7 EStG zu erhöhen. Da diese Abschreibungen das steuerliche EBITDA anheben, wirkt sich solch eine Handlung erhöhend auf das Zinsabzugspotenzial im Rahmen der Zinsschranke aus. Die Abschreibungen könnten in manchen Fällen z. B. dadurch erhöht werden, dass Anlagevermögen gekauft anstatt geleast wird.[290] Dies hat jedoch, im Falle eines kreditfinanzierten Erwerbs wiederum zur Folge, dass der Zinsaufwand des Betriebs steigt. Daher muss mit Hilfe einer Vorteilhaftigkeits-

---

285 Vgl. Preißer, M./von Rönn, M./Schultz-Aßberg, I., Unternehmensteuerreform, 2007, S. 134.

286 Zu den genauen Voraussetzungen siehe Grünberger, D., IFRS, 2011.

287 Vgl. Kußmaul, H./Ruiner, C./Schappe, C., Gestaltungsmaßnahmen, 2008b, S. 510; vgl. Krüger, H./Thiere, M., Gestaltungen, 2007, S. 476.

288 Vgl. Kußmaul, H./Ruiner, C./Schappe, C., Gestaltungsmaßnahmen, 2008b, S. 510; vgl. Endres, D./Jacobs, O.H./Spengel, C., Unternehmensbesteuerung, 2011, S. 986.

289 Vgl. Avella, F.-A./Mehret, S.-A., Gestaltungsmöglichkeiten, 2009, S. 19.

290 Vgl. Endres, D./Jacobs, O.H./Spengel, C., Unternehmensbesteuerung, 2011, S. 986.

betrachtung[291] in jedem Einzelfall beurteilt werden, welche Maßnahme tatsächlich zur Reduktion der Auswirkungen der Zinsschranke geeignet ist.

4.7.2 Ergebnisverlagerung

Zur Vermeidung der Anwendbarkeit der Zinsschranke ist ebenso die internationale Ergebnisverlagerung denkbar. Diese harmoniert mit der Zielsetzung der Zinsschranke, Unternehmen dazu zu motivieren ihre Gewinne nach Deutschland zu verlagern.[292] Schafft es ein Betrieb nicht seinen Nettozinsaufwand unter 3 Mio. EUR zu senken und so der Zinsschranke zu entgehen, kann er stattdessen eine Erhöhung des steuerlichen EBITDA durch eine Ergebnisverlagerung in Betracht ziehen. D. h. durch die Errichtung bzw. die Erweiterung inländischer Standorte kann das steuerliche EBITDA des inländischen Betriebs erhöht werden und dadurch ein höheres Zinsabzugspotenzial geschaffen werden.[293] Gleichermaßen denkbar sind in diesem Zusammenhang gezielte Verrechnungspreisgestaltungen. Erhöht z. B. ein inländisches Unternehmen den Verrechnungspreis für die Lieferung eines Produktes an eine ausländische Tochtergesellschaft erhöht sich das steuerliche EBITDA des inländischen Unternehmens und damit gleichzeitig das Zinsabzugsvolumen im Rahmen der Zinsschranke. Zusätzlich reizvoll sind diese Gestaltungen, wenn die Ertragsteuerbelastung in Deutschland niedriger ist als im Ausland, da der zusätzliche Gewinn so zu einer geringeren Steuerbelastung führt.[294]

Als Gestaltungsmaßnahme im Rahmen der Zinsschranke kann ebenfalls eine Verlagerung von kreditfinanzierten Investitionen ins Ausland zielführend sein. Anstatt des inländischen Konzernunternehmens übernimmt ein ausländisches Konzernunternehmen die Fremdfinanzierung einer Investition und somit sinken die Zinsaufwendungen des inländischen Unternehmens. Der Nettozinsaufwand des Unternehmens fällt ggf. unter die 3 Mio. EUR Grenze.[295] Ebenso positiv anzumerken ist die Minderung der Konzerneigenkapitalquote durch die zusätzliche Fremdfinanzierung des ausländischen Konzernunternehmens. Dies erhöht die Chance aller inländischen Konzernunternehmen die Escape-Klausel in Anspruch nehmen zu können und dadurch ganz von den Rechtsfolgen der Zinsschranke befreit zu werden.[296]

[291] Vgl. Kußmaul, H./Ruiner, C./Schappe, C., Gestaltungsmaßnahmen, 2008b, S. 506.

[292] Vgl. Entwurf eines Unternehmensteuerreformgesetzes 2008, BT-Drucks. 16/4841 vom 27.03.2007, S. 1.

[293] Vgl. Kußmaul, H./Ruiner, C./Schappe, C., Gestaltungsmaßnahmen, 2008b, S. 510.

[294] Vgl. Avella, F.-A./Mehret, S.-A., Gestaltungsmöglichkeiten, 2009, S. 19.

[295] Vgl. Avella, F.-A./Mehret, S.-A., Gestaltungsmöglichkeiten, 2009, S. 19.

[296] Vgl. Kußmaul, H./Ruiner, C./Schappe, C., Gestaltungsmaßnahmen, 2008b, S. 511.

4.7.3 Umgestaltung der Konzernstruktur

4.7.3.1 Erhöhung des steuerlichen EBITDA

Nicht nur die Ergebnisverlagerung und die Änderung der Finanzierungsstruktur, sondern auch Konzernstrukturumgestaltungen stellen Gestaltungsmöglichkeiten zur Vermeidung der Anwendbarkeit der Zinsschranke dar. Durch geschickte Veränderungen der Konzernstruktur bzw. der Unternehmensstruktur kann das steuerliche EBITDA eines Betriebs und damit auch das Zinsabzugspotenzial deutlich gesteigert werden. So könnte ein Betrieb seine ertragreiche Tochterkapitalgesellschaft in eine Mitunternehmerschaft umfunktionieren. Während der Gewinn einer Tochterkapitalgesellschaft keinerlei Auswirkung auf das steuerliche EBITDA der Muttergesellschaft hat, wird der Gewinn einer Mitunternehmerschaft gem. § 15 Abs. 1 Satz 1 Nr. 2 EStG den Mitunternehmern zugerechnet und erhöht somit deren steuerliches EBITDA. D. h. in diesem Fall wird der sog. Gewinnkaskadeneffekt ausgenutzt,[297] „der seine Wirkung dem Umstand verdankt, dass der steuerliche Gewinn einer Mitunternehmerschaft [...] nicht nur bei der Anwendung der Zinsschranke auf Ebene der Personengesellschaft selbst Berücksichtigung findet, sondern – gemindert um bereits auf Gesellschaftsebene abzugsfähige Zinsen – auch (anteilig) den maßgeblichen Gewinn der Mitunternehmer [...] erhöht".[298]

Eine weitere Gestaltungsmöglichkeit im Rahmen einer Umgestaltung der Unternehmensstruktur stellt die Einbringung eines profitablen Betriebs in das von der Zinsschranke betroffene Unternehmen dar.[299] Dabei wird ein Betrieb im Zuge einer Umwandlung eingebracht und das steuerliche EBITDA des von der Zinsschranke betroffenen Unternehmens erhöht sich dadurch deutlich. Somit steigt auch das Zinsabzugsvolumen des Unternehmens enorm. Zu beachten ist jedoch, dass eine Umwandlung immer im Rahmen einer Buchwertfortführung durchgeführt werden sollte, um keine Erhöhung der Steuerbelastung zu veranlassen.[300]

4.7.3.2 Nutzung der Ausnahmeregelungen

Effektive Gestaltungsmöglichkeiten bieten insbesondere die Ausnahmeregelungen nach § 4h Abs. 2 EStG.[301] Gem. § 4h Abs. 2 Satz 1 Buchst a EStG wird ein Betrieb von den Rechtsfolgen der Zinsschranke befreit, wenn dessen Nettozinsaufwand unter 3 Mio. EUR liegt. Als Folge der Betriebsbezogenheit der Freigrenze kann sie beim Vorliegen mehrerer Betriebe mehrfach genutzt werden, daher lohnt es sich u. U., einen Betrieb in mehrere

[297] Vgl. Avella, F.-A./Mehret, S.-A., Gestaltungsmöglichkeiten, 2009, S. 20.

[298] Kußmaul, H./Ruiner, C./Schappe, C., Gestaltungsmaßnahmen, 2008b, S. 511.

[299] Vgl. Middendorf, O./Stegemann, D., Zinsschranke, 2007, S. 312.

[300] Vgl. Endres, D./Jacobs, O.H./Spengel, C., Unternehmensbesteuerung, 2011, S. 986; vgl. Kußmaul, H./Ruiner, C./Schappe, C., Gestaltungsmaßnahmen, 2008b, S. 511.

[301] Vgl. Kußmaul, H./Ruiner, C./Schappe, C., Gestaltungsmaßnahmen, 2008b, S. 512.

kleine Betriebe aufzuspalten.[302] Besonders im Falle von kreditfinanzierten Unternehmenserwerben ist diese Gestaltungsmöglichkeit sehr hilfreich. Da der Fremdkapitalbedarf bei Unternehmenserwerben i. d. R. enorm hoch ist, gerät das erwerbende Unternehmen durch die rapide ansteigenden Zinsaufwendungen oftmals in die Fänge der Zinsschranke. Dies kann durch die „Einschaltung mehrerer Aquisitionsvehikel"[303] vermieden werden, da die Freigrenze i. H. v. 3 Mio. EUR dann mehrfach genutzt werden darf, wie Beispiel 5 des Anhangs verdeutlicht. So wird der hohe Fremdkapitalbedarf auf mehrere Erwerbsgesellschaften verteilt und durch diese Aufteilung sinkt der Nettozinsaufwand pro Erwerbsgesellschaft unter die Freigrenze. D. h. alle Zinsaufwendungen sind als Betriebsausgaben abzugsfähig. Positiver Nebeneffekt dieser Gestaltung ist, dass durch die Verteilung der Fremdkapitalbelastung die Eigenkapitalquoten der Erwerbsgesellschaften an die Eigenkapitalquote des Konzerns angeglichen werden und somit die Chance eines erfolgreichen Eigenkapital-Escapes steigern.[304]

Ebenfalls zweckmäßig zur Vermeidung der Anwendung der Zinsschranke kann eine Verschmelzung mehrerer Kapitalgesellschaften sein. Handelt es sich entweder um einen sehr kleinen Konzern oder sind als alleinige Gesellschafter nur natürliche Personen an den Kapitalgesellschaften beteiligt, kann mit einer Verschmelzung der Betriebe der Tatbestand des Konzerns beseitigt werden. Als Resultat unterliegt der neu entstandene Betrieb der Ausnahmeregelung des § 4h Abs. 2 Satz 1 Buchst. b EStG und dessen Zinsaufwendungen sind vollständig als Betriebsausgaben abzugsfähig.[305]

Neben der Möglichkeit der Verschmelzung kann die Zinsschranke ebenfalls mit Hilfe einer Umwandlung aller Tochtergesellschaften in Betriebstätten umgangen werden.[306] Während die Zinsschranke auf jeden Betrieb, d. h. auf jede Tochtergesellschaft einzeln anzuwenden ist, gelten Betriebstätten nicht als eigenständige Betriebe.[307] Werden alle Tochtergesellschaften in Betriebstätten umgewandelt, existiert kein Konzern mehr und die Konzernklausel gem. § 4h Abs. 2 Satz 1 Buchst. b EStG verschont das Unternehmen vor der Anwendung der Zinsschranke. Falls jedoch nicht alle Tochtergesellschaften in Betriebstätten umgewandelt werden, kann auch schon die Umwandlung nur einer ertragreichen ausländischen Tochtergesellschaft in eine Betriebstätte einen sehr positiven Effekt haben. Durch die Umwandlung in eine Betriebstätte wird das steuerliche EBITDA der ehemaligen Tochtergesellschaft dem inländischen steuerlichen EBITDA des übergeordneten Betriebs zugerechnet. Da es sich um eine sehr erfolgreiche ausländische Tochtergesellschaft han-

[302] Vgl. Endres, D./Jacobs, O.H./Spengel, C., Unternehmensbesteuerung, 2011, S. 983 ff.; vgl. Endres, D./Spengel, C./Reister, T., Unternehmensteuerreform, 2007, S. 486.

[303] Avella, F.-A./Mehret, S.-A., Gestaltungsmöglichkeiten, 2009, S. 21.

[304] Vgl. Kußmaul, H./Ruiner, C./Schappe, C., Gestaltungsmaßnahmen, 2008b, S. 512; vgl. Avella, F.-A./Mehret, S.-A., Gestaltungsmöglichkeiten, 2009, S. 21.

[305] Vgl. Kußmaul, H./Ruiner, C./Schappe, C., Gestaltungsmaßnahmen, 2008b, S. 512; vgl. Avella, F.-A./Mehret, S.-A., Gestaltungsmöglichkeiten, 2009, S. 21.

[306] Vgl. Avella, F.-A./Mehret, S.-A., Gestaltungsmöglichkeiten, 2009, S. 21 f.

[307] Vgl. BMF-Schreiben vom 04.07.2008, IV C 7 – S 2742-a/07/10001, S. 3.

delte, wächst das inländische steuerliche EBITDA immens, sodass die Chance zur Unterschreitung der 30 %-Hürde[308] steigt.[309]

Können nur ausländische Tochtergesellschaften in Betriebstätten umgewandelt werden, die inländischen Tochtergesellschaften jedoch nicht, besteht trotzdem noch ein nationaler Konzern. Dieser kann durch die Gestaltungsmöglichkeit der Bildung einer Organschaft von der Konzernklausel gem. § 4h Abs. 2 Satz 1 Buchst. b EStG Gebrauch machen.[310]

4.7.3.3 Umgehung von Konzernstrukturen

Um der Zinsschranke zu entgehen, haben inländische Konzerne zudem die Möglichkeit zur Bildung einer körperschaftsteuerlichen Organschaft. Körperschaftsteuerliche Organschaften bestehen grundsätzlich aus einem Organträger und aus einer oder mehreren Organgesellschaften.[311] Für Zwecke der Zinsschranke gelten Organträger und Organgesellschaft gem. § 15 Satz 1 Nr. 3 Satz 2 KStG als ein Betrieb.[312] Genau diesen Umstand kann sich ein inländischer Konzern zu Nutze machen, indem er die Konzernstrukturen so ausgestaltet, dass alle Konzernunternehmen zugleich eine Organschaft bilden. In diesem Fall kommt die Zinsschranke nicht zur Anwendung, da der gesamte Konzern als ein Betrieb zu betrachten ist und somit die Ausnahmeregelung der Konzernklausel gem. § 4h Abs. 2 Satz 1 Buchst. b EStG aufgrund fehlender Konzernzugehörigkeit zur Anwendung kommt.[313] Hierbei ist jedoch zu beachten, dass nur Kapitalgesellschaften eine Organgesellschaft bilden dürfen. Daher muss ggf. vor der Bildung einer Organschaft ein Rechtsformwechsel mancher Konzernunternehmen durchgeführt werden.[314]

Liegt jedoch im Gegensatz zu der oben genannten Möglichkeit kein inländischer Konzern sondern ein internationaler Konzern vor, kann keine Organschaft für den gesamten Konzern begründet werden. Dies resultiert aus der Tatsache, dass gem. § 14 Abs. 1 Satz 1 KStG nur inländische Kapitalgesellschaften eine Organschaft bilden dürfen. In diesem Fall kann jedoch die Begründung einer Organschaft durch die inländischen Konzernunternehmen trotzdem hilfreich sein, obwohl dadurch kein Entfall der Konzernzugehörigkeit bewirkt wird.[315] Grund dafür ist die für die Organschaft geltende „organschaftliche Bruttomethode".[316] Dies bedeutet, dass die Zinsaufwendungen auf Ebene der Organgesellschaften zuerst voll abzugsfähig sind. Das Einkommen der Organgesellschaften, wird anschließend dem Organträger zugerechnet. Auf dieser Ebene erfolgt auch die Anwendung der Zinsschran-

[308] Die Nettozinsaufwendungen sind nur i. H. v. 30 % des steuerlichen EBITDA als Betriebsausgaben abzugsfähig.

[309] Vgl. Avella, F.-A./Mehret, S.-A., Gestaltungsmöglichkeiten, 2009, S. 21 f.

[310] Vgl. Avella, F.-A./Mehret, S.-A., Gestaltungsmöglichkeiten, 2009, S. 22.

[311] Vgl. Stangl, I./Hageböke, J., Zinsschranke, 2007, S. 456.

[312] Vgl. Althoff, F./Taron, A., Ausnahmetatbestände, 2012a, S. 99.

[313] Vgl. Kußmaul, H./Ruiner, C./Schappe, C., Gestaltungsmaßnahmen, 2008b, S. 513.

[314] Vgl. Avella, F.-A./Mehret, S.-A., Gestaltungsmöglichkeiten, 2009, S. 22.

[315] Vgl. Avella, F.-A./Mehret, S.-A., Gestaltungsmöglichkeiten, 2009, S. 23.

[316] Althoff, F./Taron, A., Umsetzung, 2012b, S. 68.

ke.[317] Mit Hilfe der Saldierung der Zinsaufwendungen auf Ebene des Organträgers kann es den inländischen Konzernunternehmen gelingen, die Freigrenze i. H. v. 3 Mio. EUR bzw. die 30 %-Grenze zu unterschreiten. Beispiel 6 des Anhangs verdeutlicht diese Gestaltungsmöglichkeit. Die ausländischen Konzernunternehmen, die der Organschaft nicht angehören können zudem in Betriebstätten umgewandelt werden. So kann erreicht werden, dass auch diese nicht als eigenständige Betriebe angesehen werden.[318]

Ist ein Konzernunternehmen von der Zinsschranke betroffen, kann die Bildung einer Organschaft zudem hilfreich sein, um das steuerliche EBITDA zu erhöhen. D. h. bildet ein von der Zinsschranke betroffenes Konzernunternehmen eine Organschaft mit einer anderen, nicht zum Konzern gehörenden ertragsstarken Gesellschaft gelten diese beiden Gesellschaften für Zwecke der Zinsschranke als ein Betrieb. Somit wird auch das steuerliche EBITDA der ertragsstarken Organgesellschaft dem Organträger zugerechnet und das steuerliche EBITDA der gesamten Organschaft steigt. Da infolgedessen auch das Zinsabzugspotenzial der Organschaft steigt, kann diese Maßnahme zur Folge haben, dass der Nettozinsaufwand unter der 30 %-Grenze liegt und die Zinsschranke nicht zur Anwendung kommt.[319]

Auch im Falle einer Organschaft führt das Vorliegen einer schädlichen Gesellschafterfremdfinanzierung gem. § 8a Abs. 2 und 3 KStG auf Ebene des Organträgers dazu, dass die Zinsschranke zur Anwendung kommt. Überlässt somit ein wesentlich beteiligter Anteilseigner z. B. dem Organträger ein Darlehen und betragen die Zinszahlungen dafür mehr als 10 % des Nettozinsaufwands des Organträgers, wird die Zinsschranke für den gesamten Organkreis anwendbar.[320] Wenn ein Anteilseigner an mehreren Organgesellschaften des gleichen Organkreises wesentlich beteiligt ist, werden die Zinszahlungen aller Organgesellschaften an diesen Anteilseigner addiert und anhand der Summe wird die Überschreitung der 10 %-Grenze geprüft.[321] Daher kann es im Einzelfall auch sinnvoll sein, eine bestehende Organschaft aufzulösen, um den Rechtsfolgen der Zinsschranke zu entgehen. Ebenfalls denkbar ist der Ausschluss einzelner Organgesellschaften aus der Organschaft, um die Höhe der schädlichen Zinszahlungen zu verringern und somit eine schädliche Gesellschafterfremdfinanzierung zu vermeiden oder zumindest, um eine Unterschreitung der Freigrenze zu erreichen.[322]

---

[317] Vgl. Althoff, F./Taron, A., Umsetzung, 2012b, S. 68.

[318] Vgl. Avella, F.-A./Mehret, S.-A., Gestaltungsmöglichkeiten, 2009, S. 23.

[319] Vgl. Endres, D./Jacobs, O.H./Spengel, C., Unternehmensbesteuerung, 2011, S. 986.

[320] Vgl. Avella, F.-A./Mehret, S.-A., Gestaltungsmöglichkeiten, 2009, S. 22 f.

[321] Vgl. Althoff, F./Taron, A., Ausnahmetatbestände, 2012a, S. 101.

[322] Vgl. Kußmaul, H./Ruiner, C./Schappe, C., Gestaltungsmaßnahmen, 2008b, S. 513 f.

4.8 Abschließende kritische Würdigung der Zinsschranke

Die Zinsschranke wird in der Literatur nicht nur aufgrund ihrer erheblichen Komplexität und der hohen Bürokratiekosten, sondern insbesondere auch aufgrund ihrer „Verletzung fundamentaler Besteuerungsprinzipien"[323] stark kritisiert.[324]

So wird der Zinsschranke ein Verstoß gegen das Leistungsfähigkeitsprinzip vorgeworfen, welches auf den Gleichheitsgrundsatz gem. Art. 3 Abs. 1 GG aufbaut und besagt, dass alle Steuerpflichtigen gleicher Leistungsfähigkeit gleich hoch besteuert werden müssen. Mit anderen Worten, die individuelle Leistungsfähigkeit wird besteuert. Konkretisiert wird das Leistungsfähigkeitsprinzip u. a. im objektiven Nettoprinzip, welches „eine tragende Säule des deutschen Ertragsteuerrechts"[325] darstellt. Gem. objektivem Nettoprinzip müssen betrieblich bedingte Aufwendungen steuermindernd berücksichtigt werden.[326] D. h. es darf nur der Unterschiedsbetrag aus Erwerbseinnahmen und Erwerbsausgaben (sog. Nettoeinkommen) besteuert werden.[327] Im Rahmen der Zinsschranke wird es dem Steuerpflichtigen jedoch unter bestimmten Voraussetzungen verwehrt, Zinsaufwendungen als Betriebsausgaben abzuziehen. Somit werden Unternehmen mit höheren Zinsaufwendungen bzw. hoher Fremdkapitalfinanzierung schlechter behandelt als Unternehmen, die ihre Tätigkeit nicht durch Fremdkapital finanzieren. Auch eine minimale Überschreitung der Freigrenze führt zur vollen Anwendbarkeit der Zinsschranke und demnach auch zu einer Ungleichbehandlung.[328] Da Zinsaufwendungen für Fremdkapital betrieblich bedingte Aufwendungen darstellen, müssten diese gem. objektivem Nettoprinzip auch als Betriebsausgaben abziehbar sein. Die Zinsschranke und deren Einschränkung des Betriebsausgabenabzugs für Zinsen stellt somit einen Verstoß gegen das objektive Nettoprinzip dar.[329]

Auch die Einführung eines Zinsvortrags bringt hier keine Abhilfe.[330] Denn die vorgetragenen Zinsen können in den Folgejahren nur abgezogen werden, wenn sich die maßgeblichen Ermittlungstatbestände, wie z. B. das steuerliche EBITDA des Unternehmens ändern. So kann ein Unternehmen bei gleichbleibenden Zinsaufwendungen den Zinsvortrag nur nutzen, wenn es z. B. seine Zinserträge erhöht und/oder das steuerliche EBITDA erhöht. Diese Voraussetzung führt dazu, dass gerade wirtschaftlich angeschlagene Unternehmen nicht im Stande sind den Zinsvortrag in den folgenden Jahren zu nutzen. Dadurch kann

[323] Ernst & Young GmbH, Unternehmensteuerreform, 2010, S. 11.

[324] Vgl. Sandin, C., Zinsschranke, 2008, S. 208; vgl. Ernst & Young GmbH, Unternehmensteuerreform, 2010, S. 11.

[325] Kußmaul, H./Ruiner, C./Schappe, C., Zinsschranke, 2008c, S. 79.

[326] Vgl. Kußmaul, H./Ruiner, C./Schappe, C., Zinsschranke, 2008c, S. 82.

[327] Vgl. Preißer, M./von Rönn, M./Schultz-Aßberg, I., Unternehmensteuerreform, 2007, S. 91.

[328] Vgl. Hallerbach, D., Problemfelder, 2007, S. 493.

[329] Vgl. Musil, A./Volmering, B., Zinsschranke, 2008, S. 14.

[330] Vgl. Musil, A./Volmering, B., Zinsschranke, 2008, S. 14.

ein permanenter Zinsvortrag entstehen, der wie ein Zinsabzugsverbot wirkt.[331] Dies zeigt, dass auch der Zinsvortrag den Verstoß der Zinsschranke gegen das objektive Nettoprinzip nicht verhindern kann.[332]

Das objektive Nettoprinzip darf jedoch durchbrochen werden, wenn „gewichtige Gründe des Allgemeinwohls"[333] dies rechtfertigen. Der Gesetzgeber rechtfertigte die Zinsschranke u. a. mit dem Ziel, missbräuchliche Gestaltungen zur konzerninternen grenzüberschreitenden Gewinnverlagerung zu verhindern.[334] Dieses Ziel verfehlt der Gesetzgeber jedoch, da durch die Zinsschranke bei weitem nicht nur missbräuchliche, sondern auch ökonomisch sinnvolle Unternehmensfinanzierungen betroffen sind. In manchen Fällen betrifft die Zinsschranke sogar Inlandssachverhalte, obwohl bei diesen überhaupt kein Missbrauch aufgrund einer Gewinnverlagerung ins Ausland vorliegen kann. Somit geht die Wirkung der Zinsschranke weit über die Missbrauchs-prävention hinaus.[335] Dies verdeutlicht auch die Escape-Klausel. Es muss nicht zwangsläufig bereits eine missbräuchliche Gestaltung vorliegen, wenn die Eigenkapitalquote des Betriebs leicht von der des Konzerns abweicht.[336]

Neben dem Ziel der Missbrauchsvermeidung kann auch das Ziel der Sicherung des deutschen Steuersubstrats die Durchbrechung des objektiven Nettoprinzips nicht rechtfertigen. Denn dieses Ziel liegt grundsätzlich jeder steuerlichen Regelung zu Grunde.[337]

Somit kann festgehalten werden, dass die Zinsschranke als verfassungswidrig einzustufen ist, da sie viele Gestaltungen betrifft, „die nicht vom rechtfertigenden Grund der Missbrauchsverhütung gedeckt sind."[338]

Neben den o. g. verfassungsrechtlichen Bedenken unterliegt die Zinsschranke weiterhin auch europarechtlichen Bedenken. Insbesondere kommt hier ein Verstoß gegen die Niederlassungsfreiheit in Betracht. In Bezug auf die Niederlassungsfreiheit liegt das Hauptaugenmerk auf der Organschaft. Denn im Rahmen der Zinsschranke gelten Organträger und Organgesellschaft gem. § 15 Satz 1 Nr. 3 Satz 2 KStG als ein Betrieb. Stimmt nun der Organkreis mit dem Konzern überein, d. h. alle Konzernunternehmen bilden gemeinsam eine Organschaft, kommt die Ausnahmeregelung der Konzernklausel gem. § 4h Abs. 2 Satz 1 Buchst. b EStG zur Anwendung, da keine Konzernzugehörigkeit mehr besteht. Die Zinsschranke kommt somit nicht mehr zur Anwendung. Auch in dem Falle, dass der Organ-

---

[331] Vgl. Schaden, M./Käshammer, D., Zinsvortrag, 2007b, S. 2317; vgl. Brähler, G., Steuerrecht, 2012, S. 297 f.

[332] Vgl. Hey, J., Verletzung, 2007, S. 1305.

[333] Hallerbach, D., Problemfelder, 2007, S. 493.

[334] Vgl. Entwurf eines Unternehmensteuerreformgesetzes 2008, BT-Drucks. 16/4841 vom 27.03.2007, S. 31.

[335] Vgl. Kußmaul, H./Ruiner, C./Schappe, C., Zinsschranke, 2008c, S. 84; vgl. Pasedag, A., Paradoxe Wirkungen, 2010, S. 302; vgl. Hey, J., Verletzung, 2007, S. 1305.

[336] Vgl. Musil, A./Volmering, B., Zinsschranke, 2008, S. 14 f.

[337] Vgl. Musil, A./Volmering, B., Zinsschranke, 2008, S. 14 f.

[338] Musil, A./Volmering, B., Zinsschranke, 2008, S. 15.

kreis nicht mit dem Konzern übereinstimmt, ist die Bildung einer Organschaft für die Organgesellschaft von Vorteil, da die Zinsschranke erst auf der Ebene des Organträgers zur Anwendung kommt. Da jedoch gem. § 14 Abs. 1 Satz 1 KStG nur inländische Kapitalgesellschaften in der Lage sind eine Organschaft zu begründen und so den Rechtsfolgen der Zinsschranke zu entgehen, werden durch diese Regelung gleichzeitig ausländische Konzernunternehmen benachteiligt. Dies stellt einen Verstoß gegen die Niederlassungsfreiheit gem. Art. 43 EG dar.[339] Auch dieser Verstoß kann nicht mit dem Ziel der Missbrauchsbekämpfung gerechtfertigt werden. Denn die Zinsschranke geht, wie bereits im Rahmen der verfassungsrechtlichen Bedenken erläutert, weit über eine Regelung zur Missbrauchsprävention hinaus.[340]

Neben der „Verletzung fundamentaler Besteuerungsprinzipien"[341] sieht sich die Zinsschranke mit einigen weiteren Kritikpunkten konfrontiert. So schränkt sie nach h. M. die Finanzierungsfreiheit der Steuerpflichtigen in erheblichem Maße ein. Gem. dem Grundsatz der Finanzierungsfreiheit sollte jeder Gesellschafter grundsätzlich selbst entscheiden können, inwieweit er seine Gesellschaft mit Eigen- oder Fremdkapital ausstattet.[342] Durch die Zinsschranke und deren steuerlich benachteiligende Behandlung von Fremdkapital wird die Finanzierungsfreiheit der betroffenen Unternehmen eingeschränkt.[343]

Ebenso stellt die praktische Handhabung der Zinsschrankenregelung für einige Unternehmen ein enormes Hindernis dar. So greifen die Konzern- und Escape-Klausel nicht nur auf steuerliche Regelungen zurück, sondern fordern z. B. auch Kenntnisse im Bereich der International Financial Reporting Standards. Dies kann die Anwendbarkeit insbesondere der Escape-Klausel für einige i. d. R. kleinere oder mittelgroße Betriebe sehr erschweren.[344]

Mit den Änderungen bzw. Verbesserungen der Zinsschranke im Rahmen des Bürgerentlastungsgesetzes Krankenversicherung und dem Wachstumsbeschleunigungsgesetzes ging der Gesetzgeber schon einen Schritt in die richtige Richtung.[345] Insbesondere die Einführung des EBITDA-Vortrags kann die krisenverschärfende Wirkung der Zinsschranke eindämmen, da Unternehmen in wirtschaftlich guten Zeiten nicht verbrauchtes EBITDA ansammeln können, um dies in wirtschaftlich schlechten Zeiten zu nutzen.[346] Auch die Erhöhung der Freigrenze schützt nun kleine und mittelständische Unternehmen besser vor den Rechtsfolgen der Zinsschranke.[347] Dies zeigt, dass die Entschärfungen der Zins-

---

339 Vgl. Musil, A./Volmering, B., Zinsschranke, 2008, S. 15; vgl. Hallerbach, D., Problemfelder, 2007, S. 493.

340 Vgl. Kußmaul, H./Ruiner, C./Schappe, C., Zinsschranke, 2008c, S. 86.

341 Ernst & Young GmbH, Unternehmensteuerreform, 2010, S. 11.

342 Unter der Voraussetzung, dass kein Missbrauch vorliegt und die gesetzliche Mindesteinlage erfüllt wurde, siehe hierzu Brähler, G., Steuerrecht, 2009, S. 273.

343 Vgl. Eilers, S., Fremdfinanzierung, 2007, S. 733 f.; vgl. Sandin, C., Zinsschranke, 2008, S. 208.

344 Vgl. Köhler, S., Zinsschranke, 2007b, S. 602.

345 Vgl. Ortmann-Babel, M./Bolik, A./Fuest, C., Beurteilung, 2010, S. 1870.

346 Vgl. Vgl. Herzig, N./Liekenbrock, B., EBITDA-Vortrag, 2010, S. 690.

347 Vgl. Müller-Kabisch, M., Zinsschranke, 2010, S. 2.

schranke notwendig waren.[348] Doch auch in Zukunft wären weitere Nachbesserungen an der Zinsschranke empfehlenswert. So könnte eine Erhöhung des abziehbaren Nettozinsaufwands auf 50 % des steuerlichen EBITDA der Krisenanfälligkeit der Zinsschranke erheblich entgegenwirken.[349] Mit dieser Maßnahme würde der Zinsschranke auch eine realistischere Annahme bezüglich der Eigenkapitalquoten deutscher Unternehmen zugrunde liegen. Während der Gesetzgeber derzeit, unter der Annahme einer gleichen Eigenkapital- und Fremdkapitalrendite, eine Eigenkapitalquote deutscher Unternehmen i. H. v. 70 %[350] unterstellt, würde diese dann bei 50 % liegen. Wenn vor Augen gehalten wird, dass die durchschnittlichen Eigenkapitalquoten deutscher Unternehmen tatsächlich nur bei ca. 30 % liegen, geht die Abziehbarkeit des Nettozinsaufwands i. H. v. 50 % des steuerlichen EBITDA schon eher in eine realistische Richtung.[351]

Die Einführung eines Holdingprivilegs wäre ebenfalls eine sinnvolle Nachbesserung zur Abmilderung der Härte der Zinsschranke – insbesondere im Hinblick auf Holdinggesellschaften. Das Problem der Holdinggesellschaften besteht darin, dass im Rahmen der Anwendung der Escape-Klausel das Eigenkapital des Betriebs um Beteiligungsbuchwerte zu kürzen ist. Wird das Eigenkapital einer Holdinggesellschaft jedoch um Beteiligungsbuchwerte gekürzt, sinkt dieses i. d. R. auf null oder nahezu null ab, da der hauptsächliche Sinn und Zweck einer Holdinggesellschaft im Erwerben, Halten und Verwalten von Beteiligungen liegt. Daher wäre es sinnvoll eine Ausnahmeregelung für Holdinggesellschaften einzuführen, wie es z. B. in den Niederlanden bereits der Fall ist.[352]

Weiterhin wäre eine Neuerung empfehlenswert, die die Betriebe in Verlustsituationen vor den Rechtsfolgen der Zinsschranke schützt. So kann es derzeit passieren, dass ein Betrieb zwar nur Verluste erwirtschaftet, dieser jedoch durch die Zinsschranke ein Teil der Zinsaufwendungen nicht als Betriebsausgaben abziehen darf. Somit müssen schließlich doch Steuern bezahlt werden, wie Beispiel 7 des Anhangs verdeutlicht. Durch die Einführung einer sog. Verlustsperre, d. h. die Nichtanwendbarkeit der Zinsschranke in Verlustjahren, könnten diese negativen Auswirkungen der Zinsschranke verhindert werden und demnach ebenfalls krisenbelastete Unternehmen geschützt werden.[353]

[348] Vgl. Ortmann-Babel, M./Bolik, A./Fuest, C., Beurteilung, 2010, S. 1870.

[349] Vgl. BDI, Zinsschranke, 2009.

[350] Sofern keine wesentlichen Absetzungen für Abnutzung vorliegen.

[351] Vgl. Kessler, W./Köhler, S./Knörzer, D., Problemfelder, 2007, S. 419; vgl. Pasedag, A., Paradoxe Wirkungen, 2010, S. 302; vgl. IfM Bonn, Eigenkapitalausstattung, 2008.

[352] Vgl. BDI, Zinsschranke, 2009; vgl. Köhler, S., Zinsschranke, 2007b, S. 601; vgl. Kessler, W./Köhler, S./Knörzer, D., Problemfelder, 2007, S. 420.

[353] Vgl. BDI, Zinsschranke, 2009.

4.9 Aktuelle Entwicklung

In seinem Beschluss vom 13.03.2012[354] äußerte das Bundesverfassungsgericht schwerwiegende Zweifel an der Verfassungsmäßigkeit der Zinsschranke, insbesondere im Hinblick auf die Rückausnahme zur Konzernklausel des § 4h Abs. 2 Satz 1 Buchst. b EStG i. V. m. § 8a Abs. 2 Alt. 3 KStG.[355]

Grundlage dafür war die Beschwerde einer deutschen Immobilien AG, deren Antrag auf Aussetzung der Vollziehung durch das Finanzgericht München[356] abgelehnt wurde. Im vorliegenden Fall finanzierte die nicht konzerngebundene Immobilien AG den Erwerb von Immobilienobjekten hauptsächlich mittels Bankdarlehen. Um die Darlehensgewährung sicherzustellen, traten ein mittelbarer und ein unmittelbarer Gesellschafter als Bürgen für die Verbindlichkeiten der Immobilien AG ein. Bedingt durch die Bürgschaften entstanden Rückgriffsansprüche der Banken i. H. v. mehr als 10 % des Nettozinsaufwands der Immobilien AG. Somit kam die Rückausnahme zur Konzernklausel des § 4h Abs. 2 Satz 1 Buchst. b EStG i. V. m. § 8a Abs. 2 Alt. 3 KStG zur Anwendung. Obwohl die Immobilien AG beachtliche Verlustvorträge hatte und sogar einen Jahresfehlbetrag im Jahr 2008, wurden aufgrund der Zinsschranke für die Jahre 2008 bis 2010 hohe Körperschaftsteuerzahlungen festgesetzt, da auch die Freigrenze i. H. v. 3 Mio. EUR überschritten wurde. Der Antrag auf Aussetzung der Vollziehung dieser Körperschaftsteuerbescheide wurde vom Finanzamt und auch vom FG München abgelehnt.[357] „Abweichend zur Entscheidung der Vorinstanz (FG München v. 1.6.2011 – 7 V 822/11, EFG 2011, 1830) hat der BFH hinsichtlich der strittigen Anwendbarkeit der Zinsschranke dem AdV-Antrag stattgegeben – und zwar mit der Begründung, dass ernstliche Zweifel an der Verfassungsmäßigkeit des § 8a Abs. 2 Alt. 3 KStG 2002 n. F. bestünden."[358] Begründet wurde dies u. a. dadurch, dass nach Meinung des BFH Rückgriffsansprüche von Banken gegenüber Gesellschaftern i. H. v. mehr als 10 % des Nettozinsaufwands der Gesellschaft typisch sind für fremdfinanzierte Kapitalgesellschaften. Dies habe nichts mit einer missbräuchlichen Gestaltung zur grenzüberschreitenden Gewinnverlagerung zu tun.[359] Daraus ist erkennbar, dass die Rückausnahme zur Konzernklausel des § 8a Abs. 2 Alt. 3 KStG einen „deutlich überschießenden Anwendungsbereich [hat, Anm. d. Verf.], so dass gegen die Verfassungsmäßigkeit dieser Regelung unter dem Gesichtspunkt des Verhältnismäßigkeitsgrundsatzes ernsthafte Bedenken [bestehen, Anm. d. Verf.]."[360]

---

[354] Vgl. BFH, Beschluss vom 13.03.2012 – I B 111/11, S. 573.

[355] Vgl. Schwetlik, H., Verfassungsmäßigkeit, 2012, S. 196.

[356] Vgl. FG München, Beschluss vom 01.06.2011 – 7 V 822/11, S. 166.

[357] Vgl. O.V., Verfassungswidrigkeit, 2012, S. 1071; vgl. Schwetlik, H., Verfassungsmäßigkeit, 2012, S. 195 f.; vgl. Prinz, U., Zinsschranke, 2012, S. 541 f.

[358] Schwetlik, H., Verfassungsmäßigkeit, 2012, S. 195 f.

[359] Vgl. Schwetlik, H., Verfassungsmäßigkeit, 2012, S. 195 f.

[360] Schwetlik, H., Verfassungsmäßigkeit, 2012, S. 196.

Der Beschluss des BFH in diesem Fall zur Aussetzung der Vollziehung ist von enormer praktischer Bedeutung insbesondere für Immobiliengesellschaften. Aufgrund der Verletzung des objektiven Nettoprinzips ist oftmals in der Literatur von einer grundsätzlichen Verfassungswidrigkeit der Zinsschranke die Rede. Dieses Thema hat der BFH jedoch in seinem Beschluss nicht geklärt. In der Zukunft ist hingegen wegen der Verdichtung der Zweifel an der Verfassungsmäßigkeit der Zinsschranke damit zu rechnen, dass weitere Prüfungen der Zinsschranke hinsichtlich ihrer Vereinbarkeit mit fundamentalen Besteuerungsprinzipien folgen werden.[361]

4.10 Fazit

Die Gestaltungsanfälligkeit der alten Regelung zur Gesellschafterfremdfinanzierung gem. § 8a KStG a. F. und der damit einhergehende Abfluss von deutschem Steuersubstrat bewog den Gesetzgeber u. a. dazu die Zinsschranke im Rahmen der Unternehmensteuerreform 2008 einzuführen.[362] Dies war aus steuerlicher Sicht auch eine durchaus verständliche Handlung. Die Ausgestaltung der Zinsschranke beinhaltet jedoch, wie in dieser Arbeit bereits veranschaulicht, einige Schwachstellen.[363]

So stellt die Zinsschranke keinesfalls, wie vom Gesetzgeber erläutert,[364] nur eine Missbrauchsvermeidungsregelung dar, die missbräuchliche konzerninterne Gestaltungen zur grenzüberschreitenden Gewinnverlagerung vermeiden soll. Stattdessen geht die Wirkung der Zinsschranke weit über die Missbrauchsprävention hinaus. Es werden nicht nur missbräuchliche Steuergestaltungen von der Zinsschranke betroffen, sondern auch ökonomisch sinnvolle Unternehmensfinanzierungen ohne missbräuchlichen Charakter. Zudem werden sogar reine Inlandsfälle von der Zinsschranke erfasst, von denen keinerlei Gefahren der Gewinnverlagerung ausgehen. Somit wurde in dieser Arbeit der weit überschießende Anwendungsbereich der Zinsschranke verdeutlicht.[365]

Aufgrund ihrer krisenverschärfenden Wirkung trifft die Zinsschranke wirtschaftlich angeschlagene Unternehmen und Start-up-Unternehmen besonders hart. Hierbei kommt es aufgrund der Anwendung der Zinsschranke im Verlustfall sogar oftmals zu einer Substanzbesteuerung.[366]

[361] Vgl. Kußmaul, H./Ruiner, C./Schappe, C., Zinsschranke, 2008c, S. 79 ff.; vgl. Schwetlik, H., Verfassungsmäßigkeit, 2012, S. 196; vgl. Prinz, U., Zinsschranke, 2012, S. 542.

[362] Vgl. Entwurf eines Unternehmensteuerreformgesetzes 2008, BT-Drucks. 16/4841 vom 27.03.2007, S. 31; vgl. Welling, B., Zinsschranke, 2007, S. 737.

[363] Vgl. Kußmaul, H./Ruiner, C./Schappe, C., Zinsschranke, 2008c, S. 87.

[364] Vgl. Entwurf eines Unternehmensteuerreformgesetzes 2008, BT-Drucks. 16/4841 vom 27.03.2007, S. 31.

[365] Vgl. Tillmanns, J.-L./Wehmschulte, J., Vereinbarkeit, 2011, S. 15; vgl. Pasedag, A., Paradoxe Wirkungen, 2010, S. 302.

[366] Vgl. Vereinigung der Bayerischen Wirtschaft e. V., Unternehmensteuerreform, 2008, S. 8.

Die enorme Komplexität, die hohen Bürokratiekosten und die vielen weiteren in dieser Arbeit veranschaulichten Kritikpunkte der Zinsschranke werden auch in der Zukunft zu Anpassungshandlungen der Unternehmen führen. So stehen den von der Zinsschranke betroffenen Unternehmen enorme Gestaltungsmöglichkeiten zur Vermeidung der Anwendung der Zinsschranke zur Verfügung, z. B. ist bereits zu beobachten, dass sich Unternehmen aufspalten, um die Freigrenze i. H. v. 3 Mio. EUR mehrmals nutzen zu können.[367]

Neben den enormen Kritikpunkten gibt es jedoch auch Lichtblicke im Rahmen der Zinsschranke. In einer Studie des DIW Berlin wurde herausgefunden, dass Unternehmen mit einem Zinssaldo nahe der Freigrenze tatsächlich ihre Fremdverschuldungsquote um ca. fünf bis sechs Prozentpunkte verringert haben. Ebenfalls stiegen mit der niedrigeren Verschuldung die ausgewiesenen Gewinne. Dies zeigt, dass die Zinsschranke zum Teil auch einige Ziele des Gesetzgebers erreicht.[368] Nach wie vor ist jedoch unklar, inwieweit die Zinsschranke auch „zu ungewollten Belastungen von Unternehmen"[369] führt.

Die aktuellen Entwicklungen lassen jedoch vermuten, dass die Zinsschranke auch in Zukunft mit einigen Kritikpunkten zu kämpfen haben wird. Diese Annahme resultiert insbesondere aus dem aktuellen Beschluss, in dem das Bundesverfassungsgericht schwerwiegende Zweifel an der Verfassungsmäßigkeit der Zinsschranke äußert, insbesondere im Hinblick auf die Rückausnahme zur Konzernklausel. Die Zweifel an der Verfassungsmäßigkeit der Zinsschranke verdichten sich. Daher ist damit zu rechnen, dass weitere Prüfungen der Zinsschranke hinsichtlich ihrer Vereinbarkeit mit fundamentalen Besteuerungsprinzipien folgen werden.[370]

M. E. wird der Gesetzgeber in Zukunft an seine Maßnahmen im Rahmen des Bürgerentlastungsgesetzes Krankenversicherung und des Wachstumsbeschleunigungsgesetzes anknüpfen und die Zinsschranke auch weiterhin anpassen müssen, um eine zielgenauere Anwendung der Zinsschranke zu erreichen.

Anhang

Beispiel 2:

Entstehung eines permanenten Zinsvortrags

Angaben in €	Jahr 01	Jahr 02	Jahr 03
Maßgeblicher Gewinn	6.000.000	6.000.000	6.000.000

[367] Vgl. DIW, Wochenbericht 25/2012, 2012, S. 15.

[368] Vgl. DIW, Wochenbericht 25/2012, 2012, S. 15 f.

[369] DIW, Wochenbericht 25/2012, 2012, S. 16.

[370] Vgl. Kußmaul, H./Ruiner, C./Schappe, C., Zinsschranke, 2008c, S. 79 ff.; vgl. Schwetlik, H., Verfassungsmäßigkeit, 2012, S. 196; vgl. Prinz, U., Zinsschranke, 2012, S. 542.

Angaben in €	Jahr 01	Jahr 02	Jahr 03
Zinsaufwendungen	4.000.000	4.000.000	4.000.000
Zinserträge	500.000	500.000	500.000
Nettozinsaufwand	3.500.000	3.500.000	3.500.000
Nettozinsaufwand + Zinsvortrag	3.500.000	3.500.000 + 350.000 = 3.850.000	3.500.000 + 700.000 = 4.200.000
Abschreibungen	1.000.000	1.000.000	1.000.000
Steuerliches EBITDA	10.500.000	10.500.000	10.500.000
Steuerlich abzugsfähige Zinsaufwendungena	10.500.000 × 30 % = 3.150.000	10.500.000 × 30 % = 3.150.000	10.500.000 × 30 % = 3.150.000
Nicht abzugsfähige Zinsaufwendungen (= Zinsvortrag)	3.500.000 – 3.150.000 = *350.000*	3.850.000 – 3.150.000 = *700.000*	4.200.000 – 3.150.000 = *1.050.000*

Aus diesem Beispiel ist ersichtlich, dass eine Abzugsfähigkeit des Zinsvortrags nur eintritt, wenn sich maßgebliche Ermittlungstatbestände (Gewinn/Zinsauf-wendungen/Zinserträge) ändern. Passiert dies nicht, kann kein zusätzliches Zinsabzugspotential generiert werden. Somit baut sich über die Jahre ein immer größerer Zinsvortrag auf, der jedoch nie genutzt werden kann (sog. permanenter Zinsvortrag)

Beispiel 3:

Belastungssprung im Rahmen der Freigrenze[372]

[371] Entnommen aus Vereinigung der Bayerischen Wirtschaft e. V., Unternehmensteuerreform, 2008, S. 7.

[372] Modifiziert entnommen aus Kußmaul, H./Ruiner, C./Schappe, C., Zinsschranke, 2008c, S. 13.

[373] Vereinfachende Annahme.

Abb. 4.11 Zinsschrankenfälle in Abhängigkeit der Konjunktur[371]

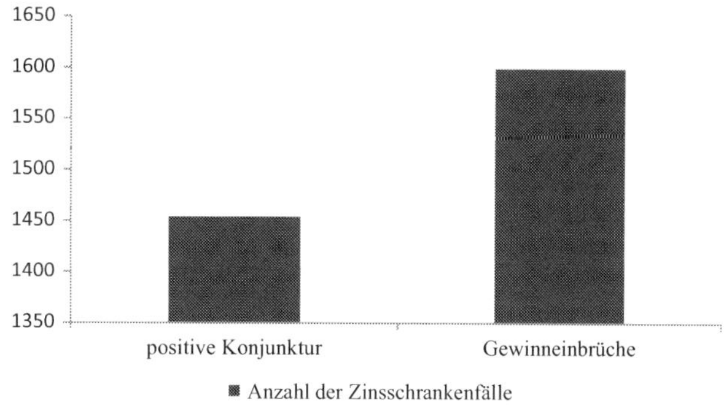

Angaben in €	Grundfall	Anstieg der Zinsaufwendungen um 10.000 €
Maßgeblicher Gewinn	1.000.000	1.000.000
+ Abschreibungen	200.000	200.000
./. Zinserträge	410.000	410.000
+ Zinsaufwendungen	3.400.000	3.410.000
= Nettozinsaufwand	2.990.000	3.000.000
Anwendung der Zinsschranke	Nein	Ja
= steuerliches EBITDA	Irrelevant	4.200.000
30 % des steuerlichen EBITDA	Irrelevant	1.260.000
Abzugsfähige Zinsaufwendungen	3.400.000	(1.260.000 + 410.000) = 1.670.000
Nicht abzugsfähige Zinsaufwendungen	–	(3.410.000 – 1.670.000) = 1.740.000
Maßgeblicher Gewinn	1.000.000	1.000.000
+ Nicht abzugsfähige Zinsaufwendungen	–	1.740.000
= steuerlicher Gewinn * Steuersatz 30 %[373]	1.000.000	2.740.000
= Tarifliche ESt	300.000	822.000
Unterschiedsbetrag (Steuermehrbelastung)		*522.000*

Aus diesem Beispiel ist ersichtlich, dass Unternehmen mit einem Nettozinsaufwand nahe der Freigrenze immer Gefahr laufen, unverhofft unter die Zinsabzugsbe-schränkung der Zinsschranke zu fallen. In diesem Beispiel sind ausschließlich die Zinsaufwendungen um 10.000 € gestiegen, aber schon dieser geringe Anstieg genügt, um in den Anwendungsbereich der Zinsschranke zu fallen

Übersicht 4:

Überblick über die zur Bestimmung der Konzernzugehörigkeit sowie zur Ermittlung der Eigenkapitalquote maßgeblichen Rechnungslegungsvorschriften[374]

[374] Entnommen aus Kußmaul, H./Ruiner, C./Schappe, C., Zinsschranke, 2008c, S. 21.

Konzernrechnungslegung (auch maßgeblich zur Bestimmung der EK-Quote des Konzerns)	Voraussetzungen Für die Verwendung einer anderen Rechnungslegung als IFRS	Zur Bestimmung der Konzernzugehörigkeit des Betriebes maßgeblicher Rechtsrahmen	Ermittlung der EK-Quote des Betriebes	Hierar-chie-stufe
IFRS	–	IFRS	IFRS, ggf. Überleitungsrechnung auf IFRS	1
Handelsrecht eines EU-Mitgliedstaates	Kein IFRS seit 5 Jahren	Nationales Handelsrecht	Nationales Handelsrecht, ggf. Überleitungsrechnung	2
US-GAAP	Kein IFRS seit 5 Jahren, kein handelsrechtlicher Abschluss und Verpflichtung zur Erstellung und Offenlegung eines US-GAAP-Abschlusses	US-GAAP	US-GAAP oder ggf. Überleitungsrechnung auf US-GAAP	3
Keine Verpflichtung zur Aufstellung eines Konzernabschlusses	–	IFRS, nationales Handelsrecht (nach der obigen Hierarchie)	IFRS, nationales Handelsrecht (nach der obigen Hierarchie), ggf. Überleitungsrechnung	–

Beispiel 5:

Nutzung mehrerer Zweckgesellschaften im Rahmen eines fremdfinanzierten Beteiligungserwerbes[375]

Die H-AG, eine Holdinggesellschaft mit Sitz und Geschäftsleitung in Deutschland, beabsichtigt den Erwerb einer 100 %-igen Beteiligung an der Zielgesellschaft Z-AG, die ihrerseits weitere Beteiligungen an in- und ausländischen Unternehmen hält. Um zu verhindern, dass sich eine Insolvenz der Z-AG unmittelbar auf die H-AG durchschlägt, gründet die H-AG eine Erwerbsgesellschaft, die E1-GmbH, welche die zum Erwerb der Beteiligung an der Z-AG notwendigen Finanzmittel i. H. v. 40.000.000 EUR bei einem Bankenkonsortium zu einem Zinssatz von 8 % p. a. aufnimmt.

Bei dieser Konstellation hat die E1-GmbH die jährlichen Zinsaufwendungen i. H. v. 3.200.000 EUR allein zu tragen. Da die E1-GmbH weder Zinserträge noch – aufgrund

[375] Modifiziert entnommen aus Kußmaul, H./Ruiner, C./Schappe, C., Gestaltungsmaßnahmen, 2008b, S. 512.

der 95 %-igen Dividendenfreistellung gem. § 8b Abs. 1 Satz 1 i. V. m. Abs. 5 Satz 1 KStG – ein nennenswertes EBITDA erzielt, werden Zinsvorträge in erheblicher Höhe angesammelt, die, zumal ein Eigenkapitalvergleich aufgrund der Beteiligungsbuchwertkürzung gem. § 4h Abs. 2 Satz 1 Buchst. c Satz 5 EStG wohl keinen Erfolg verspricht, kaum genutzt werden können und im Zuge einer späteren Konzernneustrukturierung vom Untergang bedroht sind.

Daher bietet es sich in diesem Fall an, den Beteiligungserwerb mit Hilfe zweier Erwerbsgesellschaften, E1-GmbH und E2-GmbH, durchzuführen und den Kredit, der zur Zahlung des Kaufpreises der Z-Anteile erforderlich ist, auf beide Erwerbsvehikel hälftig zu verteilen. Dies führt dazu, dass beide – E1 und E2 – jeweils Zinsaufwendungen i. H. v. 1.600.000 EUR tragen, die die Freigrenze des § 4h Abs. 2 Satz 1 Buchst. a EStG unterschreiten und somit in voller Höhe als Betriebsausgaben abzugsfähig sind.

Beispiel 6: Erhöhung des abzugsfähigen Teils der Zinsaufwendungen durch Begründung einer Organschaft[376]

Die M-AG mit Sitz und Geschäftsleitung im Inland, eine Tochtergesellschaft der US-amerikanischen BIG-Inc., hat drei im Inland ansässige 100 %-ige Tochtergesellschaften. Unter der Annahme, dass T1-GmbH und T2-GmbH einen Eigenkapitaltest gem. § 4h Abs. 2 Satz 1 Buchst. c EStG nicht erfolgreich bestehen, unterliegen beide Gesellschaften einer erheblichen Beschränkung des Betriebsausgabenabzugs für Zinsaufwendungen, wie die nachstehende Rechnung verdeutlicht.

Angaben in €	T1-GmbH	T2-GmbH
Maßgebliches Einkommen	1.000.000	900.000
./. Zinserträge	100.000	200.000
+ Zinsaufwendungen	3.500.000	3.300.000
= Nettozinsaufwand	3.400.000	3.100.000
Anwendung der Zinsschranke	Ja	Ja
= steuerliches EBITDA	4.400.000	4.000.000
30 % des steuerlichen EBITDA	1.320.000	1.200.000
Abzugsfähige Zinsaufwendungen	1.320.000 + 100.000 = 1.420.0000	1.200.000 + 200.000 = 1.400.000
Nicht abzugsfähige Zinsaufwendungen	3.500.000 – 1.420.000 = 2.080.000	3.300.000 – 1.400.000 = 1.900.000
Insgesamt nicht abzugsfähige Zinsaufwendungen	3.980.000	

[376] Modifiziert entnommen aus Kußmaul, H./Ruiner, C./Schappe, C., Gestaltungsmaßnahmen, 2008b, S. 513.

Schafft es die M-AG dagegen die gem. § 14 KStG zur Begründung einer Organschaft geltenden Voraussetzung (insb. Gewinnabführungsvertrag) zu erfüllen, so kann die Situation der M-Gruppe durch Eingehen einer Organschaft mit M als Organträger erheblich verbessert werden, wie aus folgender Rechnung hervorgeht.

Angaben in €	M-Gruppe
Kumuliertes maßgebliches Einkommen	10.000.000
./. Zinserträge	3.000.000
+ Zinsaufwendungen	6.000.000
= Nettozinsaufwand	3.000.000
Anwendung der Zinsschranke	Ja
= steuerliches EBITDA	13.000.000
30 % des steuerlichen EBITDA	3.900.000
Abzugsfähige Zinsaufwendungen	3.900.000 + 3.000.000 = 6.900.000
Nicht abzugsfähige Zinsaufwendungen	**0**

Durch Begründen einer Organschaft kann die M-Gruppe ihre insgesamt nicht abzugsfähigen Zinsaufwendungen von 3.980.000 EUR nun vollumfänglich als Betriebsausgaben abziehen. Dies führt allein auf Ebene der KSt zu einer Steuerersparnis von 3.980.000 EUR * 15 % = 597.000 EUR.

Beispiel 7:

Besteuerung trotz Verlustsituation[377]

Die X-KG erzielt ein steuerliches EBITDA i. H. v. 10 Mio. EUR. Die Zinsaufwendungen betragen 15 Mio. EUR und die Abschreibungen 5 Mio. EUR. Unter Berücksichtigung des Aufwandes ergibt sich in der GuV ein Verlust i. H. v. 1 Mio. EUR:

Style3Angaben in €	
Steuerliches EBITDA	10.000.000
./. Zinsaufwendungen	15.000.000
./. Abschreibungen	5.000.000
= steuerlicher Gewinn laut GuV	*./. 10.000.000*

Obwohl die X-KG tatsächlich einen Verlust erzielt, ergibt sich ein zu versteuernder Gewinn, da gem. § 4h EStG die Zinsaufwendungen nur i. H. v. 30 % des steuerlichen EBITDA als Betriebsausgaben abzugsfähig sind.

[377] Entnommen aus Grobshäuser, U./Maier, W./Kies, D., Besteuerung, 2011, S. 260.

Angaben in €	
Steuerliches EBITDA	10.000.000
./. abzugsfähige Zinsaufwendungen (30 % von 10 Mio. €)	3.000.000
./. Abschreibungen	5.000.000
= zu versteuernder Gewinn	*2.000.000*

Literaturverzeichnis

Althoff, F./Taron, A., Ausnahmetatbestände, 2012a: Körperschaftsteuerliche Organschaftsverhältnisse – Ausnahmetatbestände zur Zinsschranke nach § 4h Abs. 2 EStG i. V. mit § 8a KStG, in: StuB 2012, S. 99–104.

Althoff, F./Taron, A., Umsetzung, 2012b: Probleme bei körperschaftsteuerlichen Organschaftsverhältnissen – Die Umsetzung der Zinsschranke nach § 4h EStG, in: StuB 2012, S. 67–72.

Antwort der Bundesregierung auf die Kleine Anfrage der Abgeordneten Dr. Hermann Otto Solms, Frank Schäffler, Carl-Ludwig Thiele, weiterer Abgeordneter und der Fraktion der FDP, BT-Drucks. 16/4835 vom 27.03.2007.

Avella, F.-A./Mehret, S.-A., Gestaltungsmöglichkeiten, 2009: Gestaltungsmöglichkeiten zur Vermeidung bzw. Eindämmung der Zinsschranke, in: SteuerConsultant 2009, S. 15–25.

BDI, Zinsschranke, 2009: Die Zinsschranke – Eine ungewollte Verschärfung der Krise, http://www.bdi.eu/download_content/Publikation_Die_Zinsschranke.pdf, Zugriff: 18.06.2012.

Bericht des Finanzausschusses (7. Ausschuss), BT-Drucks. 16/5491 vom 24.05.2007.

Beußer, T., Zinsvortrag, 2009: Der Zinsvortrag bei der Zinsschranke, in: FR 2009, S. 49–55.

BFH, Beschluss vom 13.03.2012 (zur Verfassungsmäßigkeit der Zinsschranke) – I B 111/11, in: FR 2012, S. 573–578.

Blumenberg, J./Lechner, F., Zinsschranke, 2007: Zinsschranke, in: Die Unternehmensteuerreform 2008 – Erläuterungen und Gestaltungshinweise, hrsg. von J. Blumenberg und S. Benz, Köln 2007, S. 107–171.

BMF-Schreiben vom 04.07.2008, IV C 7 – S 2742-a/07/10001, betr.: Zinsschranke (§ 4h EStG; § 8a KStG), in: BStBl. I 2008, S. 718.

Bohn, A./Loose, T., EBITDA-Vortrag, 2011: Ausgewählte Zweifelsfragen bei der Anwendung des EBITDA-Vortrags, in: DStR 2011, S. 241–246.

Brähler, G., Steuerrecht, 2009: Internationales Steuerrecht – Grundlagen für Studium und Steuerberaterprüfung, 5. Auflage, Wiesbaden 2009.

Brähler, G., Steuerrecht, 2012: Internationales Steuerrecht – Grundlagen für Studium und Steuerberaterprüfung, 7. Auflage, Wiesbaden 2012.

Bräuning, K./Welling, B., Einführung, 2007: Einführung einer Zinsschranke, in: Die Unternehmensteuerreform 2008 – Änderungen -Zweifelsfragen – Gestaltungsmöglichkeiten, hrsg. von Ernst & Young/BDI, Bonn/Berlin 2007, S. 284–290.

Brunsbach, S./Syré, M., 10 %-Grenze, 2008: Die 10 %-Grenze des § 8a Abs. 3 KStG-neu als Voraussetzung für den Eigenkapitalvergleich, in: IStR 2008, S. 157–165.

Dinkelbach, A., Ertragsteuern, 2012: Ertragsteuern – Einkommensteuer, Körperschaftsteuer, Gewerbesteuer, 5. Auflage, Wiesbaden 2012.

DIW, Wochenbericht 17/2009, 2009: Zinsschranke trifft vor allem Großunternehmen, http://www.diw.de/documents/-publikationen/73/diw_01.c.97201.de/09-17-3.pdf, Zugriff: 20.07.2012.

DIW, Wochenbericht 25/2012, 2012: Kampf gegen Gewinnverlagerung: Wie haben Unternehmen auf die Zinsschranke reagiert?, http://www.diw.de/documents/publikationen/73/diw_01.c.403009.de/12-25-3.pdf, Zugriff: 20.07.2012.

Eilers, S., Fremdfinanzierung, 2007: Fremdfinanzierung im Unternehmen nach der Unternehmensteuerreform 2008, in: FR 2007, S. 733–735.

Einkommensteuergesetz Kommentar, 2011: Einkommensteuergesetz Kommentar, begr. von L. Schmidt, hrsg. von W. Drenseck, 30. Auflage, München 2011.

Endres, D./Jacobs, O.H./Spengel, C., Unternehmensbesteuerung, 2011: Internationale Unternehmensbesteuerung – Deutsche Investitionen im Ausland, Ausländische Investitionen im Inland, 7. Auflage, München 2011.

Endres, D./Spengel, C./Reister, T., Unternehmensteuerreform, 2007: Neu Maß nehmen: Auswirkungen der Unternehmensteuerreform 2008, in: WPg 2007, S. 478–489.

Entwurf eines Gesetzes zur Beschleunigung des Wirtschaftswachstums (Wachstumsbeschleunigungsgesetz), BT-Drucks. 17/15 vom 09.11.2009.

Entwurf eines Gesetzes zur Umsetzung der Protokollerklärung der Bundesregierung zur Vermittlungsempfehlung zum Steuervergünstigungsabbaugesetz, BT-Drucks. 15/1518 vom 08.09.2003.

Entwurf eines Gesetzes zur Verbesserung der steuerlichen Bedingungen zur Sicherung des Wirtschaftsstandorts Deutschland im Europäischen Binnenmarkt (Standortsicherungsgesetz – StandOG), BT-Drucks. 12/4487 vom 05.03.1993.

Entwurf eines Unternehmensteuerreformgesetzes 2008, BR-Drucks. 220/07 vom 30.03.2007.

Entwurf eines Unternehmensteuerreformgesetzes 2008, BT-Drucks. 16/4841 vom 27.03.2007.

Ernst & Young GmbH, Unternehmensteuerreform, 2010: Studie zur Evaluation der Gegenfinanzierung der Unternehmensteuerreform 2008 – Zinsschranke, Verlustverrechnungsbeschränkung und steuerpolitische Zukunftserwartungen, http://www.ey.com/Publication/vwLUAssets/2010_Studie_Evaluation_der_Unternehmensteuerreform_2008/$FILE/Studie_Zinsschranke_Unternehmensteuerreform2008.pdf, Zugriff: 15.06.2012.

EuGH, Urteil vom 12.12.2002 (Lankhorst-Hohorst) – C-324/00, in: DB 2002, S. 2690.

Federmann, R., Bilanzierung, 2010: Bilanzierung nach Handelsrecht, Steuerrecht und IAS/IFRS – Gemeinsamkeiten, Unterschiede und Abhängigkeiten, 12. Auflage, Berlin 2010.

FG München, Beschluss vom 01.06.2011 (zur Verfassungsmäßigkeit der Zinsschranke) – 7 V 822/11, in: FR 2012, S. 166–167.

Forst, P./Schaaf, A., Gleichordnungskonzern, 2008: Zinsschranke und Gleichordnungskonzern – Wie verstehen Gesetz und BMF den „Konzern"-Begriff?, in: EStB 2008, S. 414–418.

Gesetz zur verbesserten steuerlichen Berücksichtigung von Vorsorgeaufwendungen (Bürgerentlastungsgesetz Krankenversicherung), BR-Drucks. 567/09 vom 19.06.2009.

Grefe, C., Unternehmenssteuern, 2012: Unternehmenssteuern, 15. Auflage, Herne 2012.

Grobshäuser, U./Maier, W./Kies, D., Besteuerung, 2011: Besteuerung der Gesellschaften, 3. Auflage, Stuttgart 2011.

Grünberger, D., IFRS, 2011: IFRS 2012 – Ein systematischer Praxis-Leitfaden, 10. Auflage, Herne 2011.

Hallerbach, D., Problemfelder, 2007: Problemfelder der neuen Zinsschrankenregelung des § 4h EStG, in: StuB 2007, S. 487–494.

Herzig, N./Bohn, A., Wachstumsbeschleunigungsgesetz, 2009: Das Wachstumsbeschleunigungsgesetz als Umsetzung des Sofortprogramms der Koalitionsparteien zum Unternehmensteuerrecht, in: DStR 2009, S. 2341–2349.

Herzig, N./Bohn, A., Zinsschranke, 2007: Modifizierte Zinsschranke und Unternehmensfinanzierung – Diskussion von Plänen zur Unternehmensteuerreform 2008, in: DB 2007, S. 1–10.

Herzig, N./Liekenbrock, B., EBITDA-Vortrag, 2010: Zum EBITDA-Vortrag der Zinsschranke, in: DB 2010, S. 690–695.

Hey, J., Verletzung, 2007: Verletzung fundamentaler Besteuerungsprinzipien durch die Gegenfinanzierungsmaßnahmen des Unternehmensteuerreformgesetzes 2008, in: BB 2007, S. 1303–1309.

Hick, C., Besteuerung, 2010: Die einer Kapitalgesellschaft nachgeordnete Mitunternehmerschaft im Rahmen der Zinsschranke, in: Besteuerung, Rechnungslegung und Prüfung der Unternehmen, hrsg. von H. Baumhoff, R. Dücker und S. Köhler, Wiesbaden 2010, S. 145–168.

IfM Bonn, Eigenkapitalausstattung, 2008: Eigenkapitalausstattung der kleinen und mittleren Unternehmen, http://www.ifm-bonn.org/index.php?id=560, Zugriff: 25.06.2012.

Kessler, W./Köhler, S./Knörzer, D., Problemfelder, 2007: Die Zinsschranke im Rechtsvergleich: Problemfelder und Lösungsansätze, in: IStR 2007, S. 418–422.

Köhler, S., Einführung, 2007a: Einführung einer Zinsschranke, in: Die Unternehmensteuerreform 2008 – Änderungen -Zweifelsfragen – Gestaltungsmöglichkeiten, hrsg. von Ernst & Young/BDI, Bonn/Berlin 2007, S. 106–126.

Köhler, S., Zinsschranke, 2007b: Erste Gedanken zur Zinsschranke nach der Unternehmensteuerreform, in: DStR 2007, S. 597–604.

Kraft, C./Kraft, G., Unternehmensbesteuerung, 2006: Grundlagen der Unternehmensbesteuerung – Die wichtigsten Steuerarten und ihr Zusammenwirken, 2. Auflage, Wiesbaden 2006.

Krimpmann, A., Latente Steuern, 2011: Latente Steuern in der Praxis – Ermittlung, Bewertung, Bilanzierung nach BilMoG und IFRS, Freiburg u. a. 2011.

Krüger, H./Thiere, M., Gestaltungen, 2007: Gestaltungen im Bereich der Rechnungslegung als Reaktion auf die Einführung einer Zinsschranke, in: KoR 2007, S. 470–477.

Kußmaul, H., Steuerlehre, 2010: Betriebswirtschaftliche Steuerlehre, 6. Auflage, München 2010.

Kußmaul, H./Ruiner, C./Schappe, C., Problemfelder, 2008a: Problemfelder bei der Anwendung der Zinsschranke auf Personengesellschaften, in: DStR 2008, S. 904–910.

Kußmaul, H./Ruiner, C./Schappe, C., Gestaltungsmaßnahmen, 2008b: Ausgewählte Gestaltungsmaßnahmen zur Vermeidung der Anwendung der Zinsschranke, in: GmbHR 2008, S. 505–514.

Kußmaul, H./Ruiner, C./Schappe, C., Zinsschranke, 2008c: Die Einführung einer Zinsschranke im Rahmen der Unternehmensteuerreform 2008, in: Arbeitspapiere zur Existenzgründung Bd. 25, hrsg. von H. Kußmaul, Saarbrücken 2008.

Middendorf, O./Stegemann, D., Zinsschranke, 2007: Die Zinsschranke nach der geplanten Unternehmensteuerreform 2008 – Funktionsweise und erste Gestaltungsüberlegungen, in: INF 2007, S. 305–313.

Müller-Kabisch, M., Zinsschranke, 2010: Aktueller Begriff – Die Zinsschranke auf dem Prüfstand, http://www.bundestag.de/dokumente/analysen/2010/zinsschranke.pdf, Zugriff: 30.05.2012.

München, M., Die Zinsschranke, 2010: Die Zinsschranke – eine verfassungs-, europa-, und abkommensrechtliche Würdigung Bd. 9, Frankfurt a. M. u. a. 2010 (zugleich Dissertation Universität Trier 2010).

Musil, A./Volmering, B., Zinsschranke, 2008: Systematische, verfassungsrechtliche und europarechtliche Probleme der Zinsschranke, in: DB 2008, S. 12–16.

Niehus, U./Wilke, H., Kapitalgesellschaften, 2012: Die Besteuerung der Kapitalgesellschaften, 3. Auflage, Stuttgart 2012.

Niehus, U./Wilke, H., Personengesellschaften, 2010: Die Besteuerung der Personengesellschaften, 5. Auflage, Stuttgart 2010.

O.V., Verfassungswidrigkeit, 2012: Partielle Verfassungswidrigkeit der Zinsschranke?, in: DB 2012, S. 1071–1075.

Ortmann-Babel, M./Bolik, A./Fuest, C., Beurteilung, 2010: Beurteilung von Zinsschranke, Verlustverrechnungsbeschränkung und steuerpolitischen Zukunftserwartungen aus Unternehmenssicht, in: DStR 2010, S. 1865–1871.

Pasedag, A., Paradoxe Wirkungen, 2010: Paradoxe Wirkungen der Zinsschranke, in: Corporate Finance 2010, S. 301–311.

Preißer, M./von Rönn, M./Schultz-Aßberg, I., Unternehmensteuerreform, 2007: Unternehmensteuerreform 2008, Freiburg u. a. 2007.

Prinz, U., Zinsschranke, 2012: Zinsschranke unter „partiellem Verfassungsverdacht", in: FR 2012, S. 541–543.

Rödder, T., Unternehmensteuerreformgesetz, 2007: Unternehmensteuerreformgesetz 2008, in: Beihefter zu DStR Heft 40 2007, S. 2–19.

Rödding, A., Wachstumsbeschleunigungsgesetz, 2009: Änderungen der Zinsschranke durch das Wachstumsbeschleunigungsgesetz, in: DStR 2009, S. 2649–2652.

Rupp, C., Problembereiche, 2007: Die Zinsschranke – Einzelne Problembereiche und Gestaltungsmöglichkeiten, in: EStB 2007, S. 419–421.

Sandin, C., Zinsschranke, 2008: Die Zinsschranke – Analyse und Gestaltungsmöglichkeiten ausgewählter Problembereiche, in: Mittelstand 2008: aktuelle Forschungsbeiträge zu gesellschaftlichen und finanzwirtschaftlichen Herausforderungen, hrsg. von S. Schöning, J. Richter, H. Wetzel und D. Nissen, Frankfurt a. M. u. a. 2008, S. 189–211.

Schaden, M./Käshammer, D., Zinsvortrag, 2007a: Zinsvortrag, in: Die Unternehmensteuerreform 2008 – Änderungen – Zweifelsfragen – Gestaltungsmöglichkeiten, hrsg. von Ernst & Young/BDI, Bonn/Berlin 2007, S. 127–153.

Schaden, M./Käshammer, D., Zinsvortrag, 2007b: Der Zinsvortrag im Rahmen der Regelungen zur Zinsschranke, in: BB 2007, S. 2317–2323.

Schwetlik, H., Verfassungsmäßigkeit, 2012: Verfassungsmäßigkeit der Zinsschranke, in: EStB 2012, S. 195–196.

Shou, S., Die Zinsschranke, 2010: Die Zinsschranke im Unternehmensteuerreformgesetz 2008 – Zur Frage ihrer Vereinbarkeit mit dem Verfassungs-, Europa- und Abkommensrecht, München 2010.

Stangl, I./Hageböke, J., Zinsschranke, 2007: Zinsschranke und gewerbesteuerliche Hinzurechnungen von Finanzierungsentgelten, in Unternehmensteuerreform 2008 – Gesetze, Materialien, Erläuterungen, hrsg. von H. Schaumburg und T. Rödder, München 2007, S. 447–520.

Tillmanns, J.-L./Wehmschulte, J., Die Vereinbarkeit, 2011: Die Vereinbarkeit der Zinsschranke mit der unionsrechtlichen Niederlassungsfreiheit, Düsseldorf 2011.

Tipke, K./Lang, J., Steuerrecht, 2010: Steuerrecht, hrsg. von K. Tipke und J. Lang, 20. Auflage, Köln 2010.

Töben, T., Kritik, 2007: Die Zinsschranke – Befund und Kritik, in: FR 2007, S. 739–746.

Vereinigung der Bayerischen Wirtschaft e. V., Unternehmensteuerreform, 2008: Unternehmensteuerreform 2008: Zinsschranke und Hinzurechnung schaffen Überlast, http://www.lgad.de/media/download_gallery/Zinsschranke_Hinzurechnung_endg_080604.pdf, Zugriff: 20.06.2012.

Volb, H., Unternehmensteuerreform, 2007: Unternehmensteuerreform 2008 – Erläuterungen, Praxishinweise, Gestaltungsempfehlungen, Hamm 2007.

Weber-Grellet, H., Konzernbegriff, 2009: Der Konzernbegriff des § 4h EStG, in: DStR 2009, S. 557–560.

Welling, B., Zinsschranke, 2007: Die Zinsschranke – Übersteigerte politische Zielvorgabe an eine Neuordnung der Regelung zur Gesellschafter-Fremdfinanzierung, in: FR 2007, S. 735–739.

Winkeljohann, N./Fuhrmann, S., Unternehmensteuerreform, 2007: Einführung einer modifizierten Zinsschranke, in: Unternehmensteuerreform 2008 – Prüfschema für die Anwendung der Zinsschranke, Zahlreiche Beispiele zur Thesaurierungsrücklage, Fallgestaltungen der Funktionsverlagerung, hrsg. von PricewaterhouseCoopers AG, Stuttgart 2007, S. 75–120.

Tanja Wahl: Latente Steuern im HGB Einzelabschluss

5

Inhaltsverzeichnis

I. Malms, *Erfolgreiche Abschlussarbeiten – Steuern und Rechnungslegung*,
DOI 10.1007/978-3-658-02800-8_5, © Springer Fachmedien Wiesbaden 2013

Abbildungsverzeichnis

Abkürzungsverzeichnis

Abs.	Absatz
Art.	Artikel
BFuP	Betriebswirtschaftliche Forschung und Praxis
BilMoG	Bilanzrechtsmodernisierungsgesetz
BMG	Bemessungsgrundlage
bzw.	beziehungsweise
ca.	circa
DRSC	Deutsches Rechnungslegungs Standards Committee e. V.
DRS	Deutscher Rechnungslegungs Standards
DStR	Deutsches Steuerrecht
EBITDA	Earnings before interest, taxes, depreciation and amortization
EGHB	Einführungsgesetz zum Handelsgesetzbuch
Ernst & Young	Ernst & Young Global Limited
EStG	Einkommensteuergesetz
GewStG	Gewerbesteuergesetz
GoB	Grundsätze ordnungsmäßiger Buchführung und Bilanzierung
GuV	Gewinn- und Verlustrechnung
HB	Handelsbilanz

HFA	Hauptfachausschuss
HGB	Handelsgesetzbuch
Hrsg.	Herausgeber
IDW	Institut der Wirtschaftsprüfer
IDW ERS	Entwurf IDW Stellungnahme zur Rechnungslegung
IDW RS	IDW Stellungnahme zur Rechnungslegung
IFRS	International Financial Reporting Standards
i. V. m.	in Verbindung mit
Jg.	Jahrgang
KapG	Kapitalgesellschaften
KoR	Kapitalmarktorientierte Rechnungslegung
KPMG	KPMG International Cooperative
Mrd.	Milliarde[n]
n. F.	neue Fassung
Nr.	Nummer
PersG	Personengesellschaft
PublG	Publizitätsgesetz
PwC	PricewaterhouseCoopers International Limited
Rz.	Randziffer
S.	Satz
SB	Steuerbilanz
sog.	sogenannte
VFE	Lage Vermögens-, Finanz- und Ertragslage
zvE	zu versteuerndes Einkommen
€	Euro
%	Prozent
§	Paragraph

5.1 Einleitung

Mit Verabschiedung des Bilanzrechtsmodernisierungsgesetzes (BilMoG)[1] im Jahr 2009 wurden zahlreiche Ansatz- und Bewertungsvorschriften geändert. Dies und die Abschaffung der umgekehrten Maßgeblichkeit führen vermehrt zu Abweichungen zwischen Handels- und Steuerbilanz, wodurch die Entstehung latenter Steuern zunimmt.[2] Zusätzlich stellen die Neuregelungen der Bilanzierung latenter Steuern eine der am weitest reichenden Überarbeitungen dar. Es wird somit deutlich, dass durch die mit dem BilMoG verbundene Anpassung an internationale Regelungen, die Komplexität der Steuerlatenzen in der Bilanzierungspraxis weiter zugenommen hat.[3]

Was man zu verstehen gelernt hat, fürchtet man nicht mehr. (Marie Curie)

[1] Vgl. BR-Drucks. 270/09 (2009), S. 1 ff.

[2] Vgl. DRSC, DRS 18, Rz. 2.

[3] Vgl. Loitz (2009), S. 2177.

Um die Relevanz dieser Arbeit zu verdeutlichen, kann dieses Zitat auf die Rechnungslegung im Hinblick auf latente Steuern übertragen werden. Vor allem im Übergangszeitpunkt auf das BilMoG standen viele Unternehmen vor einer großen Hürde, da die Bilanzierung latenter Steuern nach alter Rechtslage umgangen werden konnte. Dies ist nun nicht mehr möglich. Aufgrund der Neukonzeption ist ein Großteil der Unternehmen von deren Auswirkung betroffen und dazu verpflichtet, die Systematik der Steuerlatenzrechnung zu verstehen. Dies ist von besonderer Bedeutung, da eine falsche Handhabung zu rechtlichen Konsequenzen führen kann. Trotz der Vielzahl an Neuregelungen im Hinblick auf latente Steuern stellt dies im Vergleich zu den kontroversen Umsetzungsansichten im Schrifttum ein nebensächliches Problem dar. Ursächlich hierfür ist die zumeist ungenaue Gesetzesgrundlage, welche viel Interpretations-spielraum bietet. Somit ergeben sich für den Anwender Verständnisprobleme und daraus folgend Schwierigkeiten, eine gesetzeskonforme Umsetzung zu gewährleisten.

Aus diesem Grund ist die Zielsetzung dieser Arbeit, die Gesetzesgrundlagen im Zusammenhang mit latenten Steuern auf ihre Verständlichkeit hin zu überprüfen, Gesetzeslücken aufzuzeigen und wenn möglich Lösungsmöglichkeiten darzustellen. Diese sollen dazu dienen die „Furcht" vor der praktischen Umsetzung latenter Steuern zu vermindern und dem Leser die Thematik verständlich zu machen.

Im Rahmen einer Einführung werden dem Leser zunächst die theoretischen Grundlagen der Steuerabgrenzung vermittelt. Ausgehend von einer Begriffserklärung werden Sachverhalte dargestellt, die im Zuge des BilMoG zu einer Erhöhung der Relevanz latenter Steuern beigetragen haben.

Gliederungspunkt 5.3 bildet den Hauptteil dieser Arbeit. Da der Fokus dieser Thesis auf Kapital-gesellschaften (KapG) liegt, werden zu Beginn Größenklassenkriterien vorgestellt, auf deren Basis eine größenbezogene Unterteilung erfolgt. Diese bildet den Ausgangspunkt für Untersuchungen hinsichtlich der richtigen Umsetzung der Steuerabgrenzung bei kleinen, sowie mittleren und großen Kapitalgesellschaften. Beschränken sich die Ausführungen auf kleine KapG oder eine andere Rechtsform, wird explizit darauf hingewiesen. Vor allem die Behandlung passiver latenter Steuern bei kleinen KapG stellt eine noch nicht abschließend geklärte Problematik in der Praxis dar. Der weitere Aufbau dieses Gliederungspunktes untergliedert sich in den Ansatz, die Bewertung und den Ausweis latenter Steuern. Die Darstellung der Vorgehensweise dient der Vermittlung eines besseren Verständnisses für den Leser und hilft die in der Praxis vertretene Kritik besser nachzuvollziehen. Die Darstellung ausgewählter Unstimmigkeiten erfolgt zumeist auf Grundlage einer Untersuchung der für den Sachverhalt maßgeblichen Gesetzesgrundlagen, welche kritisch hinterfragt werden. Darüber hinaus werden gegebenenfalls Lösungsansätze aufgezeigt, um eine richtige praktische Umsetzung der Regelungen zu gewährleisten.

Da sich die Ausführungen bis dahin auf kleine und große Kapitalgesellschaften beschränken, wird die Rechtsform der Personengesellschaften (PersG) in einem gesonderten Gliederungspunkt behandelt. Zunächst bedarf es einer Darstellung der steuerlichen Besonderheiten, da diese maßgeblich für Unterschiede in der Steuerabgrenzung sind. Im weiteren Vorgehen wird die Entstehung latenter Steuern zum einen auf Ebene der PersG und zum anderen auf Ebene der Gesellschafter erläutert.

Mit Verabschiedung des BilMoG hat sich die Bilanzierungskonzeption latenter Steuern deutlich verändert. Um die Auswirkungen auf den Jahresabschluss der Unternehmen möglichst gering zu halten, existieren für die erstmalige Anwendung der Steuerabgrenzung gesetzliche Übergangs-vorschriften. Um eine vollständige Darstellung des Themengebiets zu gewährleisten, werden diese Regelungen beschrieben und abschließend auf negative Auswirkungen analysiert.

Das Fazit soll der Zusammenfassung wichtigster Erkenntnisse dienen. Zudem wird eine Wertung darüber abgegeben, ob die bisherigen Gesetzesmaterialien für eine zweifelsfreie Anwendung latenter Steuern ausreichen.

5.2 Theoretische Grundlagen latenter Steuern

5.2.1 Begriffsbestimmung latenter Steuern

Unter latenten Steuern sind künftige Steuerbelastungen und -entlastungen zu verstehen. Da sie damit eigentlich einen Posten darstellen, der sich auf die Zukunft bezieht, ist es notwendig den Charakter latenter Steuern zu untersuchen.[1] Werden in diesem Kontext die Grundsätze ordnungsmäßiger Buchführung und Bilanzierung (GoB) betrachtet, liegt durch die Bilanzierung künftiger Sachverhalte ein Verstoß gegen das Stichtagsprinzip vor. Dagegen sind künftige Steuerbelastungen gemäß dem Imparitätsprinzip stets einzubeziehen. Allerdings stellen künftige Steuerentlastungen unsichere und nicht realisierte Gewinne dar, die als solche nach dem Realisationsprinzip keine Berücksichtigung finden. Klarheit für die Begründung latenter Steuern schafft das Prinzip der wirtschaftlichen Betrachtungsweise. Demnach sind im Jahresabschluss Sachverhalte zu berücksichtigen, denen bis zum Bilanzstichtag Aufwendungen und Erträge zugrunde liegen.[2] Dies trifft auf latente Steuern zu, da sie einerseits auf keiner rechtlichen Entstehung beruhen, aber andererseits aus vergangenen Geschäftsvorfällen resultieren, die zu einer wirtschaftlichen Verursachung führen. Folglich entfalten sie eine steuerliche Wirkung erst in Folgeperioden, die aber aufgrund der Informationsfunktion des Jahresabschlusses bereits im Zeitpunkt ihrer Entstehung abgebildet werden soll.[3]

Durch die Verabschiedung des BilMoG erfolgte eine Anpassung der Deutschen Rechnungslegung an die Internationale Rechnungslegung. Daraus resultieren zahlreiche Änderungen in der Bilanzierung und Bewertung. Deren Auswirkungen auf Steuer- und Handelsbilanz können sich aufgrund der Abschaffung der umgekehrten Maßgeblichkeit in vollem Umfang entfalten, wodurch die Bedeutung latenter Steuern zunimmt.[4]

---

[1] Vgl. Fuhrmann (2012), I. Wesen latenter Steuern, Rz. 1.

[2] Vgl. Wehrheim/Renz (2011), S. 72 ff.

[3] Vgl. Fuhrmann (2012), I. Wesen latenter Steuern, Rz. 1.

[4] Vgl. Meyer u. a. (2010), S. 33 ff.

5.2.2 Gründe für die zunehmende Bedeutung latenter Steuern

5.2.2.1 Abschaffung der umgekehrten Maßgeblichkeit

Nach der neuen Fassung (n. F.) des § 274 Absatz (Abs.) 1 S. 1 HGB (Handelsgesetzbuch) wird die Entstehung latenter Steuern durch unterschiedliche Wertansätze in Handels- und Steuerbilanz begründet. Allerdings verfolgen beide Regelungswerke unterschiedliche Zielsetzungen. Die Handelsbilanz (HB) konzentriert sich bei all ihren Bestrebungen auf den Gläubigerschutz und die Informationsfunktion. Demzufolge hat eine Besserstellung des Jahresabschlusses gegenüber Dritten zu unterbleiben. Ziel ist es, eine realistische Darstellung der Vermögens-, Finanz- und Ertragslage zu gewährleisten. Dagegen dient die Steuerbilanz (SB) der Zahlungsbemessungs-funktion für den Staat. Sie bildet den Ausgangspunkt für die Ermittlung der Steuerbelastung des Unternehmens.[1]

Vor BilMoG herrschte das Prinzip der umgekehrten Maßgeblichkeit. Nach diesem Konzept erfolgte die Ausübung steuerlicher Wahlrechte zwingend nach dem Ausweis in der Handelsbilanz. Dies bedeutete, dass die im Handelsrecht gewählten Ansätze maßgeblich für die Ansätze in der Steuerbilanz waren. Somit wurden Wahlrechte im Steuerrecht in Übereinstimmung mit dem Handelsrecht ausgeübt. Für die Gewinnermittlung ergibt sich dadurch meist ein identisches Ergebnis im handelsrechtlichen und steuerrechtlichen Jahresabschluss, eine sogenannte (sog.) Einheitsbilanz. Aufgrund der Reformierung der Rechnungslegung ist dies heute nicht mehr möglich, da dieses Konzept in dieser Weise nicht weiter fortbesteht. Nicht nur in der Handelsbilanz, sondern auch in der Steuerbilanz wurden Bilanzierungs- und Bewertungs-vorschriften angepasst.[2] Mit Abschaffung der umgekehrten Maßgeblichkeit besteht die Möglichkeit steuerrechtliche Wahlrechte losgelöst von handelsrechtlichen Vorschriften zu behandeln. Allerdings ist zu beachten, dass der Maßgeblichkeitsgrundsatz und damit die Orientierung an der Handelsbilanz weiterhin fortzubestehen hat.[3] Die Maßgeblichkeit ist auf diverse Rechtsprechungen zurückzuführen. Demnach hat der Bilanzierende handelsrechtliche Aktivierungswahlrechte in der Steuerbilanz als Ansatzpflicht zu verstehen. Dagegen führt ein Passivierungswahlrecht in der Handelsbilanz zu einem Bilanzierungsverbot im Steuerrecht. Diese beispielhaften Rechtsprechungen gelten allerdings nur, solange in diesen Fällen steuerlich kein explizites Wahlrecht greift. Dieses würde zu einer Durchbrechung der Maßgeblichkeit führen. Hintergrund dieser Vorgehensweise ist die Aufrechterhaltung einer angemessenen Besteuerungsgrundlage.[4] Des Weiteren bildet der Betriebsvermögensvergleich, unter Berücksichtigung der handelsrechtlichen GoB, weiterhin die Grundlage für die Gewinnermittlung.

Es wird deutlich, dass mit Abschaffung der umgekehrten Maßgeblichkeit Abweichungen entstehen, wodurch eine Beibehaltung der Einheitsbilanz fast unmöglich erscheint.[5] Daraus resultiert die Möglichkeit, eine eigenständige Steuerbilanzpolitik zu verfolgen. Dies hat den Vorteil, ein hohes Ergebnis in der Handelsbilanz auszuweisen und zeitgleich die

---

[1] Vgl. Wehrheim/Renz (2011), S. 123 f.

[2] Vgl. Sicherer (2011), S. 101 f.

[3] Vgl. Weber-Grellet (2009), S. 2402 f.

[4] Vgl. Tanski (2012), S. 26.

[5] Vgl. BMF-Schreiben vom 12.03.2010, IV C 6 – S 2133/09/10001, S. 2.

Bemessungs-grundlage (BMG) für die zu berechnende Steuer in der Steuerbilanz gering zu halten. Somit kann der Jahresabschluss individuell auf die Bedürfnisse der jeweiligen Share- und Stakeholder angepasst werden. Die Differenzierung von Ansatzwahlrechten zwischen den beiden Regelungs-werken erfordert ein eigens für die Steuerbilanz aufzustellendes Anlagenverzeichnis, in dem dokumentiert wird, in welchen Fällen von handelsrechtlichen Ansätzen abgewichen wird.[1] Latente Steuern resultieren aus Unterschieden zwischen handelsrechtlichem Buchwert und dem entsprechenden Wert in der Steuerbilanz.[2] Es wird deutlich, dass aufgrund der Aufhebung der umgekehrten Maßgeblichkeit die Unterschiede zwischen Handels- und Steuerbilanz zunehmen, woraus sich latente Steuern ergeben. Voraussetzung ist, dass sich diese Unterschiede im Zeitablauf aufheben. Somit sind das BilMoG und die damit verbundenen Änderungen maßgeblich an der gesteigerten Bedeutung latenter Steuern für den Jahresabschluss beteiligt.[3]

5.2.2.2 Ansatzkonzeptionen latenter Steuern

Die Abgrenzung latenter Steuern resultiert aus der Feststellung, dass der handelsrechtliche Jahresüberschuss und der zugehörige Steueraufwand einer Periode, aufgrund unterschiedlicher Gewinnermittlungsvorschriften, nicht übereinstimmen. Diese Abweichung gleicht sich über die Dauer des Unternehmenslebenszyklus wieder aus. Folglich verfolgt die Bilanzierung latenter Steuern das Ziel, zeitliche Verzögerungen hinsichtlich des Steueraufwands zu vermeiden. Dies gelingt, indem der Steueraufwand der Periode zugeordnet wird, in der er wirtschaftlich entstanden ist. Der Zeitpunkt der wirtschaftlichen Zuordnung erfolgt nach handelsrechtlichen Prinzipien der Bilanzierung.[4] Zur Erfüllung der Zielsetzung des BilMoG, hat sich der Gesetzgeber von dem bislang geltenden Timing Konzept abgewandt und das international gebräuchliche Temporary Konzept eingeführt. Im Folgenden werden die Unterschiede dieser beiden Konzepte dargestellt. Hieraus geht ebenfalls hervor, weshalb die Neukonzeption in Verbindung mit der Abschaffung der umgekehrten Maßgeblichkeit zu einer zunehmenden Bedeutung latenter Steuern führt.[5]

5.2.2.2.1 Timing Konzept

Das Timing Konzept ist gewinn- und verlustorientiert, weshalb eine Abgrenzung latenter Steuern nur aufgrund erfolgswirksamer Differenzen erfolgt, die sich in Zukunft steuerwirksam auflösen. Zu betrachtende Differenzen beziehen sich auf Sachverhalte, die sich zeitnah wieder abbauen und deren Umkehrungszeitpunkt vorhersehbar ist. Hiervon ausgenommen sind Differenzen, welche diese Definition nicht erfüllen und keine Auswirkungen auf die Gewinn- und Verlustrechnung (GuV) haben.[6] Das Timing Konzept verfolgt das Ziel einer periodengerechten Gewinnermittlung. Um diese Zielsetzung zu erfüllen, erfolgt in jeder Periode ein Vergleich des handelsrechtlichen Gewinns mit dem steuerlichen

[1] Vgl. Petersen/Zwirner/Künkele (2011), S. 382.

[2] Vgl. DRSC, DRS 18, Rz. 2.

[3] Vgl. Meyer u. a. (2010), S. 34 f.

[4] Vgl. Fuhrmann (2012), IV. Bilanzierungskonzepte zur Abbildung latenter Steuern, Rz. 106.

[5] Vgl. Kozikowski/Fischer (2012), HGB § 274, Rz. 5 ff.

[6] Vgl. Ernst & Young (2012), S. 3 f.

Ergebnis.[1] Ergibt sich aufgrund dieser Gegenüberstellung eine Differenz, resultiert diese aus einem ungleichen Wertverhältnis zwischen der tatsächlichen und angenommenen Steuerschuld. Da die Steuerbilanz maßgeblich für die Steuerermittlung ist, handelt es sich bei dem angenommenen Steueraufwand um eine Größe, welche sich aus dem Ergebnis der Handelsbilanz ableiten lässt. Die Bildung einer latenten Steuer dient als Korrekturposten und stellt somit einen periodengerechten Gewinnausweis sicher.[2] Ob die zu korrigierende Differenz durch die Bildung eines aktiven oder passiven Steuerpostens ausgeglichen wird, ist von der zeitlichen Reihenfolge der Entstehung von Aufwendungen und Erträgen abhängig. Diese stehen in engem Zusammenhang mit den Ansatz- und Bewertungsvorschriften, welche in den beiden Regelwerken variieren können. Durch diese Vorschriften entstehen zeitlich bedingte Abweichungen zwischen dem Ergebnis in Handels- und Steuerbilanz. Ergibt sich in diesem Zusammenhang handelsrechtlich ein höherer Jahresüberschuss vor Berücksichtigung des entsprechenden Steueraufwands, hat die Bildung einer passiven latenten Steuer zu erfolgen. Dieser Posten ermöglicht eine Korrektur des Steueraufwands, da das Unternehmen ansonsten zum Zeitpunkt der Bildung von einer geringeren Steuerlast profitieren würde. Durch den Ansatz der passiven Steuerlatenz wird eine künftige Steuerverbindlichkeit abgebildet. Ist dagegen der steuerliche Gewinn höher als der Jahresüberschuss, der sich aus der Handelsbilanz ergibt, resultiert hieraus für die Berechnung der Steuerlast eine höhere BMG. Um den Steueraufwand entsprechend anzupassen, erfolgt der Ausweis einer aktiven latenten Steuer, welche künftige Steuerentlastungen darstellt. Es ist zu beachten, dass für die Steuerabgrenzung im Rahmen des Timing Konzepts eine erfolgswirksame Wirkung in der GuV, sowohl im Zeitpunkt der Bildung als auch im Zeitpunkt der Auflösung, eine unabdingbare Voraussetzung ist.[3]

5.2.2.2.2 Temporary Konzept

Mit Umsetzung des BilMoG und der damit verbundenen Zielsetzung eine Anpassung an internationale Rechnungslegungsvorschriften zu verwirklichen, erfolgte u. a. ein Wechsel auf das international übliche Temporary Konzept. Dieses Konzept verfolgt im Vergleich zum Timing Konzept eine bilanzorientierte Abgrenzung latenter Steuern.[4] Infolgedessen entstehen latente Steuern durch unterschiedliche Wertansätze in Handels- und Steuerbilanz und nicht länger durch einen Vergleich des Jahresüberschusses und des steuerlichen Ergebnisses. Damit erhöht sich der Ermittlungsaufwand für Unternehmen deutlich, da eine Überprüfung jedes Bilanzpostens notwendig ist. Zur Feststellung einer Differenz wird ein Vergleich der handelsrechtlichen mit den steuerrechtlichen Wertansätzen vorgenommen.[5] Mit der Einführung des angelsächsischen Konzepts werden neben den erfolgswirksamen Differenzen erstmalig auch erfolgsneutrale Differenzen bei der Ermittlung latenter Steuern miteinbezogen.[6] Vorgänge, welche zu einer erfolgsneutralen Erfassung führen, beschränken

[1] Vgl. Ernst/Naumann (2009), S. 148.

[2] Vgl. Fuhrmann (2012), IV. Bilanzierungskonzepte zur Abbildung latenter Steuern, Rz. 111 f.

[3] Vgl. Kozikowski/Fischer (2012), HGB § 274, Rz. 7 f.

[4] Vgl. DRSC, DRS 18, S. 5.

[5] Vgl. Wendholt/Wesemann (2009), S. 65.

[6] Vgl. Jödicke (2011), S. 153.

sich im Einzelabschluss zumeist auf den Erwerb von Wirtschaftsgütern.[1] Diese sog. temporären Differenzen können in zwei Ausprägungen auftreten. Zum einen in Form von abzugsfähigen Differenzen, welche die BMG für die Besteuerung vermindern und zum anderen in Form von zu versteuernden Differenzen, welche die BMG erhöhen.[2] Es handelt sich folglich um zukünftige Steuerminderungen oder Steuerverbindlichkeiten.[3] Eine zusätzliche Neuerung bei der Berechnung von Steuerlatenzen stellt der Einbezug quasi permanenter Differenzen dar. Diese sind dadurch gekennzeichnet, dass der Zeitpunkt ihrer Auflösung weit in die Zukunft reicht, weshalb keine Aussagen über einen exakten Zeitpunkt getroffen werden können. Darüber hinaus werden erstmalig steuerliche Verlust- und Zinsvorträge in die Ermittlung latenter Steuern miteinbezogen. Wie bereits nach dem Timing Konzept bleiben permanente Differenzen weiterhin unberücksichtigt.[4] Diese Neuerungen sind mit der Zielsetzung verbunden, den Jahresabschlussadressaten ein zutreffendes Bild der Vermögens-, Finanz- und Ertragslage (VFE-Lage) des Unternehmens zu vermitteln.[5] Die Entstehung und Wirkungsweise aktiver sowie passiver latenter Steuern nach dem Temporary Konzept wird in Kapitel 3 behandelt, da sich diese Arbeit auf die Neuregelung bezieht.

Es wird deutlich, dass dieses Konzept weiter greift als das Timing Konzept. Vor allem durch den Einbezug erfolgsneutraler Differenzen wird die Höhe der ansatzpflichtigen passiven latenten Steuern steigen. Dies und die Aufgabe der umgekehrten Maßgeblichkeit sind ausschlaggebend für die heutige Bedeutung latenter Steuern.[6]

5.2.3 Bewertungsmethoden latenter Steuern

Im vorherigen Gliederungspunkt wurde aufgezeigt, auf welcher Grundlage die Entstehung latenter Steuern basiert. Im Folgenden sollen die Bewertungsmethoden der aufgedeckten Differenzen erläutert werden. Eine Unterscheidung der Methoden erfolgt dahingehend, auf welchem Steuersatz die Berechnung beruht und wie mit Steuersatzänderungen umgegangen wird.[7] Grundsätzlich existieren in der Bilanzierungspraxis zwei Methoden, um die Höhe der zu bilanzierenden Steuerabgrenzung zu ermitteln. Zum einen die Deferred Methode und zum anderen die Liability Methode.[8]

5.2.3.1 Deferred Methode

Bei der Deferred Methode handelt es sich um eine erfolgsorientierte Methode, welche aufgrund ihrer GuV-Fokussierung eng mit dem Timing Konzept verbunden ist. Zusätzlich dient die Deferred Methode der Verwirklichung des sog. matching concepts. Dieses ver-

[1] Vgl. Kozikowski/Fischer (2012), HGB § 274 Latente Steuern, Rz. 10.

[2] Vgl. DRSC, DRS 18, Rz. 8.

[3] Vgl. Jödicke (2011), S. 153.

[4] Vgl. Wendholt/Wesemann (2009), S. 65 f.

[5] Vgl. Ballwieser (2010), S. 547.

[6] Vgl. Fuhrmann (2012), V. Bedeutung latenter Steuern im neuen Recht, Rz. 182 f.

[7] Vgl. Fuhrmann (2012), IV. Bilanzierungskonzepte zur Abbildung latenter Steuern, Rz. 134.

[8] Vgl. Krimpmann (2011), S. 17.

langt, dass erwirtschafteten Erträgen die zugehörigen Steueraufwendungen, unabhängig von ihrem Realisierungszeitpunkt, gegenübergestellt werden.[1] Folglich liegt das Ziel darin, dem Jahresgewinn beziehungsweise (bzw.) –verlust jene steuerlichen Aufwendungen gegen-überzustellen, die das Ergebnis beeinflusst haben.[2] Hieraus ergibt sich die Zielsetzung einer realistischen Darstellung der Ertragslage. Um diesem Konzept gerecht zu werden, erfolgt die Bildung eines Abgrenzungspostens. Dieser beinhaltet Steueraufwendungen, die durch zeitlich begrenzte Differenzen geprägt sind. Demnach wird der Steueraufwand des betreffenden Geschäftsjahres durch eine entsprechende Steuerlatenz korrigiert. Mit der Deferred Methode wird die Annahme vertreten, dass latente Steuern keine zukünftigen Forderungen bzw. Verbindlichkeiten darstellen.[3] Da die Zielsetzung einer periodenbezogenen Darstellung angestrebt wird, erfolgt die Bewertung latenter Steuern mit dem aktuell geltenden Steuersatz. Auch im Fall von Steuersatzänderungen in den Folgeperioden erfolgt keine Anpassung des zur Bewertung zugrunde gelegten Steuersatzes, der in den vergangenen Perioden gebildeten Steuerlatenzen.[4] Im Rahmen dieses Vorgehens sind latente Steuern nicht mehr vergleichbar, da der für die Berechnung zugrunde gelegte Steuersatz über die Folgeperioden in der Regel variiert. Folglich ist es möglich, dass latente Steuern in jeder Periode mit einem anderen Steuersatz bewertet werden. Dadurch erhöht sich ebenfalls der Dokumentationsaufwand, da die Auflösung latenter Steuern mit dem im Zeitpunkt der Bildung relevanten Steuersatz zu erfolgen hat.[5] Daraus ergibt sich die Problematik, dass der aktuelle Steuersatz nicht mit dem Steuersatz der Auflösung übereinstimmt. Somit existiert kein erkennbarer Zusammenhang zwischen dem tatsächlichen Steueraufwand und dem sich ergebenden Ergebnis nach handelsrechtlichen Vorschriften. Die Zielsetzung einer periodengerechten Darstellung kann durch dieses Vorgehen nicht gewährleistet werden.[6]

5.2.3.2 Liability Methode

Die zweite Möglichkeit der Bewertung erfolgt auf Grundlage der Liability Methode. Die sog. Verbindlichkeitsmethode kann aufgrund ihrer Bilanzorientierung dem Temporary Konzept zugeordnet werden.[7] Im Vergleich zur vorangegangenen Methode wird nicht der Auffassung des matching concepts gefolgt. Vielmehr liegt die Zielsetzung in einer sachgerechten Darstellung der Vermögenslage eines Unternehmens. Aus diesem Grund werden zeitliche Differenzen als tatsächliche Steuerbelastungen bzw. -entlastungen angesehen, deren Wirkung sich erst in Zukunft bei Auflösung der Differenz entfaltet.[8] Im Zeitpunkt der Bewertung handelt es sich somit um Forderungen bzw. Verbindlichkeiten gegenüber dem

[1] Vgl. Siegel (2011), S. 50 f.

[2] Vgl. Spingler (2010), S. 1024.

[3] Vgl. Siegel (2011), S. 51 f.

[4] Vgl. Hahn (2011), S. 642.

[5] Vgl. Fuhrmann (2012), IV. Bilanzierungskonzepte zur Abbildung latenter Steuern, Rz. 137.

[6] Vgl. Siegel (2011), S. 51 f.

[7] Vgl. Krimpmann (2011), S. 92.

[8] Vgl. Ballwieser (2010), S. 542.

Fiskus, die in ihrer Höhe noch ungewiss sind. Durch diese Sichtweise wird die Zukunftsorientierung dieser Methode im Vergleich zur Deferred Methode deutlich. Aus diesem Grund erfolgt die Bewertung mit dem zukünftig zu erwartenden unternehmensindividuellen Steuersatz.[1] Ebenfalls berücksichtigt werden Steuersatzänderungen, welche sich in den Folgeperioden aufgrund gesetzlicher Vorschriften ergeben. Zu beachten ist, dass eine potenzielle Änderung bis zum Bilanzstichtag wirksam sein muss. Ist dies nicht der Fall, entfällt die Anwendung aufgrund der zwingenden Beachtung des Stichtagsprinzips.[2] Der Bilanzierende hat demzufolge bereits gebildete Differenzen regelmäßig vor Zu- bzw. Auflösungen mit dem aktuell geltenden Steuersatz des Unternehmens zu bewerten.[3] Aufgrund des Einbezugs zukünftiger Ereignisse gewährleistet die Liability Methode einen richtigen Ausweis der bilanzierten aktiven und passiven latenten Steuern. Somit wird die Zielsetzung dieser Methode erreicht.

Bereits vor dem Übergang auf das Temporary Konzept wurden handelsrechtlich die Regeln der Liability Methode der Bewertung zugrunde gelegt. Dagegen konnte nach internationalen Vorschriften die Bewertung im Rahmen der Deferred Methode erfolgen. Nach dem Handelsrecht besteht nunmehr die Verbindlichkeitsmethode fort, weshalb diese Methode für die Unternehmen keine grundlegende Neuerung darstellt.[4]

5.2.4 Klassifizierung von Differenzen anhand von Beispielen

Nach dem nunmehr geltenden Temporary Konzept lassen sich Differenzen in drei Klassifikationen unterteilen: zeitlich begrenzte, quasi begrenzte und permanente Differenzen. Diese entstehen in Folge von unterschiedlichen Wertansätzen in Handels- und Steuerbilanz. Die zu untersuchenden Unterschiedsbeträge beziehen sich auf Vermögensgegenstände, Schulden und Rechnungsabgrenzungsposten. Aus dem Wortlaut des § 274 HGB geht hervor, dass zwingend ein Vergleich handelsrechtlicher Wertansätze mit dem korrespondierenden Wert in der Steuerbilanz zu erfolgen hat. Handelsrechtlich bestimmt sich dieser Wert durch den ausgewiesenen Buchwert in der Handelsbilanz. Gleiches ergibt sich für den steuerlichen Wertansatz, der der Steuerbilanz zu entnehmen ist.[5] Auch wenn es sich bei außerbilanziellen Korrekturen um keine Buchwertunterschiede im eigentlichen Sinne handelt, spricht sich die Mehrheit der Literatur für deren Einbezug aus. Beispielhaft kann an dieser Stelle der Investitionsabzugsbetrag nach § 7 g EStG (Einkommensteuergesetz) genannt werden, dessen Berücksichtigung und Auflösung das zu versteuernde Einkommen (zvE) und davon abgeleitet, den Steueraufwand beeinflusst.[6] Grundsätzlich

[1] Vgl. Siegel (2011), S. 52.

[2] Vgl. Petersen (2011), S. 257.

[3] Vgl. Siegel (2011), S. 52.

[4] Vgl. Fuhrmann (2012), IV. Bilanzierungskonzepte zur Abbildung latenter Steuern, Rz. 135 f.

[5] Vgl. Fuhrmann/Gellrich (2012), II. Ansatz, Rz. 9 ff.

[6] Vgl. Hoffmann/Lüdenbach (2012), § 274 HGB Latente Steuern, Rz. 9.

resultieren die folgenden Differenzen aus Ansatz- und Bewertungsunterschieden, welche im Zeitpunkt ihrer Auflösung eine positive oder negative Auswirkung auf das zvE haben.[1]

Zeitlich begrenzte Differenzen Bei zeitlich begrenzten Differenzen handelt es sich um Unterschiedsbeträge, die sich zeitnah und vollständig ausgleichen. Für die Einordnung als zeitlich begrenzte Differenz muss der Zeitpunkt der Auflösung verlässlich bestimmbar sein. In der Regel entstehen diese Wertunterschiede durch abweichende Ansätze in Handels- und Steuerbilanz, welche auf unterschiedlichen gesetzlichen Vorschriften beruhen.[2] Eine weitere Entstehungsursache wird durch die Aktivierung bzw. Passivierung eines Bilanzpostens in nur einer der beiden Bilanzen begründet. Die Beurteilung hinsichtlich des Kompensationszeitpunktes hat aufgrund von Wahrscheinlichkeitsüberlegungen zu erfolgen. Die Anforderungen an die Nachvollziehbarkeit dieser Überlegungen steigen, wenn das Unternehmen steuerliche Verlustvorträge aktivieren möchte. Diese werden in einem eigenen Gliederungspunkt behandelt. Handelsrechtlich sollte bei Wahrscheinlichkeitsüberlegungen grundsätzlich das Vorsichtsprinzip gewahrt werden.[3] Die ermittelten Differenzen beeinflussen das zvE im Zeitpunkt ihrer Auflösung positiv oder negativ und haben somit eine Auswirkung auf die steuerliche BMG.[4]

Ein Beispiel für die Entstehung einer zeitlich begrenzten Differenz stellt die Erfassung einer Drohverlustrückstellung dar. Für diese besteht nach § 249 Abs. 1 HGB eine Bilanzierungspflicht, wohingegen steuerrechtlich der Ansatz dieser Rückstellung gesetzlich untersagt wird. Diese Differenz ist dahingehend begrenzt, dass die Rückstellung aufgelöst wird, wenn der für ihre Bildung relevante Sachverhalt eintritt. Da die Ursache für die Rückstellungsbildung in der Vergangenheit liegen muss, ist es wahrscheinlich, dass sich diese Differenz im folgenden Geschäftsjahr wieder ausgleicht, da der zu Grunde gelegte Sachverhalt bereits im abgelaufenen Geschäftsjahr eingetreten ist.[5]

Allerdings basieren zeitlich begrenzte Differenzen in der Regel auf unterschiedlichen Wertansätzen. Hierfür soll exemplarisch folgendes Beispiel dienen. Ausgangspunkt ist der Erwerb einer Maschine. Der Ansatz erfolgt zu Anschaffungskosten, weshalb sich aus der Berücksichtigung des Anschaffungsvorgangs keine Ansatzunterschiede ergeben. Die Zuordnung der Maschine erfolgt zum abnutzbaren Anlagevermögen, weshalb sie einer jährlichen Abschreibung unterliegt. Ist die Maschine allerdings aufgrund einer voraussichtlich dauernden Wertminderung nicht mehr voll einsatzfähig, wird diese Wertminderung handelsrechtlich zwingend erfasst. Steuerrechtlich besteht ein Abschreibungswahlrecht, welches aufgrund der Abschaffung der umgekehrten Maßgeblichkeit unabhängig von handelsrechtlichen Ansätzen ausgeübt werden darf. Folglich entsteht durch einen Vergleich

[1] Vgl. Fuhrmann/Gellrich (2012), II. Ansatz, Rz. 9 ff.

[2] Vgl. Krimpmann (2011), S. 17 f.

[3] Vgl. Wendholt/Wesemann (2009), S. 67.

[4] Vgl. DRSC, DRS 18, Rz. 8.

[5] Vgl. Krimpmann (2011), S. 20.

der Restbuchwerte eine zeitlich befristete Differenz. Diese wird sich in Folgejahren durch planmäßige Abschreibungen oder durch eine Wertaufholung wieder auflösen.[1]

Quasi permanente Differenzen Quasi permanente Differenzen werden mit Einführung des BilMoG erstmalig in die Ermittlung latenter Steuern einbezogen. Diese Differenzen beziehen sich auf zeitliche Bewertungs-unterschiede, die auf einer erfolgsneutralen oder erfolgswirksamen Entstehung beruhen. Diese Sachverhalte führen erst auf Grundlage des Temporary Konzepts zu einer Erfassung latenter Steuern.[2] Ein weiterer Unterschied liegt im Auflösungszeitpunkt, der bei diesen Differenzen nicht eindeutig vorherbestimmbar ist.[3] Im Detail bedeutet dies, dass es sich einerseits um zeitlich begrenzte Differenzen handelt, andererseits aber der Zeitpunkt der Umkehrung von einer unternehmerischen Disposition abhängt. Spätestens im Fall einer Liquidation kehren sich diese Differenzen um. Generell entstehen quasi permanente Differenzen bei Bilanzpositionen, welche nicht zum abnutzbaren Anlagevermögen gehören und bei denen regelmäßige Wertüberprüfungen zu einer außerplanmäßigen Abschreibung führen können.[4]

Zur Verdeutlichung soll das Beispiel eines betrieblich genutzten Grundstücks dienen. Die Erfassung des Anschaffungsvorgangs führt zunächst zu keiner Abweichung, da die Ansatz-vorschriften nach Handels- und Steuerrecht übereinstimmen. In den Folgejahren wird eine Verunreinigung des Bodens durch Chemikalien unterstellt, wodurch der Wert des Grundstücks erheblich sinkt. Da dies zu einer voraussichtlichen Wertminderung führt, erfolgt handels- und steuerrechtlich eine außerplanmäßige Abschreibung. Zu diesem Zeitpunkt bestehen noch keine unterschiedlichen Wertansätze. Ein Unterschiedsbetrag entsteht, wenn die Verunreinigung des Bodens weiterhin besteht, aber aufgrund externer Einflussfaktoren der Wert des Grundstücks ansteigt. Dieser Wertanstieg darf nur steuerrechtlich berücksichtigt werden, da handelsrechtliche Wertaufholungen nur im Falle des Wegfalls des wertmindernden Sachverhalts genehmigt sind. Somit entsteht eine quasi permanente Differenz, welche sich spätestens mit Verkauf des Grundstücks auflöst.[5]

Permanente Differenzen Permanente Differenzen sind zeitlich unbegrenzte Differenzen, die sich im Zeitablauf nicht umkehren werden. Es handelt sich demnach um dauerhafte Wertunterschiede zwischen Steuer- und Handelsbilanz. Aus diesem Grund finden sie wie bereits im Timing Konzept auch nach der Neukonzeption keine Anwendung und begründen folglich keinen Ansatz latenter Steuern.[6] Dies ist darauf zurückzuführen, dass sie sich auf Sachverhalte beziehen, die zu der Erfassung von Aufwendungen oder Erträgen in nur einem Regelwerk führen. Demnach finden sie entweder in der Handels- oder der Steuer-

[1] Vgl. Horschitz/Groß/Franck (2010), S. 170.

[2] Vgl. Fuhrmann (2012), IV. Bilanzierungskonzepte zur Abbildung latenter Steuern, Rz. 113.

[3] Vgl. Krimpmann (2011), S. 18.

[4] Vgl. Wendholt/Wesemann (2009), S. 65 ff.

[5] Vgl. Petersen/Zwirner/Künkele (2011), S. 41.

[6] Vgl. Bitz/Schneeloch/Wittstock (2011), S. 190 f.

bilanz Berücksichtigung. Da es sich um dauerhafte Differenzen handelt, entfällt die Beeinflussung eines späteren Steueraufwands.[1] Grundsätzlich entstehen latente Steuern, wenn sie im Zeitpunkt ihrer Auflösung eine steuerliche Wirkung entfalten. Allerdings tritt dieser Effekt bei permanenten Differenzen nicht ein, weshalb für die beschriebenen Differenzen ein Berücksichtigungsverbot besteht.

Die Verdeutlichung dieses Effekts erfolgt anhand eines Sachverhalts, bei dem ein Unternehmen eine Begünstigung in Form der Investitionszulage in Anspruch nehmen darf. Es wird unterstellt, dass die nötigen Voraussetzungen bei dem Kauf einer Maschine vorliegen. Aufgrund dieser Förderung werden die Anschaffungskosten der Maschine in der Handelsbilanz gemindert. Das zvE bleibt von diesem Vorgang unberührt, da die Investitionszulage steuerrechtlich nicht zu den Einkünften gehört. Somit stimmen selbst bei gleicher Abschreibungsmethode die jährlichen Abschreibungen handels- und steuerrechtlich nicht überein. Nun wäre anzunehmen, dass eine latente Steuer zu bilden ist, da eine Differenz zwischen Handels- und Steuerrecht besteht. Dies ist nicht der Fall, da es sich bei der Investitionszulage um einen steuerfreien Sachverhalt handelt, wodurch sich auch im Zeitpunkt der Auflösung keine Steuerwirkung entfaltet.[2] Derselbe Effekt kann sich auch für Tatbestände ergeben, die nicht zu einem Bilanzansatz führen. Dies und die fehlende Buchwertdifferenz begründen den Ausschluss von der Steuerabgrenzung. Exemplarisch können an dieser Stelle nicht abziehbare Betriebsausgaben sowie steuerfreie Einnahmen genannt werden. Letztere können aufgrund ihres steuerfreien Charakters den Steueraufwand nicht beeinflussen.[3] Somit existieren trotz der Neukonzeption unberücksichtigte Differenzen, weshalb weiterhin keine vollständige Erfassung gewährleistet ist.[4]

5.3 Latente Steuern im HGB Einzelabschluss

5.3.1 Bedeutung der Größenklassenkriterien

Mit dem Gesetz zur Modernisierung des Bilanzrechts sind verschiedene Zielsetzungen der Bundesregierung verbunden. Zum einen die Anpassung an die Internationale Rechnungslegung und zum anderen die Schaffung einer vergleichbaren Alternative zu den International Financial Reporting Standards (IFRS) für deutsche Unternehmen. Damit verbunden ist die Zielsetzung, die Rechnungslegungssystematik zu vereinfachen und Kosteneinsparungspotenziale zu schaffen.

[1] Vgl. Wehrheim/Renz (2011), S. 48.

[2] Vgl. Auer/Schmidt (2012), S. 396 f.

[3] Vgl. Hoffmann/Lüdenbach (2012), § 274 HGB Latente Steuern, Rz. 15.

[4] Vgl. Fuhrmann (2012), IV. Bilanzierungskonzepte zur Abbildung latenter Steuern, Rz. 117.

Größenklasse	Bilanzsumme	Umsatzerlöse	Anzahl der Arbeitnehmer (Ø)
Klein	≤ 4.840.000	≤ 9.680.000	≤ 50
Mittel	> 4.840.000 ≤ 19.250.000	> 9.680.000 ≤ 38.500.000	> 50 ≤ 250
Groß	> 19.250.000	> 38.500.000	> 250

Abb. 5.1 Einteilung von Kapitalgesellschaften nach Größenkriterien[1]

Um die Zielerreichung zu gewährleisten, wurden verschiedene Maßnahmen getroffen.[2] Der Bereich der Deregulierung betrifft vor allem Einzelkaufleute und Kapitalgesellschaften, wovon sich die Bundesregierung eine Kosteneinsparung von einer Milliarde (Mrd.) Euro (€) erhofft.[3] Betroffen von den Erleichterungsvorschriften sind Einzelkaufleute, die aufgrund ihrer Unternehmensgröße von handelsrechtlichen Pflichten befreit werden. Sie sind somit von der Durchführung einer Inventur, der Pflicht zur Bilanzierung sowie der allgemeinen Buchführung entbunden. Darüber hinaus profitieren Kapitalgesellschaften von Erleichterungen hinsichtlich der Informationspflicht, sofern sie festgelegte Schwellenwerte nicht überschreiten. Die Vorschriften zu Größenklassenkriterien sind nicht neu, sondern wurden dahingehend erweitert, dass maßgebliche Kriterien deutlich erhöht wurden. Somit steigt die Zahl der Kapitalgesellschaften, welche von bestimmten Vorschriften befreit sind, womit eine Senkung des Arbeitsaufwands verbunden ist.[4] Abbildung 5.1 soll einen Überblick über die neuen gesetzlichen Bestimmungen geben, wonach die Einteilung von Kapitalgesellschaften in Abhängigkeit der folgenden Schwellenwerte erfolgt.

Die Zuteilung zu einer Größenklasse ergibt sich, indem ein Unternehmen an zwei aufeinanderfolgenden Bilanzstichtagen mindestens zwei der in der Tabelle genannten Kriterien erfüllt. Handelt es sich dagegen um ein neu gegründetes Unternehmen, werden die am ersten Bilanzstichtag geltenden Werte für die Zuordnung herangezogen.[5] Zu beachten ist, dass kapitalmarktorientierte Unternehmen unabhängig von der Erfüllung der Schwellenwerte stets als große Kapitalgesellschaft zu klassifizieren sind.[6]

Durch diese neu gefassten Regelungen ergeben sich Konsequenzen für die Anwendung des § 274 HGB, da der Anwenderkreis latenter Steuern dementsprechend eingeschränkt wird.[7] In § 274a HGB ist definiert, welche Unternehmen von der Pflicht zur Bilanzierung latenter Steuern befreit sind. Demnach gilt die Neukonzeption latenter Steuern verpflich-

[1] In Anlehnung an: Budde/Heusinger-Lange (2010), S. 128.

[2] Vgl. BT-Drucks. 16/10067 (2008), S. 1.

[3] Vgl. Kessler (2010a), S. 47.

[4] Vgl. Mitschke (2010), S. 214 ff.

[5] Vgl. Zwirner (2009), S. 371.

[6] Vgl. Hoffmann/Lüdenbach (2012), § 267 HGB Umschreibung der Größenklassen, Rz. 23.

[7] Vgl. Mitschke (2010), S. 214 ff.

tend für mittelgroße und große Kapitalgesellschaften, sowie den dazu korrespondierenden haftungsbeschränkten Personengesellschaften. Damit verbleiben lediglich kleine KapG, die aufgrund der genannten Erleichterungsvorschriften von der Anwendung des § 274 HGB in vollem Umfang befreit sind.[1] In Bezug auf die Angaben im Anhang existieren weitere Erleichterungsvorschriften, auf die im entsprechenden Gliederungspunkt eingegangen wird. Die genannten Vorschriften, welche sich aufgrund der Größenkriterien ergeben, sind als Wahlrechte zu verstehen, weshalb Unternehmen auch unterhalb der relevanten Größenklasse von dem Ansatz latenter Steuern Gebrauch machen können. Allerdings unterliegt die Entscheidung für oder gegen die Bilanzierung latenter Steuern dem Stetigkeitsgebot.

Aufgrund der genannten Schwellenwerte wird deutlich, dass die jeweilige Klassifizierung in einem engen Verhältnis zu dem damit verbundenen Arbeitsaufwand steht. Je größer die Gesellschaft, desto größer der Aufwand der für die Erfüllung der gesetzlichen Vorschriften notwendig wird. Da sich die Unternehmen dessen bewusst sind, steigt das Bedürfnis die eigenen Größenkriterien zu beeinflussen. Dies gelingt durch gezielte Ausgestaltung der Ansatz- und Bewertungsvorschriften zum Bilanzstichtag, da für die Bestimmung der Größenkriterien stets das Stichtagsprinzip gilt. Für die Beeinflussung eignen sich die Kriterien Bilanzsumme, Umsatzerlöse und Mitarbeiter, da sie manipulativen Beurteilungsspielräumen unterliegen. Dies muss nicht zwingend strafbar sein, sondern kann auch innerhalb der gesetzlichen Regelungen erfolgen. So kann die Bilanzsumme durch Ausübung bestimmter Ansatz- und Bewertungs-vorschriften deutlich variieren. In Frage kommende Beeinflussungsfaktoren stellen beispiels-weise (bspw.) die Ober- und Untergrenze der Herstellungskosten sowie die Nichtausübung verbleibender Ansatzwahlrechte dar. Allerdings ist die bewusste Unterschreitung der Kriterien nicht immer sinnvoll, da somit in Folgeperioden ein erheblicher Mehraufwand im Falle einer Überschreitung entstehen kann.[2]

5.3.2 Auswirkungen eines Größenklassenwechsels

Die Vorschriften, die sich auf die Klassifikation von Kapitalgesellschaften beziehen, wurden bereits im vorangegangenen Gliederungspunkt erläutert. Keine Behandlung fand dabei die Fragestellung nach der Handhabung eines Größenklassenwechsels in Bezug auf die Anwendung latenter Steuern. Prinzipiell sind in diesem Zusammenhang zwei Fälle denkbar, welche die Frage nach einem richtigen Umgang begründen. Zum einen die Herabstufung einer mittelgroßen auf eine kleine Kapitalgesellschaft und zum anderen der Übergang einer kleinen auf eine mittelgroße Kapitalgesellschaft.[3] In ersterem Fall unterliegt das Unternehmen im neuen Geschäftsjahr aufgrund eines Größenklassenwechsels den Erleichterungsvorschriften nach § 274a Nummer (Nr.) 5 HGB. Demzufolge resultiert die Problematik aus einem umgekehrten Konzeptions-wechsel, da das Temporary Kon-

[1] Vgl. Wendholt/Wesemann (2009), S. 72.

[2] Vgl. Zwirner (2009), S. 372 f.

[3] Vgl. Künkele/Zwirner (2011b), S. 2263.

zept bereits angewandt wurde. Während beim Übergang auf das Temporary Konzept neue zu erfassende Differenzen entstehen, stellt der umgekehrte Fall einen Rückschritt dar, da quasi permanente Differenzen bereits gebildet wurden, welche allerdings nach dem Timing Konzept nicht existieren. Somit hat in einem ersten Schritt die Ermittlung dieser Wertdifferenzen zu erfolgen. In einem zweiten Schritt findet eine Auflösung dieser Differenzen statt, da sie nach dem Timing Konzept nicht länger fortbestehen. Anschließend ist zu prüfen, ob sich aus diesem Vorgehen eine erfolgsneutrale oder erfolgswirksame Ausbuchung ergibt.[1] Diese Problematik resultiert aus einer fehlenden gesetzlichen Regelung, weshalb versucht wird, mit Hilfe der Übergangsregelungen eine gesetzeskonforme Lösung zu finden. Wird in diesem Kontext Artikel (Art.) 67 Abs. 6 Einführungsgesetz zum Handelsgesetzbuch (EGHB) betrachtet, geht aus den Übergangsregelungen zu BilMoG hervor, dass im Zeitpunkt der Erstanwendung eine erfolgsneutrale Buchung vorgesehen ist. Diese bezieht sich aber auf den Übergang des Timing Konzepts auf das Temporary Konzept und nicht umgekehrt.[2] Dies lässt die Schlussfolgerung zu, dass eine erfolgswirksame Ausbuchung zu erfolgen hat, unabhängig davon, ob es sich bei der Bildung um einen erfolgsneutralen Sachverhalt gehandelt hat. Des Weiteren sind passive latenten Steuern nach den Regeln des GuV-orientierten Konzepts als Rückstellung zu bilanzieren.[3] Da es sich bei diesem Lösungsweg um keine gesetzlich fixierte Regelung handelt, ist abzuwarten wie die betroffenen Unternehmen mit dieser Problematik umgehen werden. Um eine einheitliche Ausübung zu gewährleisten, sollte der Gesetzgeber dringend eine Stellungnahme erlassen, in welcher ein regelkonformes Vorgehen aufgezeigt wird.

Einfacher gestaltet sich der Sachverhalt im umgekehrten Fall. Wie bereits erwähnt, bezieht sich Art. 67 Abs. 6 EGHGB auf die Erstanwendung und nicht explizit auf den Übergang durch BilMoG. Gemeint ist der Konzeptionswechsel vom Timing zum Temporary Konzept. Dieser ist vergleichbar mit einem Größenklassenwechsel von einer kleinen zu einer mittelgroßen KapG. Dies begründet die Annahmen, dass auch bei einer späteren Anwendung des Temporary Konzepts die Umstellungseffekte erfolgsneutral zu berücksichtigen sind.[4] Allerdings nur, wenn die Anwendung des § 274 HGB erstmalig erfolgt. Liegt dieser Tatbestand nicht vor, erfolgt die Erfassung aktiver und passiver latenter Steuern erfolgswirksam. Bereits gebildete Rück-stellungen sind ebenfalls erfolgswirksam aufzulösen, sofern sie den Charakter einer passiven latenten Steuer besitzen.[5]

Die nachfolgenden Gliederungspunkt beziehen sich auf die Anwendung des § 274 HGB n. F., welche die Voraussetzungen für die Bildung latenter Steuern, die Zuordnung zu ihrer jeweiligen Ausprägung sowie die anschließende Bewertung und den richtigen Ausweis beinhalten. Darüber hinaus werden Problemstellungen angesprochen, welche sich hauptsächlich auf KapG beziehen, die nicht dem Temporary Konzept unterliegen und somit auch im Fall eines Größenklassen-wechsels zu beachten sind.

[1] Vgl. Petersen (2011), S. 259.

[2] Vgl. BR-Drucks. 270/09 (2009), S. 28.

[3] Vgl. Fuhrmann (2012), III. Verpflichtung zur Bilanzierung latenter Steuern, Rz. 101.

[4] Vgl. Petersen (2011), S. 259.

[5] Vgl. Fuhrmann (2012), III. Verpflichtung zur Bilanzierung latenter Steuern, Rz. 101 f.

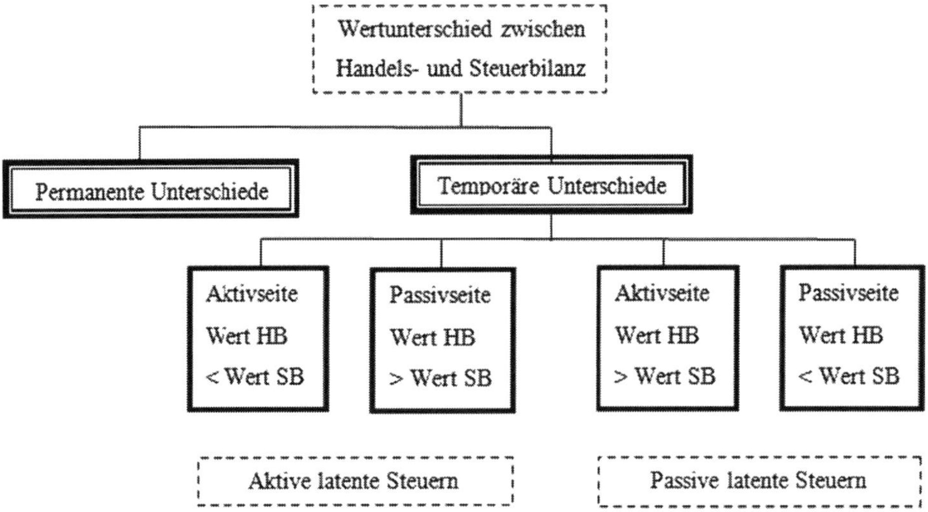

Abb. 5.2 Übersicht über die Ausprägungen latenter Steuern[1]

5.3.3 Ansatz latenter Steuern

Die Entstehung latenter Steuern wurde bereits in Kap. 2.3 anhand der Klassifizierung der Differenzen erörtert. Es existieren zwei mögliche Ausprägungen von Wertdifferenzen, für die im folgenden Gliederungspunkt eine Abgrenzung vorgenommen wird. Zum einen aktive und zum anderen passive Steuerlatenzen. Ihre Einstufung ist davon abhängig, ob sie in Zukunft zu einer Steuerbe- oder –entlastung führen. Dies lässt sich anhand der Veränderung des Nettovermögensausweises erkennen. Des Weiteren gibt diese Einordnung Auskunft über ihre Bilanzierungsfähigkeit. Demnach ist ein Unternehmen entweder zum Ausweis verpflichtet oder kann von einem Wahlrecht hinsichtlich der Bilanzierung Gebrauch machen.[2] Einen Überblick über die beiden Ausprägungen der Steuerlatenzrechnung, sowie deren Ermittlungssystematik ist Abb. 5.2 zu entnehmen. Es sei an dieser Stelle noch einmal darauf hingewiesen, dass ihre Entstehung ausschließlich auf zeitlich begrenzten und quasi permanenten Differenzen beruht.

5.3.3.1 Passive latente Steuern

Bei passiven latenten Steuern handelt es sich um Steuerverbindlichkeiten gegenüber der öffentlichen Hand, welche das Unternehmen in Folgeperioden erwartet.[3] Aufgrund ihres Verbindlichkeitscharakters sind sie zwingend zu passivieren.[4] Prinzipiell gibt es zwei Sach-

[1] In Anlehnung an Ernst & Young (2012), S. 6.

[2] Vgl. Fuhrmann/Gellrich (2012), II. Ansatz, Rz. 25 ff.

[3] Vgl. Kaindl (2010), S. 3.

[4] Vgl. Sicherer (2011), S. 91.

verhalte, aus denen der Ansatz passiver latenter Steuern resultiert. Zum einen, wenn ein Vermögenswert auf der Aktivseite in der Handelsbilanz höher bewertet wird als in der Steuerbilanz und zum anderen wenn der steuerliche Buchwert eines Passivpostens höher ist als der handelsrechtliche Wertansatz. Die sich daraus ergebenden Unterschiede haben aufgrund der folgenden Systematik eine steuerbelastende Wirkung.[1] Ziel der Neukonzeption durch BilMoG ist es, einen aussagefähigen Reinvermögensausweis zu gewährleisten. Um dieses Ziel zu erreichen, bildet das Reinvermögen den Ausgangspunkt für die Ermittlung der jeweiligen Ausprägung der Differenz. Werden in diesem Zusammenhang die beiden zuvor genannten Sachverhalte betrachtet, wird deutlich, dass sie jeweils zu einer Erhöhung des handelsrechtlichen Netto-vermögens führen.[2] Allerdings bemisst sich die Steuerlast des Unternehmens nach dem steuerlichen Ergebnis, welches zum Zeitpunkt der Abgrenzung latenter Steuern geringer ist. Durch den, im Vergleich zur Handelsbilanz, niedrigeren Gewinnausweis würde das Unternehmen zunächst von einer geringeren Steuerbelastung profitieren. Dies wäre aber nicht mit dem Ziel eines realistischen Ergebnisausweises vereinbar. Um dem gerecht zu werden, erfolgt die Passivierung einer Steuerlatenz. Der vermeintliche Vorteil einer geringeren BMG kompensiert sich somit durch die Auflösung der passiven latenten Steuer im Zeitpunkt ihrer Umkehrung. Durch dieses Vorgehen steigt der steuerliche Gewinn und somit zeitgleich die Steuerlast. Aus diesem Grund handelt es sich bei passiven latenten Steuern um die Abbildung zukünftiger Steuerbelastungen.[3] Weshalb sie grundsätzlich auf zu versteuernde temporäre Differenzen zurückzuführen sind.[4]

Zur Verdeutlichung dient folgendes Beispiel. Ein Unternehmen besitzt selbst geschaffene immaterielle Vermögensgegenstände. Diese sind im Anlagevermögen bilanziert, weshalb nach § 248 Abs. 2 HGB eine Aktivierung erfolgen darf. Dagegen ist nach § 5 Abs. 2 EStG eine Aktivierung ausgeschlossen, da sie nicht entgeltlich erworben wurden. Aus diesem Vorgang resultiert eine Bilanzierung dieses Sachverhaltes auf der Aktivseite der Handelsbilanz im Vergleich zur Steuerbilanz. Die sich daraus ergebende Erhöhung des Reinvermögens verfälscht den Steueraufwand, da unter Beachtung dieses Sachverhalts mit einer höheren Steuerlast zu rechnen wäre. Des Weiteren handelt es sich um eine zeitlich begrenzte Differenz, da sich die Wertunterschiede durch planmäßige Abschreibungen im Zeitverlauf wieder ausgleichen werden.[5]

Die beschriebene Ermittlungssystematik passiver latenter Steuern bezieht sich auf Kapitalgesellschaften, welche § 274 HGB unterliegen. Fraglich ist, wie die Anwendung zu erfolgen hat, wenn es sich um KapG handelt, welche von dieser Vorschrift nicht betroffen sind. Die in diesem Zusammenhang existierenden Probleme und Anwendungsfragen werden im Folgenden erläutert.

[1] Vgl. Wendholt/Wesemann (2009), S. 67.

[2] Vgl. Kessler/Leinen/Paulus (2009), S. 717 f.

[3] Vgl. Lange/Müller (2012), Auswirkungen des BilMoG im JA, Rz. 213.

[4] Vgl. DRSC, DRS 18, Rz. 8.

[5] Vgl. Petersen/Zwirner/Künkele (2011), S. 146.

5.3.3.1.1 Prüfung eines Rückstellungscharakters bei kleinen KapG

In diesem Abschnitt sollen praktische Probleme im Umgang mit den in Gliederungspunkt 5.3.1 dargestellten Befreiungsvorschriften aufgezeigt werden. Für kleine KapG und Nichtkapitalgesellschaften besitzt diese nicht abschließend geklärte Problematik eine hohe Relevanz, da ihnen im Falle der Falschanwendung rechtliche Konsequenzen drohen. Diese beziehen sich auf eine nicht rechtskonforme Gewinnverwendung, welche aus einer falschen Umsetzung latenter Steuern resultieren kann.[1]

Besondere Bedeutung kommt den Unternehmen zu, die unter die Befreiungsvorschriften nach § 274a Nr. 5 HGB fallen. Dies ergibt sich aus dem Aufbau des HGB. Die Niederschrift des § 274 HGB befindet sich in dem für Kapitalgesellschaften relevanten Abschnitt. Somit existieren für den Unternehmenskreis der kleinen KapG keine expliziten Ausführungen, inwieweit latente Steuern dennoch zu berücksichtigen sind.[2] Die nachfolgende Diskussion bezieht sich in erster Linie auf kleine KapG, kann allerdings auf gleichgestellte Personengesellschaften übertragen werden. In diesem Zusammenhang bildet die Regierungsbegründung zum BilMoG die Untersuchungsgrundlage, da sie sich in ihren Ausführungen auf Gesellschaften bezieht, welche nicht verpflichtend dem Temporary Konzept unterliegen. Dieser ist zu entnehmen, dass der Ansatz künftiger Steuerbelastungen zwingend zu erfolgen hat, sofern die Merkmale einer Rückstellung erfüllt sind.[3] Diese vorstehenden Ausführungen erwecken den Anschein, dass Einigkeit über die praktische Umsetzung besteht. Dies ist nicht der Fall. Vielmehr existieren zahlreiche Meinungen aufgrund unterschiedlicher Interpretation und Auslegung der Gesetzesgrundlage, welche nachstehend dargestellt werden. Ausgangspunkt der Diskussionen bildet folgender Gesetzeswortlaut:

> [...] haben kleine Kapitalgesellschaften danach nur passive latente Steuern zu ermitteln und dies nur dann, wenn *gleichzeitig* die Tatbestandsvoraussetzungen für den Ansatz einer Rückstellung gemäß § 249 Abs. 1 Satz 1 HGB vorliegen.[4]

Diese Formulierung lässt viel Interpretationsspielraum, da nicht direkt hervorgeht, welche Voraussetzungen im Detail gegeben sein müssen. Des Weiteren fehlt es an einer Stellungnahme, in der explizit darauf hingewiesen wird, dass nach dem Willen des Gesetzgebers künftige Steuerbelastungen mit ungewissen Verbindlichkeiten gleichzustellen sind.[5]

In der neuesten Verlautbarung des Institut der Wirtschaftsprüfer in Deutschland e. V. (IDW), der IDW Stellungnahme zur Rechnungslegung Hauptfachausschuss des IDW 7 (IDW RS HFA 7) sind die Voraussetzungen für eine Rückstellung erfüllt, wenn die unterschiedlichen Wertansätze zwischen Handels- und Steuerrecht zeitlich begrenzt sind und

---

[1] Vgl. Müller/Kreipl (2011), S. 1701.

[2] Vgl. Hoffmann/Lüdenbach (2012), § 274 Latente Steuern, Rz. 3a.

[3] Vgl. BT-Drucks. 16/10067 (2008), S. 68.

[4] BT-Drucks. 16/10067 (2008), S. 68.

[5] Vgl. Lüdenbach/Freiberg (2011), S. 1581.

mit der Umkehrung eine steuerliche Belastung verbunden ist.[1] Demnach genügt es, dass die zu erwartende Belastung auf das Handelsvermögen, welches sich zum Bilanzstichtag ergibt, zurückzuführen ist.[2] Diese Behandlung ist sachgerecht, da sie dem Prinzip der Kapitalerhaltung gerecht wird. Dies wird erreicht, indem eine bereits feststehende zukünftige Zahlungsverpflichtung für den Bilanzadressaten ersichtlich ist. Es ist allerdings zu überprüfen, ob selbiger Sachverhalt auch auf quasi unbegrenzte Differenzen zutrifft. Bei diesen Wertdifferenzen liegt ein erheblicher Zukunftsbezug aufgrund der unternehmerischen Entscheidungsfreiheit vor, da ein Steuereffekt erst mit Liquidation des entsprechenden Wirtschaftsguts verwirklicht wird. Demnach kann nicht zweifelsfrei davon ausgegangen werden, dass sich für das Unternehmen in Zukunft eine Schuld ergibt. Die Auflösung dieser Unterschiedsbeträge erfolgt zwar spätestens mit Veräußerung des Unternehmens, kann aber nicht zu der Entscheidung führen, diese als sicher zu erwartende Schuld zu definieren. Dies wäre nur möglich, wenn das Prinzip der Unternehmensfortführung missachtet wird. Aus diesem Grund wird der Ansatz einer Rückstellung untersagt, sofern der Zeitpunkt der Auflösung an eine unternehmerische Disposition geknüpft ist.[3] Aufgrund der Kongruenz zu dem durch das BilMoG abgeschafften Timing Konzept wird davon ausgegangen, dass die betreffenden Gesellschaften diesem weiterhin unterliegen.[4] Diese Behandlung wird befürwortet, da es keine Änderung der GoB gab, die gegen dessen Anwendung sprechen würden.[5] Allerdings wird die Auffassung vertreten, dass die Mehrheit der zu passivierenden latenten Steuern die Kriterien einer Verbindlichkeitsrückstellung erfüllen. Somit wird unterstellt, dass überwiegend eine Erfassung als Rückstellung erfolgt und lediglich vereinzelt Ausnahmen bestehen, welche nicht zu solch einem Ansatz führen werden. Für die betroffenen Unternehmen würde dies bedeuten, dass sich die Erleichterungsvorschriften ausschließlich auf quasi permanente Wertunterschiede beziehen.[6]

Darüber hinaus existiert in der Praxis auch eine gegensätzliche Meinung, bei der die Autoren Hoffmann/Lüdenbach die im Schrifttum meist vertretenen Gegner der vorherigen Ausführungen darstellen. Ihre Überlegungen knüpfen an die Definition einer Rückstellung an, welche im Folgenden dargestellt wird.

Grundsätzlich sind Rückstellungen definiert als Verbindlichkeiten, „die am Bilanzstichtag entweder schon rechtlich entstanden oder wirtschaftlich verursacht sind […]“.[7]

In Bezug auf latente Steuern kann das Merkmal der rechtlichen Entstehung regelmäßig ausgeschlossen werden. Begründet wird dies dadurch, dass passive latente Steuern in der Regel durch Belastungen entstehen, die sich auf die Höhe der Gewerbe- und Körperschaftssteuer auswirken. Aus diesem Grund würde sich die Rückstellungsbildung auf eine

---

[1] Vgl. Müller/Kreipl (2011), S. 1702 f.

[2] Vgl. Schindler (2011), S. 342.

[3] Vgl. Kirsch/Hoffmann/Siegel (2012), S. 1294 f.

[4] Vgl. Petersen (2011), S. 259.

[5] Vgl. Lange/Müller (2012), Auswirkungen des BilMoG im JA, Rz. 296.

[6] Vgl. Müller/Kreipl (2011), S. 1702 f.

[7] Lüdenbach (2011), S. 160.

Steuerart beziehen. Die rechtliche Entstehung einer Steuer erfolgt allerdings erst in der Folgeperiode, da der jeweilige Erhebungszeitraum zum Bilanzstichtag noch nicht abgeschlossen ist. Mit alleiniger Betrachtung dieses Sachverhalts ist die Erfüllung der Rückstellungskriterien ausgeschlossen. Ungeachtet dessen liegt eine Wertdifferenz zu diesem Zeitpunkt bereits vor. Somit verbleibt als einzige Ansatzerklärung der Rückstellung die wirtschaftliche Verursachung.[1] Da die Definition der wirtschaftlichen Verursachung von der Art der Verpflichtung abhängt, besteht zunächst Klärungsbedarf, welcher Fallgruppe diese Form von Rückstellung zuzuordnen ist. Die vom Fiskus zu vereinnahmende Steuerlast beruht grundsätzlich auf einer öffentlich-rechtlichen Grundlage. Demnach ergibt sich eine wirtschaftliche Verursachung, wenn eine Schuld bereits faktisch feststeht und nur noch ein ökonomisch unbedeutender Teil, der zur Verwirklichung der Schuld beiträgt, aussteht.[2]

Im Hinblick auf diese Definition ist zu untersuchen, ob eine Rückstellung für Steuerschulden bereits wirtschaftlich verursacht wurde. Demzufolge muss es sich um eine Verbindlichkeit gegenüber einem Dritten handeln, die auf eine Begebenheit aus dem vergangenen Geschäftsjahr zurückzuführen ist. Denn nur unter diesen Bedingungen liegt das Merkmal der wirtschaftlichen Verursachung vor. Hingegen liegt die Zielsetzung in der Bildung einer künftigen Steuer-belastung darin, eine bereits für die Zukunft zu erwartende Verbindlichkeit, deren Eintritt wahrscheinlich ist, bereits zum Bilanzstichtag abzubilden. Die wirtschaftliche Grundlage für die Bildung der Rückstellung ist demnach die Steuerlast.[3] Für diese gilt ebenfalls die Entstehung mit Ende des Erhebungszeitraums, welcher nicht mit dem Stichtag übereinstimmt.[4] In Anbetracht dessen wird der Großteil, der zur Erfüllung der wirtschaftlichen Verursachung beiträgt, erst in der Zukunft verwirklicht und ist damit nicht erfüllt.[5] Die Untersuchung der Rückstellungskriterien führt folglich zu dem Ergebnis, dass eine Gleichstellung mit passiven latenten Steuern nicht sachgemäß ist.[6]

Darüber hinaus stellt sich die Frage, ob der Ansatz einer passiven latenten Steuer auf gesetzlicher Basis zu einer Rückstellung führen darf.[7] Um diese zu beantworten, bedarf es einer Betrachtung der alten Rechtslage, sowie des nicht vollständig übernommenen Regierungsentwurfs des BilMoG. Nach dem damals gültigen Timing Konzept wurde die Passivierung als Rückstellung gesetzlich vorgeschrieben. Da dies nach aktueller Rechtslage nicht mehr gesetzlich verankert ist, liegt die Vermutung nahe, dass eine Rückstellungsbildung nach der heutigen Konzeption nicht zu erfolgen hat.[8] Diese Annahme wird

[1] Vgl. Lüdenbach (2011), S. 160.

[2] Vgl. Hoffmann/Lüdenbach (2012), Rz. 3e.

[3] Vgl. Müller (2011), S. 1048.

[4] Vgl. Hoffmann/Lüdenbach (2012), Rz. 3e.

[5] Vgl. Müller (2011), S. 1048.

[6] Vgl. Hoffmann/Lüdenbach (2012), Rz. 3e.

[7] Vgl. Lüdenbach (2011), S. 160.

[8] Vgl. Lüdenbach/Freiberg (2010), S. 1975.

durch den Entwurf des Gesetzgebers verstärkt, da in diesem darauf hingewiesen wird, dass latente Steuern nicht in vollem Umfang einer Rückstellung nach § 249 Abs. 1 HGB entsprechen. Er weist zwar auf teilweise Überein-stimmungen zwischen den beiden Posten hin, aber verweist zeitgleich darauf, dass aufgrund der Modernisierung des Bilanzrechts latente Steuern nunmehr als „Posten eigener Art“ fortbestehen sollen. Demzufolge sind sie nicht länger unter den Rückstellungen auszuweisen, sondern gesondert in der Bilanz zu erfassen.[1] Darüber hinaus kann ein Erklärungsversuch mit Hilfe des Vollständigkeitsgebots nach § 246 HGB erfolgen, welches von allen Kaufleuten zu beachten ist. Während in dem Regierungsentwurf zu BilMoG hierbei noch latente Steuern eingeschlossen waren, wurde diese Passage im endgültigen Schreiben entfernt. Vor diesem Hintergrund bestehen berechtigte Zweifel, ob kleine KapG tatsächlich von der Anwendung latenter Steuern betroffen sind. Demgegenüber sind Schulden aufgelistet, wonach auch Rückstellungen verpflichtend zur Erfüllung des Vollständigkeitsgebots miteinzubeziehen sind. In diesem Kontext wird allerdings deutlich, dass mit Beurteilung der reinen Gesetzesgrundlage nicht davon ausgegangen werden kann, dass künftige Steuerbelastungen als Schuld im eigentlichen Sinne zu berücksichtigen sind.[2]

Die soeben diskutierten Lösungsansätze betrachten lediglich die Erfüllung des Rückstellungs-charakters. Darüber hinaus besteht in der Literatur noch eine andere Sichtweise. Diese beurteilt die Bildung einer Rückstellung in Abhängigkeit der Zahlungsströme der betreffenden Sachverhalte. Diese abstraktere Sichtweise wird von den Autoren Müller und Kreipl vertreten. Sie entnehmen dem Wortlaut der Gesetzesbegründung eine Differenzierung zwischen passiven latenten Steuern und Rückstellungen.[3] Ihre Argumentation knüpft an bereits genannte Tatbestände an, interpretiert diese allerdings anders. Wie bereits erwähnt, war in dem Entwurf zu BilMoG vorgesehen, das Vollständigkeitsgebot um den Posten latente Steuern zu erweitern. In der endgültigen Fassung wird allerdings die Behandlung als Sonderposten eigener Art genannt. Daraus resultiert die Annahme, dass der Gesetzgeber darauf hinweisen wollte, dass zwischen den §§ 249 Abs. 1 und 274 HGB keine zwingende Verbindung besteht und diese unabhängig voneinander angewandt werden können. Es wird davon ausgegangen, dass Sachverhalte existieren, welche einerseits auf beide Positionen Bezug nehmen oder sich andererseits entweder auf eine künftige Steuerbelastung oder auf eine Verbindlichkeitsrückstellung beziehen.[4] Aus diesem Grund wird die Auffassung vertreten, dass noch eine weitere Vorgehensweise existiert. Nach Müller und Kreipl wäre es daher denkbar, eine Differenzierung anhand der zukünftigen Liquiditätszuflüsse und –abflüsse vorzunehmen, welche künftige Steuerzahlungen betreffen.[5] Im Fall von Geschäftsvorfällen, welche zu gleichbleibenden Zahlungsströmen führen, wenngleich die Ausgestaltung in Handels- und Steuerbilanz unterschiedlich erfolgt, ist keine

[1] Vgl. Müller (2011), S. 1047.

[2] Vgl. Lüdenbach/Freiberg (2011), S. 1582.

[3] Vgl. Müller/Kreipl (2011), S. 1702 f.

[4] Vgl. Lange/Müller (2012), Auswirkungen des BilMoG im JA, Rz. 295.

[5] Vgl. Müller/Kreipl (2011), S. 1703.

Rückstellungsbildung vorgesehen. Verdeutlicht wird diese These, wenn in diesem Kontext zwei gleichwertige Unternehmen betrachtet werden. In beiden Unternehmen entstehen dieselben Entwicklungskosten. Allerdings werden sie nur in einem Unternehmen aktiviert. Unabhängig von der Ansatzentscheidung werden sie im Steuerrecht als abzugsfähige Betriebsausgaben behandelt. Dadurch kommt es in beiden Unternehmen zu denselben Zahlungsströmen, da sich die steuerliche Belastung bereits im Ansatzjahr voll auswirkt. Demnach führt dieser Vorgang in keinem der beiden Unternehmen zu einem weiteren Ressourcenabfluss in Folgeperioden.[1] Dagegen erfolgt der Ansatz passiver latenter Steuern in Form einer Rückstellung dann, wenn sich die Zu- und Abflüsse aus Steuern verändern. Solch eine Veränderung liegt generell vor, wenn im Steuerrecht Wahlrechte dementsprechend ausgestaltet werden, dass es vorübergehend zu einer Stundung der Steuerbelastung kommt. Zur Verdeutlichung dient ein Veräußerungs-gewinn im Zusammenhang mit einem Betriebsgebäude. Den vereinnahmten Ertrag versteuert ein Unternehmen sofort, während das andere Unternehmen eine Rücklage bildet und diese in den Folgejahren auf ein anderes betrieblich genutztes Gebäude überträgt. Durch die unterschiedliche Handhabung entsteht bei beiden Unternehmen eine Steuerbelastung in unterschiedlicher Höhe, welche sich in Folgejahren wieder ausgleicht. Aufgrund der Rücklagenbildung fällt die zu entrichtende Steuer im Vergleich zu einer sofortigen Versteuerung geringer aus. Dies wird als Stundungseffekt angesehen, da die Steuerbelastung auf Jahre, in denen die Übertragung stattfindet, verteilt wird und somit die Abschreibungsgrundlage sinkt. Es ist erkennbar, dass bei dem einen Unternehmen durch die Rücklagenbildung in Zukunft noch weitere Ressourcen abfließen, wodurch der Ansatz einer Rückstellung begründet wird.[2]

Insgesamt wurden drei verschiedene Meinungen vorgestellt, die jeweils eine andere Behandlungsweise empfehlen. Diese resultieren aus fehlenden gesetzlichen Grundlagen, weshalb in der Praxis alle Vorgehensweisen mit fundierter Begründung angewandt werden können. Auch die neueste Stellungnahme des IDW[3] überzeugt nicht, da die beschriebenen Kritikpunkte dadurch nicht geschmälert werden. Vielmehr geht hervor, dass sich die Konzeption der Steuerabgrenzung nicht allein auf den Anwenderkreis mittelgroßer und großer Kapitalgesellschaften beschränkt, sondern im Schrifttum darüber hinaus eine modifizierte Anwendung für im eigentlichen Sinne ausgeschlossene Unternehmen gefordert wird. Hinsichtlich des Grundsatzes der Kapitalerhaltung sind diese Überlegungen angemessen, da eine verbesserte Darstellung der Vermögenslage nicht rechtsformabhängig sein sollte. Dem entgegen steht die bewusste Einführung von Erleichterungsvorschriften im Sinne einer Deregulierung der Rechnungslegung. Aufgrund dieser Zielsetzung des BilMoG, kann davon ausgegangen werden, dass der Gesetzgeber eine verschlechterte VFE-Lage bewusst akzeptiert, um eine Aufwandsdifferenzierung auf Seiten der Unternehmen zu erreichen.[4]

[1] Vgl. Lange/Müller (2012), Auswirkungen des BilMoG im JA, Rz. 303.

[2] Vgl. Müller/Kreipl (2011), S. 1703 f.

[3] Vgl. IDW RS HFA 7 (2012). Rz. 26 f.

[4] Vgl. Müller (2011), S. 1049.

Es wird deutlich, dass weiterer Klärungsbedarf besteht, da aufgrund der verschiedenen Auffassungen dringend eine einheitliche Behandlungsweise vorgeschrieben werden sollte. Die dadurch möglicherweise erschwerte Vergleichbarkeit von Jahresabschlüssen kann nicht dem Willen des Gesetzgebers entsprechen.

5.3.3.1.2 Erfassung von Steuerbelastungen bei kleinen KapG

In dem vorangegangenen Gliederungspunkt wurde bereits aufgezeigt, dass passive latente Steuern mehrheitlich als Rückstellung ausgewiesen werden. Die Problematik besteht nun darin, dass es sich um Rückstellungen handelt, welche sich erst in Folgeperioden umkehren. Dadurch besitzen sie teilweise den Charakter langfristiger Rückstellungen, für die nach der heutigen Bewertungspraxis eine Diskontierungspflicht besteht.[1] Daraus würde sich eine Vermischung „alter Bilanzierungsregeln" mit den Regelungen nach BilMoG ergeben, welche es sachgemäß zu behandeln gilt. Demnach könnte angenommen werden, dass kleine KapG passive latente Steuern in Form einer Rückstellung diskontieren müssen. Allerdings besteht nach dem Temporary Konzept ein Abzinsungsverbot für latente Steuern.[2] Da sich die Ermittlung des Diskontierungssatzes aufgrund des Zukunftsbezugs als schwierig und sehr aufwändig erweist, wären die betreffenden Unternehmen gegenüber mittelgroßen und großen Kapitalgesellschaften benachteiligt. Andererseits sollte die Einführung der Befreiungsvorschrift dazu dienen, eine Entlastung kleiner Gesellschaften zu gewährleisten. Würde für sie nun eine Abzinsungspflicht bestehen, wäre dies ein Widerspruch zu den Zielen des Gesetzgebers.[3] Der in der Praxis anzutreffende Lösungsansatz vertritt daher die Auffassung, auch bei kleinen KapG auf die Diskontierung der „latenten Steuern" zu verzichten. Somit erfolgt eine teilweise Anpassung an die Regelungen des Temporary Konzepts.[4]

Nachdem bisher auf die Behandlung passiver latenter Steuern im Fall der Nichtanwendung des § 274 HGB eingegangen wurde, stellt sich die Frage, inwieweit Steuerentlastungen in diesem Kontext zu berücksichtigen sind.[5] Auch hierzu findet sich eine entsprechende Formulierung in der Gesetzesbegründung.

> Wegen der künftig nicht mehr vorzunehmenden Verrechnung der aktiven und der passiven latenten Steuern sind die aktiven latenten Steuern nicht mehr zu berechnen.[6]

Wird dieser gefolgt, sind im Fall der Ausübung des Wahlrechts aktive latente Steuern für die betreffenden Unternehmen vollkommen irrelevant. Dagegen wird in der Literatur eine andere Auffassung vertreten. Vielmehr wird die Höhe der Rückstellung dadurch bestimmt,

[1] Vgl. Spingler (2010), S. 1025.

[2] Vgl. Petersen (2011), S. 259.

[3] Vgl. Breker (2012), S. 1.

[4] Vgl. Lange/Müller (2012), Auswirkungen des BilMoG im JA, Rz. 297.

[5] Vgl. Lüdenbach/Freiberg (2011), S. 1579.

[6] BT-Drucks. 16/10067 (2008), S. 68.

dass aktive und passive latente Steuern saldiert werden. Folglich sind künftige Steuerentlastungen – entgegen der Meinung des Gesetzgebers – zwingend in die Berechnung miteinzubeziehen.[1] Weiterhin stellt sich die Frage, in welchem Umfang künftige Steuerentlastungen zu berücksichtigen sind, wenn das Unternehmen das Wahlrecht ausübt. Aufgrund des Ausschlusses in der Gesetzesbegründung fehlt es diesbezüglich an detaillierten Angaben. Nach mehrheitlicher Auffassung wird es als sachgerecht erachtet, dass kleine Kapitalgesellschaften somit unter den gesamten Regelungsbereich des § 274 HGB fallen und sich für sie alle damit verbundenen Konsequenzen ergeben. Demnach ist es nicht möglich, nur die positiven Aspekte wie etwa die Verlustverrechnung im Rahmen der Ermittlung zu berücksichtigen.[2] Daher sind steuerliche Verlustvorträge und aktive latente Steuern unter bestimmten Voraussetzungen in die Ermittlung miteinzubeziehen.[3] Der Zeitpunkt der wirtschaftlichen Verursachung der kompensierenden Sachverhalte muss grundsätzlich mit dem Zeitpunkt der Entstehung der künftigen Steuerbelastungen übereinstimmen. Ein Ansatz ist damit berechtigt, wenn die einzubeziehenden Sachverhalte ihre Wirkung im selben Jahr entfalten. Aus diesem Grund muss die Vortrags-fähigkeit von Verlustvorträgen gewährleistet sein bzw. die Auflösung der aktiven latenten Steuer kann nur insoweit in dem aktuellen Jahr berücksichtigt werden, als sie diesem auch zuzurechnen ist. Handelt es sich dagegen um Verlustvorträge, welche sich erst in Folgejahren realisieren, sind diese nicht in die Berechnung miteinzubeziehen. Die Höhe der Rückstellung ergibt sich durch eine Saldierung der künftigen Steuerbelastungen mit aktiven latenten Steuern.[4]

Die vorstehenden Ausführungen behandeln erfolgswirksame Ergebnisunterschiede, weshalb sich die folgenden Überlegungen darauf beziehen, ob Wertunterschiede, die aus erfolgsneutralen Vorgängen resultieren, ebenfalls den Ansatz einer Rückstellung begründen. Da ein Einbezug in die latente Steuerabgrenzung nur möglich ist, wenn die zukünftige Auflösung steuerwirksam ist, führen auch erfolgsneutrale Vorgänge zu einer Schuld in Form einer Steuerbelastung. Damit verbleibt eine Prüfung des zeitlichen Hintergrundes hinsichtlich der Aufwandserfassung und den zugehörigen Erträgen. Aufgrund der erfolgsneutralen Erfassung entstehen diese erst im Zeitpunkt der Umkehrung der Differenz, weshalb eine Rückstellungsbildung bedenklich ist. Dem gegenüber stellt das zugrunde gelegte Wirtschaftsgut einen Ertragswert dar, welcher wegen der Bilanzierung hinreichend sicher ist. Wird in die weiteren Überlegungen der Grundsatz des Gläubigerschutzes einbezogen, sollte dennoch eine Rückstellungsbildung für den zukünftig zu erwartenden Steuereffekt erfolgen. Dieses Vorgehen führt gleichzeitig zu der Erfüllung der Zielsetzung einer verbesserten Darstellung der VFE-Lage.[5]

Die Ermittlung der Verbindlichkeitsrückstellung hat demnach erfolgsneutrale und erfolgswirksame Unterschiedsbeträge miteinzubeziehen, sofern es sich um zeitlich begrenz-

[1] Vgl. Lüdenbach/Freiberg (2011), S. 1581.

[2] Vgl. ebenda, S. 1579.

[3] Vgl. Schindler (2011), S. 342.

[4] Vgl. Kessler/Leinen/Paulus (2009), S. 720.

[5] Vgl. Kirsch/Hoffmann/Siegel (2012), S. 1295.

te Differenzen handelt. Der ermittelte Rückstellungbetrag ist darüber hinaus, trotz widersprüchlichem Wortlaut der Gesetzesbegründung, um aktive latente Steuern zu mindern. Auf die Wirkung sowie die Entstehung künftiger Steuerentlastungen wird im nächsten Gliederungspunkt eingegangen. Die nachstehenden Ausführungen beziehen sich auf mittlere und große KapG, können allerdings hinsichtlich der Wirkungsweise ebenfalls auf kleine KapG übertragen werden.

5.3.3.2 Aktive latente Steuern

Bei dem Ansatz aktiver latenter Steuern handelt es sich um die mögliche bilanzielle Erfassung zukünftig zu erwartender Steuerminderungen. Ausgehend von einer wirtschaftlichen Betrachtungsweise gelten sie als Forderungen gegenüber dem Finanzamt. Daraus kann entweder eine Rückzahlung bereits getätigter Steuerzahlungen oder eine Verringerung zukünftiger Steuerbelastungen erfolgen.[1] Grundsätzlich entstehen Steuerminderungen aufgrund von abzugsfähigen temporären Unterschiedsbeträgen.[2] Die Ermittlung der Steuerentlastung erfolgt ebenso wie die Ermittlung steuerbelastender Vorgänge anhand eines Vergleichs jedes Bilanzpostens in der Handelsbilanz mit den Werten in der Steuerbilanz. Resultiert aus diesem Vorgehen ein geringerer Wertansatz auf der Aktivseite der Handelsbilanz im Vergleich zum korrespondierenden steuerlichen Wertansatz,[3] vermindert sich das Reinvermögen im handelsrechtlichen Jahresabschluss. Durch den zukünftigen Abbau dieser Differenz entsteht ein steuermindernder Vorgang.[4] Ebenfalls führt eine höhere Ansatzdifferenz auf der Passivseite der Handelsbilanz gegenüber dem steuerlichen Wertansatz zu einer Verringerung des Reinvermögens.[5] Aufgrund der Orientierung an der Steuerbilanz für steuerliche Zwecke liegen ein höheres zu versteuerndes Einkommen und somit auch eine höhere Steuerbelastung im Jahr der Entstehung der Differenz vor. Die Auflösung dieser Differenz in den Folgejahren wirkt sich einkommensmindernd in der Steuerbilanz aus, weshalb es sich bei aktiven latenten Steuern um einen steuerreduzierenden Sachverhalt handelt.[6] Als Beispiel kann hierfür der Ansatz eines entgeltlich erworbenen Geschäfts- oder Firmenwerts dienen. Grundsätzlich resultieren veränderte Buchwerte nicht durch die Erst-, sondern durch die Folgebewertung aufgrund einer unterschiedlichen Nutzungsdauer. Während die Abschreibungsdauer nach handelsrechtlichen Normen in der Regel fünf Jahre beträgt, ist aus steuerlicher Sicht eine Abschreibungsdauer von 15 Jahren vorgesehen. Durch die differenzierte Behandlung des Wertverlustes ergibt sich bereits im Folgejahr zum einen ein höherer Ausweis auf der Aktivseite der Steuerbilanz und zum anderen eine höhere Steuerbelastung. Die Umkehrung der Differenz nach Ablauf der Abschreibungsdauer wirkt sich steuermindernd aus. Dieser Effekt wird durch Bildung

[1] Vgl. Kaindl (2010), S. 3.

[2] Vgl. DRSC, DRS 18, Rz. 8.

[3] Vgl. Wendholt/Wesemann (2009), S. 65.

[4] Vgl. Kessler/Leinen/Paulus (2009), S. 716.

[5] Vgl. Wendholt/Wesemann (2009), S. 65.

[6] Vgl. DRSC, DRS 18, Rz. 12 f.

einer aktiven latenten Steuer bereits im Zeitpunkt der Differenzentstehung berücksichtigt.[1] Abbildung 5.2 in Gliederungspunkt 5.3.3 fasst die soeben beschriebene Systematik übersichtlich zusammen.

Grundsätzlich besteht für die Unternehmen ein Wahlrecht bezüglich (bzgl.) der Aktivierung einer aktiven Steuerlatenz. Dieses Wahlrecht bezieht sich allerdings keineswegs auf die gesamten steuermindernden Sachverhalte, sondern nur auf den Betrag, um den sie die künftigen Steuerbelastungen übersteigen. Des Weiteren ist es untersagt, die Aktivierung auf nur einen Aspekt zu beziehen. Es ist demnach nicht möglich, lediglich künftige Steuerminderungen, welche aus Verlustvorträgen resultieren, in der Bilanz auszuweisen.[2]

Darüber hinaus unterliegen nach dem BilMoG auch Ansatzwahlrechte dem Stetigkeitsgebot. Es ist fraglich, ob sich dies ebenfalls auf den Ansatz einer aktiven latenten Steuer bezieht. Hierfür ist es erforderlich, die Zielsetzung des Stetigkeitsgebots zu untersuchen. Zum einen will der Gesetzgeber Wahlrechte beschränken, um eine Vergleichbarkeit von Jahresabschlüssen zu gewährleisten und zum anderen existiert das Ziel, bestimmte Zwecke zu fördern, welche eine Abweichung von handelsrechtlichen Grundsätzen in Ausnahmefällen ermöglichen. Wahlrechte, welche sich auf ersteres beziehen sind stetig auszuüben, dagegen entstehen letztere manipulationsbedingt und unterliegen somit nicht dem Stetigkeitsgebot. Es ist zu untersuchen, welche Zielsetzung auf das Wahlrecht für latente Steuern Bezug nimmt. Vor der Neukonzeption stellten aktive latente Steuern eine Bilanzierungshilfe dar, weshalb es sich um eine Gestaltungs-maßnahme handelte, welche unabhängig von einem einmaligen Ansatz in Folgejahren verschieden ausgeübt werden konnte.[3] Mit Reformierung des Bilanzrechts wurden künftige Steuerentlastungen nun als Sonderposten eigener Art klassifiziert.[4] Dies ermöglicht eine verbesserte Darstellung der VFE-Lage. Aus diesem Grund hat ein Wahlrecht stetig zu erfolgen, da sonst eine Beeinflussung des Ergebnisses möglich ist und dies nicht mit der Zielsetzung latenter Steuern vereinbar ist.[5]

Des Weiteren lag der Grundgedanke des Gesetzgebers darin, den Unternehmen eine Möglichkeit zu bieten, ihren Ermittlungsaufwand durch einen Ansatzverzicht zu verringern, womit die Absicht einer Komplexitätsreduktion bezogen auf die Rechnungslegung verfolgt wird. Allerdings würden durch die Außerachtlassung künftiger Steuerentlastung zu hohe passive latente Steuern ausgewiesen werden, welche eigentlich aufgrund der vorhandenen aktiven latenten Steuern nicht in dieser Höhe bestehen. Aus diesem Grund sind die künftigen Steuerentlastungen unabhängig von der Wahlrechtsausübung zu ermitteln und zu dokumentieren.[6]

Weiterhin ist zu beachten, dass durch die Nichterfassung aktiver latenter Steuern im Jahresabschluss die Aussagefähigkeit sowie der informative Gehalt für Unternehmensex-

[1] Vgl. Kozikowski/Fischer (2012), HGB § 274 Latente Steuern, Rz. 31.

[2] Vgl. Fuhrmann/Gellrich (2012), IV. Aktivierungswahlrecht, Rz. 79.

[3] Vgl. Karrenbrock (2011), S. 685 f.

[4] Vgl. Tanski (2012), S. 214.

[5] Vgl. Karrenbrock (2011), S. 685 f.

[6] Vgl. ebenda, S. 683.

terne stark eingeschränkt werden.[1] Weiterhin entspricht die Beibehaltung dieses Wahlrechts nicht den Zielen nach BilMoG. Zum einen sollten Wahlrechte zumindest teilweise eingeschränkt bzw. ganz abgeschafft werden und zum anderen ist damit keine Anpassung an internationale Rechnungslegungsstandards verbunden, da nach IFRS der Ansatz aktiver latenter Steuern verpflichtend ist.[2] Diesem Widerspruch steht die Absicht entgegen, den administrativen Aufwand auf Seiten der Unternehmen zu verringern. Wie sich aus den vorangegangenen Erläuterungen ergibt, wurde dieses Ziel ebenfalls nicht vollständig erreicht.[3]

Diesen Nachteilen stehen jedoch auch Vorteile gegenüber, die sich aus einem Ansatz aktiver latenter Steuern ergeben. Zum einen erhöht sich im Jahr ihrer Entstehung der Gewinn und zum anderen führt er zu einem höheren Eigenkapital. Dagegen entfalten sie im Hinblick auf die Berechnung verschiedener Kennzahlen eine unterschiedliche Wirkungsweise. Aufgrund des steigenden Eigenkapitals verfügt ein Unternehmen über eine verbesserte Eigenkapital-, Fremdkapital- und Verschuldungsquote. Allerdings erhöht sich aufgrund der Bilanzierung ebenfalls die Bilanzsumme, wodurch sich andere Kennzahlen wie etwa die Anlagenintensität verändern. Bei der Aktivierung und Auflösung einer Steuerlatenz handelt es sich um einen Posten, der durch eine starke Wechselwirkung gekennzeichnet ist. Dementsprechend unterliegen Rentabilitätskennzahlen im Bildungs- bzw. Auflösungsverlauf Schwankungen, welche zu einer Verbesserung bzw. Verschlechterung der gebildeten Kennzahlen führen. Zeitgleich treten in der Wirtschaft vermehrt konjunkturelle Schwankungen auf. Diese können auf die Unternehmens-situation einwirken. Vor allem in Krisenzeiten kann sich dieser negative Effekt aufgrund der Auflösung künftiger Steuerentlastungen verstärken.[4]

Da aktive latente Steuern einen zukünftigen Vorteil eines Unternehmens darstellen, ist die Bildung an weitere Bedingungen geknüpft.[5] Werden künftige Steuerentlastungen aktiviert, unterliegen sie aus Gläubigerschutzaspekten der Ausschüttungssperre nach § 268 Abs. 8 HGB, deren Funktionsweise in Gliederungspunkt 5.3.6 näher erläutert wird.[6] Darüber hinaus dient das Vorsichtsprinzip der Prüfung der Realisierbarkeit künftiger Steuerentlastungen, weshalb dieses zwingend in die Ermittlungen miteinzubeziehen ist. Dies erfolgt aufgrund von Wahrscheinlichkeits-überlegungen, weshalb sie mit einer Unsicherheit verbunden sind. Keine explizite Erwähnung findet die Definierung des Grades der Wahrscheinlichkeit. Es ist nicht eindeutig geklärt, ob eine Wahrscheinlichkeit von mehr als 50 % (Prozent), wie nach IFRS, ausreicht oder nach HGB ein höherer Maßstab verlangt wird. Aufgrund des Hinweises auf die Berücksichtigung

[1] Vgl. Krimpmann (2011), S. 52 f.

[2] Vgl. Van Hall/Kessler (2010), S. 475.

[3] Vgl. Spingler (2010), S. 1024.

[4] Vgl. Fuhrmann/Gellrich (2012), IV. Aktivierungswahlrecht, Rz. 89 ff.

[5] Vgl. Hoffmann/Lüdenbach (2012), § 274 HGB Latente Steuern, Rz. 32 ff.

[6] Vgl. Tanski (2012), S. 214.

des Vorsichtsprinzips ist davon auszugehen, dass nach HGB eine höhere Eintrittswahrscheinlichkeit erwartet wird.[1] Aufgrund der Symmetrie zu dem Charakter aktiver latenter Steuern, führen auch steuerliche Verlustvorträge und Zinsvorträge zu einem Ansatz künftiger Steuerentlastungen. Auf diese wird in den nachfolgenden Gliederungspunkten eingegangen.[2]

5.3.3.2.1 Steuerlicher Verlustvortrag

Nach § 274 Abs. 1 S. 4 HGB sind steuerliche Verlustvorträge in die Berechnung aktiver latenter Steuern einzubeziehen. In den folgenden Ausführungen wird der steuermindernde Charakter von Verlustvorträgen aufgezeigt. Der an den Fiskus zu entrichtende Steueraufwand wird anhand des zvE bemessen. Folglich erhebt der Staat nur Steueransprüche, wenn das Unternehmen einen Gewinn generiert. Bei einem Verlust darf das Unternehmen diesen in nachfolgende Geschäftsjahre vortragen, um ihn mit zukünftigen Gewinnen verrechnen zu können. Da sich durch diese Anrechnung das künftige zvE verringert, sinkt durch die Verlustverrechnung ebenfalls die künftige Steuerbelastung. Steuerliche Verluste haben demnach eine steuer-entlastende Wirkung, weshalb für sie dieselben Kriterien gelten wie für aktive latente Steuern.[3]

Aufgrund des Wahlrechts zur Aktivierung latenter Steuern und demnach auch dem Wahlrecht zum Ansatz eines steuerlichen Verlustvortrags, ergeben sich für den Unternehmer bilanzpolitische Gestaltungsoptionen.[4] Grundsätzlich gelten steuerliche Verlustvorträge vor dem Gesetz als nutzbar, wenn innerhalb der nächsten fünf Jahre die Möglichkeit eines Verlustverrechnungspotenzials besteht. Dies wirkt sich auf die Höhe der Verlustvorträge aus und dementsprechend auch auf die aktiven latenten Steuern. Die Begrenzung dieses Verrechnungszeitraums resultiert aus Überlegungen hinsichtlich der Werthaltigkeit unter Beachtung des Vorsichtsprinzips. Des Weiteren soll die Nachvollziehbarkeit steuerlicher Verlustvorträge für Dritte sichergestellt werden.[5] Die Ansprüche an den Nachweis der Werthaltigkeit erhöhen sich erheblich, wenn das betreffende Unternehmen bereits in vergangenen Jahren nicht über ausreichende Gewinne verfügt hat.[6] Aus diesem Grund gibt der Hauptfachausschuss (HFA) in der IDW HFA 27 Kriterien vor, anhand derer eine Beurteilung bzgl. der Werthaltigkeit erfolgen kann:

- Nachweis von profitablen Vertragsabschlüssen für künftige Geschäftsjahre
- Stellungnahme zu vorherigen Verlustjahren, welche auf einmaligen Effekten beruhen
- Auflistung eingeleiteter Maßnahmen zur Schaffung von Kosteneinsparungspotenzialen
- Gegenmaßnahmen in Form von Schließung bzw. Veräußerung unprofitabler Geschäftsbereiche

[1] Vgl. Kaindl (2010), S. 3 f.
[2] Vgl. DRSC, DRS 18, Rz. 12.
[3] Vgl. Auer/Schmidt (2012), S. 398.
[4] Vgl. Kessler (2010b), S. 68.
[5] Vgl. Loitz (2009), S. 916.
[6] Vgl. Lüdenbach/Freiberg (2010), S. 1974.

Dieser Entwurf wurde in der Zwischenzeit aufgehoben. Allerdings findet sich selbiges Gedankengut im Deutschen Rechnungslegungs Standard (DRS) 18 wieder, weshalb diese Punkte weiterhin als Orientierungshilfe dienen.[1] Darüber hinaus bestehen Ansatzpunkte, bei deren Vorliegen eine Aktivierung von Verlustvorträgen weniger denkbar erscheint:

- Mit einem Gesellschafterwechsel geht der zugehörige anteilige Verlust verloren
- In den Folgejahren wird weiterhin von einer Verlustzone ausgegangen
- Externe Einflussfaktoren entwickeln sich nachweisbar schlechter
- Es existieren Vorgänge, deren Ausgang und die damit verbundene Ergebniswirkung noch unklar sind[2]

Ohne diese Kriterien würden sich erhebliche Konsequenzen ergeben. Zum einen würde sich die Prognoseunsicherheit bzgl. der Wahrscheinlichkeitsüberlegungen erhöhen und zum anderen würde der externe Druck, steuerliche Verlustvorträge auszuweisen, steigen. Schließlich wäre ein Ansatzverzicht dieser künftigen Steuervorteile gleichbedeutend mit einem öffentlichen Eingeständnis, dass die nächsten Jahre keine Gewinne generiert werden. Ohne Einschränkung wären Unternehmen aus Gründen der Öffentlichkeitswirkung bestrebt, steuerliche Verluste vorzutragen. Wäre dies bedingungslos möglich, würde sich die Problematik ergeben, dass eine Verschlechterung der Gewinnlage zeitgleich zu einer Korrektur der Steuerentlastungen führt. Tritt dieser Fall ein, steigen die Anforderungen an aktivierbare Verlustvorträge und zeitgleich ist die Gewährleistung einer realistischen Darstellung der VFE-Lage nicht mehr sichergestellt. Um diese Problematik einzuschränken, wird die Begrenzung auf einen Fünf-Jahres-Zeitraum als sinnvoll erachtet.[3] Nach § 10d EStG bezieht sich die Begrenzung nur auf Verluste, welche nicht mehr zurückgetragen werden können. Demnach entfällt ein Verlustvortrag, wenn in den vergangenen Jahren kein ausreichendes Gewinnpotenzial vorhanden ist. Liegen dagegen ausreichende Gewinne vor, ist der Vortrag auf einen Betrag von 1 Mio. € beschränkt und richtet sich in der Höhe jeweils nach dem Gesamtbetrag der Einkünfte. Bestehen darüber hinaus weitere Verluste, sind von dem übersteigenden Verlust lediglich 60 % vortragbar. Diese Regelung resultiert aus der Aufrechterhaltung einer Mindestbesteuerung aus Sicht des Staates.[4] Existieren verwertbare steuerliche Verlustvorträge, sind sie grundsätzlich bei der Berechnung der aktiven latenten Steuern miteinzubeziehen. In diesem Kontext ist zu prüfen, wie mit einem verbleibenden Passivüberhang umgegangen werden muss. Vor dem Hintergrund des Begrenzungszeitraums von fünf Jahren liegt ein Widerspruch zu dem Ziel der Steuerabgrenzung vor. Demzufolge soll der Jahresabschluss über künftige Steuerbelastungen und -entlastungen informieren. Dies wird durch die Beschränkung der Vortragsfähigkeit nicht erreicht. Schließlich erhält der Bilanzleser Informationen über eine künftige Steuerbelas-

[1] Vgl. Kessler/Leinen/Paulus (2009), S. 722.

[2] Vgl. Wendholt/Wesemann (2009), S. 70.

[3] Vgl. Van Hall/Kessler (2010), S. 489 f.

[4] Vgl. Siegel (2011), S. 123.

tung, die aber in diesem Ausmaße gar nicht existiert.[1] Aufgrund dieser Zielverfehlung wird die Begrenzung des Verlustvortrags im Zusammenhang mit einem Passivüberhang als nicht sinnvoll erachtet. Das Deutsche Rechnungslegungs Standards Committee e. V. (DRSC) lässt in diesem Fall die Verrechnung über den Begrenzungszeitraum hinaus zu. Allerdings mit Einschränkungen. Es ist der Auffassung, dass Verlustvorträge, die in ihrer Vortragsfähigkeit nicht begrenzt sind, aufrechenbar sind. Sie sind somit losgelöst von dem Zeitpunkt ihrer Verwirklichung bei der Ermittlung zu berücksichtigen.[2] Begründet wird dieses Vorgehen damit, dass im Zeitpunkt der Auflösung, die erfassten Steuerbelastungen durch aktive latente Steuern in Form von Verlustvorträgen gemindert werden.[3] Um eine sachgerechte Anwendung zu gewährleisten, wird zunächst eine Saldierung von künftigen Steuerbelastungen mit Steuerentlastungen, ohne Einbezug steuerlicher Verluste, vorgenommen. Resultiert daraus ein Passivüberhang, erfolgt eine Verrechnung mit den zuvor beschriebenen steuerlichen Verlusten. Auf dieser Berechnungsebene erfolgt zunächst eine zeitlich unbegrenzte Verrechnung der Verluste. Wird in einem letzten Schritt festgestellt, dass der Passivüberhang aufgrund dieses Vorgangs komplett aufgebraucht wird, führen die den nutzbaren Verlustvortrag übersteigenden Steuerentlastungen nur dann zu einem Ansatz, wenn sie sich innerhalb des vorgeschriebenen Begrenzungszeitraums realisieren.[4] Tritt dieser Fall ein, hat der Bilanzierende an dieser Stelle zu entscheiden, ob er von dem Ansatzwahlrecht aktiver latenter Steuern Gebrauch macht. Die Bilanzierung künftiger Steuerentlastungen unterliegt dem Stetigkeitsgebot und ist auch in den Folgejahren zu berücksichtigen. Ein Bilanzierungsverzicht ist nunmehr nur noch wegen äußerst wichtigen Gründen möglich.[5]

Verbleibt allerdings nach diesem Vorgehen ein Überhang an Steuerbelastungen, werden nutzbare Verlustvorträge ohne Beachtung ihrer zeitlichen Nutzung in der Höhe ihres tatsächlichen Anfalls einbezogen. Der Hintergrund dieses Vorgehens liegt darin, dass es ansonsten zu einer falschen Darstellung der Vermögenslage kommen würde. Schließlich würden passive latente Steuern ausgewiesen werden, welche sich in Zukunft durch noch bestehende steuerliche Verlustvorträge kompensieren würden.[6] Um dem entgegenzuwirken, erfolgt in der Praxis eine vollständige Verrechnung in Höhe der bestehenden Steuerbelastungen bis hin zu einer vollständigen Kompensation. Es wird vorausgesetzt, dass sich diese Verlustvorträge auf einen späteren Zeitraum als den vorgeschriebenen beziehen. Verbleibt nach Einbezug sämtlicher Verlust-vorträge ein Passivüberhang, ist dieser nach

[1] Vgl. Karrenbrock (2011), S. 684.

[2] Vgl. DRSC, DRS 18, Rz. A5.

[3] Vgl. Van Hall/Kessler (2010), S. 490.

[4] Vgl. Lüdenbach/Freiberg (2010), S. 1974.

[5] Vgl. Petersen (2011), S. 257.

[6] Vgl. Spingler (2010), S. 1026.

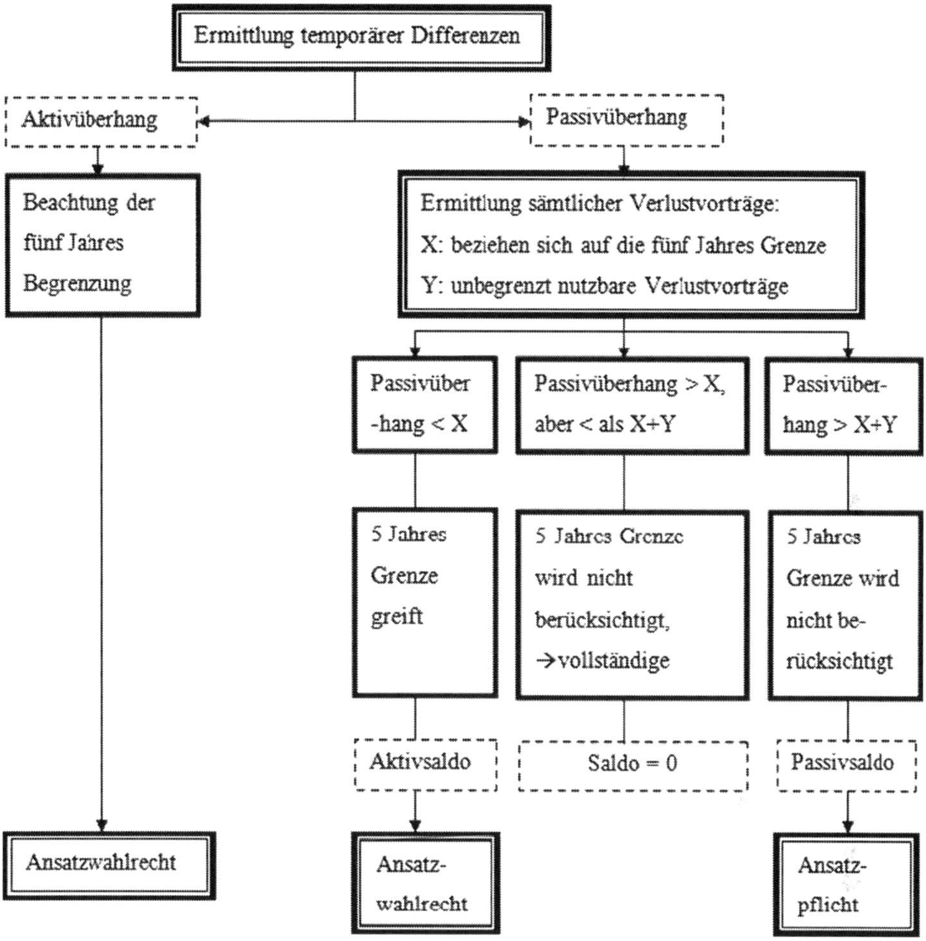

Abb. 5.3 Verrechnungsmethodik steuerlicher Verlustvortrag[1]

den gesetzlichen Bestimmungen verpflichtend auszuweisen.[2] Nachstehende Übersicht dient der Veranschaulichung der beschriebenen Vorgehensweise (Abb. 5.3).

Die eben beschriebene Verrechnungssystematik gilt erst seit Einführung des BilMoG und ist damit neu für den Bilanzierenden. Demnach war zuvor kein Einbezug steuerlicher Verlustvorträge in die Ermittlung aktiver latenter Steuern vorgesehen. Einzige Ausnahme bildete der Ausgleich künftiger Steuerbelastungen, da in diesem Fall eine Verrechnung mit Verlustvorträgen als zulässig erachtet wurde. Werden nun die beiden Rechtslagen mitein-

[1] In Anlehnung an Petersen (2011), S. 257.

[2] Vgl. Petersen (2011), S. 257.

ander verglichen, ist ein deutlicher Fortschritt hinsichtlich einer verbesserten Vermögensdarstellung in der Handelsbilanz zu erkennen.[1]

5.3.3.2.2 Zinsvorträge

Die Grundlage für den Einbezug von Zinsvorträgen geht aus der Gesetzesbegründung zum BilMoG hervor. In diesem wird darauf hingewiesen, dass die Regelungen des steuerlichen Verlustvortrags ebenfalls für vergleichbare Sachverhalte gelten.[2] Dies ist im Hinblick auf Zinsvorträge erfüllt, da es sich auch bei ihnen um keinen bilanzierungsfähigen Vermögens-gegenstand handelt, aber die Höhe der zukünftigen Steuerlast geschmälert wird. Ebenso wie Verlustvorträge stellen sie einen zukünftigen wirtschaftlichen Nutzen für das Unternehmen dar. Voraussetzung für die Behandlung als aktive latente Steuer ist, dass deren Bildung mit dem Zeitpunkt des zugrunde gelegten steuermindernden Sachverhalts übereinstimmt.[3] Darüber hinaus hat für Zinsvorträge ebenfalls eine wahrscheinlichkeitsbasierende Werthaltigkeitsprüfung stattzufinden.[4]

Zunächst ist zu untersuchen, inwieweit Zinsvorträge entstehen und welcher Zusammenhang zu der Zinsschranke nach § 4h EStG besteht. Zinsvorträge, die innerhalb eines Fünf-Jahres-Zeitraumes vortragbar sind, lassen sich grundsätzlich aus den Regelungen der sog. Zinsschranke ableiten. Hierbei handelt es sich um nicht abziehbare Zinsaufwendungen innerhalb einer Periode, welche eigentlich ohne Beschränkung vortragbar wären, allerdings durch den Eingriff der Zinsschranke auf fünf Jahre begrenzt werden. Nur wenn sie innerhalb dieses Zeitraums eine steuermindernde Wirkung entfalten, gelten sie als nutzbar.[5] Die Zinsschranke bezieht sich in ihren Ausführungen auf Zinsen, die im Zusammenhang mit der Kapitalbeschaffung bzw. Kapitalbereitstellung eines Unternehmens stehen. Da in diesem Kontext bestehende Aufwendungen betrieblich abzugsfähig sind, würde aus deren vollständiger Berücksichtigung eine Verminderung der steuerlichen Bemessungsgrundlage resultieren.[6] Allerdings führt die Zinsschranke unter bestimmten Voraussetzungen zu einer Begrenzung dieser Verrechnungsmöglichkeit, wodurch ein bestimmter Anteil erst in den nächsten Perioden genutzt werden kann.[7] Dieses Vorgehen verdeutlicht die steuersenkende Wirkungsweise, da somit die Bemessungsgrundlage in Folgeperioden gesenkt wird, wodurch sich wiederum die Steuerlast des Unternehmens vermindert.[8] Da die verpflichtende Anwendung der Zinsschranke aufgrund des EBITDA (Earnings before

---

[1] Vgl. Wendholt/Wesemann (2009), S. 69.

[2] Vgl. BT-Drucks. 1610067, S. 67.

[3] Vgl. Herzig/Götsch/Liekenbrock (2012), II. Verlustvorträge, Zinsvorträge und vergleichbare Sachverhalte, Rz. 81.

[4] Vgl. Mitschke (2010), S. 220.

[5] Vgl. Herzig/Bohn/Götsch (2009), S. 2615.

[6] Vgl. Gabler Verlag (2012).

[7] Vgl. Pasedag (2010), S. 303.

[8] Vgl. Herzig/Götsch/Liekenbrock (2012), II. Verlustvorträge, Zinsvorträge und vergleichbare Sachverhalte, Rz. 82.

interest, taxes, depreciation and amortization) Bezugs ergebnisabhängig ist, sollen mit der Einführung des EBITDA Vortrags konjunkturbezogene Ergebnisschwankungen ausgeglichen werden. Damit soll der Geltungsbereich der Zinsschrankenregelung eingeschränkt werden.[1]

Grundsätzlich erfolgt die Anwendung der Zinsschrankenregelung nach § 4h EStG, wenn zum einen den Zinserträgen eines Geschäftsjahres höhere Zinsaufwendungen gegenüberstehen und zum anderen ein sich ergebender Überhang an Aufwendungen 30 % des steuerlichen EBITDA übersteigt.[2] Der prozentuale Anteil des EBITDA stellt eine Grenze für die Nutzung eines Zinsvortrags dar. Der diese Grenze übersteigende Zinsaufwand ist in Folgejahre vorzutragen.[3] Demzufolge sind mindestens 30 % der Zinsen noch in derselben Periode abzugsfähig. Wird diese Grenze allerdings unterschritten, stellt der Unterschiedsbetrag aus EBITDA und Zinsaufwendungen einen EBITDA Vortrag dar, welcher ebenfalls unter den Begrenzungs-zeitraum von fünf Jahren fällt. Dies ist sachgerecht, da es sich hierbei um ungenutztes EBITDA handelt. Natürlich entsteht dieser nur, wenn eine Begrenzung des Zinsabzugspotenzials vorliegt.[4] Diese Art von Vortrag ist neu und resultiert aus dem Wachstumsbeschleunigungsgesetz, dessen Zielsetzung die Beschränkung der Auswirkungen der Zinsschranke ist.

Die Umwandlung eines EBITDA Vortrags in einen Zinsvortrag erfolgt, wenn in den folgenden Geschäftsjahren der Aufwandsüberhang 30 % des EBITDA übersteigt und weiterhin eine vollständige Kompensation mit existenten EBITDA Vorträgen überschritten wird. Dieser verbleibende Überhangsbetrag wird in die Zinsvorträge eingestellt.[5] Ergeben sich Zinsvorträge, sind diese als latente Steuern zu aktivieren und wie Verlustvorträge in die steuerliche Planungsrechnung einzubeziehen.[6] Die Nutzbarkeit von Zinsvorträgen ist von verschiedenen Faktoren abhängig. In Übereinstimmung mit der Verwertung von Verlustvorträgen kann eine Auflösung des Vortrags nur stattfinden, wenn das Unternehmen innerhalb der nächsten fünf Jahre ein positives Ergebnis generiert. Darüber hinaus wird vorausgesetzt, dass künftig 30 % des EBITDA den negativen Zinsüberhang übersteigen. In diesem Fall greift die Zinsschranke nicht und Zinsen gelten als abzugsfähig. Derselbe Fall tritt ein, wenn eine der drei Ausnahmeregelungen der Zinsschranke greifen, auf welche später noch hingewiesen wird.[7] Darüber hinaus können bestimmte Vorgänge dazu führen, dass bereits vorgetragene Zinsaufwendungen nicht länger genutzt werden dürfen. Im Fall einer Liquidation, Übertragung oder Umwandlung des Unternehmens erlischt der gesamte Zinsvortrag. Gleiches geschieht, wenn der Zinsvortrag innerhalb der Fünf-Jahres-

[1] Vgl. Herzig/Liekenbrock (2010), S. 690.

[2] Vgl. Herzig/Götsch/Liekenbrock (2012), II. Verlustvorträge, Zinsvorträge und vergleichbare Sachverhalte, Rz. 82.

[3] Vgl. Herzig/Bohn/Götsch (2009), S. 2615.

[4] Vgl. Bolik/Linzbach (2010), S. 1589.

[5] Vgl. Herzig/Liekenbrock (2010), S. 690.

[6] Vgl. Pöller (2011), S. 13.

[7] Vgl. Herzig/Bohn/Götsch (2009), S. 2616.

Grenze ungenutzt bleibt. Verlässt dagegen ein Gesellschafter das Unternehmen, kommt es nur zu einem anteiligen Verlust.[1] Bei der dargestellten Ermittlungssystematik eines Zinsvortrags sind zusätzlich drei der in der Praxis existierenden Ausnahmefälle einzubeziehen. Diese können zu einer Befreiung von der Anwendungspflicht der Zinsschranke führen. Prinzipiell besteht eine Freigrenze in Höhe von 3 Mio. €. Verbleibt nach einer Verrechnung mit dem den EBITDA übersteigenden Aufwandsüberhang ein Betrag, welcher geringer als die Freigrenze ist, entfällt die Zinsschrankenregelung. Die beiden anderen Ausnahmetatbestände beziehen sich jeweils auf Konzernunternehmen, weshalb eine nähere Beschreibung unterbleibt, da der Fokus dieser Arbeit auf dem Einzelabschluss liegt.[2]

Zinsvorträge haben ebenfalls Auswirkungen auf die im vorangegangenen Gliederungspunkt behandelten steuerlichen Verlustvorträge. Der Einbezug von Zinsvorträgen erfolgt im Hinblick auf die Verrechnung mit Verlustvorträgen vorrangig. Folglich können Verlustvorträge nur in einem geringeren Umfang genutzt werden.[3]

Unter Berücksichtigung der genannten Punkte erweitert sich somit die Berechnung der aktiven latenten Steuern. Die Ermittlungssystematik kann wie folgt dargestellt werden:

Steuerentlastungen aufgrund temporärer Differenzen
+ Steuerentlastungen aus Verlustvorträgen
+ Steuerentlastungen aus Zinsvorträgen
= sich insgesamt ergebende Steuerentlastung[4]

Es sei explizit darauf hingewiesen, dass EBITDA Vorträge nicht mit steuerlichen Zinsvorträgen gleichzustellen sind. Dieser Eindruck hätte entstehen können, da dieser ebenfalls einen ökonomischen Vorteil in Form einer Minderung der Steuerschuld besitzt. Nach der in der Literatur vertretenen Auffassung handelt es sich vielmehr um eine Rechengröße, welche sich nicht direkt auf den steuerlichen Gewinn auswirkt, wodurch ein Einfluss auf die Steuerlast entstehen würde. Somit begründen EBITDA Vorträge zwar keinen Ansatz einer aktiven Steuerlatenz, gelten allerdings als Kriterium für die Beurteilung der Realisierbarkeit der Zinsvorträge. Demnach sind sie ebenfalls in Werthaltigkeitsüberlegungen miteinzubeziehen.[5]

Es wurde gezeigt, dass für die Ermittlung und Aktivierung von ansatzfähigen Zinsvorträgen, im Vergleich zu steuerlichen Verlustvorträgen, weitere Aspekte zu berücksichtigen sind. Es ist daher verständlich, weshalb an deren Werthaltigkeitsprüfungen gesteigerte Anforderungen gestellt werden, wodurch die im nächsten Gliederungspunkt behandelte steuerliche Planungsrechnung an Komplexität zunimmt.[6]

---

[1] Vgl. Krimpmann (2011), S. 70 f.

[2] Vgl. Pasedag (2010), S. 302 f.

[3] Vgl. Maier/Weil (2009), S. 2732.

[4] In Anlehnung an Loitz (2009), S. 917.

[5] Vgl. Bolik/Linzbach (2010), S. 1590.

[6] Vgl. Herzig/Bohn/Götsch (2009), S. 2619.

5.3.3.2.3 Steuerliche Planungsrechnung als Nachweisinstrument

Die steuerliche Planungsrechnung stellt ein wichtiges Instrument für die Prüfung der Bilanzierungsfähigkeit latenter Steuern dar, da durch sie die zukünftige Entfaltung einer steuerlichen Wirkung gewährleistet wird. Für die alleinige Betrachtung einer zeitlich begrenzten Differenz ist dieses Kriterium erfüllt, wenn das Unternehmen im Zeitpunkt ihrer Auflösung einen Gewinn generiert. Stellt sich die Ertragslage des Unternehmens als weniger erfolgreich dar, sind die Überlegungen um steuerliche Verlust- und Zinsvorträge zu erweitern. Dies ist angemessen, da sich in diesem Fall der Abbau lediglich auf die Höhe des erwirtschafteten Verlustes auswirkt. Um eine Beeinflussung des Steueraufwands zu gewährleisten, ist sicherzustellen, dass der Verlust vorgetragen und genutzt werden kann. Nur durch dessen Einbezug kann eine zuverlässige Aussage bzgl. der künftigen Steuerwirkung getroffen werden. Darüber hinaus sind die jeweiligen Bedingungen der Zins- und Verlustvorträge zu berücksichtigen.[1] Da es sich hierbei um komplexe Sachverhalte handelt, ist es verständlich, dass der Gesetzgeber eine solche Planung für die Aktivierung voraussetzt. Demnach ist zu untersuchen, ob dem Unternehmen in Zukunft ausreichend Gewinne zufließen, um eine steuerwirksame Auflösung bzw. die Vortragung eines Verlust- oder Zinsvortrages sicherzustellen.[2]

Eine Werthaltigkeitsprüfung hat alle notwendigen Informationen zu enthalten, um die Ableitung einer auf Daten und Fakten basierenden Ertragsentwicklung zu gewährleisten. Da aktive latente Steuern stets dem Vorsichtsprinzip unterliegen, unterliegt die Planungsrechnung hohen Qualitätsansprüchen. Werden zukünftig immense Abweichungen zwischen den Annahmen und den tatsächlichen Werten festgestellt, hat das Unternehmen hierfür Wertberichtigungen vorzunehmen. Solch ein Tatbestand ist nicht mit der Zielsetzung der Planung vereinbar. Folgerichtig gelten Abweichungen stets als Kriterium für eine mangelnde Planungsrechnung, welche es dann zu überarbeiten gilt.[3]

Um dem steuerlichen Aspekt gerecht zu werden, hat zusätzlich der Einbezug einer realisierbaren Steuerstrategie zu erfolgen. Im Vergleich zur internationalen Rechnungslegung muss nach deutschem Handelsrecht zusätzlich die Absicht zur Umsetzung dieser Strategie bestehen. Dieses Kriterium ist erfüllt, wenn die Strategie im Unternehmen kommuniziert und genehmigt wurde.[4]

Die Aufstellung einer steuerlichen Planungsrechnung wird für große Unternehmen ein kleineres Problem als für mittlere und kleine Unternehmen darstellen, da sie bereits über Erfahrung auf diesem Gebiet verfügen.[5] Während sich für alle betroffenen Unternehmen der Planungs- und Dokumentationsaufwand durch die Aufstellung erhöht, haben sich kleine und mittelständische Unternehmen zusätzlich erstmalig mit dieser Planung aus-

[1] Vgl. Meyer/Ruberg (2010), S. 1539.

[2] Vgl. Herzig/Götsch/Liekenbrock (2012), II. Verlustvorträge, Zinsvorträge und vergleichbare Sachverhalte, Rz. 97.

[3] Vgl. Meyer u. a. (2010), S. 108.

[4] Vgl. Loitz (2010), S. 2179.

[5] Vgl. Loitz (2009), S. 919.

einanderzusetzten.[1] Aufgrund der gegenseitigen Wechselwirkung von Verlusten einerseits und Zinsvorträgen andererseits wird die Beachtung dieser Sachverhalte in einer gemeinsamen Planungsrechnung als zu komplex erachtet. Aus diesem Grund hat die Betrachtung dieser Fälle in jeweils einer eigenen Aufstellung zu erfolgen, wodurch sich wiederum der Arbeitsaufwand erhöht.[2] Im Fall von Verlustvorträgen hat sich die Planung getrennt auf Vorgänge der Gewerbe- und der Körperschaftssteuer zu beziehen, da bei der Ermittlung aktiver latenter Steuern eine Differenzierung dieser beiden Sachverhalte stattzufinden hat. Grundsätzlich gilt, dass die Anzahl der zu erstellenden steuerlichen Planungs-rechnungen zum einen von der Anzahl der verschiedenen Steuerarten[3] und zum anderen von den Ebenen eines Unternehmens abhängt.[4] Um diesem hohen Aufwand entgegenzuwirken und zeitgleich eine Kostenreduktion herbeizuführen, hat sich in der Praxis folgende alternative Vorgehensweise etabliert. Bestehen im Unternehmen bereits interne Planungsdokumente, können diese wenn nötig ausgebaut und für den gewünschten Zweck verwendet werden. Passende Unterlagen sind üblicherweise im Controlling zu finden. Dieses Vorgehen kann gegebenenfalls zu einer Verbesserung der internen Planungsprozesse führen. Kritisch anzumerken ist an dieser Stelle die unterschiedliche Zielsetzung der beiden Instrumente. Während vorliegende Dokumente meist subjektiver Natur sind und somit höhere Ertragszahlen prognostizieren, verlangt das der Steuerplanung zugrundeliegende Vorsichtsprinzip eine objektive Beurteilung. Des Weiteren gehören steuerliche Planungen nicht direkt zu den Aufgaben im Controlling, weshalb steuerliche Wertansätze in bisherigen Unterlagen meist keine Berücksichtigung finden. Gleiches gilt für spezifische Vorschriften, wie etwa die Beachtung der Mindestbesteuerung im Rahmen von Verlustvorträgen.[5] Demzufolge kann die Verwendung vorhandener Daten zu einer Verringerung des Erstellungsaufwands führen, sollte allerdings stets auf Vorteilhaftigkeit und Einsparungspotenzial hinterfragt werden.

Für Verlustvorträge, sowie bei dem Vortrag von Zinsen, gilt wie bereits in den Gliederungspunkten 5.3.3.2.1 und 5.3.3.2.2 genannt, jeweils eine gesetzliche Begrenzung des Zeitraums auf fünf Jahre. Um diesem gerecht zu werden, hat die Planungsrechnung denselben Bestimmungen zu folgen. Erfolgt die Verwendung bereits bestehender Unterlagen, ergibt sich daraus die Problematik, dass sich bei der Mehrheit der Unternehmen diese Dokumente lediglich auf einen Zeitraum von maximal drei Jahren beziehen. Darüber hinaus dienen interne Firmendokumente nur dann der Weiterverwertung, wenn sie sich auf das gesamte Unternehmen beziehen. Diesbezüglich werden die mittleren und kleinen Unternehmen dahingehend benachteiligt sein, dass aufgrund ihrer Unternehmensgröße zumeist keine solche umfangreiche Unternehmensplanung existiert. In diesen Unternehmen ist es üblich, gesonderte Planungen für einzelne Tatbestände zu erstellen. Neben einer sachge-

[1] Vgl. Maier/Weil (2009), S. 2732.

[2] Vgl. Kessler/Leinen/Paulus (2009), S. 723.

[3] Vgl. Spingler (2010), S. 1026.

[4] Vgl. Meyer/Ruberg (2010), S. 1541.

[5] Vgl. Maier/Weil (2009), S. 2732.

rechten Steuerplanung muss eine unternehmensweite Konsistenz der Planungsprämissen gewährleistet sein. Es darf demnach keine isolierte Betrachtung von ausgewählten Sachverhalten erfolgen. Vielmehr hat die Erstellung der Annahmen alle Aspekte des Unternehmens einzubeziehen. Die damit verbundene Komplexität resultiert zusätzlich aus dem Einbezug steuerlicher Sonderregelungen, wie bspw. der bereits angesprochenen Mindestbesteuerung im Fall von Verlustvorträgen sowie der Zinsschranke.

Fraglich ist, wie mit einem verkürzten Planungshorizont umzugehen ist.[1] Nach Auffassung des DRSC ist es handelsrechtlich nicht gestattet pauschale Abschläge im Hinblick auf die Aktivierung latenter Steuern vorzunehmen. Damit wird verdeutlicht, dass eine Planungsrechnung, welche nicht den vorgeschriebenen Planungszeitraum umfasst, nicht erlaubt ist.[2] In diesem Zusammenhang existieren in der Praxis mehrere Vorgehensweisen, um den Ansprüchen des Gesetzgebers gerecht zu werden. Nach DRS 18 ist es zulässig, für fehlende Planjahre eine Schätzung vorzunehmen. Allerdings wird vorausgesetzt, dass dies anhand schlüssiger Informationen und nachvollziehbar erfolgt.[3] Die Praxis verweist in diesem Kontext auf eine angemessene „Extrapolation", wenn das Unternehmen nachweisen kann, dass die bisherige Ergebnisplanung relativ stabil und sicher war.[4] Darüber hinaus bestehen weitere Optionen im Umgang mit einer verkürzten Planung. Wird von einer detaillierten Planung von drei Jahren ausgegangen, können die darauffolgenden Jahre durch eine simple Ergebnis-fortschreibung gedeckt werden. Weiterhin denkbar ist eine durchschnittliche Betrachtung der ersten drei Jahre, welche für die fehlenden Jahre angesetzt wird. Letztendlich ist eine richtige Vorgehensweise nicht abschließend definiert, weshalb das Unternehmen eine Regelung finden muss, die dem Stetigkeitsgebot unterliegt.[5]

Die Begrenzung auf einen definierten Zeitraum wurde bereits während der Erstellung des BilMoG stark diskutiert. Da der Großteil der zugrunde gelegten Informationen auf Annahmen basiert, eröffnen sich Ermessensspielräume für die Unternehmen. Mit einer Anpassung der Planungsrechnung an gegebene Umstände kann es zu Ergebnisschwankungen kommen. Damit verbunden ist eine Änderung der aktivierten latenten Steuern, welche durch Anpassungen der ergebnisabhängigen Verlust- und Zinsvorträge bedingt ist. Eine Einschränkung der Ermessensspielräume erfolgt zum einen durch den Jahresabschlussprüfer und zum anderen durch die Beschränkung auf den Fünf-Jahres-Zeitraum. Der zuständige Prüfer hat die unterstellten Planungsprämissen auf Plausibilität zu hinterfragen. Aufgrund des Begrenzungszeitraums können aus Verlustvorträgen resultierende Steuerlatenzen nicht unbegrenzt ausgewiesen werden, womit teilweise eine Reduktion der Transparenz für Dritte verbunden ist. Zusätzlich können durch diese Aktivierungsgrenze auch negative Effekte vermieden werden. Wäre ein unbegrenzter Vortrag möglich, würde im Fall eines Ertragsrückgangs gegebenenfalls ein Wertberichtigungsbedarf entstehen, wel-

[1] Vgl. Petersen (2011), S. 262.

[2] Vgl. Loitz (2010), S. 2179.

[3] Vgl. DRSC, DRS 18, Rz. 19.

[4] Vgl. Petersen (2011), S. 262.

[5] Vgl. Loitz (2009), S. 920.

cher zu einer Verschlechterung des Bilanzbildes führen und die künftige Kapitalaufnahme erschweren kann.[1]

Es wurde aufgezeigt, dass die Erstellung einer Planungsrechnung sehr komplex ist und die verpflichtende Umsetzung aufgrund von BilMoG viele Unternehmen vor neue Herausforderungen stellen wird. In diesem Kontext ergibt sich zusätzlich das Problem eine realistische Prognose für den definierten Zeitraum abzugeben. Durch die Begrenzung auf einen Fünf-Jahres-Zeitraum ergeben sich allerdings mehr Nach- als Vorteile. Wie dargestellt wurde, existieren verlässliche Planzahlen in der Regel nur für höchstens drei Jahre. Die Daten der fehlenden zwei Jahre leiten sich meist aus einer überhöhten Zuversicht der Unternehmensleitung ab, weshalb keineswegs zweifelsfrei von realistischen Prämissen gesprochen werden kann.[2] Des Weiteren werden branchen- und unternehmensabhängige Einflüsse nicht zu genüge berücksichtigt, weshalb z. B. sicher zu erwartende Umsatzerlöse, welche den Begrenzungs-zeitpunkt übersteigen, keinen Einbezug in die Ermittlungen finden. Es wäre deshalb angebracht, diese gesetzliche Fixierung aufzuheben und sich dem internationalen Recht, welches keine Aussagen bzgl. eines Zeitraumes beinhaltet, anzupassen. Denn so wären Unternehmen nicht dazu verpflichtet, Prognosen über den „planungssicheren" Teil hinaus abzugeben, sondern können ihre Planung auf vorhandene Daten begrenzen oder erweitern.[3]

5.3.4 Bewertung latenter Steuern

5.3.4.1 Erstbewertung

In § 274 Abs. 2 HGB ist die Bewertung der Wertdifferenzen wie folgt definiert: „Die Bewertung der zu bildenden latenten Steuern erfolgt mit dem unternehmensindividuellen Steuersatz im Zeitpunkt der Umkehrung der Differenz."[4]

Dem Gesetzeswortlaut ist zu entnehmen, dass es sich um die Anwendung eines zukünftigen Steuersatzes handelt und entspricht somit der bereits in Gliederungspunkt 5.2.3.2 beschriebenen Liability Methode. In diesem Kontext hat das betroffene Unternehmen nunmehr zwei Sachverhalte zu prüfen, um eine sachgerechte Bewertung der latenten Steuern vorzunehmen. Zum einen die Klassifizierung der Differenz und zum anderen die Ermittlung des Zeitpunkts der Auflösung der betreffenden Differenz.[5] Der Zeitpunkt der Auflösung ist maßgebend, da er Auskunft über den für die Bewertung relevanten gültigen Steuersatz gibt. Dieser Steuersatz führt bei Anwendung auf die betreffende Bilanzdifferenz zu einer Veränderung des künftigen steuerlichen Ergebnisses.[6] Da dieses Vorgehen sehr

[1] Vgl. Maier/Weil (2009), S. 2732.

[2] Vgl. Hoffmann/Lüdenbach (2012), § 274 HGB, Rz. 38 f.

[3] Vgl. Herzig/Bohn/Götsch (2009), S. 2618.

[4] Kaindl (2010), S. 3.

[5] Vgl. Zwirner (2010), S. 737.

[6] Vgl. Loitz (2009), S. 918.

schwierig ist und eine verlässliche Zukunftsprognose fast unmöglich erscheint, existiert in der Praxis eine vereinfachende Methode. In der Regel erfolgt die Bewertung mit dem aktuell geltenden individuellen Ertragssteuersatz des Unternehmens. Dieser setzt sich bei Kapitalgesellschaften aus dem Körperschaftssteuersatz, dem Solidaritäts-zuschlag und dem Gewerbesteuersatz zusammen. In Abhängigkeit von dem in der Gemeinde gültigen Hebesatz beträgt der Ertragssteuersatz circa (ca.) 30 %.[1] Zusätzlich sind den Steuersatz betreffende Gesetzesänderungen zu berücksichtigen, sobald sie vom Bundesrat verabschiedet wurden.[2] Dagegen erfolgen Änderungen des Hebesatzes auf Ebene der jeweiligen Gemeinde. Bei allen relevanten Änderungen ist das Stichtagsprinzip zu beachten. Um die Bewertung abzuschließen, bedarf es zusätzlich einer Beurteilung der künftigen Ertragslage des Unternehmens, um abzuwägen, ob eine Realisierung der zu bildenden Steuerlatenzen wahrscheinlich ist.[3] Der Ansatz aktiver und passiver latenter Steuern erfolgt grundsätzlich erfolgswirksam. Eine erfolgsneutrale Erfassung bildet die Ausnahme. Sie liegt vor, wenn der verursachende Sachverhalt ebenfalls erfolgsneutral war oder in Zusammenhang mit den Übergangsregelungen des BilMoG.[4] Auf die Übergangsregelungen wird in Gliederungspunkt 5.5 näher eingegangen. Obwohl latente Steuern hauptsächlich langfristiger Natur sind, besteht nach § 274 Abs. 2 S. 1 HGB ein gesetzliches Abzinsungsverbot.[5] Kritisch anzumerken ist hierbei, dass aufgrund der Nichtdiskontierung ein überhöhter Ausweis latenter Steuern in der Bilanz erfolgt. Dies wirkt sich nicht nur negativ auf einen Vergleich mit anderen Bilanzpositionen aus, sondern führt auch innerhalb der bestehenden Steuerlatenzen zu einem verzerrten Wertverhältnis.[6] Des Weiteren wird dadurch die Vergleichbarkeit von Jahresabschlüssen eingeschränkt, da der ausgewiesene Wert nicht dem tatsächlichen Wert entspricht.[7] Hintergrund für die Entscheidung gegen die Diskontierung war in erster Linie die Absicht zur Entlastung der Unternehmen. Es wurde bereits geschildert, mit welchem Aufwand die Ermittlung des Steuersatzes verbunden ist. Auch im Fall der Diskontierung müsste das Unternehmen auf prognostizierte Prämissen zurückgreifen. Zugleich müsste jede Differenz individuell betrachtet werden, wodurch sich der Dokumentationsaufwand drastisch erhöhen würde.[8]

5.3.4.2 Folgebewertung

Im Zeitverlauf verändern sich die gebildeten latenten Steuern. Die Veränderung ist abhängig von der Entwicklung der temporären Differenzen, auf deren Basis die Bildung erfolgt.

---

[1] Vgl. Zwirner (2010), S. 737.

[2] Vgl. DRSC, DRS 18, Rz. 46 ff.

[3] Vgl. Fuhrmann/Gellrich (2012), III. Bewertung, Rz. 38 ff.

[4] Vgl. Philipps (2010), S. 213.

[5] Vgl. Kessler/Leinen/Paulus (2009), S. 722.

[6] Vgl. Maier/Weil (2009), S. 2734.

[7] Vgl. Kessler/Leinen/Paulus (2009), S. 722.

[8] Vgl. Maier/Weil (2009), S. 2734.

Daraus können kurzfristige Erhöhungen der Bilanzposition resultieren. Der Zeitpunkt der Umkehrung wird durch die in Gliederungspunkt 5.2.4 genannten Differenzen bestimmt.

Wie bei der vorangegangenen Erstbewertung erwähnt, ist der im Zeitpunkt der Auflösung geltende Steuersatz maßgeblich für die Bewertung. Da Steuersatzänderungen nicht vorhersehbar sind, wirkt sich der Eintritt einer solchen Änderung ebenfalls auf bereits bilanzierte Steuerlatenzen aus. Das Unternehmen hat entsprechende Korrekturen aufgrund der Neubewertung vorzunehmen.[1] Zu beachten ist, dass diese unabhängig von ihrer erstmaligen Erfassung stets erfolgswirksam erfolgt. Der Auflösung latenter Steuern liegen zwei Ursachen zugrunde. Zum einen, wenn sich die Steuerwirkung entfaltet und zum anderen wenn der Sachverhalt, welcher der Bildung zugrunde gelegt wurde, entfällt.[2] In beiden Fällen wird die entsprechende aktive bzw. passive latente Steuer in voller Höhe erfolgswirksam ausgebucht. Eine teilweise Auflösung kommt in Betracht, wenn festgestellt wird, dass die im Zeitpunkt der Bildung angenommene Steuerwirkung nicht mehr den zukünftigen Erwartungen entspricht.[3] Die Auflösung in späteren Geschäftsjahren führt zu einer Kompensation der erwarteten mit den tatsächlichen Steuereffekten. Durch den Ansatz latenter Steuern wird im Idealfall eine Veränderung des künftigen Ergebnisses verhindert, da die erfolgswirksame Wirkung bereits im Jahr der Entstehung berücksichtigt wurde. Somit gelingt die Sicherstellung einer realistischen Ertragslage für den Bilanzleser.[4]

Besondere Bedeutung bei der Folgebewertung kommt den gebildeten aktiven latenten Steuern zu. Deren Werthaltigkeit ist, vor allem bei vorhandenen Verlust- und Zinsvorträgen, zu jedem Bilanzstichtag zu überprüfen. Des Weiteren hat der Bilanzierende seine steuerliche Planungsrechnung an neue Informationen bzgl. der Ertragsentwicklung anzupassen.[5]

5.3.4.3 Gesamtdifferenzbetrachtung

Bei der Gesamtdifferenzbetrachtung handelt es sich um eine Methodik zur Ermittlung latenter Steuern. Deren Anwendung wird durch den Wortlaut des § 274 Abs. 1 HGB ersichtlich, welcher darauf hinweist, dass der Ausweis in der Bilanz auf eine „sich insgesamt ergebende" Steuerentlastung bzw. Steuerbelastung abzielt.[6] Allerdings hat, um zu der Gesamtdifferenz zu gelangen, zuerst eine Betrachtung einzelner Sachverhalte zu erfolgen. Da sich das Temporary Konzept auf Wertunterschiede zwischen Handels- und Steuerbilanz bezieht, ist es sachgerecht, diese Differenzen auf Basis einer Einzeldifferenzbetrachtung zu untersuchen.[7] Diese besagt, dass die Ausprägung der Wertdifferenz der jeweiligen Bilanzposten aus unterschiedlichen Geschäftsvorfällen resultiert, wobei jeder Geschäftsvorfall

[1] Vgl. Krimpmann (2011), S. 22.

[2] Vgl. Fuhrmann/Langseder (2012), V. Erfassung, Rz. 103 ff.

[3] Vgl. Kessler/Leinen/Paulus (2009), S. 718.

[4] Vgl. Maier/Weil (2009), S. 2735.

[5] Vgl. Hoffmann/Lüdenbach (2012), § 274 Latente Steuern, Rz. 55.

[6] Vgl. Pöller (2011), S. 14.

[7] Vgl. Melcher/Möller (2011), S. 550.

isoliert betrachtet bereits eine künftige Steuer-belastung oder Steuerentlastung darstellt. Demnach hat für jeden Geschäftsvorfall eine eigenständige Buchung zu erfolgen. Durch dieses Vorgehen kann der Bilanzierende entscheiden, ob der Bilanzausweis in einem oder in getrennten Posten erfolgt. Im Rahmen des BilMoG findet eine Modifizierung dahingehend statt, dass sich die Betrachtung auf einzelne Bilanzposten bezieht.[1] In einem weiteren Schritt wird die Gesamtdifferenzbetrachtung angewandt, welche den Ausweis in der Bilanz regelt. Um eine Aussage bzgl. eines Passiv- oder Aktivüberhangs treffen zu können, sind die einzelnen Posten in Abhängigkeit ihrer Ausprägung zu aggregieren. Somit erhält der Bilanzierende zum einen die Summe der aktiven Steuerlatenzen und zum anderen die Summe der passiven latenten Steuern.[2] Bei der Ermittlung der künftigen Steuerentlastungen sind darüber hinaus existierende Verlust- und Zinsvorträge zu berücksichtigen. Im Wege einer Saldierung ergibt sich in einem letzten Schritt ein Überhang, auf dessen Basis eine Entscheidung bzgl. einer Aktivierung bzw. Passivierung getroffen wird. Es ist darauf hinzuweisen, dass bei diesem Vorgehen eine Abweichung zu dem Prinzip der Einzelbewertung vorliegt.[3] Darüber hinaus wird gegen das Saldierungsverbot verstoßen.[4] Da aber bereits unter Geltung des Timing Konzepts die Gesamtdifferenzbetrachtung vorgesehen war[5] und der Gesetzgeber auf dessen Anwendung hinweist, ist von dessen Gültigkeit auszugehen.[6] Welche Auswirkungen sich somit für den Ausweis im Detail ergeben und welche Anhangangaben hiermit verbunden sind, wird in den nächsten Gliederungspunkten erläutert.

5.3.5 Ausweis latenter Steuern

5.3.5.1 Ausweis in der Bilanz und der GuV

Der Ausweis latenter Steuern in der Bilanz ist § 266 HGB zu entnehmen.[7] Mit dieser Neustrukturierung wird früheren Unklarheiten hinsichtlich des Ausweises aktiver latenter Steuern Rechnung getragen.[8] Des Weiteren sieht der Gesetzgeber nicht nur hinsichtlich der Aktivierung latenter Steuern, sondern auch hinsichtlich der Bilanzdarstellung ein Wahlrecht vor.[9] Die hierfür notwendige Ermittlung eines Brutto- oder Nettoausweises erfolgt auf Basis der im vorherigen Gliederungspunkt dargestellten Gesamtdifferenzbetrachtung. Ein Nettoausweis führt grundsätzlich zu einer vollständigen Saldierung der latenten Steuern. Ergibt sich daraufhin ein Aktivüberhang, werden bei Ausübung des Ansatzwahlrechts

[1] Vgl. Fuhrmann (2012), IV. Bilanzierungskonzepte zur Abbildung latenter Steuern, Rz. 143.
[2] Vgl. Melcher/Möller (2011), S. 550.
[3] Vgl. Hahn (2011), S. 646.
[4] Vgl. Fuhrmann (2012), IV. Bilanzierungskonzepte zur Abbildung latenter Steuern, Rz. 141.
[5] Vgl. Melcher/Möller (2011), S. 550.
[6] Vgl. Hahn (2011), S. 646.
[7] Vgl. Maier/Weil (2009), S. 2734.
[8] Vgl. Kaindl (2010), S. 4.
[9] Vgl. Loitz (2009), S. 918.

nach § 274 Abs. 1 S. 2 HGB nur die aktiven latenten Steuern bilanziert. Dagegen führt ein sich ergebender Passivüberhang stets zu einer Bilanzierungspflicht. Ein Bruttoausweis liegt vor, wenn auf eine Saldierung latenter Steuern verzichtet wird.[1] Aus diesem gesonderten Ausweis resultiert eine Bilanzverlängerung, wodurch zum einen die Bilanzsumme künstlich erhöht wird[2] und zum anderen negative Einflüsse auf bestimmte Kennzahlen auftreten können.[3]

Im Folgenden soll eine beispielhafte Darstellung der eben genannten Ausweiswahlrechte erfolgen. Es sei angenommen, dass in einem Unternehmen aktive latente Steuern in Höhe von 100 und passive latente Steuern von 90 existieren. Wie beschrieben resultieren aufgrund der beiden Wahlrechte drei Möglichkeiten für einen Bilanzausweis.

1. *Möglichkeit: Ausübung des Ansatzwahlrechts*
   Aktive latente Steuern 10
   Passive latente Steuern 0

2. *Möglichkeit: Verzicht auf den Ansatz eines Aktivüberhangs*
   Aktive latente Steuern 0
   Passive latente Steuern 0

3. *Möglichkeit: Bruttoausweis latenter Steuern*
   Aktive latente Steuern 100
   Passive latente Steuern 90[4]

Die gewählte Systematik und die damit verbundene Entscheidung für oder gegen ein Wahlrecht unterliegen dem Stetigkeitsgebot.

Der Ausweis für die Gewinn- und Verlustrechnung ist § 274 Abs. 2 S. 3 HGB zu entnehmen. Demnach sind Erträge und Aufwendungen aus der erfolgswirksamen Auflösung bzw. Zuschreibung der latenten Steuern unter dem Posten „Steuern vom Einkommen und Ertrag" zu erfassen. Diesem Vorgehen unterliegen jegliche steuerwirksamen Auswirkungen, welche sich im Zusammenhang mit den bilanzierten latenten Steuern ergeben.[5] Darüber hinaus wird in diesem Posten auch die tatsächliche Steuerlast ausgewiesen, weshalb zur Gewährleistung einer besseren Übersichtlichkeit entweder ein „Davon-Vermerk" einzufügen ist oder ein separater Ausweis in Form einer Untergliederung vorzunehmen ist. Der Ausweis bezieht sich hierbei auf einen saldierten Betrag aus Erträgen und Aufwendungen, womit wiederum ein Verstoß gegen das Saldierungsverbot vorliegt. Allerdings wird dieser Widerspruch vom Gesetzgeber akzeptiert, um den Steueraufwand realitäts-

[1] Vgl. Petersen (2011), S. 257.
[2] Vgl. Krimpmann (2011), S. 24.
[3] Vgl. Fuhrmann/Gellrich (2012), VI. Ausweis, Rz. 117.
[4] In Anlehnung an DRSC, DRS 18, Rz. A13.
[5] Vgl. Fuhrmann/Gellrich (2012), VI. Ausweis, Rz. 121.

getreu abzubilden.[1] Enthält dieser Posten Wertänderungen aus vergangenen Perioden, hat diesbezüglich eine Angabe im Anhang zu erfolgen, wenn sich dadurch eine maßgebliche Beeinflussung der Ertragslage ergibt.[2] Eine leichte Kodifizierung der Gliederung ergibt sich aus der Anwendung des Gesamt- oder des Umsatzkostenverfahrens nach § 275 Abs. 2 Nr. 18 bzw. Abs. 3 Nr. 17 HGB.[3]

Während sich die oben stehenden Ausführungen auf den Anwenderkreis des § 274 HGB beziehen, soll zur Vollständigkeit die Betrachtung der Gesellschaften erfolgen, welche von der Anwendung des Temporary Konzepts aufgrund größenbedingter Erleichterungsvorschriften befreit sind. Für diese Gesellschaften hat ein Bilanzausweis der passiven latenten Steuern innerhalb der Steuerrückstellungen in Form eines „Davon-Vermerks" zu erfolgen. Es ist zwingend darauf zu achten, dass die Bezeichnung nicht mit § 266 Abs. 3 E HGB übereinstimmt.[4] Diesbezüglich sei noch einmal auf Gliederungspunkt 5.3.3.1.1 hingewiesen, in dem die Problematik der Erfüllung des Rückstellungscharakters behandelt wird.

5.3.5.2 Ausweis im Anhang

Generell setzt sich der Jahresabschluss aus einer Bilanz und einer GuV zusammen. Für Kapitalgesellschaften erweitern sich diese Inhalte um den Anhang. Vor BilMoG waren latente Steuern für diesen relativ unbedeutend. Aus Gründen der Unsicherheit und zur Wahrung des Vorsichtsprinzips hatte lediglich eine Erläuterung bzgl. bilanzierter Steuerentlastungen zu erfolgen.[5] Mit Umsetzung des BilMoG wurden auch die Anhangangaben erweitert. Gemäß § 285 Nr. 29 HGB sind im Anhang die Differenzen und steuerliche Verlustvorträge anzugeben, die zum Ansatz latenter Steuern führen. Darüber hinaus hat eine Angabe des zur Bewertung zugrunde gelegten Steuersatzes zu erfolgen.[6] Dieser gesetzlichen Begründung fehlt es allerdings an einer Beschreibung der geforderten Angaben, so dass der Detaillierungsgrad interpretationsabhängig ist. Ausgangspunkt für die differenzierten Meinungen ist die fehlende Bezugnahme. Es ist nicht erkennbar, ob sich die Angaben lediglich auf bilanzierte Steuerlatenzen beziehen oder ob auch bei Nichtausübung des Aktivierungswahlrechts ein Verweis zu erfolgen hat.[7] Der Regierungsbegründung zum BilMoG ist diesbezüglich zu entnehmen, dass sich der Umfang der anzugebenden Wertunterschiede nicht nur auf die ausgewiesenen, sondern auch auf die ansatzfähigen Steuerlatenzen bezieht. Begründet wird dies mit der angewandten Gesamtdifferenzbetrachtung, aufgrund derer über ein Wahlrecht entschieden werden kann.[8] Ebenfalls Beachtung finden in diesem Kontext die zu berücksichtigten Zinsvorträge, da sie den Ansatz steuerlicher Verlustvorträge maß-

[1] Vgl. Hoffmann/Lüdenbach (2012), § 275 Gliederung, Rz. 118 f.

[2] Vgl. Fuhrmann/Gellrich (2012), VI. Ausweis,. Rz. 121.

[3] Vgl. Kessler/Leinen/Paulus (2009), S. 724.

[4] Vgl. Lange/Müller (2012), Rz. 297.

[5] Vgl. Fuhrmann/Gellrich (2012), VII. Anhangangaben, Rz. 123.

[6] Vgl. Wendholt/Wesemann (2009), S. 67.

[7] Vgl. Pöller (2011), S. 15.

[8] Vgl. Müller (2012), Rz. 452.

geblich beeinflussen. Um diesen Pflichtangaben gerecht zu werden, empfiehlt sich eine detaillierte Aufstellung in der alle Bilanzposten enthalten sind. Während dies nach IFRS verpflichtend ist, wird nach HGB lediglich eine für interne Dokumentationszwecke sachgerechte Aufstellung gefordert. Daraus geht hervor, dass auch bei Verzicht auf den Ansatz eines Aktivüberhangs der administrative Aufwand nicht entfällt.[1] Gleiches ergibt sich für Unternehmen, welche aufgrund ihrer Unternehmensgröße von speziellen Anhangangaben befreit sind.[2] Dies erscheint sachgerecht hinsichtlich der Gründe für die Ausgestaltung des § 285 Nr. 29 HGB. Durch diese Gesetzesgrundlage soll der Informationsverlust, welcher sich zum einen aus dem Wahlrecht und zum anderen aus der Anwendung der Gesamtdifferenzbetrachtung ergibt, ausgeglichen werden. Um eine Kostenentlastung sicherzustellen, sind kleine KapG gänzlich von der Anwendung des Temporary Konzepts sowie den damit verbundenen Anhangangaben befreit. Dagegen unterliegen mittelgroße Gesellschaften der Anwendung nach § 274 HGB, sind aber nicht explizit von den Anhangpflichten betroffen.[3] Des Weiteren ist nach § 285 Nr. 28 HGB im Anhang anzugeben, auf welchen Beträgen eine mögliche Ausschüttungssperre beruht. Somit wird die Nachvollziehbarkeit für Jahresabschlussadressaten verbessert. Die Funktion und Wirkungsweise der Ausschüttungssperre wird im nächsten Gliederungspunkt dargestellt.[4]

Aufgrund einer fehlenden Definition, wie umfangreich Angaben im Anhang zu erfolgen haben, werden die meisten Unternehmen sich auf den geringfügigsten Umfang beschränken. Somit ist eine Verbesserung der Informationsvermittlung für den Bilanzadressaten beeinträchtigt. Es ist bspw. nicht ersichtlich, in welcher Höhe steuerliche Verlustvorträge bestehen, wenn sich eine Verrechnung über den Fünf-Jahres-Zeitraum erstreckt. Aus diesem Grund wäre es sinnvoll, an die freiwillige Informationserweiterung zu appellieren und die Anhangangaben entsprechend zu verbessern.[5]

5.3.6 Ausschüttungssperre

Die Regelungen zu der Ausschüttungssperre wurden mit der Modernisierung des Bilanzrechts überarbeitet.[6] Nach § 268 Abs. 8 HGB beschränkt sich die Wirkung der Ausschüttungssperre auf selbst geschaffene immaterielle Vermögenswerte des Anlagevermögens, Vermögensgegenstände die zum Fair Value bewertet werden, sowie auf die Aktivierung latenter Steuern.[7] Im Sinne einer verbesserten Informationsfunktion sind die genannten

[1] Vgl. Maier/Weil (2009), S. 2735.

[2] Vgl. Petersen (2011), S. 257.

[3] Vgl. Kessler/Leinen/Paulus (2009), S. 724 f.

[4] Vgl. Tanski (2012), S. 358.

[5] Vgl. Wenholt/Wesemann (2009), S. 68.

[6] Vgl. Althoff (2012), S. 868.

[7] Vgl. Krimpmann (2011), S. 56.

Anwendungsinhalte, trotz der fehlenden Gewinnrealisierung, auszuweisen.[1] Aus diesem Grund wirkt die Ausschüttungssperre diesen Unsicherheiten entgegen, indem der Gläubigerschutz durch Verhinderung unsachgemäßer Ausschüttungen an Anteilseigner gewahrt bleibt.[2] Demnach darf eine Gewinnausschüttung nach § 268 Abs. 8 HGB nur erfolgen, „wenn die nach der Ausschüttung verbleibenden frei verfügbaren Rücklagen zuzüglich eines Gewinnvortrags und abzüglich eines Verlustvortrags mindestens den insgesamt angesetzten Beträgen abzüglich der hierfür gebildeten passiven latenten Steuern entsprechen. Werden aktive latente Steuern in der Bilanz ausgewiesen, ist Satz 1 auf den Betrag anzuwenden, um den die aktiven latenten Steuern die passiven latenten Steuern übersteigen." Aus der Gesetzesformulierung geht hervor, dass ein Aktivüberhang maßgeblich für die Anwendung der Ausschüttungssperre ist. Dabei ist es in diesem Kontext nicht ausschlaggebend, ob der Ausweis in der Bilanz netto oder brutto erfolgt.[3] Es ist zu beachten, dass eine Begrenzung auf einen Überhang aktiver latenter Steuern nur dann sinnvoll ist, wenn der Auflösungszeitpunkt der künftigen Steuerbelastungen und Steuerentlastungen übereinstimmt, da nur in diesem Fall eine Verrechnung erfolgen kann.[4] Darüber hinaus nimmt der Gesetzestext Bezug auf passive latente Steuern, welche ebenfalls einen Einfluss auf die Höhe der Ausschüttungssperre besitzen. Bereits zu Beginn wurden die drei Posten, welche die Ausschüttungssperre betreffen, genannt. In diesem Kontext kommt den immateriellen Wirtschaftsgütern und den Vermögensgegenständen wie etwa Pensionen, die einer Fair Value Bewertung unterliegen, eine besondere Bedeutung zu.[5] Diese beiden Posten werden nur handelsrechtlich anerkannt, weshalb aus ihrem Ansatz regelmäßig passive latente Steuern resultieren. Hieraus ergibt sich die Problematik einer Doppelberücksichtigung, da diese Tatbestände eine gegenläufige Wirkungsweise besitzen. Einerseits begründen sie eine Ausschüttungssperre und andererseits wurden ihre Beträge bereits durch für sie gebildete künftige Steuerbelastungen gemindert.[6] Dahingegen weist der Gesetzeswortlaut darauf hin, dass die auf diese Posten entfallenden passiven latenten Steuern bei der Ermittlung der Höhe der Ausschüttungssperre abzuziehen sind. Um diese Widersprüche angemessen zu behandeln, hat sich in der Praxis eine eigene Berechnungssystematik entwickelt. Des Weiteren sind die passiven Steuerlatenzen aufgrund ihrer Entstehungsgrundlage ebenfalls mit Unsicherheit behaftet, weshalb die zweifache Berücksichtigung auch nicht dem Zweck der Ausschüttungssperre entsprechen würde.[7] Im Folgenden wird eine sachgerechte Berechnungsmethode dargestellt, mit deren Hilfe eine Doppelberücksichtigung vermieden wird.

---

[1] Vgl. Althoff (2012), S. 868.

[2] Vgl. Zülch/Hoffmann (2010), S. 912.

[3] Vgl. Wendholt/Wesemann (2009), S. 69.

[4] Vgl. Karrenbrock (2011), S. 686.

[5] Vgl. Loitz (2009), S. 920.

[6] Vgl. Pöller (2011), S. 14.

[7] Vgl. Althoff (2012), S. 869.

Summe aller aktiven latenten Steuern
./. Summe passiver latenter Steuern
+ Passive latente Steuern aus den genannten Sachverhalten
= Bemessungsgrundlage für den Aktivüberhang[1]

Aufgrund der nicht ausreichend definierten Gesetzesgrundlage ergeben sich darüber hinaus weitere Unklarheiten im Umgang mit der Ausschüttungssperre. Diese stehen im Zusammenhang mit den genannten Tatbeständen, welche zu einem ausschüttungsgesperrten Betrag führen können. Generell greift die Ausschüttungssperre, wenn die oben dargestellte Bemessungsgrundlage die frei verfügbaren Rücklagen eines Unternehmens übersteigt. Allerdings existieren zwei denkbare Möglichkeiten für eine Gegenüberstellung, um zu einem Ergebnis zu gelangen. Zum einen eine Gesamtbetrachtung und zum anderen eine Einzelbetrachtung der verschiedenen Tatbestände. Dies wurde bereits in Gliederungspunkt 5.3.4.3 thematisiert, wird nun allerdings noch einmal aufgegriffen und im Zusammenhang mit der Ausschüttungssperre analysiert. Bei Anwendung einer Gesamtbetrachtung werden passive und aktive latente Steuern in einem ersten Schritt aus allen zu betrachtenden Sachverhalten isoliert ermittelt und anschließend zusammengefasst. In einem zweiten Schritt erfolgt eine Gegenüberstellung der zuvor berechneten BMG mit den frei verfügbaren Rücklagen, welche sich aus dem Jahresergebnis zuzüglich der frei verfügbaren Rücklagen zusammensetzt. Die Anwendung der Ausschüttungssperre kommt dann zum Tragen, wenn die Summe der freien Rücklagen nicht ausreicht, um die mit Unsicherheit behafteten Sachverhalte zu kompensieren. Die Einzelbetrachtung stellt diese Gegenüberstellung für jeden im gesetzlichen Wortlaut des § 268 Abs. 8 HGB erfassten Sachverhalt an. Diese Vorgehensweise findet nicht gleichzeitig, sondern voneinander separiert und in zeitlichem Abstand statt.

Zur Verdeutlichung soll an einem Beispiel unterstellt werden, dass die frei verfügbaren Rücklagen 150 € betragen und die Bemessungsgrundlage, die sich allein aus der Betrachtung der selbst erstellten immateriellen Vermögensgegenstände ergibt, 100 € beträgt. Mit alleiniger Untersuchung dieses Tatbestands würde eine Ausschüttung an die Anteilseigner erfolgen, da nach Verrechnung freie Rücklagen in Höhe von 50 € verbleiben. Für die Gegenüberstellung der beiden ausstehenden Sachverhalte stehen demnach lediglich 50 € zur Verfügung. Unter der Annahme, dass bereits der nächste Sachverhalt die freien Rücklagen übersteigt, wären beide Positionen nicht länger im Zuge einer Ausschüttung zu verwenden. Dementgegen würde bei Anwendung einer Gesamtbetrachtung die Ausschüttungssperre für alle Sachverhalte greifen, womit keine Ausschüttung vorzunehmen ist. Es ist erkennbar, dass sich in Abhängigkeit der Betrachtungsmethode ein abweichendes Ergebnis ergibt.

Fraglich ist, welche Methode anzuwenden ist, um eine sachgerechte Behandlung zu gewährleisten. Eine reine Orientierung am Gesetz würde zu einer Anwendung der Einzelbetrachtung führen. Allerdings würde dieses Vorgehen der Zielsetzung des HGB, den Gläubigerschutz zu wahren, widersprechen. Da diese Überlegungen einer „teleologischen Reduktion" zugrunde liegen, muss § 268 Abs. 8 HGB dahingehend modifiziert werden,

[1] In Anlehnung an Zülch/Hoffmann (2010), S. 910.

dass unter Berücksichtigung des übergeordneten Ziels des Gläubigerschutzes, eine Gesamtbetrachtung die bessere Lösung darstellt.[1]

Der der Ausschüttungssperre unterliegende Betrag ist zu jedem Bilanzstichtag neu zu ermitteln, da er von den in der Bilanz ausgewiesenen Beträgen abhängig ist. Für den Einbezug der beschriebenen Sachverhalte ist es unerheblich, ob sie auf erfolgsneutrale oder erfolgswirksame Sachverhalte zurückzuführen sind. Schließlich bildet allein die bedenkliche Erhöhung des Eigenkapitals die Grundlage für die Tatbestandsvoraussetzungen der Ausschüttungssperre.[2]

Abschließend soll dargestellt werden, welche Auswirkungen sich für Unternehmen ergeben, die nicht dazu verpflichtet sind, die Konzeption latenter Steuern anzuwenden bzw. auf die Aktivierung einer künftigen Steuerentlastung verzichten. Hieraus resultiert ein bedeutender Unterschied, da latente Steuern die Höhe des Sperrbetrags maßgeblich beeinflussen. In diesem Kontext stellt sich die Frage, ob die betreffenden Unternehmen eine unternehmensinterne Nebenrechnung führen müssen, welche die nicht bilanzierten latenten Steuern beinhaltet, um aus Gründen der Vergleichbarkeit eine übereinstimmende Berechnung der Ausschüttungssperre mit anderen Unternehmen durchführen zu können. Um diesen Sachverhalt richtig beurteilen zu können, hat ein Vergleich der möglichen Lösungsalternativen zu erfolgen.[3] Ist ein Unternehmen nicht von der Anwendung latenter Steuern betroffen oder wird von dem Aktivierungswahlrecht kein Gebrauch gemacht, profitieren die Anteilseigner von einem höheren Ausschüttungs-potenzial. Dies würde bedeuten, dass es sich hierbei um eine bilanzpolitische Gestaltungsmaßnahme handelt, die nicht dem Grundsatz des Gläubigerschutzes entspricht.[4] Dahingegen bezieht sich § 268 Abs. 8 S. 1 HGB explizit auf die ausgewiesene latente Steuer, weshalb demnach eine Nebenrechnung unterbleiben kann, wenn zeitgleich auch kein Ausweis in der Bilanz stattfindet. Dieses Vorgehen würde sich demzufolge bei einer stichtagsbezogenen Betrachtung nachteilig auf den Gläubigerschutz auswirken. Allerdings passt sich das Ergebnis dieser Variante im Zeitverlauf an die Variante des Einbezugs latenter Steuern durch Abschreibungen und Auflösungen an. Aus diesem Grund entfällt die Notwendigkeit einer Nebenrechnung.[5]

Die dargestellte Ausschüttungssperre bezieht sich in ihren Ausführungen in erster Linie auf Kapitalgesellschaften. Die Übertragung dieser Regelung kann nach § 264a HGB auch auf bestimmte Personengesellschaften erfolgen. Im Laufe dieses Gliederungspunktes wurde allerdings deutlich, dass die Umsetzung der Berechnungssystematik nicht vollständig auf Personengesellschaften übertragbar ist, da diese Gesellschaftsform den Begriff der gesetzlichen Gewinnrücklagen nicht kennt. Darüber hinaus bezieht sie sich noch auf andere Unternehmen, auf welche aber nicht näher eingegangen wird.[6] Die steuerlichen Besonder-

[1] Vgl. Zülch/Hoffmann (2010), S. 910 ff.

[2] Vgl. Fuhrmann/Langseder (2012), VI. Ausschüttungs- und Abführungssperre, Rz. 217.

[3] Vgl. Hoffmann/Lüdenbach (2012), § 268, Rz. 161.

[4] Vgl. Lüdenbach/Freiberg (2010), S. 1973.

[5] Vgl. Hoffmann/Lüdenbach (2012), § 268, Rz. 161 f.

[6] Vgl. Althoff (2012), S. 868.

heiten bei PersG und die sich daraus ergebenen Unterschiede bei der Ermittlung latenter Steuern werden im nächsten Gliederungspunkt vorgestellt.

5.4 Latente Steuern bei Personengesellschaften

Da Personengesellschaften im Gegensatz zu Kapitalgesellschaften einer anderen Besteuerungssystematik unterliegen, ist es notwendig, diese Rechtsform in einem eigenen Gliederungspunkt zu behandeln. Um das Konstrukt der Besteuerung und die verschiedenen Ebenen einer Personengesellschaft zu verstehen, ist ein grundlegendes Verständnis hierfür zu entwickeln. Bislang wurde in dieser Arbeit im Hinblick auf die Systematik latenter Steuern vor allem auf Kapitalgesellschaften eingegangen. Dies liegt nahe, da sich § 274 HGB in erster Linie an diese Unternehmen richtet. Doch auch Personengesellschaften können von der Anwendung betroffen sein. Aufgrund von § 264a HGB und § 5 Publizitätsgesetz (PublG) erfolgt die Übertragung der Steuerabgrenzungsvorschriften ebenfalls auf bestimmte Personenunternehmen.[1] Darüber hinaus ist die Anwendung des Temporary Konzepts nicht nur verpflichtend auszuüben, sondern kann auch freiwillig erfolgen.[2]

Die nachstehenden Ausführungen beschränken sich auf gewerblich geprägte Personengesellschaften, da diese zu versteuernde Einkünfte generieren.[3] Um die Entstehung latenter Steuern bei dieser Rechtsform zu verstehen, werden zunächst theoretische Grundlagen vermittelt. Anschließend werden Tatbestände aufgezeigt, durch die latente Steuern üblicherweise entstehen und sich im Zeitverlauf wieder umkehren.

5.4.1 Steuerliche Besonderheiten

Eine Personengesellschaft ist durch den Zusammenschluss mehrerer Personen gekennzeichnet. Aufgrund der fehlenden Rechtspersönlichkeit dieser Gesellschaftsform erfolgt die Besteuerung auf Ebene der Mitunternehmer nach dem sog. Transparenzprinzip. Dies bedeutet, dass der von dem Unternehmen erwirtschaftete Gewinn auf die Gesellschafter verteilt und bei selbigen besteuert wird. Die Gesellschafter selbst haben dann die entsprechende Einkommens- oder Körperschaftsteuer zu tragen.[4] Der darin liegende Unterschied im Vergleich zu einer Kapitalgesellschaft ist der, dass die Gesellschafter selbst nicht durch eine Besteuerung tangiert werden.[5]

Die Ermittlung des zvE der Mitunternehmer erfolgt anhand einer additiven Gewinnermittlung, welche sich aus zwei Stufen zusammensetzt. Die erste Stufe bezieht sich auf

[1] Vgl. Lüdenbach/Freiberg (2011), S. 1579.

[2] Vgl. Völkner/Feldgen (2012), S. 1333.

[3] Vgl. Niehus/Wilke (2010), S. 24.

[4] Vgl. ebenda (2010), S. 17 f.

[5] Vgl. Lange/Wolz (2010), S. 76.

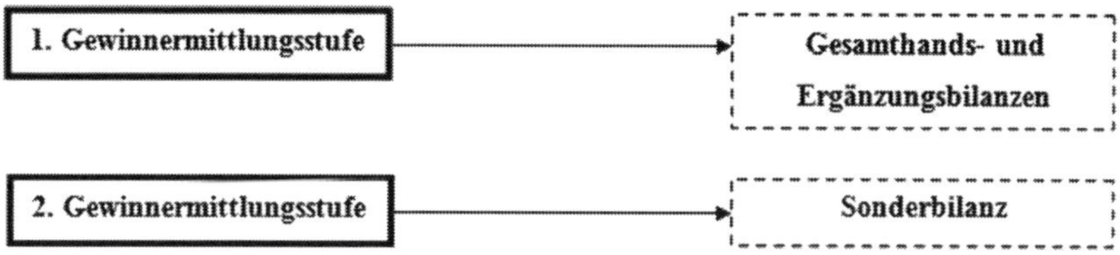

Abb. 5.4 Zweistufige Gewinnermittlung[1]

die Personengesellschaft, welcher der generierte Gewinn bzw. Verlust auf Unternehmensebene zu entnehmen ist. Dieses Ergebnis wird den Gesellschaftern anteilig zugewiesen.[2] Den Ausgangspunkt für die Ermittlung des Jahresergebnisses bildet die Gesamthandsbilanz. Diese enthält Werte, welche für die Aufstellung der Unternehmenssteuerbilanz von Bedeutung sind. Ein hiervon abgeleitetes Ergebnis ist noch um Einflüsse aus den gesellschafterbezogenen Ergänzungsbilanzen zu korrigieren. Die zweite Stufe bezieht sich auf gesellschafterspezifische Sachverhalte. Aus diesem Grund fließen die Ergebnisse aus Sonderbilanzen in den bis dahin ermittelten Gewinn ein.[3] Abb. 5.4 fasst die zweistufige Gewinnberechnung noch einmal bildlich zusammen.

Die Personengesellschaft als Steuersubjekt unterliegt selbst der Gewerbesteuer, weshalb diese Steuer nicht mehr auf Ebene der Mitunternehmer mit einfließen. Prinzipiell ergibt sich die zu leistende Gewerbesteuer aus einer Aggregation der beiden Stufen.[4] Da es sich bei der Gewerbesteuer um eine Objektsteuer handelt, unterliegen der Besteuerung nur betrieblich veranlasste Gewinne.[5] Darüber hinaus unterliegen „Gewinne aus der Veräußerung oder Aufgabe des Betriebs oder eines Teilbetriebs der Personengesellschaft oder aus der Veräußerung oder Aufgabe des Mitunternehmeranteils, […]“[6] ebenfalls auf Ebene der Gesellschaft der Gewerbesteuer, sofern es sich bei dem betreffenden Mitunternehmer um eine Kapitalgesellschaft oder eine andere Personengesellschaft handelt. Dies liegt daran, dass der sich aus diesem Vorgang ergebende Gewinn zum Gewerbeertrag der Personengesellschaft gehört.[7] Handelt es sich dagegen in diesem Kontext um eine natürliche Person, würde der entsprechende Betrag doppelt besteuert werden. Um dies zu vermeiden, besteht nach § 9 Gewerbesteuergesetz (GewStG) eine spezielle Vorschrift, welche eine Kürzung um diesen Betrag begründet. Demnach existiert eine Gewerbesteuerbelastung nur auf Ebene der Gesellschaft.[8]

[1] In Anlehnung an Künkele/Zwirner (2012), S. 107.

[2] Vgl. Kraft/Kraft (2009), S. 226 f.

[3] Vgl. Kastrup/Middendorf (2010), S. 815.

[4] Vgl. Künkele/Zwirner (2012), S. 106.

[5] Vgl. Hahn (2011), S. 661 f.

[6] Fuhrmann/Langseder (2012), III. Personengesellschaften, Rz. 144.

[7] Vgl. Hahn (2011), S. 662.

[8] Vgl. Künkele/Zwirner (2012), S. 106 f.

5.4.2 Latente Steuern auf Ebene der Personengesellschaft

5.4.2.1 Relevanter Steuersatz

Wie bereits vorstehend erläutert gilt bei Personengesellschaften das Transparenzprinzip, weshalb der Steuersatz zwischen Personengesellschaft und dem Mitunternehmer unterschiedlich ist. Da sich die Gewerbesteuer nur auf die Ebene der Personengesellschaft bezieht, erfolgt eine Abgrenzung latenter Steuern in diesem Kontext nur auf Sachverhalte, welche künftig die Gewerbesteuer aufgrund zeitlich begrenzter Unterschiedsbeträge beeinflussen. Demnach wird für die Bewertung des Abgrenzungsbetrags der unternehmensindividuelle Gewerbesteuersatz benötigt. Dieser wird gemäß § 11 in Verbindung mit (i. V. m.) § 16 GewStG ermittelt.[1] Zwar besteht darüber hinaus ein Freibetrag, dieser wird allerdings bei der Ermittlung des Steuersatzes aus Praktikabilitätsgründen außer Acht gelassen.[2]

Auf Ebene des Gesellschafters ist der Steuersatz davon abhängig, ob es sich um eine Kapital-, Personengesellschaft oder eine natürliche Person handelt. Die Ermittlung latenter Steuern muss in diesem Fall für die maßgebliche Steuerart erfolgen, welche variieren kann. Werden die Anteile von einer Kapitalgesellschaft gehalten, bezieht sich die Steuerabgrenzung auf die Körperschaftsteuer. Der zugrunde gelegte Steuersatz von 15,825 % setzt sich aus der Körperschaftsteuer und dem Solidaritätszuschlag zusammen.[3] Handelt es sich dagegen bei der die Beteiligung haltenden Rechtsform wiederum um eine Personengesellschaft, entfällt die Steuerabgrenzung auf Ebene des Gesellschafters. Dies hat den Hintergrund, dass Personengesellschaften prinzipiell der Gewerbesteuer unterliegen. Diese wurde bereits auf Ebene der Mitunternehmerschaft berechnet und bereits in die Abgrenzung latenter Steuern einbezogen.[4] Des Weiteren wird der auf den Gesellschafter entfallende Betrag bereits auf Ebene der Personengesellschaft nach § 8 Nr. 8 GewStG bzw. § 9 Nr. 2 GewStG berücksichtigt, so dass eine sonst entstehende Doppelberücksichtigung entfällt.[5]

Die dritte und letzte Gesellschafterform, welche für eine Beteiligung in Frage kommt, sind natürliche Personen. Sie unterliegen stets der Einkommensteuer, welche personenbezogen ist. Somit erfolgt keine Abbildung in der Bilanz, weshalb latente Steuern nicht ermittelt werden können.[6] Es wird deutlich, dass der zur Bewertung der Steuerlatenzen zugrunde gelegte Steuersatz in Abhängigkeit der Rechtsform, welche an der PersG beteiligt ist, variiert.

[1] Vgl. Kastrup/Middendorf (2010), S. 816.

[2] Vgl. Fuhrmann/Langseder (2012), III. Personengesellschaften, Rz. 160.

[3] Vgl. Künkele/Zwirner (2012), S. 109.

[4] Vgl. Künkele/Zwirner (2011a), S. 2364.

[5] Vgl. Kastrup/Middendorf (2010), S. 818.

[6] Vgl. Lange/Wolz (2010), S. 77.

5.4.2.2 Entstehung und Auflösung temporärer Differenzen

Grundsätzlich ist die Entstehung latenter Steuern wie in Gliederungspunkt 5.3 an Wertdifferenzen zwischen Handels- und Steuerbilanz geknüpft. Eine Abweichung ergibt sich dahingehend, dass bei Personengesellschaften noch weitere Sachverhalte zu berücksichtigen sind. So ergeben sich die steuerlichen Werte auf Unternehmensebene nicht allein aus den Werten in der Gesamthandsbilanz. Vielmehr müssen Veränderungen der gesellschafterbezogenen Ergänzungsbilanzen miteinbezogen werden. Darüber hinaus können außerbilanzielle Hinzurechnungen und Kürzungen Auswirkungen auf die Werte in der Steuerbilanz haben.[1] Diese Ansicht steht allerdings nicht im Einklang mit dem Wortlaut des § 274 Abs. 1 HGB. Dieser nimmt keinen Bezug auf außerbilanzielle Sachverhalte, weshalb nicht ersichtlich ist, auf welcher Grundlage die im IDW RS HFA 7.20 festgelegte Erweiterung beruht.[2]

Auf Ebene der Gesellschaft lösen sich Differenzen in der Regel erst mit Veräußerung des Unternehmens auf, weshalb die Bedeutung latenter Steuern aufgrund des Temporary Konzepts zugenommen hat. Weiterhin denkbar ist eine durchschnittliche Betrachtung der ersten drei Jahre, welche für die fehlenden Jahre angesetzt wird. Letztendlich ist eine richtige Vorgehensweise nicht abschließend definiert, weshalb das Unternehmen eine Regelung finden muss, die dem Stetigkeitsgebot unterliegt. Vor der Neukonzeption der Steuerabgrenzung war die Bildung latenter Steuern für quasi zeitlich unbegrenzte Wertunterschiede nicht möglich.[3] Eine weitere Voraussetzung ist die steuerliche Wirksamkeit im Zeitpunkt ihrer Auflösung. Auch ein gesellschafterbezogener Sachverhalt kann die Steuerabgrenzung auf Ebene der Gesellschaft beeinflussen, wenn dieser zu einem steuerwirksamen Abbau bestehender Differenzen führt. In Abhängigkeit der Rechtsform des Mitunternehmers führen Veräußerungsvorgänge zu solch einer Wirkung, sofern sich daraus ein Gewinn oder Verlust ergibt. Handelt es sich bei dem veräußernden Gesellschafter um eine Kapital- oder Personengesellschaft, liegen immer quasi begrenzte Differenzen vor, da sich eine Steuerwirkung spätestens mit Verkauf des Unternehmens entfaltet. Steht die Veräußerung im Zusammenhang mit der Beteiligung, unterliegt sie nach gesetzlichen Regelungen stets der Gewerbesteuer, weshalb bestehende Differenzen steuerwirksam aufgelöst werden. Hält dagegen eine natürliche Person eine Beteiligung an der Personengesellschaft, gestaltet sich dieser Sachverhalt problematischer. Zum einen ist ein eventueller Gewinn aus der Anteilsveräußerung gewerbesteuerfrei und zum anderen endet der Zeitraum für die quasi begrenzte Differenz entweder mit Aufgabe des Betriebs oder zu dem Zeitpunkt, zu dem er die Gesellschaft verlässt. Die Umkehrung einer Steuerlatenz liegt zwar vor, allerdings ohne Steuerwirkung auf Ebene der Gesellschaft. Die latente Gewerbesteuer ist aus diesem Grund nur zu bilden, wenn es sich um eine zeitlich begrenzte Differenz handelt, die sich bereits vor der Veräußerung auflöst. Dies kann auch anteilig erfolgen.[4]

---

[1] Vgl. IDW RS HFA 7 (2012), Rz. 20.

[2] Vgl. Lüdenbach/Freiberg (2011), S. 1582.

[3] Vgl. Künkele/Zwirner (2011a), S. 2364.

[4] Vgl. Kastrup/Middendorf (2010), S. 816.

5.4.2.3 Gesamthandsbilanz

Die handelsrechtliche Gesamthandsbilanz bildet den Ausgangspunkt der zweistufigen Gewinnermittlung. In dieser Bilanz befinden sich alle Vermögensgegenstände und Schulden, deren wirtschaftlicher oder rechtlicher Eigentümer die Gesellschaft selbst ist.[1] Auch wenn die Personengesellschaft keine Rechtspersönlichkeit besitzt, erwirbt sie das Eigentum dadurch, dass die darin befindlichen Wirtschaftsgüter allen Mitunternehmern gemeinsam gehören. Selbst wenn es sich um einen Gegenstand handelt, der im eigentlichen Sinne einem Gesellschafter zuzurechnen wäre, bedarf es dem Einverständnis aller Mitunternehmer, um über diesen Vermögensgegenstand zu verfügen.[2] Im Sinne des Gesamthandsvermögens kann aus steuerlicher Sicht auch von der Steuerbilanz gesprochen werden. Durch diese Systematik stimmen die Vermögensgegenstände und Schulden, welche sich auf die Gesellschaft beziehen, zunächst mit den Wertansätzen der Handelsbilanz überein.[3]

Da sich das Gesamthandsvermögen auf die Personengesellschaft direkt bezieht, hat für die Untersuchung auf latente Steuern eine Gegenüberstellung des Gesamthandsvermögens mit der Handelsbilanz der Gesellschaft zu erfolgen.[4] Die Klassifizierung in Steuerbelastungen und Steuerentlastungen bezieht sich auf dieselbe Systematik wie bei Kapitalgesellschaften. Demnach können aktive latente Steuern aus dem Ansatz einer Drohverlustrückstellung in der Handelsbilanz resultieren, für die steuerrechtlich ein explizites Ansatzverbot besteht. Dagegen entstehen künftige Steuerbelastungen aufgrund eines höheren Ausweises in der Handelsbilanz anstatt in der Steuerbilanz.[5]

5.4.2.3.1 Ergänzungsbilanz

Grundsätzlich befinden sich in der Gesamthandsbilanz die wertmäßigen Anteile der jeweiligen Gesellschafter in Form eines Kapitalkontos. Entsteht ein Vorgang, der dazu führt, dass der Wert des ausgewiesenen Kapitalkontos nicht mehr zutreffend ist, hat eine Berichtigung dieser Wertansätze zu erfolgen. Der Ausweis dieser Korrekturen erfolgt allerdings nicht auf dem in der Gesamthandsbilanz ausgewiesenen Kapitalkonto, sondern in einer gesellschafterbezogenen Ergänzungsbilanz. Demnach enthält eine Ergänzungsbilanz lediglich Wertkorrekturen der ausgewiesenen Anteile in der Gesellschaftsbilanz.[6] Die Notwendigkeit der Erstellung solch einer Bilanz hat mehrere Ursachen. Den in der Praxis am häufigsten anzutreffenden Sachverhalt bildet ein Gesellschafterwechsel. Da die Mitunternehmer jeweils Anteile am Gesellschaftsvermögen besitzen, ist der Erwerb eines Anteils direkt an der Personengesellschaft ausgeschlossen. Vielmehr bezieht sich die neu erworbene Beteiligung auf einen Anteil der in der Gesamthandsbilanz ausgewiesenen Vermögenswerte, welcher in dem eigens für den Neugesellschafter erstellten Kapitalkonto erfasst

---

[1] Vgl. Kraft/Kraft (2009), S. 230.

[2] Vgl. Niehus/Wilke (2010), S. 59 f.

[3] Vgl. Dinkelbach (2012), S. 167 f.

[4] Vgl. Fuhrmann/Langseder (2012), III. Personengesellschaften, Rz. 150.

[5] Vgl. Kastrup/Middendorf (2010), S. 816.

[6] Vgl. Niehus/Wilke (2010), S. 84.

wird. Dieser Wert entspricht häufig nicht dem entgeltlich erworbenen Anteil. Dies resultiert daraus, dass der Käufer nicht nur den in der Bilanz stehenden Wert des Kapitalkontos zu bezahlen hat, sondern ihm darüber hinaus anteilig nicht bilanzierte stille Reserven bzw. Lasten sowie ein möglicher Goodwill zugerechnet werden.[1] Die Bilanzierungsproblematik ergibt sich aus unterschiedlichen gesetzlichen Regelungen in Handels- und Steuerrecht.[2] Aus handelsrechtlicher Sicht stellen erworbene Anteile, mit Zuordnung zum Anlagevermögen, einen selbstständigen Vermögensgegenstand dar, weshalb sie in der Höhe ihrer Anschaffungskosten als Beteiligung bilanziert werden. Steuerlich hat diese Sichtweise keine Auswirkungen auf die Steuerbilanz, da die sog. Spiegelbildmethode zur Anwendung kommt.[3] Die beschriebenen Wertunterschiede, wie etwa stille Reserven, werden in der Ergänzungsbilanz des betreffenden Gesellschafters erfasst.[4] Diese sog. Mehr- oder Minderwerte werden nur steuerlich, aber nicht handelsrechtlich erfasst.[5] Durch die Erfassung dieser Werte können Ergänzungsbilanzen in positiver oder negativer Form auftreten.[6]

Eine Untersuchung auf latente Steuern hat demzufolge diesen dargestellten Kontext in die Ermittlungen miteinzubeziehen. Der für den Vergleich mit dem handelsrechtlichen Buchwert maßgebliche Steuerwert aus der Gesamthandsbilanz ergibt sich aus einer Modifizierung um die in der Ergänzungsbilanz erfassten Wertkorrekturen. Zuerst ist zu prüfen, um welche Art von Differenz es sich handelt, damit nicht ansatzfähige permanente Differenzen ausgeschlossen werden können. Die betreffenden Mehr- oder Minderwerte können sich durch planmäßige Abschreibungen, in Abhängigkeit der zugrunde gelegten Sachverhalte, zeitnah oder spätestens mit Liquidation des entsprechenden Wirtschaftsguts in Zukunft auflösen. Demnach enthalten Ergänzungsbilanzen Differenzen, welche die Entstehung latenter Steuern begründen, da entweder zeitlich begrenzte oder quasi unbegrenzte Wertunterschiede vorliegen. Im Zeitpunkt ihrer Auflösung entfalten sie, je nach Ausprägung der Steuerlatenz, eine negative oder positive Wirkung auf den Gewinn.[7] Diese Auswirkung tangiert grundsätzlich die der Ermittlung der Gewerbesteuer zugrunde gelegte Bemessungsgrundlage, weshalb künftige Steuerwirkungen abzugrenzen sind. Somit wird deutlich, weshalb bestehende Ergänzungsbilanzen zwingend in die Steuerabgrenzung auf Gesellschaftsebene miteinzubeziehen sind. Beim Vorliegen positiver Wertkorrekturen handelt es sich um künftige Gewerbesteuerentlastungen, während bei negativ erfassten Wertkorrekturen künftige Gewerbesteuerbelastungen vorliegen.[8] Generell erfolgt die Auflösung einer Differenz erfolgswirksam. Aus diesem Grund existiert neben der Ergänzungsbilanz eine Ergänzungs-GuV, in der sämtliche Auswirkungen auf die enthaltenen

[1] Vgl. Dinkelbach (2012), S. 168.

[2] Vgl. Kraft/Kraft (2009), S. 242.

[3] Vgl. Völkner/Feldgen (2012), S. 1334.

[4] Vgl. Kraft/Kraft (2009), S. 242.

[5] Vgl. Kastrup/Middendorf (2010), S. 816.

[6] Vgl. Künkele/Zwirner (2012), S. 108.

[7] Vgl. Künkele/Zwirner (2012), S. 108.

[8] Vgl. Kastrup/Middendorf (2010), S. 817.

Berichtigungen abgebildet werden. Mögliche Veränderungen in Folgejahren sind zu berücksichtigen.[1]

5.4.2.3.2 Sonderbilanz

Die Berücksichtigung von Sonderbilanzen erfolgt grundsätzlich auf der zweiten Stufe der additiven Gewinnermittlung. In dieser Bilanz erfolgt die Erfassung vertraglich vereinbarter Nutzungsrechte zwischen Gesellschaft und Mitunternehmer. Hierbei handelt es sich entweder um vom Gesellschafter überlassene Wirtschaftsgüter oder eigene Dienste, die in Rechnung gestellt werden. Voraussetzung für die Bilanzierung ist, dass diese Überlassungen dem Gesellschaftszweck dienen.[2] Folglich erhalten Mitunternehmer nicht nur einen Gewinnanteil, sondern können sich darüber hinaus weitere Leistungen vergüten lassen. Diese gesonderten Leistungen sind zwingend bei der Ermittlung der Einkünfte der jeweiligen Gesellschafter zu berücksichtigen.[3] Einen Anspruch darauf erhält ein Mitunternehmer, wenn er der Gesellschaft Vermögensgegenstände zur Verfügung stellt und diese weiterhin in seinem Eigentum verbleiben. Dies betrifft bspw. die entgeltliche Überlassung einer Maschine an eine Gesellschaft, an der er selbst beteiligt ist. Obwohl die Maschine zum Sonderbetriebsvermögen des Gesellschafters gehört, handelt es sich um Betriebsvermögen, da die aus ihr resultierenden Einkünfte gewerblich sind. Für die Ermittlung des daraus resultierenden Gewinnanteils des Gesellschafters ist, wie bereits bei der Gesamthandsbilanz, ein Betriebsvermögensvergleich vorzunehmen. In der Sonderbilanz des Mitunternehmers werden die Einkünfte und damit verbundene Ausgaben erfasst, die aus der Nutzung des Wirtschaftsgutes resultieren.[4] Für die Erfassung erfolgswirksamer Vorgänge bedarf es zusätzlich einer auf die Sonderbilanz abgestimmten GuV.[5] Grundsätzlich gehört die Sonderbilanz aber nicht zu dem Gesamthandsvermögen, da die darin befindlichen Wirtschaftsgüter kein Eigentum aller Gesellschafter darstellen. Trotzdem sind sie bei der steuerlichen Gewinnermittlung auf Ebene der Mitunternehmerschaft zu berücksichtigen. Im Gegensatz zum Steuerrecht findet das Sonderbetriebsvermögen bei der Aufstellung der Handelsbilanz keine Berücksichtigung. Fraglich ist, ob die unterschiedliche Behandlung eine Wertdifferenz für den Ansatz latenter Steuern begründet.[6] Dies wird in der Praxis verneint, da sich diese Differenz nicht aus unterschiedlichen Wertansätzen im Sinne der Steuerabgrenzung ergibt. Schließlich bezieht sich die Konzeption latenter Steuern auf Unterschiedsbeträge, die auf Vermögensgegenstände, Schulden und Rechnungsabgrenzungsposten zurückzuführen sind.[7] Dieser Tatbestand liegt bei Sonderbilanzen nicht vor, da eine Gegenüberstellung der Wertansätze aufgrund der Nichterfas-

[1] Vgl. Dinkelbach (2012), S. 168.
[2] Vgl. Kraft/Kraft (2009), S. 232.
[3] Vgl. Dinkelbach (2012), S. 169 f.
[4] Vgl. Niehus/Wilke (2010), S. 56.
[5] Vgl. Kraft/Kraft (2009), S. 233.
[6] Vgl. Künkele/Zwirner (2012), S. 107.
[7] Vgl. Lange/Wolz (2010), S. 79.

sung in der Handelsbilanz nicht erfolgen kann.[1] Ein Einbezug ist indessen nur möglich, wenn die Gesellschaft selbst Eigentümer wäre. Dies trifft in diesem Fall nicht zu. Darüber hinaus bezieht sich das Sonderbetriebsvermögen ausschließlich auf den Gesellschafter und ist losgelöst von der Personengesellschaft zu betrachten, weshalb es auch nicht in das Gesamthandsvermögen der Mitunternehmerschaft eingeht. Dies erscheint folgerichtig, da gesetzlich keine Verpflichtung zur Aufstellung einer Sonderbilanz besteht und insofern eine unternehmensinterne Rechnung, die der richtigen Gewinnermittlung dient, ausreichen würde.[2] Auch das IDW stimmt dieser Auffassung in RS HFA 7, welche die Steuerabgrenzung von Personengesellschaften behandelt, zu.[3] Dagegen existieren Meinungen, welche für eine Einbeziehung der Sonderbilanz sind, da der steuerliche Effekt, der sich aus dem separaten Vermögen eines Gesellschafters ergibt, nicht unterschätzt werden soll. Dieses Betriebsvermögen kann erhebliche Auswirkungen auf den Steueraufwand der Gesellschaft haben.[4] Wird bspw. von einer Veräußerung eines Wirtschaftsgutes des Sonderbetriebsvermögens ausgegangen, ergibt sich durch diesen Vorgang ein steuerlicher Effekt, der nicht hinreichend berücksichtigt wird. Darüber hinaus besteht eine Symmetrie zu Ergänzungsbilanzen. Es fließen beide, Ergänzungs- und Sonderbilanz, in die Ermittlung des Gewerbeertrags der Mitunternehmerschaft mit ein, weshalb dieser Tatbestand für die Einbeziehung des Sonderbetriebsvermögens spricht.[5] Des Weiteren wird ein Widerspruch in der Regelung gesehen, Hinzurechnungen und Kürzungen bei der Steuerabgrenzung explizit zu berücksichtigen, da diese ebenfalls nicht dem Grundgedanken der Steuerkonzeption entsprechen. Auch sie führen im eigentlichen Sinne zu keiner Differenz aufgrund von Wertunterschieden.

Diese Überlegungen machen deutlich, dass die Zielsetzung der Steuerabgrenzung durch den Nichteinbezug des Sonderbetriebsvermögens nicht vollständig verwirklicht wird. Zum einen kann durch dieses Vorgehen keine periodengerechte Gewinnermittlung erfolgen und zum anderen keine richtige Vermögensdarstellung gewährleistet werden. Die Autoren Völkner/Feldgen haben in diesem Kontext die neue Stellungnahme des IDW untersucht. Um dem entgegenzuwirken, halten sie es für sachgerecht, das Sonderbetriebsvermögen bei der Ermittlung latenter Steuern zu berücksichtigen, sofern[6] „auch der in der Gewinn- und Verlustrechnung ausgewiesene Gewerbesteueraufwand bzw. -ertrag unter Berücksichtigung des Sonderbetriebsvermögens ermittelt worden ist.“[7]

[1] Vgl. Völkner/Feldgen (2012), S. 1334.

[2] Vgl. Hartmann (2011), S. 109 f.

[3] Vgl. IDW RS HFA 7 (2012), Rz. 20.

[4] Vgl. Völkner/Feldgen (2012), S. 1334.

[5] Vgl. Hartmann (2011), S. 110 ff.

[6] Vgl. Völkner/Feldgen (2012), S. 1334.

[7] Völkner/Feldgen (2012), S. 1334.

5.4.3 Latente Steuern auf Gesellschafterebene

Die Entstehung latenter Steuern ist auf Mitunternehmerebene prinzipiell nur möglich, wenn sich die erworbenen Anteile im Betriebsvermögen und nicht im Privatvermögen eines Gesellschafters befinden. Dies trifft grundsätzlich bei Kapital- und Personengesellschaften zu. Der Fokus dieses Gliederungspunktes liegt auf Kapitalgesellschaften, welche als Gesellschafter an einer Personengesellschaft fungieren. Dies ist sachgerecht, da aufgrund der in Gliederungspunkt 5.4.2.1 beschriebenen Problematik ausschließlich bei dieser Rechtsform die Entstehung latente Steuern möglich ist. Der Unterschied der in Frage kommenden Gesellschafter liegt vor allem darin, dass die Gewerbesteuer auf der einen Seite bei beiden Rechtsformen entsteht, aber auf der anderen Seite nur die KapG noch einer weiteren Steuer, nämlich der Körperschaftsteuer unterliegt. Durch diese Besteuerungssystematik hat eine Steuerabgrenzung auf die Körperschaftsteuer betreffenden Sachverhalte zu erfolgen.[1]

In der Praxis existiert eine Vielzahl an Ursachen, welche die Entstehung latenter Steuern auf Gesellschafterebene begründen. Den häufigsten Fall stellt die Bilanzierung der Beteiligung dar.[2] Der Beteiligungseingang wird in Handels- und Steuerbilanz in gleicher Höhe bilanziert. Erst die Folgebewertung führt zu Abweichungen zwischen den Buchwerten. Nach handelsrechtlichen Grundsätzen stellt die Beteiligung einen selbstständigen Vermögensgegenstand dar, welcher den allgemeinen Bewertungsvorschriften nach § 253 HGB unterliegt. Dagegen erfolgt der steuerliche Ausweis der Beteiligung in der Gesamthandsbilanz in Form eines Kapitalkontos, da in der Steuerbilanz kein Posten „Anteile an einer Personengesellschaft" existiert. Demnach handelt es sich bei der in der Steuerbilanz ausgewiesenen Beteiligung nicht um die bilanzielle Abbildung der erworbenen Anteile, da diese steuerlich keinen eigenen Vermögensgegenstand begründen, sondern vielmehr um das „Spiegelbild" des gesellschafterbezogenen Kapitalkontos. Die sog. Spiegelbildmethode passt den ausgewiesenen Wertansatz an, wenn sich das Kapitalkonto des Gesellschafters verändert. Das Kapitalkonto unterliegt verschiedenen Einflüssen, weshalb in den Folgeperioden latente Steuern aufgrund abweichender Buchwerte der Beteiligung entstehen können. Aufgrund der Spiegelbildmethode führt eine Korrektur des Kapitalkontos zeitgleich zu einer Berichtigung des Beteiligungswertes in der Steuerbilanz. Darüber hinaus unterliegen Ergänzungs- und Sonderbilanzen ebenfalls Einflüssen, auf welche im nächsten Gliederungspunkt eingegangen wird.[3]

5.4.3.1 Ergänzungs- und Sonderbilanzen

Bereits in Gliederungspunkt 5.4.2.2.3 wurde ausführlich erläutert, dass Wirtschaftsgüter des Sonderbetriebsvermögens auf Ebene der Personengesellschaft zu keiner Steuerabgrenzung führen. Dagegen wird die fehlende Abgrenzung latenter Steuern auf Ebene der Mitunternehmer nachgeholt. Dies ist möglich, da der Sonderbilanz auch handelsrechtlich eine

[1] Vgl. Kastrup/Middendorf (2010), S. 819.

[2] Vgl. Lange/Wolz (2010), S. 77.

[3] Vgl. Künkele/Zwirner (2011a), S. 2364.

auf den Gesellschafter bezogene Bilanz gegenübersteht, in der im Vergleich zur Gesellschaftsebene Vermögensgegenstände und Schulden der Sonderbilanz berücksichtigt werden. Demgegenüber erfolgt der Ausweis des Sonderbetriebsvermögens unterschiedlich. Während sich die Werte der Sonderbilanz bei der Steuerbilanz innerhalb der Beteiligung wiederfinden, werden sie handelsrechtlich separiert von der Beteiligung ausgewiesen. Diese unterschiedliche Behandlung hat allerdings keinen Einfluss auf die Ermittlung latenter Steuern. Somit liegen, anders als bei der Personengesellschaft kritisiert, Buchwertunterschiede bei dem betreffenden Gesellschafter vor.[1] Bei diesen handelt es sich entweder um zeitlich begrenzte oder quasi zeitlich unbegrenzte Wertunterschiede. In Abhängigkeit ihrer Klassifizierung, erfolgt die Auflösung durch Abschreibung oder Liquidation des betreffenden Wirtschaftsgutes der Sonderbilanz.[2]

Auf Ebene der Personengesellschaft liegt die Hauptursache für die Steuerabgrenzung in einem Gesellschafterwechsel. Dieser Sachverhalt wurde in Gliederungspunkt 5.4.2.2.1 ausführlich behandelt. Aus Sicht des Mitunternehmers stellt sich die Frage, inwieweit latente Steuern bei dem Erwerb der Beteiligung zu berücksichtigen sind. In der Regel übersteigen die Erwerbskosten den als Gegenleistung definierten anteiligen Eigenkapitalwert. Aus diesem Vorgang resultiert eine positive Ergänzungsbilanz. Die erfassten Mehrwerte stellen zumeist aufgedeckte stille Reserven dar. Da sich die stillen Reserven auf Vermögensgegenstände beziehen, unterliegen sie einer Abschreibung. Im Erwerbszeitpunkt gleichen sich die Buchwerte in Handels- und Steuerbilanz aus. Aufgrund von planmäßigen Abschreibungen verringert sich der ausgewiesene Mehrwert in der Steuerbilanz und somit auch der Beteiligungswert des Gesellschafters in der Steuerbilanz. Da handelsrechtlich die Anwendung der Spiegelbildmethode unterbleibt, führt dies zu keiner Änderung in der Handelsbilanz, weshalb latente Steuern entstehen. Folglich besteht aus Sicht des Gesellschafters im Anschaffungszeitpunkt keine Notwendigkeit der Steuerabgrenzung. Allerdings entstehen in Folgeperioden Buchwertunterschiede aufgrund der Verminderung der Ergänzungsbilanz, welche die Abgrenzung künftiger Steuerbelastungen erforderlich macht.[3] Existieren dagegen stille Lasten, erfolgt die Erstellung einer negativen Ergänzungsbilanz, welche zur Bilanzierung künftiger Steuerentlastungen führt.[4]

5.4.3.2 Phasenverschobene Gewinnvereinnahmung

Die phasenverschobene Gewinnvereinnahmung behandelt die unterschiedliche Gewinnrealisierung in Handels- und Steuerbilanz, aufgrund derer eine Steuerabgrenzung notwendig werden kann. Bei dem betreffenden Ertrag handelt es sich um einen Gewinnanteil, der von der Gesellschaft erwirtschaftet wurde und den Gesellschaftern anteilig zugerechnet wird.[5] Aus steuerlicher Sicht erfolgt die Übertragung des Gewinnanteils stets zum Ab-

---

[1] Vgl. Künkele/Zwirner (2012), S. 107.

[2] Vgl. Künkele/Zwirner (2011a), S. 2369.

[3] Vgl. Lange/Wolz (2010), S. 79.

[4] Vgl. Völkner/Feldgen (2012), S. 1335.

[5] Vgl. ebenda, S. 1334.

schlussstichtag und entspricht somit einer periodengerechten Zurechnung. Da der zu vereinnahmende Gewinnanteil das Kapitalkonto des Gesellschafters positiv beeinflusst, ergibt sich aufgrund der Spiegelbildmethode eine Erhöhung des Beteiligungsansatzes in der Steuerbilanz.[1]

Handelsrechtlich muss ein Anspruch auf den Gewinnanteil vorliegen. Somit erwirbt der Gesellschafter das Verfügungsrecht über den Ertragsanteil erst ab dem Zeitpunkt der Verwirklichung des Gewinnanspruchs. Aus rechtlicher Sicht handelt es sich hierbei um das Datum, an dem der Jahresabschluss festgestellt wird. Des Weiteren muss der Anspruch nicht bereits gemäß dem Prinzip der wirtschaftlichen Verursachung rechtlich begründet worden sein. Es genügt, wenn in Zukunft mit der Verwirklichung des Rechtsanspruchs zu rechnen ist.[2] Daneben bestehen weitere Voraussetzungen, um die richtige Vereinnahmung des Gewinnanteils zu gewährleisten. Der Bilanzstichtag der Gesellschaft muss mit dem des Mitunternehmers übereinstimmen und die Aufstellung und Prüfung des Jahresabschlusses der Mitunternehmerschaft muss fertig gestellt sein, bevor die Bilanz des Mitunternehmers erstellt wird.[3] Wird den vorstehenden gesetzlichen Bestimmungen gefolgt, stimmt die Gewinnvereinnahmung handels- und steuerrechtlich überein und es ergibt sich keine Grundlage für eine Steuerabgrenzung. Allerdings ist es in der Realität üblich, abweichend von den gesetzlichen Bestimmungen individuelle Vereinbarungen zu treffen, die im Gesellschaftsvertrag fixiert werden. Die meiste praktische Relevanz besitzen in diesem Kontext Abweichungen aufgrund eines Gesellschafterbeschlusses, welcher den Zeitpunkt der Gewinnzurechnung oder die Einstellung des Gewinnanteils in die Rücklagen der Gesellschaft betrifft. Aufgrund der Abhängigkeit der Gewinnvereinnahmung von dem Zeitpunkt der Beschlussfassung entsteht der für die Zurechnung erforderliche handelsrechtliche Anspruch regelmäßig nicht bis zum Abschlussstichtag.[4] Derselbe Fall ergibt sich, sobald Gewinne in die Rücklagen eingestellt werden, da bis zu ihrer Auflösung die Verfügungsgewalt nicht bei dem Gesellschafter liegt.[5] Demnach resultiert die Notwendigkeit einer Steuerabgrenzung aus unterschiedlichen Gewinnvereinnahmungszeitpunkten in Handels- und Steuerbilanz. Die Berücksichtigung des Ergebnisanteils erfolgt aufgrund steuerlicher Bestimmungen grundsätzlich zuerst in der Steuerbilanz, weshalb zum Bilanzstichtag ein höherer Wertansatz in der Steuerbilanz existiert. Infolgedessen entsteht durch eine zeitverschobene Beschlussfassung bzw. Rücklagenauflösung der Ansatz einer aktiven latenten Steuer.[6]

Der Zeitpunkt der Umkehrung der latenten Steuern auf Gesellschafterebene ist handelsrechtlich an den Zeitpunkt der Beschlussfassung geknüpft, da sich durch diesen Vorgang die Buchwertunterschiede ausgleichen. Demgegenüber ist eine phasengleiche Ge-

[1] Vgl. Künkele/Zwirner (2011a), S. 2365.

[2] Vgl. Völkner/Feldgen (2012), S. 1334.

[3] Vgl. Fuhrmann/Lange (2012), III. Personengesellschaften, Rz. 166.

[4] Vgl. Lange/Wolz (2010), S. 77.

[5] Vgl. Künkele/Zwirner (2011a), S. 2366.

[6] Vgl. Lange/Wolz (2010), S. 77.

winnvereinnahmung nur vorstellbar, wenn der betroffene Mitunternehmer die Mehrheit der Anteile besitzt und somit unabhängig von vertraglichen Vereinbarungen die Entscheidungsmacht über den Gewinnanspruch innehat.[1]

5.4.3.3 Behandlung von anteiligen Verlusten der Gesellschafter

Im Zuge der bereits behandelten phasenverschobenen Gewinnvereinnahmung blieben Verluste zunächst unberücksichtigt. Wie Gewinne werden auch von der Personengesellschaft erwirtschaftete Verluste den Gesellschaftern anteilig zugerechnet. Diese führen zu einer Belastung des Kapitalkontos und somit zu einem geringeren Beteiligungsbuchwert in der Steuerbilanz.[2] Handelsrechtlich hat regelmäßig eine wertmäßige Überprüfung der Beteiligung zu erfolgen. Hat die Gesellschaft in dem vergangenen bzw. dem aktuellen Jahr Verluste erzielt, stellt dies ein Indiz für eine Wertminderung dar. Allerdings orientiert sich die Höhe der zu erfassenden Wertminderung nicht an dem Ausweis in der Steuerbilanz, weshalb sich in Handels- und Steuerbilanz unterschiedliche Werte ergeben können. Des Weiteren ist handelsrechtlich trotz eines Verlustes nicht zwingend eine Abschreibung vorgesehen.[3] Erfolgt in diesem Kontext handelsrechtlich keine außerplanmäßige Abschreibung, entfällt eine Anpassung des Buchwertes in der Handelsbilanz, wodurch sich eine Buchwertdifferenz ergibt. Somit hat grundsätzlich eine Erfassung als künftige Steuerbelastung zu erfolgen, vorausgesetzt die Verluste unterliegen nicht der Regelung des § 15a EStG.[4] Hierbei handelt es sich um eine Sonderregelung, welche in Gliederungspunkt 5.4.3.4 erläutert wird. Der Zeitpunkt der Umkehrung der passivierten Steuerlatenz ist entweder an den Zeitpunkt der Aufgabe der Beteiligung oder an den Zeitpunkt des Ausgleichs des Unterschiedsbetrags aufgrund von vereinnahmten Gewinnen geknüpft.

Grundsätzlich hat regelmäßig eine Werthaltigkeitsüberprüfung der gehaltenen Anteile zu erfolgen. Durch dieses Vorgehen ist es möglich, dass der Wertminderungsbedarf in der Handelsbilanz höher ausfällt als in der Steuerbilanz. Während handelsrechtlich die Wertminderung auf Wahrscheinlichkeitsüberlegungen basiert, verändert sich die steuerliche Beteiligungshöhe durch dem Gesellschafter zustehende anteilige Gewinne bzw. Verluste, die in dieser Höhe tatsächlich entstanden sind. Durch diese abweichende Folgebewertung kann in der Steuerbilanz ein höherer Buchwert als in der Handelsbilanz ausgewiesen werden. Aus diesem Sachverhalt resultiert eine künftige Steuerentlastung, für deren Bilanzierung ein Wahlrecht besteht. Wird von diesem Wahlrecht Gebrauch gemacht, unterliegt der Ansatz einer ständigen Überprüfung aufgrund der Einbeziehung in die steuerliche Planungsrechnung. Entfällt in diesem Kontext die Ursache für die Herabsetzung des Beteiligungswertes, erhöht sich die Beteiligung im Zuge der Wertaufholung wieder. Durch

[1] Vgl. Künkele/Zwirner (2011a), S. 2366.

[2] Vgl. Fuhrmann/Langseder (2012), III. Personengesellschaften, Rz. 169.

[3] Vgl. Lange/Wolz (2010), S. 78.

[4] Vgl. Fuhrmann/Langseder (2012), III. Personengesellschaften, Rz. 169.

die Anpassung an die Ertragslage des Unternehmens kehrt sich die gebildete latente Steuer im Zeitverlauf wieder um.[1]

5.4.3.4 Verluste nach § 15a EStG

Der Regelungsbereich des § 15a EStG erstreckt sich auf die Behandlung von Verlusten bei beschränkt haftenden Gesellschaftern, die mit der Rechtstellung eines Kommanditisten vergleichbar sind. Diese haften bei Vorliegen eines Verlustes gegenüber Dritten nur in Höhe ihrer Einlage, welche dem Handelsregister zu entnehmen ist. Ein weiteres Merkmal stellt die Haftung im Innenverhältnis dar. Eine mögliche Inanspruchnahme für Verbindlichkeiten der Gesellschaft besteht nur in Höhe der anteiligen Beteiligung und in der noch zu erbringenden Höhe, soweit die für die Haftungsbefreiung relevante Einlage noch nicht in voller Höhe geleistet wurde.[2]

Fraglich ist in diesem Zusammenhang, wie Verluste behandelt werden, die dem Kommanditisten zwar anteilig zustehen, aber seine Beteiligung übersteigen. Grundsätzlich werden übersteigende Verluste in dem steuerlichen Kapitalkonto des Gesellschafters erfasst. Dies bedeutet, dass eine Verlustzurechnung über das Kapitalkonto hinaus zulässig und notwendig ist, weshalb regelmäßig ein negatives Kapitalkonto entstehen kann. Ein entsprechender Ausgleich des Kapitalkontos erfolgt durch Verrechnung mit künftigen Gewinnen bis die eingetragene Haftungssumme wieder ausgewiesen wird. Der zwingende Ausgleich des negativen Kapitalkontos wird erst bei Veräußerung des Unternehmens oder der Beteiligung erforderlich, wenn keine anderweitige vertragliche Vereinbarung im Gesellschaftsvertrag getroffen wurde.[3] Es ist zu beachten, dass im Falle eines negativen Kapitalkontos der Einbezug anderer Einkünfte des haftungsbeschränkten Gesellschafters zur Verlustverrechnung nicht gestattet ist.[4] Des Weiteren müssen die Gewinne und Verluste zur Gewährleistung einer erfolgreichen Verlustkompensation zwingend aus derselben Beteiligung stammen.[5] Demnach mindert ein negatives Kapitalkonto das Vermögen des Gesellschafters und gibt zeitgleich Auskunft darüber, in welcher Höhe zukünftige Beteiligungsgewinne einem Verlustausgleich dienen.

Die Verluste nach § 15a EStG beziehen sich auf die erste Stufe der additiven Gewinnermittlung. Demzufolge dürfen bei der Ermittlung des anteiligen Verlustvolumens nur Ergebnisse der Gesamthandsbilanz und der gesellschafterbezogenen Ergänzungsbilanz berücksichtigt werden. Da sich Sonderbilanzen auf der zweiten Stufe befinden, sind sich daraus ergebende Verluste vom Regelungsbereich des § 15a EStG ausgeschlossen. Korrespondierend zu diesem Sachverhalt dürfen Gewinne des Sonderbetriebsvermögens ebenfalls nicht für die Verlustdeckung genutzt werden.[6] Es ist darauf hinzuweisen, dass die Vor-

[1] Vgl. Künkele/Zwirner (2011a), S. 2366 f.

[2] Vgl. Niehus/Wilke (2010), S. 281 ff.

[3] Vgl. Fuhrmann/Langseder (2012), III. Personengesellschaften, Rz. 188 f.

[4] Vgl. Kraft/Kraft (2009), S. 241.

[5] Vgl. Künkele/Zwirner (2011a), S. 2367.

[6] Vgl. Kraft/Kraft (2009), S. 240 ff.

tragsfähigkeit der Verluste nicht wie bei steuerlichen Verlustvorträgen auf einen Zeitraum von fünf Jahren begrenzt ist, sondern bis zur Erwirtschaftung kompensierender Gewinne möglich ist.[1] Durch das Vortragen von Verlusten vermindert sich der erhaltene Ergebnisanteil, wodurch die künftige Steuerbelastung des Gesellschafters sinkt.[2] Sie nehmen demnach die Wirkung einer aktiven latenten Steuer an. Praktische Relevanz besitzt § 15a EStG nur für die Gesellschafterebene, weshalb sich keine Auswirkungen auf die Gewerbesteuer ergeben. Dies resultiert daraus, dass es sich um eine Verlustzurechnungsregelung handelt, welche unabhängig von den Gewinnermittlungsvorschriften gültig ist. Da auf Gesellschafterebene eine Steuerabgrenzung bzgl. der Körperschaftsteuer stattfindet, sind in diesem Kontext Auswirkungen der verrechenbaren Verluste miteinzubeziehen. Hierbei handelt es sich um Verluste, denen ausgleichsfähige Gewinne gegenüberstehen, woraus eine Verlustminderung resultiert.[3] Während diese Verluste in der Steuerbilanz zur Entstehung eines negativen Kapitalkontos führen,[4] kann handelsrechtlich keine Erfassung erfolgen, da der Ausweis eines negativen Beteiligungswertes nicht zulässig ist.[5] Durch ihre steuerliche Berücksichtigung resultiert demnach eine Abweichung zwischen handelsrechtlichem und steuerrechtlichem Buchwert. Im Folgenden ist zu untersuchen, ob diese Differenz die Voraussetzungen einer Steuerabgrenzung erfüllt.

Die Wertunterschiede lösen sich sobald Gewinne erwirtschaftet werden auf, weshalb der Unterschiedsbetrag als zeitlich begrenzt klassifiziert werden kann.[6] Resultieren aus derselben Beteiligung des Gesellschafters passive latente Steuern, hat zunächst eine Gegenrechnung in Höhe der verrechenbaren Verluste zu erfolgen. Da es sich hierbei um eine Art Kompensation zwischen künftigen Steuerbelastungen mit künftigen Steuerentlastungen handelt,[7] entfällt eine steuerliche Wirkung. Entsprechend hat die Bildung latenter Steuern im Fall von verrechenbaren Verlusten stets zu unterbleiben.[8]

Fraglich ist nun, wie zu verfahren ist, wenn die anteiligen Verluste die künftigen Steuerbelastungen übersteigen.[9] Der Entwurf IDW Stellungnahme zur Rechnungslegung (IDW ERS) HFA 18 nimmt zu dem beschriebenen Sachverhalt kurz Stellung. Nach mehrheitlicher Meinung wird diesem Entwurf entnommen, dass Verluste, welche die passiven latenten Steuern übersteigen, den steuerlichen Verlustvorträgen gleichgestellt werden. Somit besteht die Möglichkeit nach Saldierung bei Ausübung des Ansatzwahlrechts eine künftige Steuerentlastung zu aktivieren.[10] Andererseits ist die Interpretation des Wortlautes

[1] Vgl. Fuhrmann/Langseder (2012), III. Personengesellschaften, Rz. 194 ff.

[2] Vgl. Künkele/Zwirner (2011a), S. 2367.

[3] Vgl. Fuhrmann/Langseder (2012), III. Personengesellschaften, Rz. 194 ff.

[4] Vgl. Völkner/Feldgen (2012), S. 1335.

[5] Vgl. Lange/Wolz (2010), S. 78.

[6] Vgl. Völkner/Feldgen (2012), S. 1335.

[7] Vgl. Fuhrmann/Langseder (2012), III. Personengesellschaften, Rz. 199.

[8] Vgl. Völkner/Feldgen (2012), S. 1335.

[9] Vgl. Künkele/Zwirner (2011a), S. 2367.

[10] Vgl. PwC (2012), S. 2.

der Randziffer (Rz.) 47 als unzureichend definiert anzusehen, da nur Aussagen bzgl. der fehlenden Steuerwirkung in Verbindung mit Verlusten nach § 15a Abs. 4 Satz (S.) 1 EStG getroffen werden.[1] Des Weiteren darf wie bereits beschrieben eine getrennte Bilanzierung der passiven oder der aktiven latenten Steuer erst erfolgen, wenn sie miteinander verrechnet wurden und ein Überhang verbleibt. Dieses Vorgehen wird als schlüssig erachtet, da es sich bei dem zu bilanzierenden Anteil um einen isoliert zu betrachtenden „Vermögensgegenstand“ handelt.[2] Im Hinblick auf die Handhabung des Verlustes als aktive latente Steuer sprechen sich bspw. die Autoren Künkele/Zwirner gegen eine Gleichstellung mit steuerlichen Verlustvorträgen aus, da sich zum einen der Ermittlungsaufwand erhöht und zum anderen der Entwurf viel Interpretationsspielraum bietet.[3]

5.5 Rückblick: Übergangsvorschriften BilMoG

5.5.1 Die erstmalige Anwendung des § 274 HGB in der Folge des BilMoG

Nachdem die Entstehung und Wirkungsweise latenter Steuern nach dem Temporary Konzept im Hinblick auf Kapital- und Personengesellschaften dargestellt wurde, soll nun Bezug auf die erstmalige Anwendung der Neukonzeption latenter Steuern genommen werden. Aufgrund des BilMoG gab es zahlreiche Änderungen in den Ansatz- und Bewertungsvorschriften für den Einzelabschluss.[4] Um den Übergang auf das BilMoG zu erleichtern wurden spezielle Übergangsregelungen geschaffen, welche den Artikeln 66 und 67 EGHGB zu entnehmen sind.[5]

Der erstmalige Zeitpunkt der Anwendung der Neuregelungen bestimmt sich nach Art. 66 Abs. 3 EGHGB, aus welchem hervorgeht, dass das Temporary Konzept für Jahresabschlüsse zum 31.12.2010 für die betroffenen Unternehmen verpflichtend umzusetzen war. Wahlweise bestand die Möglichkeit, die Neuregelungen bereits zum 31.12.2009 in der Bilanz zu berücksichtigen.[6] Primär soll in dieser Arbeit die Erstanwendung latenter Steuern dargestellt werden, weshalb auf diese im Folgenden eingegangen wird. Art. 67 Abs. 6 EGHGB sieht vor, dass spezielle Umstellungseffekte erfolgsneutral zu erfassen sind.[7] Die Zielsetzung in der Umgehung erfolgswirksamer Auswirkungen liegt darin, den Übergang auf die Neuregelung so zu gestalten, dass der Jahresabschluss nicht durch weitreichende Effekte beeinflusst wird.[8] Die Sachverhalte, welche zu einer Verrechnung mit

[1] Vgl. IDW RS HFA 18 (2012), S. 534.
[2] Vgl. Künkele/Zwirner (2011a), S. 2368.
[3] Vgl. Völkner/Feldgen (2012), S. 1335.
[4] Vgl. Maier/Weil (2009), S. 2729.
[5] Vgl. Hoffmann/Lüdenbach (2012), Art. 66 EGHGB, Rz. 1.
[6] Vgl. Loitz (2009), S. 921.
[7] Vgl. Krimpmann (2011), S. 51.
[8] Vgl. Kreipl/Müller (2012), Art. 67 EGHGB, Rz. 141.

den Gewinnrücklagen führen, beziehen sich auf Erträge bzw. Aufwendungen, welche sich zum einen aus der Umsetzung des § 274 HGB n. F. ergeben und sich zum anderen auf veränderte Ansatz- und Bewertungsvorschriften zurückzuführen sind. Letzteres nimmt Bezug auf Bilanzpositionen, die aufgrund der Reformierung zu- bzw. abgeschrieben werden, um den neuen Regelungen zu entsprechen.[1] Darüber hinaus existieren Sachverhalte, auf die in den Übergangsregelungen kein expliziter Bezug genommen wird, weshalb diese in der Regel zu einem erfolgswirksamen Vorgang führen.[2]

Es wird deutlich, dass die Gewährleistung einer sachgerechten Anwendung des Temporary Konzepts mehreren Einflussfaktoren unterliegt, weshalb ein schrittweises Vorgehen empfehlenswert ist. In einem ersten Schritt erfolgt die Anwendung des neuen Temporary Konzepts auf Grundlage des Jahresabschlusses zum 31.12.2009. Zunächst werden latente Steuern durch Aufdeckung temporärer Differenzen und steuerlicher Verlustvorträge isoliert ermittelt. Folglich bleiben auf dieser Stufe weitere Einflussfaktoren zunächst unberücksichtigt. Durch dieses Vorgehen kann die Abgrenzung erfolgsneutraler Tatbestände gewährleistet werden. Der Bewertungszeitpunkt ist als die „erste logische Sekunde des Übergangs" definiert. Wird ein Aktivüberhang festgestellt, bleibt die Entscheidung über den Ansatz dem Bilanzierenden überlassen. Im Zeitpunkt des Übergangs kann demzufolge kein Verstoß gegen das Stetigkeitsgebot vorliegen, da vergangene Bilanzierungsentscheidungen unbeachtet bleiben. Allerdings ist das Unternehmen ab dem Zeitpunkt des Übergangs an den Stetigkeitsgrundsatz gebunden. Die bilanzielle Erfassung künftiger Steuerforderungen führt zu einer Erhöhung der Gewinnrücklagen. Demgegenüber wirkt sich ein Passivüberhang mindernd auf die Gewinnrücklagen aus.[3] In einem nächsten Schritt werden die zuvor festgestellten Differenzen auf etwaige Umstellungseffekte analysiert. Diese beziehen sich auf Bilanzposten, welche nach neuem Recht veränderten Bilanzierungs- und Bewertungsvorschriften unterliegen, wodurch Anpassungen notwendig werden. Hieraus resultierende Aufwendungen und Erträge sind mit den Gewinnrücklagen zu verrechnen. Da sich die Bildung latenter Steuern auf Buchwertunterschiede bezieht, ergibt sich aus den im zweiten Schritt ermittelten Posten ein weiterer Anpassungsbedarf der bereits festgestellten Steuerlatenzen, welcher ebenfalls in die Gewinnrücklagen fließt.[4] Darüber hinaus beinhalten die Übergangsregelungen ein Fortführungs- und Beibehaltungswahlrecht. Demnach ist es möglich, eine nach altem Recht gültige Bilanzierungsangleichung im Umstellungszeitpunkt zu unterlassen.[5] Hieraus resultiert der dritte und letzte Schritt, in dem alle bis zum Übergang unberücksichtigten Sachverhalte zu einem erfolgswirksamen Vorgang führen. Davon ausgenommen sind Sachverhalte, die auf erfolgsneutralen Tatbeständen beruhen. Dabei handelt es sich hauptsächlich um erfolgswirksame Vorgänge. Die in diesem Zusammenhang stehenden Erträge und Aufwendungen sind gemäß

[1] Vgl. Fuhrmann/Gellrich (2012), IX. Übergangsvorschriften, Rz. 296.

[2] Vgl. Hoffmann/Lüdenbach (2012), Art. 67 EGHGB, Rz. 35.

[3] Vgl. Petersen (2011), S. 258.

[4] Vgl. Fuhrmann/Gellrich (2012), IX. Übergangsvorschriften, Rz. 304.

[5] Vgl. Kreipl/Müller (2012), Art. 67 EGHGB, Rz. 143.

den Übergangsvorschriften im außerordentlichen Ergebnis abzubilden. Demgegenüber ist § 285 Nr. 6 HGB zu entnehmen, dass derartige Auswirkungen in der Position „Steuern vom Einkommen und Ertrag" auszuweisen sind.[1] Dagegen existieren in der Praxis noch weitere Auffassungen. Nach Herrn Pöller sollte der Ausweis bspw. im außerordentlichen Ergebnis erfolgen, da somit die erfolgswirksamen Umstellungseffekte eindeutig erkennbar sind.[2]

Darüber hinaus sind steuerliche Verlustvorträge aufgrund ihrer Klassifizierung als quasi unbegrenzte Differenz erstmals in die Steuerabgrenzung einzubeziehen, wenngleich sie sich nicht auf Buchwertunterschiede beziehen. Da auch ihre Erfassung erfolgsneutral zu erfolgen hat, ergibt sich dadurch eine grundsätzlich nicht zu erwartende Erhöhung des Eigenkapitals, obwohl es sich im eigentlichen Sinne um Verluste handelt. Aufgrund ihres steuerentlastenden Charakters ist dieses Vorgehen allerdings sachgerecht.[3]

Diese Regelungen gelten in erster Linie für KapG und darüber hinaus für bestimmte Personengesellschaften. Die Übertragung der Anwendungsvorschriften, welche KapG betreffen, sind allerdings nicht uneingeschränkt auf Personengesellschaften anwendbar.[4] Eine nähere Betrachtung der steuerlich bedingten Eigenheiten sowie der Probleme, welche sich in diesem Zusammenhang für KapG ergeben, erfolgt im nächsten Gliederungspunkt.

5.5.2 Kritische Würdigung der Übergangsregelung

Durch den Übergang von dem GuV-orientierten Timing Konzept auf das bilanzorientierte Temporary Konzept entstehen wie bereits zu Beginn dieser Arbeit erwähnt mehr Wertdifferenzen zwischen Steuer- und Handelsbilanz. Infolgedessen erhöht sich der Bedarf der Sachverhalte, die eine Steuerabgrenzung notwendig machen. Vor allem aus dem erstmaligen Einbezug quasi unbegrenzter Differenzen ergibt sich vermehrt der Ansatz passiver latenter Steuern. Dies betrifft hauptsächlich Unternehmen, die bislang keine Steuerverbindlichkeiten bilanziert haben. Allerdings vermindert das Vorliegen eines Passivüberhangs die Gewinnrücklagen. Dies kann teilweise verheerende Auswirkungen auf das betreffende Unternehmen haben.[5] Aufgrund der festgelegten Buchungssystematik im Übergangszeitraum kann es zu einer Verschlechterung des Bilanzbildes kommen. Diese realitätsverzerrende Darstellung der VFE-Lage ist kritisch zu sehen, da die Bilanzierung latenter Steuern in der Realität keinen Einfluss auf die Liquiditätslage des betreffenden Unternehmens hat. Allerdings kann für einen externen Bilanzbetrachter der Eindruck entstehen, dass die Finanzlage des Unternehmens aufgrund wirtschaftlicher Sachverhalte rückläufig ist. Aus diesem Grund sind Konsequenzen der BilMoG Umstellung frühzeitig zu analysieren. Verfügt das Unternehmen über bestehende Kreditlinien, kann ein Rück-

[1] Vgl. Fuhrmann/Gellrich (2012), IX. Übergangsvorschriften, Rz. 306 f.

[2] Vgl. Pöller (2011), S. 17.

[3] Vgl. Hoffmann/Lüdenbach (2012), Art. 67 EGHGB, Rz. 38.

[4] Vgl. Künkele/Zwirner (2011b), S. 2264.

[5] Vgl. Spingler (2010), S. 1026.

gang der Eigenkapitalquote zu schlechteren Darlehenskonditionen führen.[1] Dies ist der Fall, wenn die Vereinbarungen zwischen Kreditgeber und Kreditnehmer auf sog. Financial Covenants beruhen. Dabei handelt es sich um vorab definierte Kennzahlen wie bspw. die Eigenkapitalquote, welche regelmäßig auf ihre Einhaltung überprüft werden. Aus Sicht des Kreditgebers dienen sie der Risikoabsicherung. Werden die vereinbarten Werte nicht eingehalten, behält sich der Kreditgeber das Recht vor, Konditionsanpassungen vorzunehmen oder als letzte Konsequenz den Kredit zu kündigen.[2] Der beschriebene Sachverhalt tritt ein, wenn die zuständigen Institutionen die Anpassungseffekte des BilMoG nicht in ihre Überlegungen miteinbeziehen. Daraus resultiert die Problematik, dass zum einen bestehende Kredite kostenintensiver werden und zum anderen sich die weitere Kapitalaufnahme erschwert.[3] Eine weitere Problematik in Verbindung mit der erfolgsneutralen Verrechnung stellt die Höhe der zum Zeitpunkt des Übergangs existierenden Gewinnrücklagen dar. In diesem Kontext ist fraglich, inwieweit eine Verrechnung erfolgen kann, wenn die Gewinnrücklagen aufgrund der Übergangsregelungen vollständig aufgebraucht werden. Die zur Verrechnung verfügbaren Rücklagen umfassen satzungsmäßige, gesetzliche und weitere Rücklagen. Der die Gewinnrücklagen übersteigende Anteil, welcher aus der Steuerabgrenzung resultiert, muss isoliert betrachtet werden. Aus handelsrechtlicher Sicht ist die Bildung negativer Gewinnrücklagen im Einzelabschluss nicht gestattet. Dieses Vorgehen stellt damit einen Bruch mit der gesetzlichen Forderung dar. Vielmehr ist es das Ziel der im EGHGB verankerten Regelung eine Belastung des laufenden Ergebnisses durch die Anwendung des BilMoG zu vermeiden, weshalb davon ausgegangen werden kann, dass eine negative Verrechnung nicht beabsichtigt ist.[4]

Zur Gewährleistung eines einheitlichen Vorgehens hinsichtlich dieser Problematik, empfiehlt sich eine Orientierung an dem vom IDW vorgeschlagenen Lösungsweg. Der Verlautbarung des IDW RS HFA 28 ist folgendes Vorgehen zu entnehmen:

1. Erfolgsneutrale Verrechnung mit den Gewinnrücklagen bzw. einem vorhandenen Ergebnisvortrag
2. Verrechnung mit den Kapitalrücklagen
3. Verrechnung mit einer gesetzlichen Gewinnrücklage, soweit eine Verwendung nicht durch andere Regelungen eingeschränkt wird
4. Erfassung in einem gesonderten Posten der Ergebnisverwendungsrechnung[5]

Es sei darauf hingewiesen, dass es sich hierbei um ein schrittweises Vorgehen handelt, weshalb eine neue Möglichkeit der Verrechnung erst stattfinden darf, wenn der sich aus

[1] Vgl. Zwirner (2010), S. 739 f.

[2] Vgl. Demmer (2012).

[3] Vgl. Zwirner (2010), S. 740.

[4] Vgl. ebenda, S. 740.

[5] In Anlehnung an Fuhrmann/Gellrich (2012), IX. Übergangsvorschriften, Rz. 312.

der Steuerabgrenzung ergebende Betrag nicht bereits durch den vorangehenden Schritt gedeckt wird.[1]

Die meisten Vorteile ergeben sich aus der Verrechnung mit einem Ergebnisvortrag. Zum einen wird der Wille des Gesetzgebers im Hinblick auf eine erfolgsneutrale Berücksichtigung gewährleistet. Zum anderen wird der Grundgedanke des Gläubigerschutzes und damit der Kapitalerhaltung erfüllt. Dies ist darauf zurückzuführen, dass ein negativer Ergebnisvortrag die Wirkungsweise einer Ausschüttungssperre annimmt.[2] Diese Verrechnungssystematik ist zwar sachgerecht, allerdings zieht eine Aufzehrung bzw. Übersteigung des Eigenkapitals weitere Probleme nach sich. In diesem Fall liegt eine bilanzielle Überschuldung vor. Auch wenn dies aus den Übergangsregelungen des BilMoG resultiert, ergeben sich dieselben rechtlichen Folgen als wäre das Unternehmen selbst für diese Situation verantwortlich. Demzufolge hat eine Bekanntmachung zu erfolgen, in der über die Aufzehrung des gezeichneten Kapitals informiert wird. Ob es sich dagegen um eine insolvenzrechtliche Überschuldung handelt, ist nicht abschließend geklärt. Begründet wird dies mit der Steuerwirkung, die sich erst in Folgejahren realisiert. Somit besteht die Annahme, dass die passivierte Steuerlatenz zum Zeitpunkt der bilanziellen Überschuldung in ihrer Höhe noch nicht verlässlich feststeht bzw. vorhanden ist.

Dagegen gelten für kleine KapG strengere Vorschriften.[3] Ist die Fortführung des Unternehmens fragwürdig, besteht die ausdrückliche Pflicht zur Berücksichtigung latenter Steuern.[4] Dies ist kritisch zu sehen, da die Überlegungen bzgl. des Going Concern Prinzips aus einer schlechten Eigenkapitalbasis resultieren. Werden nun zusätzlich Steuerverbindlichkeiten einbezogen, führt dies zu einer weiteren Verschlechterung des Eigenkapitals. Um dem entgegenzuwirken, besteht die Möglichkeit das Eigenkapital durch den Ansatz aktiver latenter Steuern zu erhöhen. Ob mit dieser Vorgehensweise und der zusätzlichen Unterscheidung zwischen den Größenklassen eine zutreffende Darstellung der VFE-Lage erfolgen kann, bleibt fraglich.[5]

Wie bereits angedeutet, beziehen sich die Übergangsregelungen hinsichtlich einer erfolgsneutralen Verrechnung mit den Gewinnrücklagen primär auf Kapitalgesellschaften. Allerdings existiert bei Personengesellschaften kein Posten „Gewinnrücklagen", weshalb eine vollständige Umsetzung nicht möglich ist. Das Eigenkapital enthält lediglich ein Unterkonto „Rücklagen", welches nicht näher untergliedert wird. Es ist also nicht zweifelsfrei erkennbar, welchem Sachverhalt diese zugrunde liegen. Diese Problematik ist auf die steuerlichen Besonderheiten von Personengesellschaften zurückzuführen. Demnach besitzt jeder Gesellschafter ein eigens für ihn generiertes steuerliches Kapitalkonto.[6] Vorgänge, die zu einer erfolgsneutralen Verrechnung führen, resultieren aus positiven und

1 Vgl. Petersen/Zwirner/Künkele (2010), S. 4.

2 Vgl. Zwirner (2010), S. 741.

3 Vgl. Petersen (2011), S. 262.

4 Vgl. KPMG (2012), S. 3.

5 Vgl. Petersen (2011), S. 262.

6 Vgl. Lange/Wolz (2010), S. 79.

negativen Unterschieds-beträgen. Diese ergeben sich aus der Umsetzung der neuen Vorschriften. Fraglich ist, welches Gegenkonto für die erfolgsneutrale Behandlung bei der Personengesellschaft genutzt wird.[1]

In der Literatur wird vorgeschlagen, die jeweiligen Vertragsgestaltungen der Gesellschaft in die Überlegungen mit einzubeziehen. Demnach existieren verschiedene Formen von Kapitalkonten, die in Abhängigkeit ihrer Vereinbarungen im Gesellschaftsvertrag für eine Verrechnung in Frage kommen. Sofern ein Rücklagenkonto besteht, welches sich auf das Gesamthandsvermögen aller Gesellschafter bezieht, hat grundsätzlich in diesem die Erfassung zu erfolgen. Besteht diese Möglichkeit nicht, wird eine anteilige Erfassung in den Kapitalkonten der Gesellschafter vorgeschlagen.[2] Eine Minderung kann dazu führen, dass die negativen Differenzen die zur Verrechnung zur Verfügung stehenden Konten übersteigen. Sieht der Gesellschaftsvertrag ein Verlustkonto für die jeweiligen Gesellschafter vor, ist der ausstehende Überhangsbetrag in diesem zu erfassen.[3] Des Weiteren ist nach § 264c Abs. 2 HGB auf der Aktivseite der Bilanz ein Posten in gleicher Höhe zu bilden, welcher darauf hinweist, dass es sich um einen Verlust handelt, welchen es zu begleichen gilt.[4] Die künftig generierten Gewinne der PersG dienen demnach in erster Linie dem Ausgleich dieses Verlustpostens.[5]

Die vorgestellten Übergangsregelungen und die damit verbundenen Kritikpunkte werden in Zukunft nur noch Unternehmen betreffen, welche aufgrund eines Größenklassenwechsels verpflichtet sind diese anzuwenden. Damit ist der Kreis der betreffenden Unternehmen beschränkt, weshalb die genannten negativen Auswirkungen in Zukunft an Bedeutung verlieren.

5.6 Fazit

In der vorliegenden Bachelorthesis wurden zum einen die Neuregelungen der Thematik latenter Steuern dargestellt und zum anderen die hierfür relevanten gesetzlichen Grundlagen untersucht. Im Rahmen dieser Untersuchung wurde festgestellt, dass die verpflichtende Anwendung des Temporary Konzepts mit erheblichem Arbeitsaufwand verbunden ist. Die Umsetzung wird zusätzlich durch unzureichende und teilweise fehlende gesetzliche Grundlagen erschwert. Um diesbezüglich Klarheit zu schaffen, wurden ausgewählte Anwendungsfelder analysiert und wenn möglich Lösungsansätze vorgestellt.

Es wurde dargelegt, dass sich die Umsetzungsproblematik nicht nur auf mittlere und große Kapitalgesellschaften beschränkt, sondern dass auch kleine Kapitalgesellschaften von dieser betroffen sind. Vor allem bei diesen Gesellschaften besteht ein erhöhter Dis-

[1] Vgl. Künkele/Zwirner (2011c), S. 138.

[2] Vgl. ebenda, S. 139.

[3] Vgl. Lange/Wolz (2010), S. 79.

[4] Vgl. Künkele/Zwirner (2011b), S. 139.

[5] Vgl. Lange/Wolz (2010), S. 79.

kussionsbedarf, um die Frage zu klären, ob und inwieweit sie den Regelungen des Temporary Konzepts unterliegen. Diesbezüglich existieren in der Literatur unterschiedliche Auffassungen, welche ausführlich behandelt wurden. Es bleibt abzuwarten, wann sich der Gesetzgeber an dieser Diskussion beteiligt und Einigkeit bzgl. der Anwendung schafft.

Darüber hinaus beziehen sich die Neuregelungen nicht nur auf KapG sondern auch auf Personengesellschaften. Diese haben sich mit weiteren Anwendungsfeldern auseinanderzusetzen, welche aus den steuerlichen Besonderheiten ihrer Rechtsform resultieren. Demnach entstehen latente Steuern nicht nur auf Ebene der Gesellschaft sondern ebenfalls auf Ebene der zugehörigen Mitunternehmer. Aus diesem Grund sind Ergänzungs- und Sonderbilanzen ebenfalls in die Ermittlung latenter Steuern miteinzubeziehen.

Grundsätzlich knüpft die Thematik latenter Steuern an verschiedene gesetzliche Grundlagen an. Allerdings stellen sich diese für den Anwender nicht immer als eindeutig und verständlich dar. Zudem ist die Formulierung des Gesetzgebers nicht immer zielführend, weshalb deren Anwendung stetig hinterfragt werden sollte.

Es wäre ratsam, die entsprechenden Gesetzesmaterialien zu überarbeiten und an neue Erkenntnisse aus der Bilanzierungspraxis anzupassen. Schließlich liegt eine der Zielsetzungen des BilMoG in einer zutreffenden Darstellung der VFE-Lage, welche aufgrund der Verständnisprobleme nicht vollständig erreicht werden kann. Die in dieser Arbeit aufgezeigten Lösungsansätze helfen zwar dabei, reichen dennoch nicht aus. Aus diesem Grund ist es wichtig, dem Bilanzierenden die Wirkung und Funktion der latenten Steuern verständlich zu machen, um ihm eine gesetzeskonforme Umsetzung zu ermöglichen. Denn nur mit dem entsprechenden Wissen kann der Thematik latenter Steuern ohne Furcht begegnet werden.

Literaturverzeichnis

Althoff, F.: Ausschüttungssperre für Steuerlatenzen auch ohne Aktivierung latenter Steuern?, in: Deutsches Steuerrecht (DStR), Nr. 17, 2012, S. 868–872.

Auer, B./Schmidt, P.: Latente Steuern, in: Schmidt, M (Hrsg.).: Buchführung und Bilanzierung, Wiesbaden 2012, S. 391–405.

Ballwieser, W.: Latente Steuern – Konzeptionen und Entscheidungsnützlichkeit, in: Baumhoff, H./ Drücker, R./Köhler, S. (Hrsg.): Besteuerung, Rechnungslegung und Prüfung der Unternehmen, Wiesbaden 2010, S. 541–553.

Bitz, M./Schneeloch, D./Wittstock, W.: Der Jahresabschluss, 5. Aufl., München 2011.

BMF-Schreiben vom 12.03.2010, IV C 6 – S 2133/09/10001, betr.: Maßgeblichkeit der handelsrechtlichen Grundsätze ordnungsmäßiger Buchführung für die steuerliche Gewinnermittlung; Änderung des § 5 Abs. 1 EStG durch das Gesetz der Modernisierung des Bilanzrechts (Bilanzrechtsmodernisierungsgesetz – BilMoG) vom 15. Mai 2009.

Bolik, A./Linzbach, M.: Verluste und Zinsschranke in der Bilanzierung latenter Steuern, in DStR, Nr. 31, 2010, S. 1587–1590.

BR-Drucks. 270/09: Gesetzesbeschluss des Deutschen Bundestages, Gesetz zur Modernisierung des Bilanzrechts (Bilanzrechtsmodernisierungsgesetz – BilMoG, 27.03.2009.

Breker, N.: Rückstellungen für latente Steuern nach § 249 HGB, in: Die Wirtschaftsprüfung, 65. Jahrgang (Jg.), Nr. 7, 2012, S. 1.

BT-Drucks. 16/10067: Entwurf eines Gesetzes zur Modernisierung des Bilanzrechts (Bilanzrechtsmodernisierungsgesetz – BilMoG), 30.07.2008, S. 1–124.

Budde, T./Heusinger-Lange, S.: Einzelgesellschaftliche Rechnungslegung, in: Kessler, H./Leinen, M./Strickmann, M. (Hrsg.): Handbuch BilMoG, Freiburg 2010, S. 105–164.

Demmer, P.: Financial Convenants – Kredite mit engem Korsett, http://www.ftd.de/finanzen/:financial-covenants-kredit-mit-engem-korsett/60010421.html; Zugriff: 13.06.2012.

Dinkelbach, A.: Ertragsteuern – Einkommensteuer, Körperschaftsteuer, Gewerbesteuer, 5. Aufl., Wiesbaden 2012.

DRSC: Deutscher Rechnungslegungs Standard 18 near final standard, http://www.google.de/url?sa=t&rct=j&q=drs%2018%20near%20final%20standard&source=web&cd=1&sqi=2&ved=0CCIQFjAA&url=http%3A%2F%2Fwww.drsc.de%2Fdocs%2Fpress_releases%2F2010%2FDRS18_nearfinal_website.pdf&ei=eYVXUNWvNoTBtAbdz4HQAg&usg=AFQjCNGXa8F2ci3XsZaQpKW1lnNv7SIB1g; Zugriff: 20.06.2012.

Ernst, C./Naumann, K.: Das neue Bilanzrecht – Materialien und Anwendungshilfen zum BilMoG, 1. Aufl., Düsseldorf 2009.

Ernst & Young: Steuern Transparent – Latente Steuern, http://www.google.de/url?sa=t&rct=j&q=latente%20steuern%20ey&source=web&cd=1&ved=0CDEQFjAA&url=http%3A%2F%2Fwww.ey.com%2FPublication%2FvwLUAssets%2FLatente_Steuern%2F%24FILE%2FST_Latente_Steuern.pdf&ei=q4xXUMCZPMyB4ATstIDgBw&usg=AFQjCNEdNhwoQzTrxbHxeHFOR9_2vp6xfw; Zugriff: 10.06.2012.

Fuhrmann, S.: Abschnitt A – Grundlagen, I. Wesen latenter Steuern, in: Herzig, N./Fuhrmann, S. (Hrsg.): Handbuch latente Steuern im Einzelabschluss, Düsseldorf 2012, Rz. 1–3.

Fuhrmann, S.: Abschnitt A – Grundlagen, III. Verpflichtung zur Bilanzierung latenter Steuern, in: Herzig, N./Fuhrmann, S. (Hrsg.): Handbuch latente Steuern im Einzelabschluss, Düsseldorf 2012, Rz. 60–105.

Fuhrmann, S.: Abschnitt A – Grundlagen, IV. Bilanzierungskonzepte zur Abbildung latenter Steuern, in: Herzig, N./Fuhrmann, S. (Hrsg.): Handbuch latente Steuern im Einzelabschluss, Düsseldorf 2012, Rz. 106–180.

Fuhrmann, S.: Abschnitt A - Grundlagen, V. Bedeutung latenter Steuern im neuen Recht, in: Herzig, N./Fuhrmann, S. (Hrsg.): Handbuch latente Steuern im Einzelabschluss, Düsseldorf 2012, Rz. 181–200.

Fuhrmann, S./Gellrich, K.: Abschnitt B – Ansatz, Bewertung, Erfassung und Ausweis latenter Steuern sowie Anhangangaben, II. Ansatz, in: Herzig, N./Fuhrmann, S. (Hrsg.): Handbuch latente Steuern im Einzelabschluss, Düsseldorf 2012, Rz. 9–35.

Fuhrmann, S./Gellrich, K.: Abschnitt B – Ansatz, Bewertung, Erfassung und Ausweis latenter Steuern sowie Anhangangaben, III. Bewertung, in: Herzig, N./Fuhrmann, S. (Hrsg.): Handbuch latente Steuern im Einzelabschluss, Düsseldorf 2012, Rz. 36–75.

Fuhrmann, S./Gellrich, K.: Abschnitt B – Ansatz, Bewertung, Erfassung und Ausweis latenter Steuern sowie Anhangangaben, IV. Aktivierungswahlrecht, in: Herzig, N./Fuhrmann, S. (Hrsg.): Handbuch latente Steuern im Einzelabschluss, Düsseldorf 2012, Rz. 76–94.

Fuhrmann, S./Gellrich, K.: Abschnitt B – Ansatz, Bewertung, Erfassung und Ausweis latenter Steuern sowie Anhangangaben, VI. Ausweis, in: Herzig, N./Fuhrmann, S. (Hrsg.): Handbuch latente Steuern im Einzelabschluss, Düsseldorf 2012, Rz. 112–122.

Fuhrmann, S./Gellrich, K.: Abschnitt B – Ansatz, Bewertung, Erfassung und Ausweis latenter Steuern sowie Anhangangaben, VII. Anhangangaben, in: Herzig, N./Fuhrmann, S. (Hrsg.): Handbuch latente Steuern im Einzelabschluss, Düsseldorf 2012, Rz. 123–148.

Fuhrmann, S./Gellrich, K.: Abschnitt B – Ansatz, Bewertung, Erfassung und Ausweis latenter Steuern sowie Anhangangaben, IX. Übergangsvorschriften, in: Herzig, N./Fuhrmann, S. (Hrsg.): Handbuch latente Steuern im Einzelabschluss, Düsseldorf 2012, Rz. 295–315.

Fuhrmann, S./Langseder, A.: Abschnitt B – Ansatz, Bewertung, Erfassung und Ausweis latenter Steuern sowie Anhangangaben, V. Erfassung, in: Herzig, N./Fuhrmann, S. (Hrsg.): Handbuch latente Steuern im Einzelabschluss, Düsseldorf 2012, Rz. 95–111.

Fuhrmann, S./Langseder, A.: Abschnitt A – Grundlagen, VI. Ausschüttungs- und Abführungssperre, in: Herzig, N./Fuhrmann, S. (Hrsg.): Handbuch latente Steuern im Einzelabschluss, Düsseldorf 2012, Rz. 201–261.

Fuhrmann, S./Langseder, A.: Abschnitt C – Sonderthemen, III. Personengesellschaften, in: Herzig, N./Fuhrmann, S. (Hrsg.): Handbuch latente Steuern im Einzelabschluss, Düsseldorf 2012, Rz. 135–206.

Gabler Verlag (Hrsg.): Regelungen zur Zinsschranke, in: Gabler Wirtschaftslexikon, http://wirtschaftslexikon.gabler.de/Archiv/18141/regelungen-zur-zinsschranke-v9.html; Zugriff: 03.08.2012.

Hahn, K.: Latente Steuern im Einzelabschluss, in: Brönner, H./Bareis, P./Hahn, K./Maurer, T./Schramm, U. (Hrsg.): Die Bilanz nach Handels- und Steuerrecht, Stuttgart 2011, S. 630–692.

Hartmann, D.: Latente Steuern bei Personengesellschaften – Entwicklung einer geschlossenen Abbildungskonzeption für Einzel- und Konzernabschlüsse nach HGB und IFRS, in: Marx, F./Löffler, C. (Hrsg.): Schriften zum Steuer-, Rechnungs- und Prüfungswesen, Diss., Bremen 2011.

Herzig, N./Bohn, A./Götsch, A.: Auswirkungen des Zusammenspiels von Zins- und Verlustvortrag auf die Bilanzierung latenter Steuern im HGB-Einzelabschluss, in: DStR, Nr. 50, 2009, S. 2615–2619.

Herzig, N./Götsch, A./Liekenbrock, B.: C. Sonderthemen – II. Verlustvorträge, Zinsvorträge und vergleichbare Sachverhalte, Rz. 62–134., in: Herzig, N./Fuhrmann, S. (Hrsg.): Handbuch latente Steuern im Einzelabschluss, Düsseldorf 2012.

Herzig, N./Liekenbrock, B.: Zum EBITDA-Vortrag der Zinsschranke, in: Der Betrieb, Nr. 13, 2010, S. 690–695.

Hoffmann, W./Lüdenbach, N.: NWB Kommentar Bilanzierung – Handels- und Steuerrecht, 3. Aufl., Herne 2012.

Horschitz, H./Groß, W./Franck, B.: Bilanzsteuerrecht und Buchführung, 12. Aufl., Stuttgart 2010.

IDW: IDW RS HFA 7 – IDW Stellungnahme zur Rechnungslegung: Handelsrechtliche Rechnungslegung bei Personengesellschaften, Stand: 06.02.2012, in: Herzig, N./Fuhrmann, S. (Hrsg.): Handbuch latente Steuern im Einzelabschluss, Düsseldorf 2012.

IDW: IDW RS HFA 18 – IDW Stellungnahme zur Rechnungslegung: Bilanzierung von Anteilen an Personenhandelsgesellschaften im handelsrechtlichen Jahresabschluss, Stand: 25.11.2011, in: Herzig, N./Fuhrmann, S. (Hrsg.): Handbuch latente Steuern im Einzelabschluss, Düsseldorf 2012.

Jödicke, R.: Anwendung des Aktivierungs- und Saldierungswahlrechts latenter Steuern und Differenzierung nach Ergebniswirksamkeit, in: Kapitalmarktorientierte Rechnungslegung (KoR), Nr. 3, 2011, S. 153–160.

Kaindl, A.: Latente Steuern – Änderungen durch das BilMoG, in: Steuern und Bilanzen, http://www.wiso-net.de/webcgi?START=A60&DOKV_DB=GWW&DOKV_NO=c_tax_20100401&DOKV_HS=0&PP=1; 2010.

Karrenbrock, H.: Zweifelsfragen der Berücksichtigung aktiver latenter Steuern im Jahresabschluss nach BilMoG, in: Betriebs Berater, Nr. 11, 2011, S. 683–688.

Kastrup, B./Middendorf, O.: Latente Steuern bei Personengesellschaften im handelsrechtlichen Jahresabschluss nach BilMoG, in: Betriebs Berater, 65. Jg., 2010, S. 815–820.

Kessler, H.: Bilanzrechtsmodernisierung: Substanz erhaltende Erneuerung, in: Kessler, H./Leinen, M./Strickmann, M. (Hrsg.): Handbuch BilMoG, Freiburg 2010a, S. 47–58.

Kessler, H.: Der Übergang auf das BilMoG, in: Kessler, H./Leinen, M./Strickmann, M. (Hrsg.): Handbuch BilMoG, Freiburg 2010b, S. 59–103.

Kessler, H./Leinen, M./Paulus, B.: Das BilMoG und die latenten Steuern (Teil 1), in: KoR, Nr. 12, 2009, S. 716–728.

Kirsch, H./Hoffmann, T./Siegel, D.: Diskussion der Bilanzierung latenter Steuern nach § 294 Abs. 1 Satz 1 HGB, in: DStR, Nr. 26, 2012, S. 1290–1295.

Kozikowski, M./Fischer, N.: HGB § 274 Latente Steuern, in: Ellrott, H. u. a. (Hrsg.): Beck'scher Bilanz-Kommentar – Handels- und Steuerbilanz, München 2012.

KPMG: Accounting News – Neuigkeiten zur Rechnungslegung nach IFRS und HGB, http://www.kpmg.de/21783.htm; Zugriff: 28.06.2012.

Kraft, C./Kraft, G.: Grundlagen der Unternehmensbesteuerung – Die wichtigsten Steuerarten und ihr Zusammenwirken, 3. Aufl., Wiesbaden 2009.

Kreipl, M./Müller, S.: Art. 67 EGHGB, in: Bertram, K./Brinkmann, R./Kessler, H./Müller, S. (Hrsg.): Haufe HGB Bilanz Kommentar – BilMoG Erfahrungsbericht, 2012, Rz. 1–166.

Krimpmann, A.: Latente Steuern in der Praxis, Freiburg 2011.

Künkele, K./Zwirner, C.: Latente Steuern im Zusammenhang mit Anteilen an Personengesellschaften auf Gesellschafterebene – Praxisbeispiele und Anwendungshinweise, in: DStR, Nr. 46, 2011a, S. 2364–2369.

Künkele, K./Zwirner, C.: Latente Steuern bei Personengesellschaften – Anmerkungen zur Ermittlung und zur Erstanwendung der neuen Regelungen, in: DStR, Nr. 47, 2011b, S. 2263–2266.

Künkele, K./Zwirner, C.: Umstellung auf BilMoG bei Personengesellschaften, in: BC-Zeitschrift für Bilanzierung, Rechnungswesen und Controlling, Nr. 3, 2011c, S. 137–140.

Künkele, K./Zwirner, C.: Latente Steuern bei Personengesellschaften: Sonder- und Ergänzungsbilanzen, in: BC-Zeitschrift für Bilanzierung, Rechnungswesen und Controlling, 36. Jg., Nr. 3, 2012, S. 106–109.

Lange, T./Müller, S.: Auswirkungen des BilMoG im JA, in: Bertram, K./Brinkmann, R./Kessler, H./Müller, S. (Hrsg.): Haufe HGB Bilanz Kommentar – BilMoG Erfahrungsbericht, 2012, Rz. 90–346.

Lange, B./Wolz, C.: Latente Steuern bei Personengesellschaften – Offene Fragen und Lösungsansätze nach BilMoG, in: Bilanzen im Mittelstand, Nr. 4, 2010, S. 76–79.

Loitz, R.: DRS 18 – Bilanzierung latenter Steuern nach dem Bilanzrechtsmodernisierungsgesetz, in: Der Betrieb, Nr. 40, 2010, S. 2177–2185.

Loitz, R.: Latente Steuern nach dem Bilanzrechtsmodernisierungsgesetz (BilMoG) – ein Wahlrecht als Mogelpackung?, in: Der Betrieb, Nr. 18, 2009, S. 913–921.

Lüdenbach, N./Freiberg, J.: Beitrag von DRS 18 zur Klärung strittiger Fragen der Steuerlatenzierung, in: Betriebs Berater, Nr. 33, 2010, S. 1971–1976.

Lüdenbach, N./Freiberg, J.: Steuerlatenzrechnung auch für Personengesellschaften? – Diskussion des IDW ERS HFA 7 n. F., in: Betriebs Berater, Nr. 25, 2011, S. 1579–1584.

Lüdenbach, N.: Steuerlatenzrechnung für Personengesellschaften und Kleine Kapitalgesellschaften?, in: BC-Zeitschrift für Bilanzierung, Rechnungswesen und Controlling, 35. Jg., Nr. 4, 2011, S. 145–188.

Maier, M./Weil, M.: Latente Steuern im Einzel- und Konzernabschluss: Auswirkungen des BilMoG auf die Bilanzierungspraxis, in: Der Betrieb, Nr. 51/52, 2009, S. 2729–2736.

Melcher, W./Möller, F.: Ebenen der Gesamtdifferenzbetrachtung im Rahmen der Bilanzierung latenter Steuern, in: KoR, Nr. 11, 2011, S. 548–557.

Meyer, M./Ruberg, L.: Die Erstellung von Planungsrechnungen als Voraussetzung für die Bilanzierung latenter Steuern – Anwendungsfelder, Anforderungen, Zweifelsfragen, in: DStR, Nr. 30, 2010, S. 1538–1542.

Meyer, M. u. a.: Latente Steuern – Bewertung, Bilanzierung, Beratung, 2. Aufl., Wiesbaden 2010.

Mitschke, W.: Das Bilanzrecht unter der Herrschaft des BilMoG: Ein Überblick über die wichtigsten Fragen, in: FR-Finanz-Rundschau, Nr. 5, 2010, S. 214–220.

Müller, S.: Auswirkungen des BilMoG im Anhang, in: Bertram, K./Brinkmann, R./Kessler, H./Müller, S. (Hrsg.): Haufe HGB Bilanz Kommentar, 2012, Rz. 347–459.

Müller, I.: Rückstellungen für passive Steuerlatenzen gemäß § 249 Abs. 1 Satz 1 HGB, in: DStR, Nr. 22, 2011, S. 1046–1050.

Müller, S./Kreipl, M.: Passive latente Steuern und kleine Kapitalgesellschaften, in: Der Betrieb, Nr. 31, 2011, S. 1701–1706.

Niehus, U./Wilke, H.: Die Besteuerung der Personengesellschaften, 5. Aufl., Stuttgart 2010.

Pasedag, A.: Paradoxe Wirkung der Zinsschranke, in: Corporate Finance biz, Nr. 5, 2010, S. 301–311.

Petersen, K.: Anwendungsfragen der Steuerabgrenzung im Jahresabschluss, in: Die Wirtschaftsprüfung, 64. Jg., Nr. 6, 2011, S. 255–263.

Petersen, K./Zwirner, C./Künkele, K.: BilMoG in Beispielen – Anwendung und Übergang – Praktische Empfehlungen für den Mittelstand, 2. Aufl., Herne 2011.

Petersen, K./Zwirner, C./Künkele, K.: Umstellung auf das neue deutsche Bilanzrecht: Übergangsregelungen des BilMoG nach IDW RS HFA 28, in: Der Betrieb, Nr. 17, Beilage Nr. 4, 2010, S. 1–27.

Philipps, H.: Rechnungslegung nach BilMoG, Wiesbaden 2010.

Pöller, R.: Sonderprobleme und Umsetzung der Neuregelungen zur Bilanzierung latenter Steuern nach BilMoG, in: BC-Zeitschrift für Bilanzierung, Rechnungswesen und Controlling, Nr. 1, 2011, S. 10–17.

PwC: HGB direkt – IDW ERS HFA 18 (neue Fassung): Bilanzierung von Anteilen an Personenhandelsgesellschaften im handelsrechtlichen Jahresabschluss, http://www.google.de/url?sa=t&rct=j&q=pwc%2C%20hgb%20direkt%20%E2%80%93%20idw%20ers%20hfa%2018%20(neufassung)%3A%20bilanzierung%20von%20anteilen%20an%20personenhandelsgesellschaften%20im%20handelsrechtlichen%20jahresabschluss&source=web&cd=1&ved=0CCIQFjAA&url=http%3A%2F%2Fwww.pwc.de%2Fde%2Fnewsletter%2Fkapitalmarkt%2Fassets%2FHGB-direkt-Maerz-2011-Ausgabe-3.pdf&ei=kpRXUJuxD8XPsgb8hYDYAg&usg=AFQjCNGqI1zHh0e_cLdxcEB4yUkKyWMs3g; Zugriff: 18.08.2012.

Schindler, J.: Bilanzierung von latenten Steuern bei Umlageverträgen im Rahmen von Organschaftsverhältnissen nach dem BilMoG, in: Betriebswirtschaftliche Forschung und Praxis (BFuP), Nr. 3, 2011, S. 329–344.

Schmidt, M.: Buchführung und Bilanzierung, Wiesbaden 2012.

Sicherer, K.: Bilanzierung im Handels- und Steuerrecht – unter Berücksichtigung des BilMoG, Wiesbaden 2011.

Siegel, D.: Die Bilanzierung latenter Steuern im handelsrechtlichen Jahresabschluss nach § 274 HGB, in: Baetge, J./Kirsch, H./Thiele, S. (Hrsg.): Bd. 31, Reihe: Rechnungslegung und Wirtschaftsprüfung, Diss., Münster 2011.

Spingler, M.: Latente Steuern: Probleme bei der Anwendung des HGB i. d. F. des BilMoG, in: Die Wirtschaftsprüfung, 63. Jg., Nr. 20, 2010, S. 1024–1027.

Tanski, Joachim: Jahresabschluss in der Praxis, 2. Aufl., Freiburg 2012.

Van Hall, G./Kessler, H.: Sonderfragen – Latente Steuern, in: Kessler, H./Leinen, M./Strickmann, M. (Hrsg.): Handbuch BilMoG, Freiburg 2010, S. 465–500.

Völkner, B./Feldgen, R.: Latente Steuerabgrenzung bei Personengesellschaften – Diskussion der neuen IDW RS HFA 7 sowie IDW RS HFA 18, in: Betriebs Berater, 67. Jg., 2012, S. 1333–1337.

Weber-Grellet, H.: Das BMF und die Maßgeblichkeit, in: Der Betrieb, Nr. 45, 2009, S. 2402–2404.

Wehrheim, M./Renz, A.: Die Handels- und Steuerbilanz, 3. Aufl., München 2011.

Wendholt, W./Wesemann, M.: Zur Umsetzung der HGB-Modernisierung durch das BilMoG: Bilanzierung von latenten Steuern im Einzel- und Konzernabschluss, in: Der Betrieb, Nr. 23, Beilage Nr. 5, 2009, S. 64–76.

Zülch, H./Hoffmann, S.: Probleme und mögliche Lösungsansätze der „neuen" Ausschüttungssperre nach § 268 Abs. 8 HGB, in: Der Betrieb, Nr. 17, 2010, S. 909–912.

Zwirner, C.: BilMoG: Eigenkapitalgefährdung durch die Steuerabgrenzung (nicht nur) bei (früheren) Umwandlungsfällen, in: Der Betrieb, Nr. 14, 2010, S. 737–741.

Zwirner, C.: Geplante Befreiung für Kleinstunternehmen (micro entities) von der Bilanzierungs- und Publizitätspflicht vielleicht schon ab 2009?, in: BC-Zeitschrift für Bilanzierung, Rechnungswesen und Controlling, Nr. 8, 2009, S. 369–373.

Daniel Krause: Harmonisierung der Rechnungslegung – Entwurf zur Änderung der Bilanzrichtlinien und dessen kritische Würdigung zur Anwendung und Umsetzung in nationales Recht

6

Inhaltsverzeichnis

DOI 10.1007/978-3-658-02800-8_6, © Springer Fachmedien Wiesbaden 2013

Abbildungsverzeichnis

Abkürzungsverzeichnis

ABl.	Amtsblatt
Abs.	Absatz
AK KMU	Arbeitskreis Fortentwicklung der Rechnungslegung für KMU
Art.	Artikel
Aufl.	Auflage
BC	Zeitschrift für Bilanzierung, Rechnungswesen und Controlling
BilMoG	Bilanzrechtsmodernisierungsgesetz
BilReG	Bilanzrechtsreformgesetz
BiRiLiG	Bilanzrichtliniengesetz
BRD	Bundesrepublik Deutschland
bspw.	beispielsweise
BStBK	Bundessteuerberaterkammer
Buchst.	Buchstabe
bzw.	beziehungsweise
ca.	circa
Co.	Compagnie
DGRV	Deutscher Genossenschafts- und Raiffeisenverband
d. h.	das heißt
DIHK	Deutscher Industrie- und Handelskammertag
DRSC	Deutsches Rechnungslegungs Standards Committee
DStR	Deutsches Steuerrecht (Zeitschrift)
e. V.	eingetragener Verein
EFRAG	European Financial Reporting Advisory Group
EG	Europäische Gemeinschaft
EStG	Einkommensteuergesetz
EU	Europäische Union
EuGH	Europäischer Gerichtshof
evtl.	eventuell
FEE	Fédération Des Experts Comptables Européens
FiFo	First in First out
GoB	Grundsätze ordnungsmäßiger Bilanzierung
GuV	Gewinn- und Verlustrechnung
HGB	Handelsgesetzbuch
Hrsg.	Herausgeber
IAS	International Accounting Standards
IASB	International Accounting Standards Board
IASC	International Accounting Standards Committee
IDW	Institut der Wirtschaftsprüfer
IFRS	International Financial Reporting Standards
i. S.	im Sinne
i. V. m.	in Verbindung mit
KapitalRL	Kapitalrichtlinie
KMU	Kleine und mittelgroße Unternehmen

lit.	littera
LiFo	Last in First out
m. E.	meines Erachtens
Mio.	Million
Mrd.	Milliarde
Nr.	Nummer
o. g.	oben genannt
PWC	PricewaterhouseCoopers
Rz.	Randziffer
S.	Satz bzw. Seite
SBA	Small Business Act
SME	Small and medium-sized entities
sog.	sogenannt
u. a.	unter anderem
u. U.	unter Umständen
VO	Verordnung
WPK	Wirtschaftsprüferkammer
ZDH	Zentralverband des Deutschen Handwerks

6.1 Einleitung

6.1.1 Problemstellung und Zielsetzung

Das Rückgrat der Rechnungslegung in Europa setzt sich im Wesentlichen aus drei Vorschriften zusammen. Diese Vorschriften sind in Form von Richtlinien im europäischen Rechtssystem verankert. Es handelt sich dabei um die 4. Richtlinie *(im Folgenden auch Jahresabschlussrichtlinie oder Vierte Richtlinie genannt)*[1], die 7. Richtlinie *(im Folgenden auch Konzernabschlussrichtlinie, Siebte Richtlinie oder Siebente Richtlinie genannt)*[2] und die 8. Richtlinie *(im Folgenden auch Abschlussprüferrichtlinie genannt)*[3]. Ergänzend muss außerdem die IAS-Verordnung[4] genannt werden.[5] Insbesondere die Jahresabschluss- und die Konzernabschlussrichtlinie bilden seit nunmehr ungefähr drei Jahrzehnten die recht-

[1] Vierte Richtlinie 78/660/EWG des Rates vom 25. Juli 1978 aufgrund von Artikel 54 Absatz 3 Buchstabe g) des Vertrages über den Jahresabschluß von Gesellschaften bestimmter Rechtsformen, ABl. L 222 vom 14.08.1978, S. 11–31.

[2] Siebente Richtlinie 83/349/EWG des Rates vom 13. Juni 1983 aufgrund von Artikel 54 Absatz 3 Buchstabe g) des Vertrages über den konsolidierten Abschluß, ABl. L 193 vom 18.07.1983, S. 1–17.

[3] Richtlinie 2006/43/EG des Europäischen Parlaments und des Rates vom 17. Mai 2006 über Abschlussprüfungen von Jahresabschlüssen und konsolidierten Abschlüssen, zur Änderung der Richtlinien 78/660/EWG und 83/349/EWG des Rates und zur Aufhebung der Richtlinie 84/253/EWG des Rates, ABl. L 157 vom 09.06.2006, S. 87–107.

[4] Verordnung (EG) Nr. 1606/2002 des Europäischen Parlaments und des Rates vom 19. Juli 2002 betreffend die Anwendung internationaler Rechnungslegungsstandards, ABl. L 243 vom 11.09.2002, S. 1-4.

[5] Vgl. Habersack/Verse (2011), § 9, Rz. 5.

liche Grundlage auf europäischer Ebene für die nationalen Rechtsvorschriften zur Rechnungslegung in den EU-Mitgliedsstaaten. In Deutschland basieren bspw. die Vorschriften des HGB zu den haftungsbeschränkten Gesellschaften auf diesen Richtlinien.[1] „Aktuell unterliegen die europäischen Rechnungslegungsvorschriften einem Umbruch."[2] Am 25. Oktober 2011 wurde durch die Europäische Kommission ein Richtlinienentwurf[3] zur Reform und zur Bündelung der Vierten und der Siebten Richtlinie in einer gemeinsamen Vorschrift veröffentlicht. Im gleichen Zuge soll die europäische Rechnungslegung zudem einfacher und einheitlicher werden, wobei auch einige inhaltliche Änderungen angedacht sind, die sich auf die deutsche Rechnungslegung auswirken würden.[4]

In dieser Arbeit wird der Richtlinienentwurf einer kritischen Analyse unterzogen. Im Zuge dieser Analyse soll dargestellt werden, inwieweit die vorgeschlagenen Maßnahmen zur Harmonisierung der Rechnungslegung in Europa beitragen und ob sie zielführend hinsichtlich der von der Europäischen Kommission beabsichtigten Zielsetzungen sind. Dabei handelt es sich um den Erlass von Vorschriften, die eine Erleichterung, vor allem für kleine Unternehmen bewirken. Es geht dabei vorrangig um den Bürokratieabbau und somit um einen geringeren Verwaltungsaufwand. Des Weiteren soll die geänderte Richtlinie durch einen erhöhten Harmonisierungsbeitrag zu mehr Transparenz und zu einer höheren Vergleichbarkeit der Jahresabschlüsse führen. Außerdem soll eine Orientierung an den Interessen der Jahresabschlussadressaten stattfinden.[5]

Neben einer allgemeinen Überprüfung dieser Maßnahmen soll differenziert betrachtet werden, inwiefern diese Maßnahmen und Zielsetzungen Auswirkungen auf deutsche Unternehmen haben, inwieweit Regelungen bereits im HGB umgesetzt sind, ob möglicherweise eine Anpassung nationaler Vorschriften notwendig ist und ob die Regelungen überhaupt mit dem deutschen Rechnungslegungssystem vereinbar sind. Des Weiteren wurde bereits im Vorfeld der Richtlinie, auch im Hinblick auf eine mögliche Einbeziehung in den Richtlinienvorschlag, die Einführung des IFRS für kleine und mittelgroße Unternehmen auf europäischer Ebene diskutiert.[6] Da diese Diskussion direkt Bestandteil der Konsultationsverfahren war, soll auch hierzu kritisch hinterfragt werden, ob eine mögliche befreiende Einführung dieses Standards sinnvoll wäre oder nicht.

6.1.2 Aufbau der Arbeit

Zur Verdeutlichung des Zustandekommens des Richtlinienvorschlags, soll in Gliederungspunkt 6.2 aufgezeigt werden, wie in der Europäischen Union Gesetze erlassen werden.

[1] Vgl. Zwirner/Froschhammer (2012), S. 264.

[2] Zwirner/Froschhammer (2012), S. 264.

[3] KOM(2011) 684 final vom 25.10.2011, Proposal for a Directive of the European Parliament and of the council über den Jahresabschluss, den konsolidierten Abschluss und damit verbundene Berichte von Unternehmen bestimmter Rechtsformen, 2011, European Commission.

[4] Vgl. Blöink (2012), S. 299.

[5] Vgl. KOM(2011) 684 final vom 25.10.2011, S. 1.

[6] Vgl. Lanfermann (2011), S. 3051.

Dazu wird zunächst deutlich gemacht, welche Rolle die Europäische Kommission im Gesetzgebungsverfahren einnimmt und welche Möglichkeiten zum Erlass von Rechtsakten bestehen. Dabei wird kurz die Richtlinie von der Verordnung abgegrenzt. Außerdem wird die Funktion des Binnenmarkts erläutert und es soll aufgezeigt werden, auf welcher Basis die europäische Politik erfolgt und welche Bedeutung insbesondere kleine und mittelgroße Unternehmen für die europäische Wirtschaft haben. Um die europäische Förderpolitik zu veranschaulichen, werden insbesondere der „Small Business Act" bzw. das damit einhergehende „Think Small First"-Prinzip erläutert.

Im darauf folgenden Gliederungspunkt 6.3 soll die bisherige historische Entwicklung der europäischen Rechnungslegung aufgezeigt werden. Dazu werden in einem ersten Schritt die unterschiedlichen Funktionen der Rechnungslegung erläutert, um zu verdeutlichen, auf welcher Basis die bisherigen Richtlinien erlassen wurden. Außerdem wird auf die unterschiedlichen Bedürfnisse der Adressaten von Jahresabschlüssen eingegangen und es werden die grundlegenden Unterschiede internationaler Rechnungslegungskonzepte vermittelt. Im weiteren Verlauf wird daraufhin die Entstehung und Wirkung der Richtlinien bis heute dargestellt. Sowohl die Umsetzung der Richtlinien in Deutschland, als auch die IAS-VO werden dabei erläutert. Außerdem wird die sog. Micro-Richtlinie[1] untersucht, die erst am 14.03.2012 verabschiedet wurde und als Basis für den in dieser Arbeit behandelten Richtlinienvorschlag zu sehen ist.[2]

In Gliederungspunkt 6.4 wird konkret der Richtlinienvorschlag behandelt. Nach einer kurzen Darstellung des Hintergrunds und der Zielsetzung wird zunächst gezeigt, wie der Vorschlag systematisch aufgebaut und strukturiert ist. Anhand dieser Struktur wird konkret auf die einzelnen Regelungsvorschläge eingegangen. Dabei wird besonders Wert auf solche Sachverhalte gelegt, die eine große Wirkung für die europäische Rechnungslegung, für kleine Unternehmen und für die deutsche Rechnungslegung nach HGB haben. Es wird zunächst der Regelungsvorschlag der neuen Richtlinie dargestellt und dann mit der bisherigen Regelung der 4. Richtlinie verglichen. Danach wird gezeigt, inwiefern eine Regelung im HGB umgesetzt wurde und ob sich aus einer Änderung des Richtlinienvorschlags auch eine Änderung des HGB ergeben würde. Abschließend soll zu jeder dargestellten Maßnahme kritisch hinterfragt werden, ob sie dazu geeignet ist, die Zielsetzungen zu verwirklichen, wobei hierbei zwischen Unternehmen in Europa allgemein und zwischen deutschen Unternehmen differenziert werden muss. Darüber hinaus wird außerdem der IFRS für KMU behandelt. Dabei wird erläutert, wie dieser Standard entstanden ist, welche Zielsetzung er hat und welche Entwicklung er bis heute durchlebt hat. Danach wird eine Betrachtung des IFRS für KMU im Kontext der Richtlinienänderung sowie eine kritische Auseinandersetzung mit einer etwaigen Anwendbarkeit in Europa angestellt.

---

[1] Richtlinie 2012/6/EU des Europäischen Parlaments und des Rates vom 14. März 2012 zur Änderung der Richtlinie 78/660/EWG des Rates über den Jahresabschluss von Gesellschaften bestimmter Rechtsformen hinsichtlich Kleinstbetrieben, ABl. L 81 vom 21.03.2012, S. 3–6.

[2] Vgl. KOM(2011) 684 final vom 25.10.2011, S. 2.

Abschließend erfolgt eine kurze Zusammenfassung der Ergebnisse und ein Fazit, welches außerdem einen Ausblick geben soll, auch im Hinblick auf eine Umsetzung in nationales Recht.

6.2 Grundlagen der Europäischen Union

6.2.1 Rechtssetzung in der EU

6.2.1.1 Die Europäische Kommission

Als verfassendes Organ des Richtlinienvorschlags soll im Folgenden eine kurze Darstellung der Europäischen Kommission als Institution, sowie ein kurzer Überblick über deren Aufgaben und Kompetenzen erfolgen. Die Europäische Union besteht in politischer Hinsicht primär aus den drei Organen Rat, Kommission und Parlament. Während der Rat und das Parlament gemeinsam im Wesentlichen die Legislative in der Europäischen Union übernehmen, so stellt die Europäische Kommission das Exekutivorgan dar.[1] Die Kommission setzt sich aus insgesamt 27 Kommissaren, sowie einem Präsidenten zusammen. Diese kommen aus den Mitgliedsländern und sind für fünf Jahre in der Kommission tätig. Die Europäische Kommission hat vier grundlegende Aufgaben, durch welche der Wille der Europäischen Union kontrolliert und durchgesetzt werden soll. Bei diesen Hauptaufgaben handelt es sich um die Verwaltung des Haushaltsplans, die Repräsentation der Europäischen Union gegenüber Drittländern, die Durchsetzung europäischer Rechtsprechung und die Erarbeitung von Vorschlägen für Gesetze für das Europäische Parlament und den Europäischen Rat. Letzteres nennt man das Initiativrecht, welches gerade hinsichtlich des dieser Arbeit zugrunde liegenden Richtlinienvorschlags die wichtigste Aufgabe der Kommission darstellt. Die Vorschläge sollen auf einer übergeordneten Instanz Regelungen schaffen, die auf Länderebene nicht zielführend umgesetzt werden können. Diese Art der Rechtssetzung entspricht somit dem sog. Subsidiaritätsprinzip. Da grundsätzlich die Interessenslage der betroffenen Mitgliedsstaaten mitunter sehr unterschiedlich ist, versucht die Kommission in ihren Vorschlägen eine Vielzahl dieser Interessen zu berücksichtigen. Zur Erarbeitung möglichst fundierter Vorschläge, wird zum einen Expertenwissen eingeholt und zum anderen werden Konsultationsverfahren durchgeführt. Nachdem eine interne Mehrheit der Kommission dem Vorschlag ihre Zustimmung erteilt, wird dieser zur Beschlussfassung an das Europäische Parlament und den Europäischen Rat weitergegeben. Dort wird dann beschlossen, ob aus dem Vorschlag ein Rechtsakt entstehen soll oder nicht.[2] Zur Umsetzung solcher Rechtsakte stehen drei rechtlich obligatorische Handlungsformen zur Verfügung: Entscheidungen, Verordnungen und Richtlinien. Da die letzteren beiden für diese Arbeit von Bedeutung sind, werden diese im Folgenden näher erläutert.[3]

[1] Vgl. Herdegen (2011), § 4, Rz. 39.

[2] Vgl. Europäische Union (2012).

[3] Vgl. Härtel (2006), S. 152.

6.2.1.2 Rechtsakte in der EU

Letztlich bezwecken alle durch die Europäische Union erlassenen Sekundärrechtsakte die Umsetzung des primärrechtlichen Ziels der Errichtung eines Binnenmarktes. Demnach ist mit dem Erlass von Gesetzen die Existenz einer rechtlichen Basis aufgrund von EU-Verträgen untrennbar verknüpft. Verordnungen sind sofort rechtsverbindlich für alle EU-Mitgliedsländer und haben eine übergeordnete Stellung gegenüber nationalen Vorschriften.[1] Deshalb müssen Verordnungen nicht in die nationale Gesetzgebung umgesetzt werden, sondern die unter den Geltungsbereich einer Verordnung fallenden Rechtssubjekte unterstehen direkt der jeweiligen europäischen Vorschrift.[2] Grundsätzliches Ziel einer Verordnung ist die Rechtsvereinheitlichung bzgl. des jeweiligen Regelungsgegenstands in Europa.[3]

Eine Abgrenzung der Rechtswirkung einer Richtlinie von der einer Verordnung kann im Wesentlichen in zwei Bereichen erfolgen. Im Gegensatz zur Verordnung müssen Richtlinien nicht zwangsläufig allgemeinverbindlich sein, sondern können demnach auch lediglich für einen begrenzten Adressatenkreis gelten.[4] Das wichtigere Unterscheidungsmerkmal ist jedoch, dass eine Richtlinie keine unmittelbare Rechtswirkung erzeugt. Das Ziel, welches eine Richtlinie erreichen möchte, steht dabei im Fokus. Deshalb muss zur Umsetzung der Vorschriften einer Richtlinie zwangsläufig eine Rechtsprechung auf Ebene der Mitgliedsstaaten erfolgen.[5] Die Richtlinie bildet also einen Rahmen, in welchem die jeweiligen Mitgliedsstaaten die Möglichkeit haben, geeignete Mittel einzusetzen, um die Ziele der Richtlinie zu verwirklichen. Dementsprechend kann die Umsetzung im europäischen Vergleich variieren.[6] Grundsätzlich lässt sich also sagen, dass Richtlinien durch ihre normalerweise weniger strikte rechtsangleichende Wirkung das geeignete Mittel sind, um innerhalb der EU eine rechtliche Harmonisierung zu bewirken.[7] Dem Harmonisierungsbestreben entgegen steht jedoch die einer Richtlinie naturgemäß zugehörige Auslegungsvielfalt, denn die Umsetzungspflicht auf Staatenebene bezieht sich auf die gemeinschaftsrechtskonforme Auslegung. Grundsätzlich muss allerdings aus den jeweiligen nationalen Regelungen klar ersichtlich sein, dass das Ziel der Richtlinie dadurch erfüllt wird. Zur Vermeidung von Fehlauslegungen, die in den Mitgliedsstaaten zu unterschiedlichen Ergebnissen führen würden, hat der EuGH die Befugnis über die Richtigkeit dieser Sachverhalte zu entscheiden.[8]

[1] Vgl. Europäisches Parlament (2012b).

[2] Vgl. Breuer (2012).

[3] Vgl. Habersack/Verse (2011), § 3, Rz. 67 f.

[4] Vgl. Breuer (2012).

[5] Vgl. Brohm (2012), S. 54 f.

[6] Vgl. Herdegen (2011), § 3, Rz. 29.

[7] Vgl. Habersack/Verse (2011), § 3, Rz. 48 ff.

[8] Vgl. Habersack/Verse (2011), § 3, Rz. 53 ff.

6.2.2 Der europäische Binnenmarkt

Das vorrangige Ziel der Europäischen Union aus wirtschaftlicher Hinsicht ist die Errichtung eines funktionierenden Binnenmarktes.[1] Kennzeichnend für die Funktion des europäischen Binnenmarkts sind dessen vier Grundfreiheiten. Diese Grundfreiheiten, die für alle Bürger der EU gelten, sollen den freien Verkehr von Personen, Waren, Dienstleistungen und Kapital gewährleisten. Der freie Personenverkehr ermöglicht die uneingeschränkte Erlaubnis, in allen Mitgliedsstaaten zu leben und zu arbeiten. Daraus abgeleitet gilt zudem die Niederlassungsfreiheit, durch welche jeder Bürger überall ein Unternehmen errichten kann. Der freie Warenverkehr garantiert den grenzüberschreitenden Verkauf von Waren. Des Weiteren wird mittels freien Dienstleistungsverkehrs ermöglicht, Dienstleistung innerhalb des Binnenmarktes anzubieten ohne Niederlassungen in den einzelnen Mitgliedsstaaten zu haben. Durch den freien Kapitalverkehr kann der Zahlungsverkehr durch die gleichen Bedingungen wie im Inland abgewickelt werden.[2] Durch das Mittel der Harmonisierung und Rechtsangleichung ist der vorrangige Zweck der Bilanzrichtlinien die Umsetzung der Niederlassungsfreiheit in Europa.[3] Die Europäische Kommission nimmt aus Sicht des Binnenmarkts die Rolle eines Kontrolleurs ein. Sofern sie Delikte aufdeckt, hat sie die Befugnis, Klagen am Europäischen Gerichtshof einzureichen.[4]

Im Folgenden soll nun erläutert werden, bei welchen Unternehmen es sich um kleine und mittlere Unternehmen handelt und inwieweit auf europäischer Ebene Politik betrieben wird, um diese Unternehmen zu fördern.

6.2.3 Politik zur Förderung kleiner und mittlerer Unternehmen in der EU

6.2.3.1 Bedeutung und Definition kleiner und mittlerer Unternehmen

„Kleinstunternehmen sowie kleine und mittlere Unternehmen sind der Motor der europäischen Wirtschaft“.[5] Der Anteil kleiner und mittlerer Unternehmen an allen Unternehmen in Europa beträgt 99 %. Absolut bedeutet dies, dass es in der EU mehr als 20 Millionen kleine und mittlere Unternehmen gibt. Dadurch kann die Aussage getroffen werden, dass der Hauptteil neuer Arbeitsplätze bei kleinen und mittleren Unternehmen entsteht und dass bei ihnen auch das größte Wachstumspotential besteht. Hinsichtlich des sich immer schneller ändernden wirtschaftlichen Umfelds sind KMUs ein wichtiger Erfolgsfaktor für Europa im weltweiten Vergleich.[6] Ob ein Unternehmen als klein, mittelgroß oder sogar als Kleinstunternehmen gilt, wird in der EU anhand von Schwellenwerten festgelegt. Da-

[1] Vgl. Herdegen (2011), § 5, Rz. 1 ff.

[2] Vgl. Europäisches Parlament (2012a).

[3] Vgl. Zülch (2012), S. 413.

[4] Vgl. Europäisches Parlament (2012a).

[5] Europäische Gemeinschaften (2006), S. 3.

[6] Vgl. Europäische Kommission (2012).

Größenklasse	Mitarbeiterzahl (Jahr)	Jahresumsatz	Jahresbilanzsumme
Mittelgroß	≤ 250	≤ 50 Mio. €	≤ 43 Mio. €
Klein	≤ 50	≤ 10 Mio. €	≤ 10 Mio. €
Kleinst	≤ 10	≤ 2 Mio. €	≤ 2 Mio. €

Abb. 6.1 Größenklassen KMU – Definition EU[1]

bei handelt es sich um die Kategorien Mitarbeiterzahl, Umsatzerlöse und Bilanzsumme. Demnach gilt ein Unternehmen einer bestimmten Kategorie zugehörig, wenn Mitarbeiterzahl und eine der beiden anderen Größen unterhalb der jeweiligen Schwellenwerte bleiben. Abbildung 6.1 gibt einen Überblick über die derzeit gültigen, durch die Empfehlung 2003/361/EG der Kommission festgelegten, Schwellenwerte. Grundsätzlich ist ein Wechsel der Größenklasse obligatorisch mit der Erfüllung der Kriterien in zwei aufeinander folgenden Jahren verbunden.[2]

Europäische KMUs sind regelmäßig mit den gleichen Problemen konfrontiert. Darunter fallen unter anderem ein zu hoher Verwaltungsaufwand sowie Probleme bei der Umsetzung und Nutzung der vier Grundfreiheiten des Binnenmarktes. Im Rahmen des „Small Business Act" (SBA) nimmt sich die EU diesen Problematiken an. Im Folgenden soll nun der SBA kurz erläutert werden.

6.2.3.2 Der „Small Business Act" für Europa

Der „Small Business Act" ist kein Rechtsakt mit rechtsverbindlicher Wirkung. Er wurde durch die Europäische Kommission ins Leben gerufen und wird von allen Beteiligten wie bspw. den Mitgliedsstaaten und der europäischen Wirtschaft im Allgemeinen getragen.[3] Im Rahmen des SBA wird das Bestreben der Europäischen Kommission deutlich, kleine und mittelgroße Unternehmen in den Fokus der europäischen Wirtschaftspolitik zu stellen. Er setzt sich aus zehn Grundsätzen zusammen, an denen sich die künftige Wirtschaftspolitik orientieren soll. Die Grundsätze zielen dabei im Wesentlichen auf Förderung von KMUs in allen Bereichen ab und sollen für eine effiziente Nutzung der Vorteile des Binnenmarkts sorgen. Besonders wichtig in Bezug auf die Richtlinienvorschläge ist dabei der dritte Grundsatz.[4] Demzufolge „sollten Regelungen nach dem Prinzip „Vorfahrt für KMU" gestaltet werden."[5] Dieses Prinzip bildet den Kern des SBA.[6] Das im Englischen „Think Small First" genannte Prinzip zielt darauf ab, dass KMUs bereits früh im politischen Entwicklungsprozess berücksichtigt werden. Im besten Fall sollen Regelungen grundsätzlich aus der Sicht von KMUs gestaltet werden und dementsprechend sollten sie von den rechts-

[1] Vgl. Empfehlung 2003/361/EG, S. 39, Art. 2.

[2] Vgl. Lühr (2010), S. 30.

[3] Vgl. Europäische Kommission (2012).

[4] Vgl. KOM(2008) 394 endgültig vom 25.06.2008, S. 4 f.

[5] KOM(2008) 394 endgültig vom 25.06.2008, S. 4.

[6] Vgl. KOM(2011) 78 endgültig vom 23.02.2011, S. 7.

setzenden Organen als bevorzugte Kundschaft angesehen werden. Grundsätzlich stellen Regelungen, die aus Sicht von großen Unternehmen gestaltet werden, oftmals unüberwindbare Hürden für kleine Unternehmen dar, da diese die benötigten Skaleneffekte nicht nutzen können.[1] Zur Gewährleistung einer zielführenden Umsetzung des Prinzips, enthält der SBA bereits ein konkretes Maßnahmenpaket, welches sich sowohl an die Kommission selbst, als auch an die Mitgliedsstaaten richtet.

Nachdem nun die Grundlagen der Europäischen Union erläutert wurden, beschäftigt sich der folgende Gliederungspunkt mit den grundlegenden Aspekten der Rechnungslegung um ein besseres Verständnis für den in dieser Arbeit behandelten Richtlinienvorschlag zu erhalten. Außerdem werden die aktuell gültigen Rechnungslegungsrichtlinien hinsichtlich ihrer Entstehung und ihrer Funktion erläutert. Des Weiteren wird zudem auf die IAS-Verordnung sowie auf die sog. Micro-Richtlinie Bezug genommen.

6.3 Rechnungslegung in der EU

6.3.1 Funktionen der Rechnungslegung

6.3.1.1 Informationsfunktion

Die Informationsfunktion eines Jahresabschlusses umfasst in erster Linie die Dokumentation aller wirtschaftlichen Sachverhalte.[2] „Die Dokumentation i. S. eines vollständigen, richtigen und systematischen Aufschreibens und Festhaltens der Güterbewegungen und Zahlungsvorgänge ist die Grundlage des Jahresabschlusses und damit Voraussetzung dafür, die vom Gesetzgeber intendierten Jahresabschlusszwecke zu erfüllen."[3] In Bezug auf die Praxis ist die Dokumentationsfunktion insbesondere bei Insolvenzen oder verschiedenen Rechtsstreitigkeiten wichtig.[4] Im deutschen Recht ist sie in § 238 Abs. 1 HGB als Buchführungspflicht verankert.[5]

Neben der Dokumentationsfunktion umfasst die Informationsfunktion außerdem noch die Rechenschaftsfunktion. Unter Rechenschaft versteht man die „Offenlegung der Verwendung anvertrauten Kapitals in dem Sinne, dass dem Informationsberechtigten – das kann auch der Rechenschaftslegende selbst sein – ein so vollständiger, klarer und zutreffender Einblick in die Geschäftstätigkeit gegeben wird, dass dieser sich ein eigenes Urteil über das verwaltete Vermögen und die damit erzielten Erfolge bilden kann."[6] Damit stellt die Rechenschaftsfunktion die wichtigste Funktion der Rechnungslegung für die Adressaten eines Jahresabschlusses dar, indem adressatenspezifische Informationen bereitgestellt

[1] Vgl. Europäische Kommission (2009), S. 7.

[2] Vgl. Bitz u. a. (2011), S. 41.

[3] Baetge u. a. (2011), S. 93.

[4] Vgl. Bitz u. a. (2011), S. 41 f.

[5] Vgl. Baetge u. a. (2011), S. 92.

[6] Leffson (1987), S. 64.

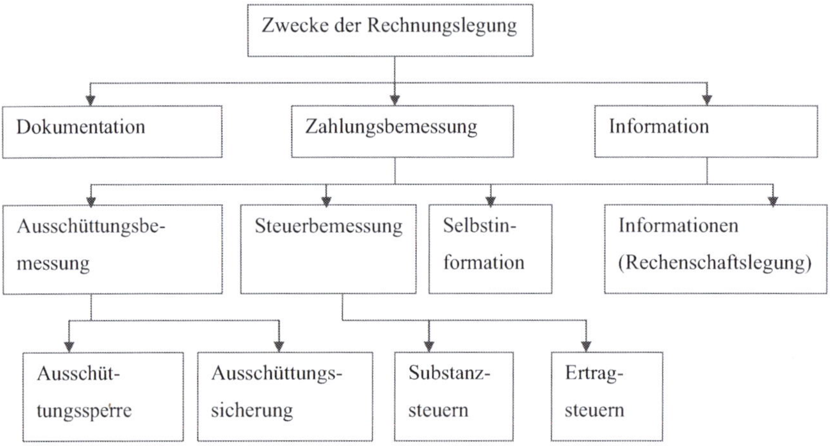

Abb. 6.2 Zwecke der Rechnungslegung nach Funktionen[1]

werden.[2] Welche Adressatengruppen relevant sind und welche typischen Informationsbedürfnisse in den Gruppen bestehen, wird in Gliederungspunkt 6.3.2 näher behandelt.

6.3.1.2 Zahlungsbemessungsfunktion

Neben der Informationsfunktion dient die Rechnungslegung bzw. der Jahresabschluss außerdem zur Zahlungsbemessung unterschiedlicher Größen. Der Jahresabschluss ist dabei u. a. Grundlage für die Ausschüttung an die Gesellschafter.[3] Primärer Zweck dabei ist die Kapitalerhaltung im Unternehmen. Aus dem Grundsatz der Kapitalerhaltung sind im HGB einige grundlegende Prinzipien entstanden und verankert. So dienen das Vorsichts-, das Imparitäts- und das Niederstwertprinzip grundsätzlich der Erhaltung des notwendigen Kapitals im Unternehmen. Prinzipiell muss dabei zwischen Einzelunternehmen und Personengesellschaften, sowie Kapitalgesellschaften differenziert werden. Bei Ersteren geht es grundsätzlich um die Ermittlung des Zeitpunktes ab wann das Haftkapital durch Entnahmen verringert wird. Bei Letzteren gelten darüber hinaus noch einige konkrete Vorschriften, durch welche die Ausschüttungen an die Gesellschafter zusätzlich begrenzt werden.

Neben diesem Zweck der Kapitalerhaltung dient der Jahresabschluss prinzipiell auch als Besteuerungsgrundlage, da der handelsrechtliche Gewinn ebenfalls maßgeblich für den steuerlichen Erfolg ist. Auch wenn durch einzelne steuerliche Regelungen eine separate Steuerbilanz erstellt werden muss, so sind beide Rechenwerke trotzdem eng miteinander verknüpft.[4] Abbildung 6.2 gibt einen erweiterten Überblick über die Zwecke der Rech-

[1] Blasius (2006), S. 20.
[2] Vgl. Bitz u. a. (2011), S. 46.
[3] Vgl. Bitz u. a. (2011), S. 48 ff.
[4] Vgl. Baetge u. a. (2011), S. 96 ff.

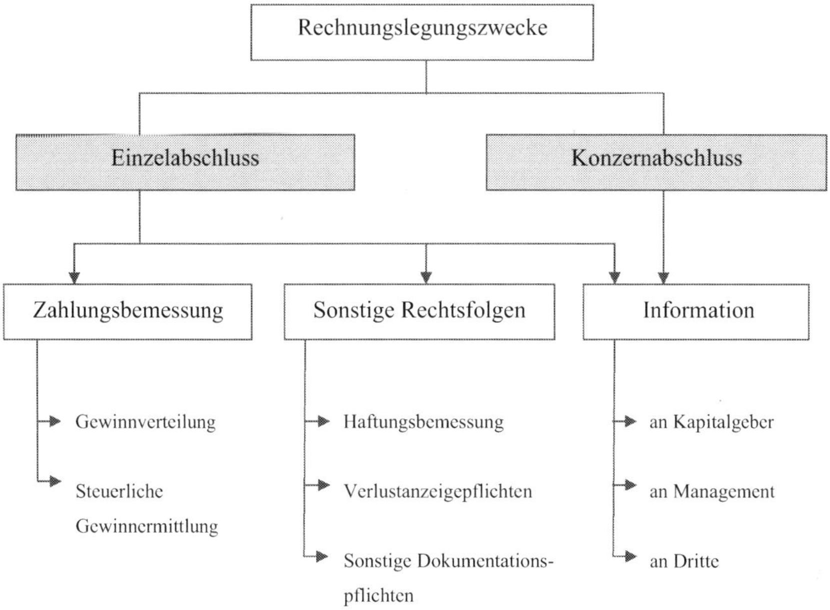

Abb. 6.3 Zwecke der Rechnungslegung nach Einzel- und Konzernabschluss[1]

nungslegung gegliedert nach Funktionen und Abb. 6.3 zeigt wie die Funktionen dem Einzel- bzw. Konzernabschluss zuzuordnen sind.

6.3.2 Informationsbedürfnisse der Adressaten

Die Art der benötigten Informationen aus dem Jahresabschluss variiert in Abhängigkeit vom jeweiligen Adressaten bzw. von deren Interessen. Die Adressaten können zunächst in zwei Gruppen, interne und externe Adressaten, unterteilt werden. Zu den internen Adressaten gehört die Geschäftsführung, wobei es sich dabei sowohl um Gesellschafter als auch lediglich um Angestellte handeln kann. Der Bereich der externen Gruppe ist breit gefächert. Ihr zugehörig sind bspw. Gesellschafter ohne Geschäftsführungsbefugnis, Gläubiger, alle Angestellten sowie deren Vereinigungen, Zulieferer und Abnehmer sowie die staatlichen Finanzbehörden.[2]

In dieser Arbeit werden vorwiegend die Interessen der Gesellschafter, der Geschäftsführung und der Gläubiger behandelt, da bei diesen die Diskrepanz zwischen den benötigten Informationen und den damit einhergehenden unterschiedlichen Funktionen der Rechnungslegung am größten ist.[3] Grundsätzlich divergieren die einzelnen Informations-

[1] Pellens, u. a. (2006), S. 13.
[2] Vgl. Lühr (2010), S. 53.
[3] Vgl. Lühr (2010), S. 70.

erfordernisse nicht nur zwischen den unterschiedlichen Adressaten, sondern auch innerhalb der einzelnen Adressatengruppen. So sind die Interessen der Gesellschafter kleiner und mittelständischer Unternehmen abweichend von den Interessen anonymer Aktionäre kapitalmarktorientierter Unternehmen.[1]

Sowohl derzeitige als auch zukünftige Gesellschafter verfolgen vornehmlich finanzielle Ziele. Demzufolge sind deren primäre Interessen die Verzinsung ihres eingesetzten Kapitals bzw. die daraus resultierenden Geldzuflüsse und u. U. Geldabflüsse. Durch den Jahresabschluss können sie Informationen zu zukünftigen Entwicklungen ableiten.[2] Demgegenüber ist das primäre Ziel der Eigentümer kleiner und mittelständischer Unternehmen die Sicherung der Unternehmensfortführung und somit die Solvenz ihres Unternehmens. Wobei die Existenzsicherung des Unternehmens grundsätzlich im Sinne aller Gesellschaftergruppen ist.[3] Die Gruppe der Gläubiger nimmt gerade im Mittelstand eine zentrale Rolle ein, da Unternehmen dieser Größe vorwiegend fremdfinanziert sind.[4] Alle Kreditgeber, sowohl derzeitige als auch zukünftige, benötigen als Entscheidungsgrundlage für die Verwaltung ihres Kreditwesens Informationen aus dem Jahresabschluss. Die Informationen werden benötigt, um zu beurteilen, ob ein Unternehmen in der Lage ist, allen aus Kreditverträgen entstandenen Zahlungsverpflichtungen nachzukommen. Die Informationen aus Bilanz und GuV dienen dabei der Erstellung von Liquiditätsprognosen.

Gesellschafter, die nicht an der Leitung des Unternehmens teilhaben, interessieren sich primär für die Qualität der Arbeit der Geschäftsführung. Insofern ist es wichtig, dass ein Zusammenhang zwischen Zahlungsströmen einerseits und der Leistung der Geschäftsführung andererseits hergestellt werden kann. Somit soll zumindest eine gewisse Informationsbasis für diese Gesellschafter entstehen, um fundierte Entscheidungen über Einstellungen und Entlassungen auf der Geschäftsführungsebene zu treffen. Hinsichtlich der schwierigen Messbarkeit und der Vielzahl an externen Einflüssen ist dies jedoch nur in begrenztem Maße möglich.[5]

Es wird deutlich, dass es angesichts der unterschiedlichen Zielsetzungen und der unterschiedlichen Informationsinteressen zu Zielkonflikten zwischen unterschiedlichen Adressaten kommt. Das Paradebeispiel dafür sind das Interesse der Gesellschafter an möglichst hohen Ausschüttungen und demgegenüber das Interesse der Gläubiger an der Sicherung der Zahlungsfähigkeit. Daraus wird ersichtlich, dass die gleichzeitige Erfüllung der Rechenschaftsfunktion unter Rendite- und Kapitalerhaltungsaspekten kaum möglich ist.[6] Im Folgenden soll nun erläutert werden, welche Rechnungslegungskonzepte sich international entwickelt haben und welche Funktionen jeweils prädominant sind.

[1] Vgl. Janssen (2009), S. 89 ff.

[2] Vgl. Bitz u. a. (2011), S. 47.

[3] Vgl. Lühr (2010), S. 60.

[4] Vgl. Janssen (2009), S. 81

[5] Vgl. Bitz u. a. (2011), S. 46 f.

[6] Vgl. Baetge u. a. (2011), S. 100 f.

6.3.3 Internationale Rechnungslegungskonzepte

Alle Rechnungslegungskonzepte lassen sich in zwei Gruppen einordnen. Aufgrund unterschiedlicher Auffassungen und geschichtlicher Hintergründe der Rechnungslegung existieren zum einen angelsächsisch geprägte und zum anderen kontinentaleuropäisch geprägte Rechnungslegungskonzepte.[1]

Die angelsächsische Rechnungslegung ist historisch aus dem amerikanischen Rechtssystem entstanden. Dadurch gibt es grundsätzlich nur geringfügig gesetzliche Regelungen, vielmehr werden dort Sachverhalte überwiegend einzeln durch Gerichtsurteile geregelt („case law"). Durch dieses System ist die Rechnungslegung nicht vom Gesetzgeber abhängig, sondern kann durch andere Institutionen gestaltet werden. Dadurch ist das angelsächsische Rechnungslegungskonzept sehr anpassungsfähig hinsichtlich einer sich verändernden wirtschaftlichen Umwelt. Grundsätzlich spielt die Rechnungslegung in steuerlicher Hinsicht eine stark untergeordnete Rolle. Charakteristisch, besonders in den USA, ist außerdem die breit gefächerte Besitzstruktur. Die Anteile sind überwiegend im Streubesitz, weshalb die Kapitalmärkte eine sehr hohe Relevanz gerade auch im Bereich der Unternehmensfinanzierung besitzen. Demzufolge ist die Informationsfunktion hinsichtlich eines möglichst exakten Bildes der Vermögens-, Finanz- und Ertragslage in der angelsächsischen Rechnungslegung vorherrschend.[2] In dieses Entwicklungskonzept lassen sich bspw. die Rechnungslegungskonzepte der USA, Großbritannien und Irland einordnen.[3]

Die kontinentaleuropäische Rechnungslegung ist im Gegensatz zur angelsächsischen durch ihre Prinzipienorientierung gekennzeichnet. Demnach ist ein Großteil der Rechnungslegung durch übergeordnete Gesetze geregelt („code law").[4] Dabei werden einzelne Sachverhalte unter Rückgriff auf die übergeordneten Rechnungslegungsgrundsätze geregelt.[5] Dieses Regelungssystem führt dazu, dass externe Institutionen lediglich einen geringen Einfluss auf Reformen haben und dass Anpassungen an sich ändernde wirtschaftliche Rahmenbedingungen deutlich aufwendiger sind. Neben diesem rechtssystematischen Unterschied beider Konzepte tritt außerdem die voneinander abweichende Relevanz der Besteuerung. Da in vielen kontinentaleuropäischen Ländern die Handelsbilanz maßgeblich für die Steuerbilanz ist, kann die Rechnungslegung nicht ohne gewisse steuerliche Einflüsse erfolgen. Des Weiteren ist der Anteilsbesitz weniger breit gestreut, sondern konzentriert sich vorwiegend auf einige wenige Anteilseigner. Außerdem haben traditionell die Kreditinstitute eine beherrschende Stellung, da die Unternehmensfinanzierung weniger an den Kapitalmärkten, sondern eher bei den Banken erfolgt. Demzufolge ist im kontinentaleuropäischen Rechnungslegungskonzept die Kapitalerhaltungsfunktion als deutlich wichtiger anzusehen als die Informationsfunktion. Kennzeichnend dafür ist vor allem das

[1] Vgl. Lühr (2010), S. 19.

[2] Vgl. Kunz (2011), S. 30 ff.

[3] Vgl. Wengel (2007), S. 2 f.

[4] Vgl. Kunz (2011), S. 30.

[5] Vgl. Lühr (2010), S. 19.

Vorsichtsprinzip.[1] Deutschland, Frankreich, Italien und auch Japan sind einige Länder, in denen die kontinentaleuropäische Rechnungslegung praktiziert wird.[2] Im nächsten Gliederungspunkt werden nun konkret die Richtlinien zur Rechnungslegung in der EU behandelt.

6.3.4 Rechnungslegungsrichtlinien der EU

6.3.4.1 Entstehung und Entwicklung

Das Bilanzrecht ist das „Herzstück des EG-Gesellschaftsrechts".[3] Das europäische Bilanzrecht setzt sich im Wesentlichen zusammen aus der Jahresabschlussrichtlinie (4. Richtlinie), der Konzernabschlussrichtlinie (7. Richtlinie), der Abschlussprüferrichtlinie (8. Richtlinie) und der IAS-Verordnung.[4] Hinsichtlich der Zielsetzung dieser Arbeit wird im Folgenden hauptsächlich auf die 4. Richtlinie sowie teilweise auf die 7. Richtlinie eingegangen.

Die Entstehung der 4. Richtlinie begann 1965 mit dem Ziel, die Rechnungslegungsvorschriften in Europa zu koordinieren. Ein erster konkreter Vorschlag wurde 1971 veröffentlicht.[5] Die verspätete Verabschiedung im Jahr 1978 resultiert aus dem schwierigen Verhandlungsprozess mit Mitgliedstaaten, die eine angelsächsische Rechnungslegungstradition pflegen, und mit solchen, die eine kontinentaleuropäische Rechnungslegungstradition bevorzugen. Ergebnis des Verhandlungsprozesses zwischen den Anhängern dieser konträren Ansichten war die Verankerung vieler Optionsrechte im Richtlinientext.[6] Der Einfluss der angelsächsischen Rechnungslegung wurde besonders durch den Beitritt von Großbritannien, Irland und Dänemark in die EU forciert. Am deutlichsten wird dieser Einfluss angesichts der Aufnahme des „true and fair view"-Gebots in den Bilanzrichtlinientext. Demnach muss „der Jahresabschluss ein den tatsächlichen Verhältnissen entsprechendes Bild der Vermögens-, Finanz- und Ertragslage vermitteln". Im ursprünglichen Entwurf von 1971 war zunächst eine Formulierung aus dem damaligen Aktiengesetz vorgesehen, nach welcher „der Jahresabschluss lediglich im Rahmen der Bewertungsvorschriften einen möglichst sicheren Einblick in die Lage der Gesellschaft" zu geben hat. Weitere Ausprägungen einer angelsächsischen Rechnungslegungstradition sind bspw. die Wahlrechte zur Equity-Methode, zur Aktivierung von Forschungs- und Entwicklungskosten oder zur inflationsorientierten Rechnungslegung.

Trotz dieses Einflusses bleibt die Orientierung an der kontinentaleuropäischen Rechnungslegung unverkennbar. Insbesondere die deutsche Rechnungslegung war die Basis für die kontinentaleuropäischen Einflüsse. Kennzeichnend dafür ist vor allem die Ver-

[1] Vgl. Kunz (2011), S. 30 ff.

[2] Vgl. Wengel (2007), S. 2 f.

[3] Grundmann (2011), Rz. 495.

[4] Vgl. Grundmann (2011), Rz. 495.

[5] Vgl. Asche (2007), S. 79 f.

[6] Vgl. Habersack/Verse (2011), § 9, Rz. 10.

knüpfung der Bilanzrichtlinie mit der gesellschaftsrechtlichen Kapitalerhaltung einerseits und mit steuerlichen Vorschriften andererseits. Da diese Verknüpfung sich auch in einzelnen Vorschriften widerspiegelt, kommt es zwangsläufig zu einer Verfälschung des Jahresabschlusses hinsichtlich des „true and fair view"-Gebots. Grundsätzlich gilt dies nur für Einzelabschlüsse, wobei die Verfälschung durch die Konsolidierung im Rahmen des Konzernabschlusses auch auf diese abfärbt. Die Dominanz der kontinentaleuropäischen Rechnungslegung in der Bilanzrichtlinie kommt vor allem durch die explizit eingeführten Prinzipien zum Ausdruck. Vorsichts-, Realisations-, Anschaffungskosten- und Imparitätsprinzip sind allesamt verpflichtend anzuwenden.

Um ein Zustandekommen der Richtlinie letztendlich zu ermöglichen und somit die gesellschaftsrechtliche Harmonisierung nicht zu gefährden, hat die Europäische Kommission entschieden, beide Rechnungslegungstraditionen einfließen zu lassen. Als Resultat entstand ein von Wahlrechten durchzogenes Regelwerk, welches das Ziel der Harmonisierung nur eingeschränkt erfüllen konnte. Trotz dieser Einschränkung blieb die 4. Richtlinie bis 2001 größtenteils in ihrer Ursprungsform bestehen. Erste größere Eingriffe in das Regelwerk wurden erst im Zuge der IAS-Verordnung unternommen. Es handelt sich dabei um die Fair-Value-Richtlinie[1] aus dem Jahr 2001 und die Modernisierungsrichtlinie[2] aus dem Jahr 2003.[3] Durch die Fair-Value-Richtlinie wurde das europäische Bilanzrecht dahingehend reformiert, dass den Mitgliedsstaaten erstmals die Möglichkeit für eine Zeitwertbilanzierung für bestimmte Finanzinstrumente gewährt wurde.[4] Vorrangiges Ziel dieser Maßnahme war es, den europäischen Unternehmen, im Sinne der Grundfreiheiten des Binnenmarktes, den Zugang zu Kapital zu erleichtern und eine Vereinbarkeit der Zeitwertbilanzierung mit den Bilanzrichtlinien zu erreichen. Durch die vorzeitige Aufnahme nicht realisierter Gewinne in die GuV wird das Anschaffungskostenprinzip bewusst missachtet. Da dieses jedoch weiterhin bestehen bleiben sollte, wurde der Anwendungsbereich zum einen stark eingeschränkt und zum anderen wurden andere Posten ausdrücklich ausgeschlossen. Diese deutliche Annäherung an die IFRS führte letztlich trotzdem zu Unvereinbarkeiten zwischen den beiden Rechnungslegungssystemen. Diese Unvereinbarkeiten wurden durch die Modernisierungsrichtlinie beseitigt.[5] Ausdrückliche Zielsetzung der

[1] Richtlinie 2001/65/EG des Europäischen Parlaments und des Rates vom 27. September 2001 zur Änderung der Richtlinien 78/660/EWG, 83/349/EWG und 86/635/EWG des Rates im Hinblick auf die im Jahresabschluss bzw. im konsolidierten Abschluss von Gesellschaften bestimmter Rechtsformen und von Banken und anderen Finanzinstituten zulässigen Wertansätze, ABl. L 283 vom 27.10.2001, S. 28–32.

[2] Richtlinie 2003/51/EG des Europäischen Parlaments und des Rates vom 18. Juni 2003 zur Änderung der Richtlinie 78/660/EWG, 86/635/EWG und 91/674/EWG über den Jahresabschluss und den konsolidierten Abschluss von Gesellschaften bestimmter Rechtsformen von Banken und anderen Finanzinstituten sowie von Versicherungsunternehmen, ABl. L 178 vom 17.07.2003, S. 16–22.

[3] Vgl. Asche (2007), S. 84 ff.

[4] Vgl. Schruff (2009), S. 25.

[5] Vgl. Najderek (2009), S. 90 ff.

Modernisierungsrichtlinie war es, diese Unzulänglichkeiten auszumerzen.[1] Darüber hinaus konnte eine weitere Öffnung der Bilanzrichtlinien hin zu den IFRS erreicht werden. Durch die Einführung mehrerer Wahlrechte wurde den Unternehmen die Möglichkeit gegeben, eine an der IFRS orientierte Rechnungslegung durchzuführen und außerdem wurde erreicht, dass die Richtlinien eine höhere Anpassungsfähigkeit bzgl. zukünftiger Änderungen der IFRS aufwiesen. Konkrete Neuerungen bezogen sich dabei auf eine Erweiterung der Bestandteile des Jahresabschlusses, eine höhere Flexibilität hinsichtlich der Gliederungsschemata sowie die alternative Möglichkeit einer Ergebnisrechnung anstelle einer GuV.[2] Des Weiteren wurde die Möglichkeit zur Fair-Value-Bewertung auf einen Großteil der Vermögensgegenstände ausgedehnt. Außerdem waren nun deutlich mehr Auskunftspflichten in Anhang und Lagebricht zu machen.[3] Seither gab es keine weiteren wesentlichen Änderungen der Bilanzrichtlinien.

6.3.4.2 Ziele

6.3.4.2.1 Gesellschafterschutz

Die Ziele einer Richtlinie sind grundsätzlich sehr vielfältig und relativ aufwendig zu definieren.[4] Sie „können sich aus den Erwägungsgründen, der Systematik oder sogar ausdrücklich aus dem Wortlaut der Richtlinie ergeben".[5] Auf einer übergeordneten Ebene sollen die Bilanzrichtlinien zu einer Verwirklichung der vier Grundfreiheiten, also des freien Verkehrs von Personen, Waren, Dienstleistungen und Kapital, führen. Des Weiteren zielen sie darauf ab, Jahresabschlüsse vergleichbar zu machen, die Gesellschafter, das Unternehmen selbst sowie andere Dritte zu schützen und einen fairen Wettbewerb unter gleichartigen Bedingungen für alle Beteiligten zu gewährleisten.[6]

Zur Schaffung gleicher Marktbedingungen in der Europäischen Union, definieren die Bilanzrichtlinien einen Mindeststandard an Informationen, die alle Unternehmen veröffentlichen müssen. Dadurch sollen zum einen Wettbewerbsverzerrungen verhindert werden und zum anderen sollen mögliche Präferenzen hinsichtlich der Gründung oder Verlagerung von Unternehmen in Länder mit niedrigen Bilanzierungsanforderungen ausgemerzt werden. Hinsichtlich des Ziels der Vereinheitlichung der Rechnungslegung sind die Informationsbedürfnisse der Adressaten ausschlaggebend für die Inhalte der Bilanzrichtlinien.[7]

Da der Geschäftsführung angehörige Gesellschafter sich aus ihrer Position im Unternehmen heraus alle benötigten Informationen selbst beschaffen können und zumeist auch umfangreiche Kenntnisse über die finanzielle Situation des Unternehmens haben, spielt

[1] Vgl. Asche (2007), S. 95.
[2] Vgl. Najderek (2009), S. 92 f.
[3] Vgl. Asche (2007), S. 95.
[4] Vgl. Asche (2007), S. 104.
[5] Asche (2007), S. 104.
[6] Vgl. Asche (2007), S. 131.
[7] Vgl. Najderek (2009), S. 36.

die Informationsfunktion des Jahresabschlusses für sie kaum eine Rolle. Externe Gesellschafter sind jedoch umso mehr auf die Informationen eines Jahresabschlusses angewiesen. Demnach haben diese einen erhöhten Anspruch, durch die Regelungen der Bilanzrichtlinien geschützt zu werden.

Der Schutz erfolgt durch die Zahlungsbemessungsfunktion, indem durch den Jahresabschluss garantiert sein muss, dass Gewinne nicht durch Bilanzpolitik verfälscht, sondern tatsächlich an die Gesellschafter ausgeschüttet werden. Durch die Informationsfunktion sollen den Gesellschaftern alle relevanten Informationen zur Verfügung gestellt werden, die sie hinsichtlich der Entscheidungsfindung bzgl. ihrer Kapitalanlage benötigen. Bspw. muss aus den bereitgestellten Informationen hervorgehen, ob ihre Investition profitabel ist oder nicht. Die Verankerung dieser Anforderungen in der Bilanzrichtlinie erfolgt im Wesentlichen in Form der Generalklausel. Außerdem sind einige Bestimmungen der Bilanzrichtlinie zu Gliederung und Anhang ebenfalls als Verwirklichung der Informationsfunktion anzusehen.[1]

6.3.4.2.2 Gläubigerschutz

Die Gläubiger stellen die zweite wichtige Adressatengruppe von Jahresabschlüssen dar. Demnach müssen auch ihre Bedürfnisse adäquat durch die Bilanzrichtlinie beachtet und geschützt werden. Grundsätzlich sind Gläubiger als Geldgeber berechtigt vom schuldenden Unternehmen eine finanzielle Leistung in Form einer Rückzahlung zu verlangen. Somit muss den Gläubigern durch den Jahresabschluss ein hinreichendes Maß an Informationen über die Vermögenslage eines Unternehmens vermittelt werden, um dessen Zahlungsfähigkeit beurteilen zu können. Die Verwirklichung der Gläubigerschutzfunktion kann durch zwei Arten erfolgen. Entweder wird durch Vorschriften die Situation einer jederzeit möglichen Rückzahlungsfähigkeit sichergestellt oder es wird den Gläubigern ermöglicht, das Risikopotential selbstständig und fundiert zu beurteilen. Die erste Variante wird institutioneller, die zweite informationeller Gläubigerschutz genannt. Beim institutionellen Gläubigerschutz geht es darum, die Ausschüttungen aus dem Gesellschaftsvermögen dahingehend zu begrenzen, dass aus diesem die Forderungen der Gläubiger erfüllt werden können und dass das Unternehmen jederzeit liquide bleibt. Beim informationellen Gläubigerschutz sollen aktuelle und zukünftige Gläubiger in die Lage versetzt werden, selbständig die Kreditwürdigkeit und Zahlungsfähigkeit eines Unternehmens zu bewerten. Die Verwirklichung des institutionellen Gläubigerschutzes erfolgt in der Bilanzrichtlinie durch mehrere Regelungen. Grundsätzlich zielen diese Regelungen dabei auf die Beachtung des Vorsichts-, des Realisations- und des Imparitätsprinzips ab. Des Weiteren bestehen zum Zweck des institutionellen Gläubigerschutzes bei einigen Posten des Jahresabschlusses Ausschüttungssperren. Dem informationellen Gläubigerschutz dienen die Vorschriften zu Gliederung und Anhangangaben. Beispielhaft kann hier die detaillierte

[1] Vgl. Asche (2007), S. 131 ff.

Aufgliederung der Verbindlichkeiten oder die Angabe des finanziellen Verpflichtungsbetrages im Jahresabschluss genannt werden.[1]

Besonders erwähnenswert ist außerdem die Verknüpfung der Jahresabschlussrichtlinie mit der 2. gesellschaftsrechtlichen Richtlinie. Die sog. Kapitalrichtlinie[2] beinhaltet die Idee des Gläubigerschutzes durch die Bewahrung des bilanziellen Kapitals bzw. die Idee des institutionellen Gläubigerschutzes. Die Verknüpfung erfolgt dabei durch den Verweis der Kapitalrichtlinie auf das Nettoaktivvermögen und den Bilanzgewinn. Beide Größen sind integraler Regelungsbestandteil der Jahresabschlussrichtlinie. Im Rahmen einiger Vorschriften zu Ausschüttungssperrungen verweist auch die Jahresabschlussrichtlinie direkt auf die Kapitalrichtlinie.[3]

6.3.4.2.3 Zielkonflikt und Auslegung des „true and fair view"-Gebots

Prinzipiell sind gemäß den Bilanzrichtlinien nur die Gesellschafter und die Gläubiger schutzbedürftige Adressaten eines Jahresabschlusses. Die Schutzmaßnahmen dazu haben die beiden Ausprägungen der Informationsfunktion sowie der Bemessungsfunktion, weshalb die Bilanzrichtlinien insgesamt vier Zielrichtungen vorgeben. Deshalb ist es wichtig, diese Zielrichtungen gegeneinander abzugrenzen und, soweit möglich, eine Rangfolge zu erstellen. Eine Problematik hieraus ergibt sich insbesondere dann, wenn divergierende Zielrichtungen zu unterschiedlichen Darstellungen im Jahresabschluss führen. Grundsätzlich kann die Aussage getroffen werden, dass bei Erfüllung des Informationsinteresses der Gesellschafter auch jenes der Gläubiger erfüllt ist, da das Interesse der Gesellschafter grundsätzlich über das reine Interesse zur Schuldendeckungsfähigkeit der Gläubiger hinausgeht. Dies trifft bei der Bemessungsfunktion jedoch nicht zu. Die unterschiedlichen Anforderungen an die Gewinnausschüttung bzw. Gewinnthesaurierung sind regelmäßig nicht miteinander vereinbar. Bei einem direkten Vergleich der Informations- mit der Bemessungsfunktion, entsteht eine konfliktäre Situation, sobald die Erfüllung der Informationsfunktion sich schädlich auf die Gläubigerschutzfunktion auswirkt. Schlussfolgernd lässt sich sagen, dass die vier Zielrichtungen grundsätzlich inkompatibel miteinander sind. Um zu einer Lösung dieses Konflikts zu gelangen, bedarf es einer Beurteilung der Überlegenheit eines Ziels gegenüber den anderen. Diese Beurteilung kann nur aufgrund eines Vergleichs der einzelnen Regelungen der Richtlinien erfolgen, nämlich jene, aus denen sich die Zahlungsbemessung für Gesellschafter einerseits, und für Gläubiger andererseits, ergibt. Wird dieser Vergleich vor Erlass der Fair-Value- und der Modernisierungsrichtlinie angestellt, so lässt sich sagen, dass beide Schutzfunktionen gleichberechtigt nebeneinanderstehen, da weder ein einheitliches Konzept zu Vermögen und Gewinn besteht, noch

[1] Vgl. Asche (2007), S. 137 ff.

[2] Zweite Richtlinie des Rates 77/91/EWG vom 13. Dezember 1976 zur Koordinierung der Schutzbestimmungen, die in den Mitgliedstaaten den Gesellschaften im Sinne des Artikels 58 Absatz 2 des Vertrages im Interesse der Gesellschafter sowie Dritter für die Gründung der Aktiengesellschaft sowie für die Erhaltung und Änderung ihres Kapitals vorgeschrieben sind, um diese Bestimmungen gleichwertig zu gestalten, ABl. L 26 vom 31.01.1977, S. 1–13.

[3] Vgl. Najderek (2009), S. 40 f.

lassen sich auf Einzelregelungsebene deutliche Tendenzen hin zu einer Richtung feststellen. Dieses Bild hat sich nach Einführung der beiden angesprochenen Richtlinien deutlich gewandelt. Hintergrund der Einführung war, wie bereits zuvor erwähnt, eine Öffnung hin zu den internationalen Rechnungslegungsstandards. Dies führt dazu, dass auch auf Einzelregelungsebene eine Interpretation aus Sicht der IFRS erfolgen muss. Die oftmals unterbliebene Einführung von Ausschüttungssperren lässt außerdem darauf schließen, dass die Informationsfunktion stärker gewichtet wird und dass die Begriffe Vermögen und Gewinn anhand der IFRS definiert werden müssen.[1]

Am deutlichsten manifestiert sich der Zielkonflikt in der unterschiedlichen Umsetzung der Bilanzrichtlinien in den einzelnen Mitgliedsstaaten. Insbesondere die Auslegung des „true and fair view"-Gebots führt dabei zu Verwerfungen zwischen der Umsetzungspolitik unterschiedlicher Länder. Der Wortlaut des „true and fair view" stammt aus dem Englischen und ist in Europa als unbestimmter Rechtsbegriff eingeführt worden, d. h. es gibt für ihn weder eine allgemeingültige Definition, noch eine konsequente Rechtsprechung. Beispielhaft für eine gravierende Abweichung ist das in England implementierte „overriding principle". Dieses besagt, dass, um einen „true and fair view" zu erlangen, von einzelnen Regelungen abgewichen werden darf. In vielen traditionell kontinentaleuropäischen Ländern, in denen das Vorsichtsprinzip dominant vorherrscht, wurde das „overriding principle" nicht in dieser Form umgesetzt. Vielmehr werden hier informationsorientierte Sachverhalte aus Bilanz und GuV ausgegliedert und in den Anhang verlegt.[2] Die besondere Problematik in dieser unterschiedlichen Umsetzung liegt in der übergeordneten Stellung der Generalklausel des „true and fair view" in der Jahresabschlussrichtlinie, denn grundsätzlich kann das „true and fair view"-Gebot als die Hauptzielsetzung der Vierten Richtlinie angesehen werden. Diese These wird zudem durch zwei Urteile des EuGH belegt.[3] „Im Conradsen-Urteil vom 27.06.1979 führt der Gerichtshof aus, dass die Jahresabschlussrichtlinie ‚den Bedürfnissen einer den Interessen sowohl der Gesellschafter als auch den Außenstehenden entsprechenden Darstellung der Bilanz der Gesellschaften' zu dienen habe. Im Tomberger-Urteil des Gerichtshofes wird dies scheinbar bestätigt wenn es heißt, dass die ‚Beachtung' des true and fair view-Gebots die ‚Hauptzielsetzung' der Jahresabschlussrichtlinie darstellt."[4]

Grundsätzlich muss beurteilt werden, ob entweder der „true and fair view" oder ob die einzelnen Richtlinienregelungen eine höhere Priorität besitzen. Tatsächlich ist es jedoch so, dass das „true and fair view"-Gebot inhaltlich durch die einzelnen Regelungen bestimmt ist, die Auslegung der einzelnen Regelungen jedoch immer anhand des „true and fair view"-Gebots erfolgen muss. Insofern besteht eine gegenseitige Abhängigkeit dahingehend, dass sich Generalnorm und Einzelnormen gegenseitig ergänzen. Gerade auch deshalb ist die Auslegung von Gesetzen ein wichtiger Aspekt im europäischen Rechtssys-

[1] Vgl. Asche (2007), S. 144 f.

[2] Vgl. Najderek (2009), S. 53.

[3] Vgl. Fresl (2000), S. 108.

[4] Fresl (2000), S. 108.

tem.[1] „Der Europäische Gerichtshof sieht das Ziel der Auslegung darin, „zu erläutern und gegebenenfalls zu verdeutlichen, in welchem Sinn und welcher Tragweite eine betroffene Vorschrift seit ihrem Inkrafttreten zu verstehen und anzuwenden ist oder gewesen wäre". Gegenstand der Auslegung ist der Text der auszulegenden Rechtsnorm. Er „trägt" den Sinn, um dessen Verständnis es ihr geht."[2] Der EuGH ist letztlich auch die Instanz, welche zur Auslegung der Richtlinien befugt ist. Gerade bei den Bilanzrichtlinien ist die Auslegung wichtig, um die Bedeutung der zahlreichen unbestimmten Rechtsbegriffe zu klären. Problematisch dabei ist insbesondere die einheitliche Auslegung für alle Mitgliedsstaaten, insbesondere die Auslegung des o. g. „true and fair view". Da eine detaillierte Darstellung des historischen Auslegungsprozesses bis heute den Rahmen dieser Arbeit sprengen würde, kann man als Ergebnis festhalten, dass sich der EuGH spätestens durch das o. g. Tomberger-Urteil dazu bekennt, das „true and fair view"-Gebot als Hauptzielsetzung der Bilanzrichtlinien im Sinne einer an die IFRS angelehnten Informationsorientierung anzuerkennen.[3]

6.3.4.3 Umsetzung der Bilanzrichtlinien in deutsches Recht

Die Umsetzung der Bilanzrichtlinien in nationales Recht erfolgt in Deutschland in Form des am 19.12.1985 verabschiedeten Bilanzrichtliniengesetzes (BiRiLiG). Durch das BiRiLiG wurden die vierte, die siebente und die achte Richtlinie durch einen gemeinsamen Rechtsakt in deutsches Recht transformiert. Das BiRiLiG veränderte das HBG maßgeblich, indem vereinzelte Regelungen zur Rechnungslegung aus verschiedenen Gesetzen zusammengefasst und im Dritten Buch des HGB festgeschrieben wurden. Neben der Tatsache, dass viele Regelungen geändert werden mussten, war es außerdem nötig andere Gesetze anzupassen, um diese mit der neu eingeführten Gesetzgebung in Einklang zu bringen. Seither beinhaltet der erste Abschnitt des Dritten Buches die Regelungen, die grundsätzlich für alle Kaufleute gültig sind, weshalb dieser oftmals auch als „Allgemeiner Teil" bezeichnet wird.[4] Sofern eine bestimmte Unternehmensform im Anwendungsbereich der Bilanzrichtlinien liegt, so unterliegen diese Vorschriften auch einer richtlinienkonformen Auslegung, in letzter Instanz also der Auslegung durch den EuGH. Grundsätzlich ist davon auszugehen, dass diese Form der Auslegung auch für alle anderen Unternehmen in Deutschland zutrifft, da weder explizit noch implizit im deutschen Recht anderweitig argumentiert wird.[5] Der Zweite Abschnitt erweitert den Regelungsbereich für die Kapitalgesellschaften. Er besteht wiederum aus mehreren Unterabschnitten. Die Unterabschnitte eins, drei und vier beinhalten die Vorschriften für den Einzelabschluss, den Lagebericht, die Prüfung und die Offenlegung hinsichtlich des Jahresabschlusses von Kapitalgesellschaften. Der Zweite Unterabschnitt regelt die Vorschriften für Konzerne.[6] Die Vorschriften des Zweiten Abschnittes und insbesondere deren Auslegung können grundsätzlich nicht für andere

---

[1] Vgl. Najderek (2009), S. 54.

[2] Asche (2007), S. 159.

[3] Vgl. Asche (2007), S. 159 ff.

[4] Vgl. Tietz-Weber (2005), S. 80.

[5] Vgl. Grundmann (2011), Rz. 561.

[6] Vgl. Habersack/Verse (2011), § 9, Rz. 11 f.

Unternehmen als für die von der Richtlinie angesprochenen angewandt werden. Dies trifft u. a. auch für die Auslegung des „true and fair view"-Gebots zu.[1] Systematisch gesehen erfolgte in Deutschland die Umsetzung der Vierten Richtlinie im Rahmen des Ersten und des Zweiten Abschnittes, mit Ausnahme dessen Zweiten Unterabschnitts. Durch ihn wurde im Wesentlichen die Siebente Richtlinie im HGB umgesetzt.[2] Die Vierte Richtlinie sieht eine Umsetzung in den einzelnen Mitgliedsstaaten binnen einer zweijährigen Frist vor. Demnach hätte die am 25. Mai 1978 verabschiedete Jahresabschlussrichtlinie bis Ende Mai 1980 in deutsches Recht transformiert werden müssen. Der Grund für die deutlich verzögerte Umsetzung war die zeitlich versetzte Verabschiedung der Siebenten und der Achten Richtlinie, die erst 1983 bzw. 1984 in der Europäischen Union erlassen wurden. Der deutsche Gesetzgeber wollte von vornherein alle Richtlinien in einem einzigen Rechtsakt im HGB verankern und wollte zudem Zeit gewinnen, um weitere Reformen bis zum endgültigen Erlass zu verwirklichen.[3] In Deutschland wurden Wahlrechte prinzipiell immer so ausgewählt, dass das Vorsichtsprinzip bestmöglich angewandt werden konnte. Dementsprechend wurde die investororientierte Informationsfunktion eher vernachlässigt. Seither wurden Änderungen der Richtlinien durch zahlreiche andere Gesetze in das HGB implementiert, u. a. handelt es sich dabei auch um die im Folgenden erläuterte Einführung der internationalen Rechnungslegungsstandards in europäisches und deutsches Recht.[4]

6.3.5 IAS-Verordnung

Der endgültige Einzug der internationalen Rechnungslegung in Europa erfolgte in Form der IAS-Verordnung vom 19. Juli 2002. Durch den Rechtsakt einer Verordnung wurden die internationalen Rechnungslegungsvorschriften somit verbindlich für alle EU-Mitgliedsstaaten eingeführt.[5] Alle Konzernabschlüsse von börsennotierten Unternehmen sind seit dem 01.01.2005 nach IFRS aufzustellen, weshalb für solche Gesellschaften die Anwendung der 7. Richtlinie hinfällig geworden ist. Die primäre Zielsetzung eines Konzernabschlusses nach IFRS ist die Informationsorientierung hinsichtlich der Bedürfnisse von Investoren und anderen Marktteilnehmern.

Sowohl damals als auch heute werden die internationalen Rechnungslegungsstandards vom International Accounting Standards Board (IASB) verabschiedet. Das IASB ist ein privates Gremium und vertritt die Denkweise der angelsächsischen Rechnungslegung.[6] In Europa sind grundsätzlich nur die IAS bzw. IFRS sowie deren Interpretationen anerkannt, die im Zeitpunkt der Verabschiedung der IAS-Verordnung Gültigkeit besaßen. Davon ausgenommen und somit ohne rechtsbindende Wirkung sind das IFRS Rahmenkonzept, Begründungserwägungen und Anwendungsleitlinien. Besonders wichtig im Hinblick auf

[1] Vgl. Grundmann (2011), Rz. 561.

[2] Vgl. Habersack/Verse (2011), § 9, Rz. 11 f.

[3] Vgl. Tietz-Weber (2005), S. 80.

[4] Vgl. Grundmann (2011), Rz. 561.

[5] Vgl. Kunz (2011), S. 72.

[6] Vgl. Habersack/Verse (2011), § 9, Rz. 62 f.

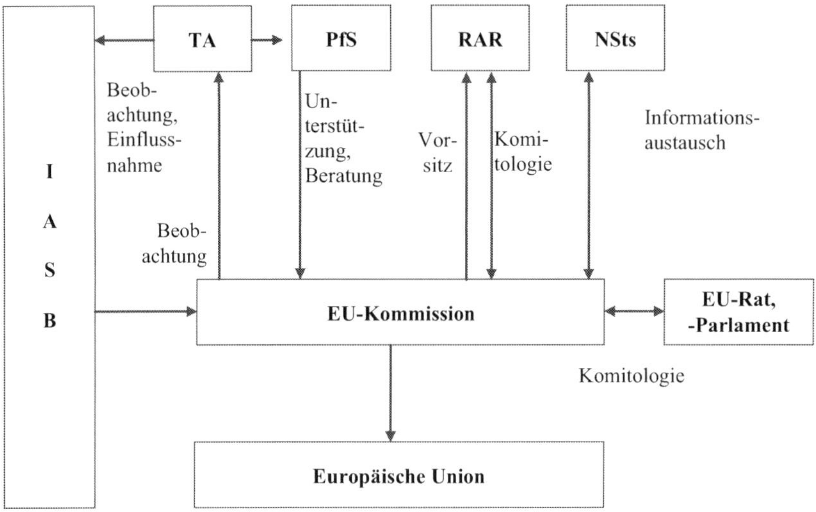

IASB – International Accounting Standards Board
TA – Technischer Ausschuss (European Financial Reporting Advisory Group – EFRAG)
PfS – Prüfgruppe für Standardübernahmeempfehlungen (Standard Advice Review Group – SARG)
RAR – Regelungsausschuss für Rechnungslegung (Accounting Regulatory Committee – ARC)
NSts – Nationale Standardsetter, u. a. DRSC

Abb. 6.4 Übernahme der IFRS durch das Endorsement-Verfahren[1]

die Anwendung der IFRS für europäische Unternehmen ist die Tatsache, dass jeder vom IASB neu erlassene Standard zunächst ein sog. Endorsement-Verfahren durchlaufen muss, um auch in Europa seine Gültigkeit zu entfalten. Demnach sind neue Standards erst dann anzuwenden, wenn die Europäische Kommission im Rahmen eines Komitologieverfahrens eine Prüfung hinsichtlich der europäischen Rechtskonformität durchgeführt hat. Das „Endorsement" erfolgt dann in Form einer Durchführungsverordnung. Die Abb. 6.4 gibt einen allgemeinen Überblick über die Einführung der IFRS in die Europäische Union.

Im Rahmen des Komitologieverfahrens ist die Übernahme eines neuen Standards an drei Voraussetzungen geknüpft:

- Sie müssen mit dem „true and fair view"-Gebot gemäß der Jahres- und der Konzernabschlussrichtlinie vereinbar sein;
- Sie müssen dem europäischen Interesse entsprechen;
- Sie müssen die Kriterien Verständlichkeit, Erheblichkeit, Verlässlichkeit und Vergleichbarkeit bzgl. sachgerechter Informationsvermittlung erfüllen.

[1] Meyer (2012a), S. 268, mit geringfügigen Änderungen.

Gerade aufgrund dieser strengen Voraussetzungen wurde die bereits zuvor erwähnte Modernisierungsrichtlinie eingeführt. Durch ein eingeführtes Mitgliedsstaatenwahlrecht können auch Regelungen in den Ländern gestattet werden, die den Richtlinien eigentlich widersprechen.[1]

In Deutschland wurde bereits vor dem Inkrafttreten der IAS-Verordnung eine Öffnung zu den IFRS durch den § 292a HGB eingeführt. Danach wurde eine Anwendung der IFRS jedoch nur für den Konzernabschluss erlaubt. Mit Inkrafttreten der IAS-Verordnung in Deutschland war diese Vorschrift jedoch hinfällig.[2]

Die konkrete Umsetzung in deutsches Recht erfolgte zum 01.01.2005 durch das Bilanzrechtsreformgesetz (BilReG). Durch das BilReG wurde der § 315a in das HGB eingeführt. Danach sind alle kapitalmarktorientierten Unternehmen sowie solche, die eine Börsennotierung beantragt haben, verpflichtet, ihren Konzernabschluss nach den Vorschriften der IFRS aufzustellen. Konzernunternehmen, die nicht kapitalmarktorientiert sind, haben die Wahl, ob sie einen befreienden Konzernabschluss nach HGB oder nach IFRS aufstellen möchten. Des Weiteren müssen grundsätzlich alle anerkannten IFRS angewandt sowie ein Konzernlagebericht erstellt werden. Auf Ebene des Einzelabschlusses muss immer mindestens ein Abschluss nach HGB erstellt und beim Handelsregister eingereicht werden. Dieser bleibt als Grundlage für die Berechnung der Ausschüttungen und der Besteuerung sowie für andere gesellschaftsrechtliche Gegebenheiten unerlässlich. Im Rahmen der Offenlegung darf jedoch parallel durchaus auch ein Einzelabschluss nach internationalen Rechnungslegungsstandards eingereicht werden.[3] In folgender Abb. 6.5 wird die rechtliche Lage in Deutschland nochmals dargestellt.

6.3.6 Micro-Richtlinie

6.3.6.1 Zielsetzung und Geltungsbereich

Am 21. März 2012 wurde die Micro-Richtlinie im Amtsblatt der Europäischen Union veröffentlicht und seit dem 10. April 2012 sind deren Regelungen rechtskräftig. Gemäß dem Zweck des „Small Business Act" verfolgt die Richtlinie das Ziel, den Verwaltungsaufwand für Unternehmen zu verringern. Diese Zielsetzung ist in der Richtlinie im 1. Erwägungsgrund wie folgt festgehalten: „In den Schlussfolgerungen des Europäischen Rates vom 8. und 9. März 2007 wird betont, dass die Verringerung des Verwaltungsaufwands eine wichtige Maßnahme zur Ankurbelung der Wirtschaft Europas ist und dass es großer gemeinsamer Anstrengungen zur Verringerung des Verwaltungsaufwands innerhalb der Europäischen Union bedarf."[4] In Zahlen ausgedrückt sollen die betroffenen Unternehmen

---

[1] Kunz (2011), S. 73 ff.

[2] Vgl. Habersack/Verse (2011), § 9, Rz. 64.

[3] Vgl. Janssen (2009), S. 48 f.

[4] Richtlinie 2012/6/EU, ABl. L 81 vom 21.03.2012, S. 3.

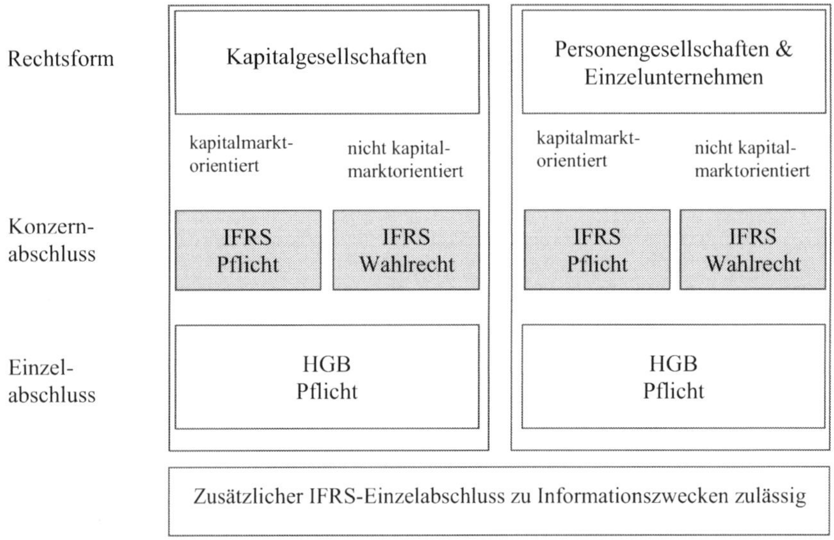

Abb. 6.5 Übersicht zur Anwendung der IFRS[1]

europaweit um ca. 3,5 Mrd. € Kosten entlastet werden. Bei einer Umsetzung der Richtlinie in Deutschland wären hunderttausende deutsche Unternehmen betroffen.[2]

Durch die Micro-Richtlinie sollen Kleinstbetriebe von Vorschriften entbunden werden, die deren geringer Größe nicht angemessen sind und einen unverhältnismäßig hohen Aufwand zur Erstellung des Jahresabschlusses erfordern. Eine vollständige Befreiung von der Pflicht zur Jahresabschlusserstellung wurde zwar vorgeschlagen, jedoch vor Verabschiedung der Richtlinie verworfen.

Die Richtlinie definiert ein Kleinstunternehmen anhand der drei üblichen Schwellenwerte. Dabei dürfen mindestens zwei dieser Kriterien sowohl am jeweils aktuellen als auch am vorigen Bilanzstichtag nicht überschritten werden.[3] Die Werte sind in der Richtlinie unter Artikel 1a festgelegt:

- **Bilanzsumme:** 350.000 €
- **Nettoumsatzerlöse**: 700.000 €
- **durchschnittliche Anzahl der während des Geschäftsjahres Beschäftigten:** 10

Artikel 2 der Richtlinie realisiert die Umsetzung der Vorschriften durch ein Mitgliedsstaatenwahlrecht.[4] Kapitalmarktorientierte Unternehmen fallen grundsätzlich nicht unter den Geltungsbereich dieser Richtlinie.[5]

[1] Janssen (2009), S. 49.

[2] Vgl. Lanfermann (2012), S. 1209.

[3] Vgl. Zwirner/Froschhammer (2012), S. 266.

[4] Vgl. Richtlinie 2012/6/EU, ABl. L 81 vom 21.03.2012, Art. 1a, Art. 2.

[5] Vgl. Zwirner/Froschhammer (2012), S. 266.

Im Folgenden sollen nun die einzelnen Vorschriften betrachtet werden. Im Wesentlichen handelt es sich dabei um vier Bereiche, in denen Erleichterungen geschaffen werden: Die Abschaffung der Ausweispflicht von Rechnungsabgrenzungsposten, den Wegfall von Anhang und Lagebericht, die verkürzte Darstellung von Bilanz und GuV sowie die eingeschränkte Offenlegungspflicht.[1]

6.3.6.2 Rechnungsabgrenzungsposten

Vor Verabschiedung der Richtlinie beinhaltete der Vorschlag noch ein Wahlrecht bzgl. der Anwendung einer Einnahmen-Ausgaben-Rechnung. Die endgültige Richtlinie beschränkt den Freiraum zur Gestaltung der Rechnungslegung jedoch auf den wahlweisen Verzicht auf den Ansatz aktiver und passiver Rechnungsabgrenzungsposten.[2] Das Wahlrecht ist jedoch dahingehend beschränkt, als dass es nur solche Sachverhalte umfasst, die einen sonstigen Aufwand abgrenzen. Diese Beträge müssen dann jedoch im Anhang oder unter der Bilanz aufgeführt werden.[3] Aufgrund der Ansatzgebote in Deutschland, mit Ausnahme des Disagios, würde eine nationale Umsetzung dieser Vorschrift prinzipiell zu einer Erleichterung für Unternehmen führen, die somit den Berechnungsaufwand für viele abzugrenzende Sachverhalte nicht mehr durchführen müssten. Die daraus entstehenden Verwerfungen durch die nicht periodengerechte Erfassung der Sachverhalte wären vermutlich als unwesentlich zu betrachten.[4] Problematisch in Deutschland ist jedoch, dass nach § 5 Abs. 5 EStG ein steuerliches Ansatzgebot für Rechnungsabgrenzungsposten besteht. Somit würden faktisch keine Erleichterungen entstehen, weshalb m. E. auch nicht mit einer Umsetzung dieser Vorschrift in der BRD zu rechnen ist.[5]

6.3.6.3 Anhang und Lagebericht

Artikel 1a Abs. 2 Buchst. c) der Micro-Richtlinie beinhaltet das Mitgliedsstaatenwahlrecht zur Befreiung von Kleinstunternehmen von der Erstellung eines Anhangs. Analog beinhaltet Buchst. d) das Wahlrecht zur Befreiung von der Erstellung eines Lageberichts.[6] Bestimmte Angaben sind dann jedoch unter der Bilanz auszuweisen. Dabei handelt es sich um Haftungsverhältnisse, gewährte Vorschüsse und Kredite an Angehörige der Führungs- oder Aufsichtsebene sowie Angaben zum Kauf oder Verkauf eigener Aktien. Außerdem sind in Einzelfällen zusätzliche Angaben zu machen.[7] Der Anhang ist grundsätzlich ein Mittel zur Verwirklichung der Generalklausel des „true and fair view". Da dieser im Rahmen dieser Vorschriften wegfällt, ist in Artikel 1a Abs. 5 festgelegt, dass Jahresabschlüsse von Kleinstunternehmen ausnahmslos die Voraussetzungen des „true and fair view" er-

[1] Vgl. Lanfermann (2012), S. 1209 ff.

[2] Vgl. Lanfermann (2012), S. 1209 f.

[3] Vgl. Zwirner/Froschhammer (2012), S. 267.

[4] Vgl. Lanfermann (2012), S. 1210.

[5] Vgl. Zwirner/Froschhammer (2012), S. 267.

[6] Vgl. Richtlinie 2012/6/EU, ABl. L 81 vom 21.03.2012, Art. 1a Abs. 2 lit. c, lit. d.

[7] Vgl. Zwirner/Froschhammer (2012), S. 267.

Aktivseite	Passivseite
A. Anlagevermögen	A. Eigenkapital
B. Umlaufvermögen	B. Rückstellungen
	C. Verbindlichkeiten

Abb. 6.6 Verkürzte Bilanz nach Vorgaben der Micro-Richtlinie[1]

füllen.[2] Der genaue Wortlaut besagt, dass „bei den in Absatz 1 genannten Gesellschaften wird davon ausgegangen, dass der gemäß den Absätzen 2, 3 und 4 erstellte Jahresabschluss ein den tatsächlichen Verhältnissen entsprechendes Bild gemäß Artikel 2 Absatz 3 vermittelt; [...]".[3] Der Verzicht auf die Erstellung eines Anhangs würde bei einer Umsetzung in Deutschland sicherlich eine Aufwandsreduktion für deutsche Kleinstunternehmen mit sich bringen und dazu führen die Komplexität der Jahresabschlusserstellung zu reduzieren. Das Wahlrecht zum Verzicht auf den Lagebericht ist in der BRD unerheblich, da bereits nach § 264 Abs. 1 HGB kleine Kapitalgesellschaften von der Erstellung eines Lageberichtes ausgenommen sind.

6.3.6.4 Bilanz und GuV

Das Wahlrecht zur Erlaubnis der Aufstellung einer verkürzten Bilanz und einer verkürzten GuV ist in Art. 1a Abs. 3 der geänderten Vierten Richtlinie festgelegt. In Deutschland sind kleine Kapitalgesellschaften bereits durch § 266 Abs. 1 S. 3 HGB davon befreit, die mit arabischen Zahlen versehenen Posten in die Bilanz aufzunehmen.[4] Die Regelungen der Micro-Richtlinie gehen jedoch noch weiter. Sie befreit die betroffenen Kleinstunternehmen auch von der Aufnahme der mit römischen Zahlen gekennzeichneten Posten in die Bilanz. Sofern eine Befreiung von der Bildung der Rechnungsabgrenzungsposten gemäß Art. 1a Abs. 2 Buchst. a) erfolgt, entfällt auch dieser Posten in der Bilanzgliederung.[5] Eine verkürzte Bilanz i. S. der Micro-Richtlinie würde dann analog der Abb. 6.6 aussehen:

Art. 1a Abs. 3 Buchst. b) listet die Posten auf, die die GuV eines Kleinstunternehmens mindestens umfassen muss. Es handelt sich dabei um folgende Posten:

1. Nettoumsatzerlöse;
2. sonstige Erträge;
3. Materialaufwand;
4. Personalaufwand;
5. Wertberichtigungen;
6. sonstige Aufwendungen;

[1] Lanfermann (2012), S. 1210.

[2] Vgl. Lanfermann (2012), S. 1210.

[3] Vgl. Richtlinie 2012/6/EU, ABl. L 81 vom 21.03.2012, Art. 1a Abs. 5.

[4] Vgl. Lanfermann (2012), S. 1210.

[5] Vgl. Zwirner/Froschhammer (2012), S. 267.

7. Steuern;
8. Ergebnis.[1]

Eine Zusammenfassung nach dem Vorbild des § 276 Abs. 1 HGB ist hier zwar nicht vorgesehen, wäre jedoch gerade vor dem Hintergrund, dass die GuV kleiner Kapitalgesellschaften nicht offengelegt werden muss, zu verschmerzen.

6.3.6.5 Offenlegungspflicht

Die Offenlegung der Jahresabschlüsse erfährt durch die Micro-Richtlinie eine grundlegende Veränderung. Die Jahresabschlüsse müssen nicht mehr aktiv offengelegt werden und sind somit nicht mehr direkt der breiten Öffentlichkeit zugänglich. Die Jahresabschlüsse werden demnach grundsätzlich nur an ein Register übermittelt, welches die Daten ausschließlich auf direkte Anfrage hin an Dritte weitergibt. Bei einer Umsetzung der Richtlinie in Deutschland würden Kleinstunternehmen von dem Druck entlastet werden, der durch die Offenlegungsbestimmungen und vor allem durch deren strenge Sanktionierung entsteht. Durch die bloße Hinterlegung der Jahresabschlüsse wird zudem der Zugang zu unternehmenskritischen Informationen der Kleinstunternehmen durch Dritte erschwert.[2] In Deutschland würde sich der elektronische Bundesanzeiger als zentrales Register eignen, da dort die nötigen Ressourcen und Erfahrungswerte bereits vorhanden sind.

Die Umsetzung der Richtlinie in den einzelnen Mitgliedsstaaten soll bis zum 1. Juli 2014 erfolgen. Aktuell ist dies in Deutschland zwar noch nicht geschehen, jedoch ist abzusehen, dass die Regelungen zumindest teilweise in deutsches Recht übernommen werden.[3] Hierzu wurde in Deutschland am 12.09.2012 bereits ein konkreter Gesetzesentwurf zur Umsetzung der Micro-Richtlinie vorgelegt.[4] Während sich die Erleichterungen in der Praxis auf Regelungen zu den Rechnungsabgrenzungsposten und zum Anhang beschränken und somit nur in begrenztem Maße zu Aufwandsverringerungen führen, liegt der Fokus umso mehr auf den beschriebenen, deutlich geringeren Transparenzanforderungen.[5] Bei allen Überlegungen muss jedoch immer bedacht werden, dass alle Erleichterungen spätestens dann keine Anwendung finden können, sobald anhand eines Jahresabschlusses die Ausschüttung bemessen wird oder sobald ein Kleinstunternehmen zum Konsolidierungskreis eines Konzerns gehört. Angesichts dessen wird der Wirkungsgrad in einigen Fällen eher beschränkt bleiben. Die Überarbeitung der europäischen Bilanzrichtlinien ist im glei-

[1] Vgl. Richtlinie 2012/6/EU, ABl. L 81 vom 21.03.2012, Art. 1a Abs. 3 lit. b.

[2] Vgl. Lanfermann (2012), S. 1210 f.

[3] Vgl. Zwirner/Froschhammer (2012), S. 267 f.

[4] Vgl. Entwurf eines Gesetzes zur Umsetzung der Richtlinie 2012/6/EU des Europäischen Parlaments und des Rates vom 14. März 2012 zur Änderung der Richtlinie 78/660/EWG des Rates über den Jahresabschluss von Gesellschaften bestimmter Rechtsformen hinsichtlich Kleinstbetrieben (Kleinstkapitalgesellschaften-Bilanzrechtsänderungsgesetz – MicroBilG), BT-Drucks. 17/11292 vom 05.11.2012.

[5] Vgl. Lanfermann (2012), S. 1210.

chen Atemzug zu betrachten wie die Micro-Richtlinie. Während sie sich auf Kleinstunternehmen beschränkt, so umfasst der Änderungsvorschlag vor allem kleine und mittelgroße Unternehmen. Im Folgenden soll nun auf die Regelungen des Richtlinienvorschlags eingegangen werden.

6.4 Der Vorschlag zur Überarbeitung der Bilanzrichtlinien

6.4.1 Hintergrund, Zielsetzung und Aufbau des Richtlinienvorschlags

Der Richtlinienvorschlag vom 25. Oktober 2011 verfolgt drei wesentliche Zielsetzungen. Zunächst sollen Erleichterungen für kleine Unternehmen geschaffen werden, um deren administrativen Aufwand zu verringern. Außerdem besteht die Absicht, durch die neuen Regelungen eine erhöhte Transparenz der Finanzberichterstattung, sowie eine Angleichung der Jahresabschlüsse zu erreichen. Dies trifft insbesondere für multinational tätige Unternehmen zu. Des Weiteren steht auch die Adressatenorientierung hinsichtlich des in Jahresabschlüssen vermittelten Informationsgehalts im Fokus dieses Richtlinienentwurfs.[1] Die Überarbeitung der Rechnungslegungsrichtlinien ist prinzipiell als Ergänzung zu der am 14.03.2012 verabschiedeten Micro-Richtlinie zu sehen.[2]

Der Aufbau des Richtlinienvorschlags ändert sich gegenüber den bestehenden Richtlinien. Dieser Umstand ergibt sich nicht zuletzt aus der Konsolidierung zweier unterschiedlicher Rechtsakte. Die Struktur ist in der folgenden Abb. 6.7 veranschaulicht. Anhand dieser Struktur werden im Folgenden einzelne Regelungen dargestellt und unter kritischen Gesichtspunkten beurteilt.

6.4.2 Analyse des Richtlinienvorschlags

6.4.2.1 Anwendungsbereich, Definitionen und Unternehmenskategorien

6.4.2.1.1 Anwendungsbereich

Die Rechtsformen, auf welche die neue Richtlinie Anwendung findet, sind gemäß Art. 1 im Anhang des Richtlinienvorschlags aufgelistet.[3] Im Vergleich zur bestehenden 4. Richtlinie ergeben sich dabei keine inhaltlichen Änderungen. Die Vorschrift findet zunächst Anwendung auf die Kapitalgesellschaften, bzw. Aktiengesellschaften, Kommanditgesellschaften auf Aktien und Gesellschaften mit beschränkter Haftung. Außerdem miteinbezogen werden die offene Handelsgesellschaft und die Kommanditgesellschaft.[4] Neu im Vergleich zur alten Regelung ist jedoch das in Art. 1 Abs. 2 eingeführte Recht, die

[1] Vgl. KOM(2011) 684 final vom 25.10.2011, S. 1.
[2] Vgl. Meyer (2012b), S. 316.
[3] Vgl. KOM(2011) 684 final vom 25.10.2011, Art. 1.
[4] Vgl. KOM(2011) 684 final vom 25.10.2011, S. 76 f.

Kapitel	Regelungsbereich
1	Anwendungsbereich, Definition und Unternehmenskategorien
2	Grundlegende Vorschriften und Prinzipien
3	Bilanz und Gewinn- und Verlustrechnung
4	Anhang
5	Lagebericht
6	Konzernabschluss
7	Offenlegung
8	Abschlussprüfung
9	Bericht zu Zahlungen an Regierungen
10	Schlussvorschriften

Abb. 6.7 Vorgeschlagene Struktur der neuen EU-Rechnungslegungsrichtlinie[1]

aufgeführten Unternehmensformen beliebig zu erweitern oder einzugrenzen. Angesichts der schwierigen Einführung der Anwendbarkeit auf Kapitalgesellschaften & Co. ist dieses Recht eher kritisch zu sehen, da die Möglichkeit zur Änderung sich auch direkt auf die nationale Gesetzgebung auswirken würde. Angesichts dieser Tatsache und dem Umstand der demokratischen Gesetzgebung in der EU sollte diese Ermächtigung der Europäischen Kommission aus der Richtlinie entfernt werden.[2]

6.4.2.1.2 Begriffsdefinitionen

Grundsätzlich sind im Richtlinienvorschlag alle besonderen Begriffsdefinitionen in Artikel 2 zusammengefasst, wobei keine inhaltliche Änderung vorgenommen wurde. Dies ist aufgrund einer verbesserten Lesbarkeit und im Rahmen der Stärkung des prinzipienbasierten Charakters der Richtlinie durchaus zu befürworten. In der Vierten Richtlinie und im HGB sind solche Definitionen regelmäßig an unterschiedlichen Gesetzesstellen verstreut.

Der Begriff Unternehmen von öffentlichem Interesse wird neu in die Richtlinie eingeführt. Jedoch wird hierfür keine eigenständige Definition angeführt, sondern diese erfolgt durch den Verweis auf die Abschlussprüferrichtlinie.[3] Diese sagt unter Artikel 2 Abs. 13: „Unternehmen von öffentlichem Interesse sind Unternehmen, die unter das Recht eines Mitgliedstaats fallen und deren übertragbare Wertpapiere zum Handel auf einem geregelten Markt eines Mitgliedstaats im Sinne von Artikel 4 Absatz 1 Nr. 14 der Richtlinie 2004/39EG zugelassen sind, […]. Die Mitgliedstaaten können auch andere Unternehmen zu Unternehmen von öffentlichem Interesse bestimmen, beispielsweise Unternehmen, die aufgrund der Art ihrer Tätigkeit, ihrer Größe oder der Zahl ihrer Beschäftigten von er-

[1] Lanfermann (2011), S. 3052

[2] Vgl. IDW (2011), S. 5.

[3] Vgl. DRSC (2011a), S. 1.

heblicher öffentlicher Bedeutung sind."[1] Gemäß dieser Definition können auch andere Unternehmen als börsennotierte Gesellschaften als öffentliche Unternehmen behandelt werden. Weder die Vierte Richtlinie noch das HGB kennen den Begriff eines öffentlichen Unternehmens. Während die Vierte Richtlinie ein derartiges Unternehmen als börsennotierte Gesellschaft kennt, so kennt das HGB den Begriff der kapitalmarktorientierten Kapitalgesellschaft.[2]

Grundsätzlich ist das Mitgliedsstaatenwahlrecht zur Erweiterung des Unternehmenskreises nicht zu befürworten. Problematischer jedoch ist der Verweis auf die o. g. Abschlussprüferrichtlinie. Da auch diese aktuell einem Änderungsprozess unterliegt, wurde bereits ein Vorschlag zur Änderung seitens der Kommission veröffentlicht. In diesem Vorschlag ist das angesprochene Mitgliedsstaatenwahlrecht bereits nicht mehr vorhanden. An dessen Stelle tritt eine genaue Auflistung der Unternehmen, die als Unternehmen von öffentlichem Interesse anzusehen sind. Daher sollte der Richtlinienvorschlag nochmals dahingehend geändert werden, als dass zum einen das Wahlrecht entfernt und zum anderen eine exaktere Begriffsdefinition aufgeführt wird. Grundsätzlich müsste bei einer Änderung der angesprochenen Unternehmen auch das HGB geändert werden.[3]

Eine ähnliche Verweisproblematik besteht bei dem Begriff „nahestehende Unternehmen und Personen". Während die alte Richtlinie auf die IAS-Verordnung verweist, so wird im Richtlinienvorschlag auf die veraltete Vorschrift des in Europa gültigen IAS 24 verwiesen. Da mittlerweile die EG-Verordnung 632/2010 im Hinblick auf die Anwendung des IAS 24 gültig ist, sollte dementsprechend auch der Verweis hierauf erfolgen. Im HGB ist die Definition des Begriffs „nahestehende Unternehmen und Personen" ohne Bedeutung.[4]

6.4.2.1.3 Kategorien von Unternehmen und Unternehmensgruppen

Artikel 3 des Richtlinienvorschlags beinhaltet die Schwellenwerte, durch welche die Größe eines Unternehmens festgelegt wird. Die Anzahl der Beschäftigten bleibt im Vergleich zur bestehenden Richtlinie unverändert.[5] Für die Werte Bilanzsumme und Nettoumsatzerlöse erfolgt eine leichte inflationsbedingte Erhöhung.[6] Für kleine Unternehmen gilt demnach die Grenze einer Bilanzsumme von 5.000.000 € und Nettoumsatzerlöse von 10.000.000 €, für mittelgroße Unternehmen eine Bilanzsumme von 20.000.000 € und Nettoumsatzerlöse von 40.000.000 €.[7] Hierbei muss angemerkt werden, dass sich in die deutsche Übersetzung des Vorschlags ein Tippfehler eingeschlichen hat. In der Übersetzung ist fälschlicherweise eine Bilanzsumme für kleine Unternehmen von 5.00.000 € angegeben.[8]

[1] Vgl. Richtlinie 2006/43/EG, ABl. L 157 vom 09.06.2006, Art. 2 Abs. 13.

[2] Vgl. DRSC (2011a), S. 1.

[3] Vgl. DRSC (2011b), S. 1.

[4] Vgl. DRSC (2011a), S. 1.

[5] Vgl. KOM(2011) 684 final vom 25.10.2011, Art. 3.

[6] Vgl. DGRV/DIHK/ZDH (2011), S. 3.

[7] Vgl. KOM(2011) 684 final vom 25.10.2011, Art. 3.

[8] Vgl. WPK (2011), S. 7.

Die Regelung der bestehenden 4. Richtlinie sieht vor, dass ein Mitgliedsstaatenwahlrecht dahingehend besteht, dass in einem 10-% Korridor Abweichungen sowohl nach oben als auch nach unten möglich sind.[1] Die Umsetzung dieser Regelung ist im deutschen HGB in § 267 kodifiziert.[2] Da im deutschen Recht grundsätzlich die Maximalwerte übernommen wurden, ergibt sich hierbei keine Änderung für das HGB und die Erleichterung für kleine Unternehmen ist stark beschränkt. Jedoch ist der Effekt in anderen europäischen Ländern von durchaus größerer Natur, da die Werte nunmehr weder über- noch unterschritten werden dürfen.[3] Nach aktuell geltendem Recht stellen die Schwellenwerte eine Höchstgrenze dar, bis zu welcher jeder Mitgliedstaat die Grenzwerte selbst festlegen darf. Die neue Regelung würde nun zu europaweit einheitlichen Werten führen, was hinsichtlich des Harmonisierungsziels durchaus eine sinnvolle Maßnahme ist.[4] Die Ermächtigung zur regelmäßigen Überprüfung und Angleichung der Schwellenwerte ist durchaus sinnvoll und deshalb sicherlich in der endgültigen Richtlinie zu behalten.[5]

6.4.2.2 Grundlegende Vorschriften und Prinzipien

6.4.2.2.1 Wirtschaftliche Betrachtungsweise

Unter Art. 5 Abs. 1 lit. h des Richtlinienvorschlags wird der Grundsatz der wirtschaftlichen Betrachtungsweise eingeführt.[6] Unter Art. 4 Abs. 6 der bestehenden Richtlinie besteht bereits heute ein Mitgliedsstaatenwahlrecht bzgl. des Grundsatzes „substance over form". Tatsächlich macht die Mehrzahl der Mitgliedsstaaten Gebrauch von diesem Wahlrecht.[7] Prinzipiell stammt die Theorie des „substance over form" aus der angelsächsischen Rechnungslegung. Der auch in Deutschland bereits zuvor gültige Wesentlichkeitsgrundsatz fand im Rahmen des BilMoG seinen Einzug in das HGB durch die Vorschrift des § 246 Abs. 1 S. 2.[8] Dies sollte als Vorbild für die neue Richtlinie gelten, da aus dem Richtlinienvorschlag nicht deutlich hervorgeht, ob die Kommission ein Ineinandergreifen von wirtschaftlicher und rechtlicher Betrachtungsweise beabsichtigt oder eine voneinander unabhängige.[9] Das HGB besagt, dass ein wirtschaftlicher Sachverhalt nicht unabhängig von seiner rechtlichen Basis beurteilt werden kann. Dies würde zu Problemen führen, sobald Situationen auftreten, in denen Sachverhalte völlig realitätsfern dargestellt werden. Deshalb sollte die Vorschrift zwar enthalten sein, jedoch detaillierter definiert werden, um mögliche Fehlinterpretationen zu vermeiden.[10] Auch das Europäische Parlament scheint

[1] Vgl. Vierte Richtlinie 78/660/EWG, ABl. L 222 vom 14.08.1978, Art. 12 Abs. 2.

[2] Vgl. Hoffmann/Lüdenbach (2012), § 267, Rz. 1 ff.

[3] Vgl. Lanfermann (2011), S. 3052.

[4] Vgl. Blöink (2012), S. 301.

[5] Vgl. IDW (2011), S. 6.

[6] Vgl. KOM(2011) 684 final vom 25.10.2011, Art. 5 Abs. 1 lit. h.

[7] Vgl. Blöink (2012), S. 301 f.

[8] Vgl. DRSC (2011b), S. 2 f.

[9] Vgl. Blöink (2012), S. 302.

[10] Vgl. DGRV/DIHK/ZDH (2011), S. 5 f.

diese Auffassung zu teilen, da der Änderungsantrag 36 eine solche Verknüpfung vorsieht.[1] Weshalb die Anwendung des Grundsatzes der wirtschaftlichen Betrachtungsweise lediglich auf die Bilanz und die GuV beschränkt ist, wird jedoch nicht ersichtlich. [2]

Grundsätzlich muss auch hier zuvor geklärt werden, welchem Zweck die neue Richtlinie nun folgen soll. Bei einer Interpretation unter Aspekten der Informationsfunktion und somit an einer Orientierung an den IFRS würden sich gerade die o. g. Probleme ergeben und somit die Kapitalerhaltungsfunktion schwächen.[3]

6.4.2.2.2 Wesentlichkeit

Der Vorschlag der Europäischen Kommission beinhaltet unter Art. 5 Abs. 1 lit. j die Formulierung eines Grundsatzes der Wesentlichkeit.[4] Der Grundsatz bezieht sich dabei auch auf Ansatz, Bewertung und Darstellung sowie Angaben im Jahresabschluss.[5] Im Rahmen der 4. Richtlinie war dieser Grundsatz zwar in einzelnen Vorschriften enthalten, wurde jedoch niemals als allgemeingültiger Grundsatz vor die Klammer gezogen.[6] Im Gegensatz zu den IFRS ist im HGB kein fester Wesentlichkeitsgrundsatz verankert. Nichtsdestotrotz muss auch nach deutschem Recht die Wesentlichkeit bei der Aufstellung des Jahresabschlusses beachtet werden.[7] Zumindest im Rahmen der Grundsätze ordnungsmäßiger Buchführung besteht auch im HGB ein Wesentlichkeitsgrundsatz.[8] Im Vergleich zur aktuell gültigen Richtlinie ist die Einführung eines festgeschriebenen Grundsatzes durchaus positiv zu bewerten, da die einzelnen Vorschriften um konkrete Wesentlichkeitsüberlegungen verringert werden können. Zum einen stärkt dies den prinzipienbasierten Charakter der Richtlinie und verbessert zum anderen die Lesbarkeit bzw. verringert die Komplexität der neuen Regelung. Beispielsweise entfällt Art. 4 Abs. 3 der 4. Bilanzrichtlinie, welcher eine Zusammenfassung der Bilanz- und GuV-Posten mit arabischen Zahlen gestattete. Unter Berücksichtigung der Wesentlichkeit bleibt diese Vorgehensweise jedoch weiterhin möglich.[9] Da im HGB keine kodifizierte Regelung gegeben ist, wäre es denkbar, zukünftig mehrere unwesentliche Posten zusammenzufassen oder bestimmte Anhangangaben nicht zu machen. Somit würde ein Wesentlichkeitsgrundsatz unter Umständen auch für deutsche Unternehmen zu einem geringeren Aufwand und zu einer Verschlankung des Jahresabschlusses führen.[10] Problematisch ist jedoch, dass die Abgrenzung zur Unwesentlichkeit in einer allgemeinen Regelung nicht möglich ist, weshalb auch in diesem

[1] Vgl. 2011/038(COD) vom 28.03.2012, S. 26.

[2] Vgl. DRSC (2011b), S. 2 f.

[3] Vgl. Zülch u. a. (2012), S. 416.

[4] Vgl. KOM(2011) 684 final vom 25.10.2011, Art. 5 Abs. 1 lit. j.

[5] Vgl. PWC (2012), S. 1.

[6] Vgl. Lanfermann (2011), S. 3052.

[7] Vgl. Hoffmann/Lüdenbach (2012), § 252, Rz. 182.

[8] Vgl. Lanfermann (2011), S. 3052.

[9] Vgl. DRSC (2011b), S. 2.

[10] Vgl. Zwirner/Froschhammer (2012), S. 265.

Vorschlag weder eine quantitative noch eine qualitative Definition der Wesentlichkeit ausbleibt.[1] Da dies den Unternehmen möglicherweise einen zu großen Ermessensspielraum zur Einordnung verschiedener Sachverhalte gewährt, sollte die Vorschrift etwas mehr konkretisiert werden.[2] Darüber hinaus strebt das Europäische Parlament an, die Anwendung des Wesentlichkeitsgrundsatzes auf die Darstellung und die Angaben im Jahresabschluss zu beschränken.[3] Zwar würden dann potenzielle Erleichterungen im Rahmen der Bilanz und der GuV wegfallen, jedoch erscheint dieser Kompromiss als sinnvoll hinsichtlich der angesprochenen äußerst fraglichen Anwendung auf ansatzpflichtige Elemente.

6.4.2.2.3 „Overriding principle" und „true and fair view"

Das zuvor schon näher erläuterte „true and fair view"-Prinzip enthält in seinem angelsächsischen Ursprung eine Besonderheit. Dort ist es grundsätzlich möglich, bei der Bilanzierung von einzelnen Regelungen abzuweichen, sofern damit ein besserer Einblick in das Bild der Vermögens-, Finanz- und Ertragslage erzielt werden kann. Die neue Richtlinie führt das „true and fair view"-Prinzip unter Artikel 4 Abs. 3 und eine darauf abzielende Abweichungsklausel unter Artikel 5 Abs. 3 ein. Die Vierte Richtlinie enthält zwar eine ähnliche Regelung unter Artikel 31 Abs. 2, jedoch ist dort nicht explizit die Generalnorm des „true and fair view" enthalten.

Im Rahmen des BiRiLiG wurde bereits das in der Vierten Richtlinie enthaltene „overriding principle" nicht in das HGB eingeführt. Dort ist es unter dem § 264 Abs. 2 S. 2 an die Grundsätze ordnungsmäßiger Bilanzierung und somit an das Vorsichtsprinzip gebunden, weshalb das „overriding principle" gerade aufgrund der vorsichtig zu bestimmenden Ausschüttung nicht greift. Vielmehr wurde, wie bereits zuvor erwähnt, die Informationsfunktion der Generalnorm im Rahmen des § 284 Abs. 2 Nr. 3 HGB in den Anhang verlegt.

Grundsätzlich sollte dieser direkte Bezug zum „true and fair view" aus dem Vorschlag entfernt werden, da sonst die Möglichkeit besteht, zu jeder Zeit von den allgemeinen Grundsätzen abzuweichen, mit der Begründung, dass dadurch ein besseres Bild der Vermögens-, Finanz- und Ertragslage entstünde. Somit wäre es eben auch möglich vom Realisations- und Vorsichtsprinzip abzuweichen. Dies ist insbesondere im Hinblick auf das HGB deshalb kritisch zu sehen, weil die Regelung der alten Richtlinie durch den § 252 Abs. 2 HGB, also für alle Kaufleute, umgesetzt wurde und eine dem Vorschlag entsprechende Änderung somit die GoB aushebeln würde.[4] Das Europäische Parlament scheint derselben Auffassung zu sein und fordert in seinem Änderungsantrag 38 die Streichung der betreffenden Passage in Artikel 5 Abs. 3.[5]

---

[1] Vgl. BStBK (2011), S. 5.

[2] Vgl. AK KMU (2012), S. 8.

[3] Vgl. 2011/038(COD) vom 28.03.2012, S. 26.

[4] Vgl. DGRV/DIHK/ZDH (2011), S. 4 f.

[5] Vgl. 2011/038(COD) vom 28.03.2012, S. 27.

6.4.2.2.4 Verrechnungsverbot

Der Richtlinienvorschlag beinhaltet unter Artikel 5 Nr. 1 Buchstabe g ein Saldierungsverbot, welches ausdrücklich eine Aufrechnung von Aktiv- und Passivposten einerseits und von Aufwands- und Ertragsposten andererseits untersagt.[1] Die gültige Bilanzrichtlinie beinhaltet kein ausdrückliches Saldierungsverbot. Der Grundsatz der Einzelbewertung impliziert jedoch ein solches Saldierungsverbot.[2] Grundsätzlich entspricht die Aufnahme dieser Vorschrift in den Richtlinienvorschlag dem im HGB unter § 246 Abs. 2 geregelten Verrechnungsverbot.[3] Aus diesem Grund ist der Vorschlag durchaus sinnvoll, wobei eine Erweiterung des Saldierungsverbots nach dem Vorbild des HGB ergänzt werden sollte. Im Rahmen des BilMoG wurde durch den § 246 Abs. 2 S. 2 eine Ausnahme von dem Verbot eingeführt. Diese Ausnahme erlaubt, dass beispielsweise Verpflichtungen aus Pensionszusagen oder ähnliche langfristig fällige Schulden mit dem zur Erfüllung dieser Verpflichtung aufgebautem Vermögen verrechnet werden darf, jedoch nur unter der Voraussetzung, dass dieses Vermögen nicht durch etwaige Gläubigeransprüche entzogen werden kann.[4] Denkbar wäre beispielsweise die Aufnahme eines Zusatzes wie es der Entwurf des Europäischen Parlaments in seinem Änderungsantrag 35 vorsieht. Hier heißt es: "[…], es sei denn, ein Mitgliedsstaat erkennt in Einzelfällen das Recht zur Verrechnung von Forderungen und Verbindlichkeiten nach dem Gesetz oder einer vertraglichen Vereinbarung an."[5]

6.4.2.2.5 Alternative Bewertungsmöglichkeiten

Artikel 6 des Richtlinienvorschlags beinhaltet die alternative Möglichkeit Vermögensgegenstände des Anlagevermögens im Rahmen einer Neubewertung zu bilanzieren. Grundsätzlich besteht in Deutschland durch den IAS 16 und den IAS 38 bereits diese Möglichkeit, ist jedoch in der Praxis von eher untergeordneter Bedeutung, da deren Anwendung relativ aufwendig ist.[6] In Artikel 7 gestattet der Richtlinienvorschlag den Mitgliedsstaaten wahlweise die Fair-Value-Bewertung von Vermögensgegenständen.[7] Diese beiden alternativen Bewertungskonzepte wurden durch die Fair-Value- und die Modernisierungsrichtlinie in das europäische Bilanzierungsrecht eingeführt. Dabei ist es erlaubt, dass eine Zeitwertbilanzierung grundsätzlich ohne Ausschüttungssperre erlaubt ist. Demgegenüber müssen bei einer Neubewertung des Anlagevermögens potenzielle Gewinne immer von der Ausschüttung ausgeschlossen sein.[8] Grundsätzlich steht die Möglichkeit zur Neubewertung von Anlagevermögen in Widerspruch mit dem Ziel der höheren Vergleichbarkeit von Jahresabschlüssen. Gerade bei der Fair-Value-Bewertung von immate-

---

[1] Vgl. KOM(2011) 684 final vom 25.10.2011, Art. 5 Nr. 1 lit. g.

[2] Vgl. DRSC (2011a), S. 1.

[3] Vgl. WPK (2011), S. 5.

[4] Vgl. DGRV/DIHK/ZDH (2011), S. 5.

[5] 2011/038(COD) vom 28.03.2012, S. 26.

[6] Vgl. DGRV/DIHK/ZDH (2011), S. 6.

[7] Vgl. WPK (2011), S. 5 f.

[8] Vgl. Zülch u. a. (2012), S. 416.

riellen Vermögensgegenständen ist dies kritisch zu sehen. Sogar nach den internationalen Rechnungslegungsstandards ist diese Reglung strenger ausgelegt und nur anwendbar, sofern die betreffenden Vermögensgegenstände auf einem aktiven Markt gehandelt werden.[1] Das Europäische Parlament fordert in seinen Änderungsanträgen 38 und 39 die Entfernung dieser beiden Artikel aus dem Richtlinienvorschlag.[2] Grundsätzlich wäre dies auch die logische Konsequenz aus einer an der kontinentaleuropäischen Rechnungslegungstradition ausgelegten Sichtweise. Speziell aus deutscher Sicht kann der Verzicht auf Artikel 6 vernachlässigt werden, da dieser im HGB, wie zuvor erläutert, keine Rolle spielt. Prinzipiell wäre aber eine Umsetzung analog zum HGB wünschenswert, gerade auch um die Existenzgrundlage der §§ 340e Abs. 3 und 253 Abs. 1 S. 4 i. V. m. 26 Abs. 2 S. 2 HGB zu erhalten. Diese wurden durch das BilMoG in das HGB eingeführt um das Wahlrecht aus der Vierten Richtlinie umzusetzen. Die sehr vorsichtige Umsetzung dieses Wahlrechts ermöglicht es zumindest Finanzinstrumente aus dem Umlaufvermögen und Vermögen zur Deckung spezieller Verpflichtungen zum Fair-Value zu bewerten. Deshalb sollten die Artikel in einer stark begrenzten und regulierten Form beibehalten bleiben.

Aus einer möglichen Streichung würde sich jedoch ein weiteres Problem ergeben. Wie zuvor erläutert, ist die Übernahme eines jeden IAS bzw. IFRS an die Erfüllung des europäischen „true and fair view" geknüpft. Ohne die in der internationalen Rechnungslegung überwiegend vorherrschende Möglichkeit zur Neubewertung und zur Fair-Value-Bilanzierung ist der Fortbestand dieser Prämisse äußerst fragwürdig.[3] Es sei an dieser Stelle jedoch angemerkt, dass diese Auffassung innerhalb Deutschlands keineswegs überall geteilt wird. Beispielhaft hierfür sind insbesondere die Auffassungen der Bundessteuerberaterkammer und des Arbeitskreises Fortentwicklung der Rechnungslegung für KMU, die beide eine konsequente Streichung beider Artikel fordern.[4]

6.4.2.3 Bilanz und Gewinn- und Verlustrechnung

6.4.2.3.1 Immaterielle Vermögensgegenstände

Gemäß Artikel 9 des Richtlinienvorschlags wird den Mitgliedsstaaten ein Wahlrecht gewährt im Rahmen der immateriellen Vermögenswerte sowohl Forschungs- als auch Entwicklungskosten zu aktivieren.[5] Es wurde somit die Regelung unverändert aus der bestehenden Richtlinie übernommen.[6] Grundsätzlich ist eine Aktivierung von Vermögenswerten jedoch an die eigenständige Verwendbarkeit und Veräußerbarkeit geknüpft. Da Forschungsaufwendungen allerdings nicht grundsätzlich in Bezug zu einem konkreten Vermögenswert stehen, sollte im Rahmen einer Weiterentwicklung der Richtlinie von die-

[1] Vgl. DGRV/DIHK/ZDH (2011), S. 6.

[2] Vgl. 2011/038(COD) vom 28.03.2012, S. 27 ff.

[3] Vgl. DRSC (2012a) S. 2 f.

[4] Vgl. BStBK (2011), S. 5, AK KMU (2012), S. 8.

[5] Vgl. KOM(2011) 684 final vom 25.10.2011, S. 36.

[6] Vgl. Vierte Richtlinie 78/660/EWG, ABl. L 222 vom 14.08.1978, Art. 10, C. I. 1.Vgl. Hoffmann/Lüdenbach (2012), § 267, Rz. 1 ff.

sem Wahlrecht abgesehen werden. Eine Regelung nach dem Vorbild des § 248 Abs. 2 Satz 2 HGB wäre an dieser Stelle sinnvoll. Demnach wären Entwicklungskosten nur dann zu aktivieren, wenn eine klare Abgrenzung vom originären Goodwill gewährleistet ist. Es würde also ein Aktivierungsverbot für selbstgeschaffene Marken, Drucktitel, Verlagsrechte, Kundenlisten oder vergleichbare immaterielle Vermögenswerte gelten.[1] Besonders deutlich zu begründen ist diese Einschätzung mit der Tatsache, dass sogar bei Anwendung der IFRS eine Aktivierung dieser Werte vollkommen ausgeschlossen ist.[2] Des Weiteren wird mit dieser Regelung das Vorsichtsprinzip durchbrochen, da möglicherweise eine Aktivierung von Kosten erfolgen würde, die keinem Vermögenswert zugewiesen werden könnten.[3] Da, wie zuvor bereits erläutert, die Regelung aus der bestehenden vierten Richtlinie übernommen wurde, ist zu vermuten, dass sich einige Mitgliedsstaaten gegen eine Streichung dieses Wahlrechts aussprechen würden, auch wenn die Harmonisierungswirkung damit nicht bekräftigt werden würde.[4] Neben einer solchen Anpassung der Vorschrift im Rahmen der Streichung dieses Wahlrechts, sollte außerdem sichergestellt werden, dass der gesamte Posten der immateriellen Vermögenswerte von der Ausschüttung ausgenommen werden sollte. Dies ist nötig, da die tatsächliche Entstehung eines Vermögenswertes mit Unsicherheit behaftet ist.

Des Weiteren sollte die in Art. 11 Abs. 9 festgelegte Abschreibungsdauer nochmals überdacht werden. Möglicherweise sollen die darin festgelegten fünf Jahre die Nähe dieser Vermögenswerte zum originären Goodwill zum Ausdruck bringen, jedoch ist in diesem Fall eine Abschreibung über die voraussichtliche Nutzungsdauer zu bevorzugen, da diese eher den betrieblichen Tatsachen entspricht.[5] Es ist zwar in begründeten Fällen erlaubt von den festgeschriebenen fünf Jahren abzuweichen indem dies ausführlich im Anhang erläutert wird, jedoch bedeutet dies einen erhöhten Aufwand im Vergleich zur deutschen Regelung und ist somit nicht zielführend, insbesondere hinsichtlich des erhöhten Aufwands für kleine Unternehmen.[6]

Zumindest zum Sachverhalt der Aktivierung vertritt das Europäische Parlament augenscheinlich dieselbe Auffassung, da laut dessen Änderungsantrag 45 das Wahlrecht für Forschungskosten gestrichen wurde.[7] Während das Aktivierungswahlrecht grundsätzlich auf eine informationsorientierte Auslegung der Bilanzrichtlinien hinweist, so vermitteln die zugehörigen Ausschüttungssperren im Falle der Aktivierung den Eindruck einer Orientierung an kapitalerhaltenden Maßnahmen. Dabei wird deutlich, dass dem Richtlinienentwurf kein einheitliches Zwecksystem zugrunde liegt.[8]

[1] Vgl. IDW (2011), S. 7 f.

[2] Vgl. DGRV/DIHK/ZDH (2011), S. 7.

[3] Vgl. BStBK (2011), S. 6.

[4] Vgl. Blöink (2012), S. 302.

[5] Vgl. DGRV/DIHK/ZDH (2011), S. 7.

[6] Vgl. DRSC (2012b), S. 3.

[7] Vgl. 2011/038(COD) vom 28.03.2012, S. 34.

[8] Vgl. Zülch u. a. (2012), S. 414.

6.4.2.3.2 Vorratsbewertung

Unter Art. 11 Abs. 8 des Richtlinienvorschlags wird die Vorratsbewertung geregelt. Im Vergleich zur Regelung der 4. Richtlinie fällt augenscheinlich das LiFo-Verfahren als Bewertungsmöglichkeit weg.[1] Zumindest fehlt im Gegensatz zur bestehenden Regelung die explizite Erwähnung dieses Bewertungsvereinfachungsverfahrens.[2] Dabei wird allerdings nicht ganz deutlich, ob eine Anwendung des LiFo-Verfahrens möglicherweise als vergleichbares Verfahren dennoch möglich sein könnte. Des Weiteren wäre in diesem Fall eine Streichung des Wahlrechts sinnvoll und die damit verbundene obligatorische Ermöglichung dieser Bewertung in allen Mitgliedsstaaten.[3] Sowohl die Vergleichbarkeit der Abschlüsse als auch eine Aufwandsverringerung für alle Unternehmen würde damit erzielt werden. In der deutschen Fassung der Begründung zur Richtlinie widerspricht sich die Europäische Kommission. Unter dem Punkt 4.3 wird die Anwendung des FiFo-Verfahrens ausgeschlossen.[4] Hinsichtlich der fehlenden Erwähnung des LiFo-Verfahrens im Richtlinientext deutet dies jedoch auf einen Fehler in der Begründung hin. In der englischen Fassung ist an dieser Stelle das LiFo-Verfahren angesprochen. Diese Tatsache spricht dafür, dass auch eine Anwendung im Rahmen eines vergleichbaren Verfahrens nicht in Frage käme.

Grundsätzlich scheint hier der Versuch unternommen worden zu sein durch eine Reduzierung der Bewertungsvereinfachungsverfahren ein höheres Maß an Harmonisierung der Jahresabschlüsse zu erreichen. Diese Maßnahme scheint allerdings eher missglückt, da sie unter Umständen eine korrekte Abbildung realer Tatsachen untersagt. Dies würde somit zu einer falschen Darstellung im Jahresabschluss führen. Eine höhere Vergleichbarkeit sollte jedoch nicht auf Kosten einer korrekten Darstellung erfolgen.[5] Konkrete Probleme für die deutsche Rechnungslegung ergeben sich zudem aus der Tatsache, dass das FiFo-Verfahren steuerrechtlich nicht angewandt werden darf. Somit würden sich zwangsläufig Verwerfungen zwischen Handels- und Steuerbilanz ergeben, die somit für deutsche Unternehmen zu einem erhöhten Aufwand führen und damit nicht im Einklang mit der Zielsetzung zur Verringerung des Aufwands für kleine Unternehmen stehen.[6] Auch das Europäische Parlament fordert in seinem Änderungsantrag 48 eine Aufnahme des LiFo-Verfahrens in den Richtlinientext.[7]

6.4.2.3.3 Bewertung von Rückstellungen

Die Bewertung von Rückstellungen ergibt sich im Richtlinienvorschlag aus Artikel 11 Abs. 11. Zur Bewertung der Rückstellungen heißt es hier: „Eine Rückstellung stellt den

[1] Vgl. PWC (2012), S. 1.

[2] Vgl. Vierte Richtlinie 78/660/EWG, ABl. L 222 vom 14.08.1978, Art. 40 Abs. 1.

[3] Vgl. DRSC (2011b), S. 4.

[4] Vgl. Scheffler (2012).

[5] Vgl. DGRV/DIHK/ZDH (2011), S. 7.

[6] Vgl. Zwirner/Froschhammer (2012), S. 265.

[7] Vgl. 2011/038(COD) vom 28.03.2012, S. 35.

besten Schätzwert von Aufwendungen dar, die wahrscheinlich eintreten werden, bzw. im Falle einer Verbindlichkeit den Betrag, der zu ihrer Abgeltung am Bilanzstichtag erforderlich ist."[1] Die Regelung in der bestehenden Richtlinie lautete: „Rückstellungen sind nur in Höhe des notwendigen Betrages anzusetzen."[2] Während in Deutschland mit § 253 Abs. 1 und 2 HGB eine konkrete Reglung besteht, die sich klar am Vorsichtsprinzip orientiert, so ist dies im Richtlinienvorschlag scheinbar nicht so.[3] Es scheint als richtet sich die Rückstellungsbewertung nunmehr nach den internationalen Rechnungslegungsstandards und ignoriert weitestgehend eine vorsichtige Bewertung im Sinne des Gläubigerschutzgedankens.[4] Insbesondere problematisch ist demnach der eingeführte unbestimmte Rechtsbegriff des besten Schätzwertes. Aufgrund der fehlenden klaren Definition innerhalb des Regelwerks entstehen somit enorme Ermessensspielräume zur Rückstellungsbewertung.[5] Grundsätzlich ist es wohl so, dass sich die Europäische Kommission bei der Formulierung dieses Artikels am IAS 37 orientiert hat. Da es, wie soeben erläutert, keine Definition des besten Schätzwertes gibt, muss die Auslegung aus dem des Richtlinienvorschlag zugrunde liegenden Zwecks heraus bestimmt werden. Sofern davon ausgegangen wird, dass der Richtlinienentwurf aus informationsorientierter Sichtweise heraus zu betrachten ist, so liegt es nahe, dass die Rückstellungsbewertung analog zu den IFRS und somit ohne Berücksichtigung eines besonderen Risikos zu erfolgen hat. Aus einer vorsichtigen Betrachtungsweise heraus und unter Gesichtspunkten der Kapitalerhaltung muss jedoch ein Risiko berücksichtigt werden, wonach die Rückstellung dadurch tendenziell eher höher ausfallen würde.

Gerade dieses Beispiel der Rückstellungen macht deutlich, wie wichtig es ist, dass der Richtlinienentwurf einem eindeutigen Rechnungslegungskonzept unterliegt. Ohne ein solches Konzept wird die Umsetzung in den einzelnen Mitgliedsstaaten weiterhin äußert unterschiedlich ausfallen. Das Ziel einer Harmonisierung und einer erhöhten Vergleichbarkeit der Jahresabschlüsse ist dann jedoch verfehlt. Die Verfehlung dieses Ziels trifft u. a. auch auf das weiterhin bestehende Ansatzwahlrecht von Aufwandsrückstellungen zu. Dieses ist für keines der beiden Rechnungslegungskonzepte repräsentativ und sollte aus der finalen Richtlinie entfernt werden.[6]

6.4.2.4 Anhang, Lagebericht, Offenlegung und Abschlussprüfung

Die Artikel 17 bis 19 des Richtlinienvorschlags beinhalten die Regelungen zum Anhang. Die Artikel sind gemäß der Konzeption des Richtlinienvorschlags nach dem „think small first"-Prinzip aufgebaut. Artikel 17 beinhaltet Regelungen, die für alle Unternehmen gelten, Artikel 18 beinhaltet die Regelungen, von denen die kleinen Unternehmen bereits befreit

[1] KOM(2011) 684 final vom 25.10.2011, Art. 11 Abs. 11.

[2] Vierte Richtlinie 78/660/EWG, ABl. L 222 vom 14.08.1978, Art. 42.

[3] Vgl. Blöink (2012), S. 303.

[4] Vgl. Zwirner/Froschhammer (2012), S. 265.

[5] Vgl. WPK (2011), S. 6.

[6] Vgl. Zülch u. a. (2012), S. 416.

sind, und Artikel 19 enthält lediglich die Vorschriften, die für große Unternehmen und für Unternehmen von öffentlichem Interesse relevant sind.[1] Die Absicht der Europäischen Kommission, den Aufwand für kleine Unternehmen durch reduzierte Anhangangaben zu verringern, ist prinzipiell zu befürworten.[2] Die von Artikel 17 geforderten Angaben lassen „sich auf die fünf Schlüsselbereiche Rechnungslegungsmethoden und Bewertung, außerbilanzielle Geschäfte, Ereignisse nach dem Bilanzstichtag, Besicherung von Verbindlichkeiten und Geschäfte mit nahestehenden Personen beschränken."[3] Grundsätzlich erreicht die Europäische Kommission dadurch zwar in Teilbereichen eine Entlastung der kleinen Unternehmen, gleichzeitig jedoch werden die Vorschriften auch verschärft. Beispielsweise wären Erleichterungen nach HGB hinsichtlich der Geschäfte, die nicht in der Bilanz erfasst werden sowie bei durch marktunübliche Bedingungen entstandenen Geschäften mit nahestehenden Unternehmen bei hundertprozentigen Tochterunternehmen, nicht mehr anwendbar.[4] Des Weiteren sieht der Richtlinienvorschlag vor, dass zukünftig auch kleine Unternehmen in den Anhang des Jahresabschlusses auch solche Sachverhalte aufnehmen, die wesentlich sind, jedoch nach dem Abschlussstichtag entstanden sind und nicht im Jahresabschluss berücksichtigt wurden.[5] Ein weiteres Problem im Zusammenhang mit dieser Berichtspflicht ist deren inhaltsgleiche Wiederholung im Rahmen des Lageberichtes. Dies ist zwar für nicht betroffene Unternehmen irrelevant, jedoch ergibt sich für solche Unternehmen, die zur Erstellung eines Lageberichtes verpflichtet sind, eine Redundanz. Es geht aus dem Richtlinienvorschlag nicht eindeutig hervor, ob in solchen Fällen eine doppelte Angabe nötig ist oder nicht. Inhaltlich behandeln die besagten Vorschriften in den Artikeln 17 und 20 zwar die gleichen Sachverhalte, wörtlich unterscheiden sich beide Formulierungen jedoch voneinander. Deshalb sollte der Richtlinienentwurf hierzu eine weitergehende Erläuterung beinhalten. Im Falle einer doppelten Angabe von gleicher inhaltlicher Qualität sollte aus Gründen einer besseren Lesbarkeit auf eine der beiden Vorschriften verzichtet werden.[6] M. E. sollte in einem solchen Fall die Angabe im Lagebericht erhalten bleiben, die Angabe im Anhang jedoch gestrichen werden. Somit würde es auch zu keiner Verschärfung der Angabepflichten für kleine Unternehmen kommen. Während die angestrebte Zielsetzung, Erleichterungen für kleine Unternehmen zu schaffen, durch den Richtlinienvorschlag nur eingeschränkt erreicht wird, in Einzelfällen sogar verschärft wurde, so wird das Ziel der Harmonisierung der Jahresabschlüsse eher erreicht. Die geplanten Vorschriften zu den Anhangangaben sind nicht als Wahlrecht ausgestaltet und beinhalten hinsichtlich des Umfangs keinerlei Ermessensspielräume. Somit sind die Regelungen von allen Mitgliedsstaaten im selben Ausmaß und außerdem verpflichtend umzusetzen. Der Richtlinienvorschlag sieht ansonsten keine erwähnenswerten Änderungen des

---

[1] Vgl. KOM(2011) 684 final vom 25.10.2011, Art. 17 ff.

[2] Vgl. DGRV/DIHK/ZDH (2011), S. 8.

[3] Zülch u. a. (2012), S. 418.

[4] Vgl. WPK (2011), S. 7.

[5] Vgl. Zwirner/Froschhammer (2012), S. 265.

[6] Vgl. WPK (2011), S. 7.

Größenklasse	Mitarbeiterzahl (Jahr)	Nettoumsatzerlöse	Bilanzsumme
Kleine Gruppe	≤ 50	≤ 10 Mio. €	≤ 5 Mio. €
Mittlere Gruppe	≤ 250	≤ 40 Mio. €	≤ 20 Mio. €

Abb. 6.8 Größenklassen von Gruppen beim Konzernabschluss[1]

Lageberichts, der Bestimmungen zur Offenlegung oder der Bestimmungen zur Abschlussprüfung vor[2]

6.4.2.5 Konzernabschluss

Die Regelungen zum Konzernabschluss finden sich im Richtlinienentwurf in Kap. 6 bzw. in den Artikel 22 bis 29 wieder.[3] Aktuell sind alle Vorschriften zur Konzernrechnungslegung separat in der Siebten Richtlinie aufgeführt. Eine Neuerung innerhalb des Richtlinienentwurfs betrifft die Befreiung zur Erstellung eines Konzernabschlusses für bestimmte Unternehmen. Dabei unterscheidet der Richtlinienentwurf zwischen kleinen und mittleren Gruppen. Konzernunternehmen, die als kleine Gruppe anzusehen sind, müssen dann zukünftig keinen Konzernabschluss mehr aufstellen, wenn sie nicht als ein Unternehmen öffentlichen Interesses gelten. Die Problematik hinsichtlich der Definition eines solchen Unternehmens wurde zuvor bereits erläutert. Die Definition wird in der Richtlinie bereits im Rahmen der Festlegung von Unternehmenskategorien vorgenommen.[4] Die Abb. 6.8 gibt einen Überblick über die in Artikel 3 Abs. 4 bzw. Abs. 5 festgelegten Größenmerkmale.

Im Gegensatz zur Siebten Richtlinie beinhaltet der Vorschlag keine einheitliche Regelung zur Konsolidierungspflicht. Der Richtlinienentwurf stützt sich dabei nicht mehr auf das „control"-Konzept oder das Konzept des beherrschenden Einflusses. Vielmehr müssen dann zukünftig weitere Überlegungen nach rechtlichen und tatsächlichen Verhältnissen angestellt werden oder besondere Konstellationen gesondert beurteilt werden.[5] Grundsätzlich beschränken sich die Anpassungen der Europäischen Kommission auf die Kürzung von Mitgliedsstaatenwahlrechten, die jedoch in Deutschland bereits jetzt kaum eine Rolle spielen, da diese spätestens seit dem BilMoG nicht im HGB umgesetzt sind. Lediglich bei assoziierten Unternehmen würde sich gemäß dem Richtlinienvorschlag eine Änderung ergeben. Im Rahmen der Equity-Methode ist im HGB lediglich das Buchwertverfahren erlaubt. Gemäß der neuen Regelung wäre jedoch die Kapitalanteilsmethode verpflichtend anzuwenden, weshalb sich in der Praxis Konsequenzen ergeben würden.[6] „Demzufolge wären nach den Vorschlägen der EU künftig der Equity-Wert und der Geschäfts- oder Firmenwert, der nach der Equity-Methode auf das einzubeziehende Unternehmen entfällt,

[1] Vgl. KOM(2011) 684 final vom 25.10.2011, Art. 3 Abs. 4, Abs. 5.

[2] Vgl. Zwirner/Froschhammer (2012), S. 265 f.

[3] Vgl. KOM(2011) 684 final vom 25.10.2011, Art. 22 ff.

[4] Vgl. Blöink (2012), S. 303.

[5] Vgl. Blöink (2012), S. 303.

[6] Vgl. Zwirner/Froschhammer (2012), S. 266.

im Konzernabschluss gesondert auszuweisen."[1] Die verpflichtende Anwendung der Kapitalanteilsmethode ist besonders aus deutscher Sicht kritisch zu beurteilen, da diese erst im Rahmen des BilMoG aus dem HGB entfernt wurde.[2]

6.4.2.6 Bericht zu Zahlungen an Regierungen und Schlussvorschriften

Der Richtlinienvorschlag beinhaltet unter Kapitel 9 eine komplett neu in das europäische Rechtssystem eingeführte Berichtspflicht.[3] Diese Berichtspflicht soll „für große Unternehmen sowie Unternehmen von öffentlichem Interesse, die in der mineralgewinnenden Industrie oder auf dem Gebiet des Holzeinschlags in Primärwäldern tätig sind, [...]" gelten.[4] Eine solche Regelung findet sich weder im bestehenden Richtlinienwerk noch in der deutschen Gesetzgebung.[5] Bei dieser Berichtspflicht handelt es sich um ein sog. „country-by-country reporting". Die von dieser Vorschrift erfassten Unternehmen sind demnach verpflichtet, länder- und wenn möglich auch projektbezogen einen Bericht über Geldflüsse an die jeweiligen Staatsbehörden zu erstellen. Es geht dabei insbesondere um Lizenz- und Steuersachverhalte und insbesondere um solche Zahlungen, die aus Sicht des empfangenden Landes als wesentlich einzustufen sind. Eine Erstellung dieses Berichts auf Konzernebene entfaltet eine befreiende Wirkung für die Mutter sowie für die zum Konzernkreis gehörenden Tochterunternehmen.[6] Sollte eine derartige Offenlegung zu rechtlichen Konflikten in einzelnen Ländern führen, so sind diese von der Berichtspflicht ausgenommen. Im HGB müsste bei Umsetzung dieser Pflicht eine neue Regelung geschaffen werden. Grundsätzlich muss jedoch hinterfragt werden, ab wann eine bestimmte Zahlung als wesentlich gilt, und vor allem ob sich aus dieser Regelung nicht evtl. ein Nachteil für europäische Unternehmen im globalen Wettbewerb ergibt.[7]

6.4.3 IFRS für KMU

6.4.3.1 Historie, Zielsetzung und Entwicklung des IFRS for SME

Die Anfänge des IFRS for SME gehen zurück bis 1998. Federführend bei diesen Überlegungen war das IASC. Im Jahr 2000 erfolgte im Rahmen der Umwandlung des IASC in das IASB folgende Feststellung:[8] „A demand exists for a special version of International Accounting Standards for Small Enterprises."[9] Dementsprechend ging die Entwicklung

[1] Zwirner/Froschhammer (2012), S. 266.

[2] Vgl. DRSC (2011a), S. 6.

[3] Vgl. KOM(2011) 684 final vom 25.10.2011, S. 68 ff.

[4] Zwirner/Froschhammer (2012), S. 266.

[5] Vgl. DRSC (2011a), S. 7.

[6] Vgl. Zwirner/Froschhammer (2012), S. 266.

[7] Vgl. DRSC (2011a), S. 7.

[8] Vgl. Kirsch (2009), S. 1.

[9] Kirsch (2009), S. 1.

weiter, bis am 15. Februar 2007 ein erster Entwurf des IFRS for SME veröffentlicht wurde. Im weiteren Verlauf durchlief dieser Entwurf eine Testphase in der Praxis, die von zahlreichen veröffentlichten Stellungnahmen begleitet wurde. Schließlich entstand, u. a. auch unter Einflussnahme des EFRAG und der FEE, am 8. Juli 2009 der IFRS for SME.[1]

Da die Anwendung der internationalen Rechnungslegungsstandards grundsätzlich für kapitalmarktorientierte Unternehmen ausgelegt ist, können sie nicht praktikabel in kleinen und mittelgroßen Unternehmen umgesetzt werden. Die Ermöglichung dessen war der Grundgedanke des IASB als der Standard veröffentlicht wurde. Der IFRS for SME ist im Wesentlichen gesondert von den Full-IFRS zu betrachten.

Seit 2010 werden Überlegungen angestellt, den IFRS für KMU in das Europäische Rechnungslegungssystem einzuführen, um auch in Europa kleinen und mittelgroßen Unternehmen die Anwendung internationaler Rechnungslegungsvorschriften zu ermöglichen. Zu dieser Thematik wurde bereits im März 2010 ein Konsultationsverfahren auf europäischer Ebene abgeschlossen. Die Ansichten wiesen jedoch deutliche Unterschiede auf, weshalb weder eine Tendenz hin zum IFRS for SME noch ein Abkehr davon geschlussfolgert werden konnte. Prinzipiell wäre eine Umsetzung auf nationaler Ebene in den EU-Mitgliedsstaaten möglich, sofern die Regelungen im Einklang mit denen der aktuell gültigen Richtlinien stehen würden. Da dies jedoch nicht der Fall ist, ist derzeit eine Anwendung auf nationaler Ebene ausgeschlossen.[2]

Gerade aus diesem Grund muss der Richtlinienentwurf auch auf seine Anwendbarkeit hinsichtlich der IFRS for SME untersucht werden. Dabei muss eine Prüfung erfolgen, inwieweit der Standard weiterhin nicht mit der Richtlinie kompatibel sein wird, oder ob der Richtlinienentwurf so gestaltet wurde, dass einer solchen Anwendung nichts mehr im Wege steht.

6.4.3.2 IFRS für KMU im Kontext der Richtlinienänderung

Wird der IFRS für KMU vor dem Hintergrund der Überarbeitung der Richtlinien betrachtet, so muss die Frage gestellt werden, ob die Europäische Kommission die Alleinstellung der EU-Richtlinien beibehalten und deren Rolle innerhalb der EU ausbauen und stärken will, oder ob ein Paradigmenwechsel erfolgen wird, der die verpflichtende Anwendung des IFRS for SME in der Europäischen Union mit sich bringen würde. Wie zuvor erläutert, sind bei dieser Fragestellung die Mitgliedsstaaten geteilter Ansicht. Die Bandbreite der Ansichten in den einzelnen Mitgliedsstaaten reicht von der unbedingten und kompletten Übernahme des Standards in europäisches Recht, bis hin zur gänzlichen Aussperrung aus der europäischen Rechnungslegung.

Tatsächlich beantwortet der Richtlinienvorschlag diese Fragestellung nur indirekt. Der IFRS für KMU wird weder verpflichtend eingeführt noch hat die EU-Kommission überhaupt eine solche Erlaubnis eingeführt. Somit bestehen dahingehend auch keine Mitgliedsstaaten- oder Unternehmenswahlrechte. Faktisch ist es jedoch nicht von der Hand

[1] Vgl. Kirsch (2009), S. 1 ff.

[2] Vgl. Petersen u. a. (2012), S. 623 ff.

zu weisen, dass auch der Richtlinienvorschlag an zahlreichen Stellen an die IFRS angelehnt ist. Beispielhaft genannt seien hier nur die Möglichkeiten zur Neubewertung und Zeitwertbilanzierung sowie die grundsätzliche Auslegung des „true and fair view" i. S. der IAS. Insofern kann davon ausgegangen werden, dass der Entwurf keineswegs eine endgültige Abkehr vom IFRS für KMU darstellt sondern dass aus einigen Ländern weiterhin die Erwartungshaltung zur befreienden Anwendung bestehen bleiben wird. Aus deutscher, und damit nicht zuletzt aus kontinentaleuropäischer Sicht, ist eine Anwendbarkeit weder wünschenswert noch besteht bei den deutschen Unternehmen ein solcher Bedarf. Deutschland hat durch das BilMoG eine sehr gute Alternative zum IFRS für KMU. U. a. deshalb sollten sich Änderungen auf europäischer Ebene nicht schädlich auf die neu eingeführten BilMoG Regelungen auswirken. Vielmehr sollten bewährte Regelungen im Diskussionsprozess in Europa Anregungen geben, um die Entwicklung der Richtlinie auf diesem Weg positiv zu beeinflussen.[1]

Grundsätzlich ist es zu befürworten, dass die künftige Richtlinie als eigenständiges Regelungswerk ausgestaltet wird und weiter bestehen sollte. Folglich bietet die Richtlinie keinen Raum für eine Implementierung des IFRS for SMEs. Wie zuvor bereits erläutert wurde, besteht in einigen europäischen Mitgliedsländern die ausdrückliche Forderung nach der Möglichkeit den IFRS for SMEs befreiend anzuwenden. Um dies zu verwirklichen, sind wiederum zwei Möglichkeiten vorstellbar. So wäre es denkbar, dass entweder den Mitgliedsstaaten oder den Unternehmen selbst ein Wahlrecht zur Bilanzierung nach IFRS for SME gewährt werden würde. Beide Varianten beinhalten jedoch gleichermaßen die Inkaufnahme einer weiteren Verfehlung des Harmonisierungsziels. Sollte die EU-Kommission es nicht vermeiden können eine solche Anwendbarkeit zuzulassen, so sollte die Möglichkeit eines Mitgliedsstaatenwahlrechts bevorzugt werden. Dies würde die Vergleichbarkeit der Jahresabschlüsse innerhalb der Mitgliedsstaaten vermutlich weniger stark verschlechtern. Grundsätzlich würde ein solches Wahlrecht auf europäischer Ebene außerdem zu einer stärkeren Position bei Verhandlungen mit dem IASB, hinsichtlich der weiteren Entwicklung des IFRS for SMEs, führen.[2] Regelmäßig müssten jedoch, parallel zur Einführung des IFRS für KMU, neue Vorschriften geschaffen werden, die im Hinblick auf die Kapitalerhaltung der Unternehmen unerlässlich wären. Der Vorteil eines Mitgliedsstaatenwahlrechts wäre zudem, dass auf Staatenebene die Entscheidung für eines der beiden Rechnungslegungssysteme erfolgen müsste. Dies würde dazu führen, dass eine komplette Entkopplung beider Systeme erfolgen kann und dass nicht zwei grundverschiedene Rechnungslegungskonzepte in einem einzigen Regelwerk gleichzeitig berücksichtigt werden müssen. Insofern wäre durch eine solch klare Trennung die Möglichkeit geschaf-

[1] Vgl. Blöink (2012), S. 300.

[2] Vgl. IDW (2011), S. 1 f.

fen, die Richtlinie einerseits und die IFRS für KMU andererseits zielgerichtet und voneinander getrennt weiterzuentwickeln.[1]

6.5 Fazit und Ausblick

Die vorangegangenen Ausführungen machen deutlich, in welch einem komplexen Spannungsfeld sich die europäische Rechnungslegung und das Reformvorhaben des Richtlinienentwurfs befinden. Bereits die Auswahl des Rechtsakts auf sekundärrechtlicher Ebene beeinflusst das Ergebnis erheblich. Im Hinblick auf die Überarbeitung der Bilanzrichtlinien stellt sich diese Frage jedoch nur peripher. Aufgrund des Umfangs der unter den Geltungsbereich der Richtlinien fallenden Mitgliedsstaaten und aufgrund der teilweise äußerst konträren Ansichten und Bedürfnisse, kann das Rechtsmittel einer Verordnung zur Umsetzung kaum in Frage kommen. Deshalb ist die Beibehaltung einer Richtlinie im europäischen Bilanzrecht meines Erachtens sinnvoll und zielführend. Insbesondere umgeht die Europäische Kommission in einigen Sachverhalten die natürlichen Ermessensspielräume einer Richtlinie, indem sie durch die Ausgestaltung einzelner Vorschriften faktisch keine solchen zulässt. Die systematische Gestaltung nach dem „Think Small First"-Prinzip ist ebenfalls in weiten Teilen zielführend umgesetzt und fördert die Lesbarkeit der Richtlinie sowie die Einbindung der Erleichterungen für kleine Unternehmen.

Ein bisher noch unzureichend gelöstes Problemfeld besteht jedoch weiterhin in der Vielfalt der Wahlrechte und der parallelen Einflüsse unterschiedlicher Rechnungslegungskonzepte innerhalb des Richtlinienentwurfs. Dies stellt mitunter ein nahezu unlösbares Problem dar. Dieses Problem ist eine logische Konsequenz aus der Vielfalt der angesprochenen Adressaten und der beiden grundverschiedenen Rechnungslegungskonzepte, die innerhalb der EU in den Mitgliedsstaaten vorherrschend sind. Die Problematik hat sich seit Bestehen der Richtlinie im Zeitablauf immer mehr verschärft, da die angelsächsische Rechnungslegung einen immer größeren Geltungsbereich in der Jahresabschlussrichtlinie erlangen konnte. Mit zunehmendem Einfluss der internationalen Rechnungslegung wurde die Bestimmung der grundsätzlichen Konzeption der Richtlinie immer schwieriger. Auch im Richtlinienentwurf ist ein Nebeneinander der beiden Rechnungslegungskonzepte weiterhin vorhanden. Um den Bedürfnissen aller Mitgliedsstaaten gerecht zu werden, müssen zwangsläufig in kritischen Bereichen zahlreiche Wahlrechte bestehen bleiben. Insofern kann auch der Richtlinienentwurf keinen wirklichen Harmonisierungsbeitrag leisten. Die Streichung von Wahlrechten lässt sich im Wesentlichen auf eher unkritische Bereiche einschränken.

Aus diesen Gründen sind auch etwaige zukünftige Änderungen des HGB nicht als wesentlich anzusehen. Dies liegt aber u. a. auch daran, dass einige der Neuerungen bereits durch das BilMoG im HGB eingeführt wurden. Insbesondere bei solchen Sachverhalten, die erst im Rahmen des BilMoG geändert wurden, sollte darauf geachtet werden, dass die Regelungen auch weiterhin beibehalten werden können. Hinsichtlich der Erleichterun-

[1] Vgl. AK KMU (2012), S. 6.

gen für kleine Unternehmen ist der Richtlinienvorschlag vor allem im Bereich der Anhangangaben zielführend ausgestaltet. Aus gesamteuropäischer Sicht ergeben sich in den Mitgliedsstaaten im Vergleich zur Vierten Richtlinie zahlreiche Erleichterungen. Da der Aufwand für deutsche Unternehmen jedoch in einigen Fällen erhöht wird und im Bereich des Anhangs keine Ermessensspielräume vorgesehen sind, besteht auch hier noch weiterer Nachbesserungsbedarf.

Der Ausschluss des IFRS für KMU aus dem Richtlinienentwurf ist grundsätzlich sinnvoll. Bei einer Weiterentwicklung des Standards und bei weiterem Druck der befürwortenden Mitgliedsstaaten ist jedoch früher oder später mit der Einführung einer wahlweise befreienden Anwendung in Europa zu rechnen, wie in den oben erläuterten Ausführungen dargestellt wurde.

Die Schlussbestimmungen des Richtlinienentwurfs sehen eine Umsetzung der Vorschriften in nationales Recht bis zum 1. Juli 2014 vor.[1] Dieses Datum ist nicht realistisch. Vielmehr ist davon auszugehen, dass es noch einige Jahre länger dauern wird bis der Richtlinienentwurf ein Stadium erreicht hat, in dem eine Annahme durch das Parlament und den Rat zu erwarten ist. Die zahlreichen Stellungnahmen und die unterschiedlichen Sichtweisen der Mitgliedsstaaten lassen momentan keine Erwartung einer schnelleren Verabschiedung zu. Zudem wäre dies auch angesichts der Erfahrungen aus vergangenen Änderungen des europäischen Bilanzrechts untypisch.

Insgesamt ist der Richtlinienentwurf als ein guter Anfang zur Reform des europäischen Bilanzrechts zu werten, wenngleich er noch unausgereift scheint. Auch wenn aus deutscher Sicht einige Punkte kritisch zu beurteilen sind und die Erleichterungen für kleine Unternehmen äußerst eingeschränkt sind, so bietet der Vorschlag der Europäischen Kommission dennoch einige sinnvolle Ansatzpunkte, an denen die Weiterentwicklung des Entwurfs vorangetrieben werden kann. Es bleibt abzuwarten, in welchem zeitlichen Rahmen und in welcher Form die Europäische Kommission die Rechnungslegung in Europa vorantreiben wird.

Literaturverzeichnis

Asche, M.: Europäisches Bilanzrecht und nationales Gesellschaftsrecht, Berlin 2007.

Baetge, J./Kirsch, H.-J. (Hrsg.): Vom BiRiLiG zum BilMoG – Eine Standortbestimmung der Bilanzierung und Prüfung in Deutschland, Düsseldorf 2009.

Baetge, J./Kirsch, H.-J./Thiele, S.: Bilanzen, 11. Aufl., Düsseldorf 2011.

Blasius, T.: IFRS, HGB und F&E – Besteuerung und Bilanzierung, Berlin 2006.

Blöink, T.: Auswirkungen geänderter Vorschriften der 4. und 7. EU-Richtlinie auf die handelsrechtliche Rechnungslegung, in: WPg, Nr. 6, 2012, S. 299–304.

Bitz, M./Schneeloch, D./Wittstock, W.: Der Jahresabschluss – Nationale und internationale Rechtsvorschriften, Analyse und Politik, 5. Aufl., München 2011.

[1] Vgl. KOM(2011) 684 final vom 25.10.2011, Art. 49.

Breuer, R.: Eine Typologie des EU-Rechts, http://www.europa-digital.de/dschungelbuch/gesetzgebung/Typologie_des_EU_Rechts.shtml; Zugriff: 14.08.2012.

Brohm, M. U.: Die „Mitteilungen" der Kommission im Europäischen Verwaltungs- und Wirtschaftsraum – Typologie, Rechtsnatur und Bindungswirkung für die Behörden der Mitgliedstaaten, Baden-Baden 2012.

DRSC: Änderungsanträge des Deutschen Rechnungslegungs Standards Committee e. V. zum Draft Report of the Committee on Legal Affairs on the proposal for a directive of the European Parliament and of the Council on the annual financial statements, consolidated financial statements and related reports of certain types of undertakings vom 3. Mai 2012a, http://www.drsc.de/docs/qb/2012_q2/120503_DRSC_HGB-FAe_JURI_DraftReport.pdf; Zugriff: 02.08.2012.

DSRC: Sitzungsunterlage 161_02b_4-7_RLSynopse zur 161. DSR-Sitzung am 24.11.2011a, 4.-7. Richtlinie/BilMoG/RL-Vorschlag: Synoptische Darstellung, http://www.standardsetter.de/v4/docs/sitzungen/dsr/161/161_02b_4-7_RL_Synopse_A3.pdf; Zugriff: 20.06.2012.

Europäische Gemeinschaften: Die neue KMU-Definition – Benutzerhandbuch und Mustererklärung, 2006, http://ec.europa.eu/enterprise/policies/sme/files/sme_definition/sme_user_guide_de.pdf; Zugriff: 27.07.2012.

Europäische Kommission: Fragen zu KMU, http://ec.europa.eu/enterprise/policies/sme/faq/index_de.htm; Zugriff: 24.07.2012.

Europäische Kommission: Report of the Expert Group, Think Small First – Considering SME interests in policy-making including the application of an „SME Test", 2009, http://ec.europa.eu/enterprise/policies/sme/files/docs/sba/report_think_small_first_en.pdf; Zugriff: 28.07.2012.

Europäisches Parlament: Binnenmarkt, http://www.europarl.europa.eu/brussels/website/content/modul_05/start.html; Zugriff: 14.08.2012a.

Europäisches Parlament: Sekundärrecht der EU, http://www.europarl.europa.eu/brussels/website/content/modul_03/start.html; Zugriff: 14.08.2012b.

Europäische Union: Europäische Kommission, http://europa.eu/about-eu/institutions-bodies/european-commission/index_de.htm; Zugriff: 13.08.2012.

Fresl, K. D.: Die Europäisierung des deutschen Bilanzrechts, Wiesbaden 2000.

Grundmann, S.: Europäisches Gesellschaftsrecht – Eine systematische Darstellung unter Einbeziehung des Europäischen Kapitalmarktrechts, 2. Aufl., Heidelberg 2011.

Habersack, M./Verse, D.: Europäisches Gesellschaftsrecht, 4. Aufl., München 2011.

Härtel, I.: Handbuch Europäische Rechtssetzung, Berlin Heidelberg 2006.

Herdegen, M.: Internationales Wirtschaftsrecht, 9. Aufl., München 2011.

Hoffmann, W.-D./Lüdenbach, N.: NWB Kommentar Bilanzierung – Handels- und Steuerrecht, 3. Aufl., Herne 2012.

Janssen, J.: Rechnungslegung im Mittelstand – Eignung der nationalen und internationalen Rechnungslegungsvorschriften unter Berücksichtigung der Veränderungen durch den IFRS for Priate Entities und das Bilanzrechtsmodernisierungsgesetz, Wiesbaden 2009.

Kirsch, H.: IFRS-Rechnungslegung für kleine und mittlere Unternehmen – Der Standard, 2. Aufl., Herne 2007.

Kunz, A. C.: Rechnungslegung und Mittelstand zwischen IFRS und Bilanzrechtsmodernisierung, Baden-Baden 2011.

Lanfermann, G.: EU-Erleichterungen für die Rechnungslegung von Kleinstunternehmen – Handlungsspielraum des deutschen Gesetzgebers, in: Betriebs Berater, Nr. 7, 2012, S. 1209–1211.

Lanfermann, G.: Vorschlag für eine neu EU-Rechnungslegungsrichtlinie: Fokussierung auf kleine Unternehmen, in: Betriebs Berater, Heft 49/2011, S. 3051–3057.

Leffson, U.: Die Grundsätze ordnungsmäßiger Buchführung, 7. Aufl., Düsseldorf 1987.

Lühr, I.: Internationale Rechnungslegung für kleine und mittelgroße Unternehmen, Wiesbaden 2010.

Meyer, C.: Bilanzierung nach Handels- und Steuerrecht unter Einschluss der Konzernrechnungslegung und der internationalen Rechnungslegung – Darstellung, Kontrollfragen, Aufgaben und Lösungen, 23. Aufl., Herne 2012a.

Meyer, C.: Überarbeitung und Zusammenfassung der Vierten und Siebten EG-Richtlinie, in: DStR 2012b, S. 315–321.

Najderek, A.: Harmonisierung des europäischen Bilanzrechts – Problembestimmung und konzeptionelle Würdigung, Wiesbaden 2009.

Pellens, B./Fülbier, R.-U./Gassen, J.: Internationale Rechnungslegung: IFRS 1 bis 7, IAS 1 bis 41, IFRIC-Interpretationen, Standardentwürfe – mit Beispielen, Aufgaben und Fallstudie, 6. Aufl., Stuttgart 2006.

Petersen, K./Bansbach, F./Dornbach, E. (Hrsg.): IFRS Praxishandbuch – Ein Leitfaden für die Rechnungslegung mit Fallbeispielen, 7. Aufl., München 2012.

PWC: HGB direkt – Überarbeitung der EU-Bilanzrichtlinien, Ausgabe 1, Januar 2012, http://www.pwc.de/de/newsletter/kapitalmarkt/assets/hgb_direkt_1_jan_2012_ueberarbeitung_der_eu-bilanzrichtlinie.pdf, Zugriff: 12.06.2012.

Scheffler, E.: Vorschlag für eine neue EU-Bilanzrichtlinie, http://www.die-aktiengesellschaft.de/ag_report_aktuell_24106.html, Zugriff: 15.07.2012.

Schruff, W.: Die Fair Value-Bewertung und die Konsolidierung von Zweckgesellschaften – Deutsche Bilanzierung im Kontext internationaler Entwicklungen, in: Baetge, J./Kirsch, H.-J. (Hrsg.): Vom BiRiLiG zum BilMoG – Eine Standortbestimmung der Bilanzierung und Prüfung in Deutschland, Düsseldorf 2009, S. 17–43.

Tietz-Weber, S.: Interessengruppen und Rechnungslegungsregeln – Eine Analyse des Umsetzungsprozesses der 4. EG-Richtlinie in das Bilanzrichtlinien-Gesetz, Wiesbaden 2006.

Wengel, T.: IFRS Kompakt, München 2007.

Zülch, H./Güth, S./Stamm, A.: Der Entwurf einer neuen Bilanzrichtlinie – Implikationen für die künftige Ausgestaltung des Europäischen Bilanzrechts, in: Der Betrieb, Nr. 8, 2012, S. 413–419.

Zwirner, C./Froschhammer, M.: Geplante Reform der EU-Bilanz- und Konzernbilanzrichtlinie sowie Inkrafttreten der Micro-Richtlinie: Erste Praxishinweise, in: BC, Nr. 6, 2012, S. 264–268.

Stellungnahmen

AK KMU: Stellungnahme zum Vorschlag der Europäischen Kommission vom 25.10.2011 zur Änderung der Bilanzrichtlinien (KOM (2011) 684 final) vom 02. April 2012, http://www.jura.uni-koeln.de/fileadmin/sites/gesellschaftsrecht-bilanzrecht/AK_KMU/AK_KMU_StN_Reform_BilRiLi.pdf; Zugriff: 25.06.2012.

BStBK: Stellungnahme der Bundessteuerberaterkammer zur Überarbeitung der EU-Bilanzierungsrichtlinien vom 2. Dezember 2011, http://www.bstbk.de/export/sites/standard/de/ressourcen/Dokumente/04_presse/stellungnahmen/2011/Stell26_02.12.2011.pdf; Zugriff: 25.06.2012.

DGRV/DIHK/ZDH: Gemeinsame Stellungnahme des Deutschen Genossenschafts- und Raiffeisenverband e. V., des Deutschen Industrie- und Handelskammertags e. V. und des Zentralverbands des Deutschen Handwerks e. V. zum Entwurf für eine Richtlinie über den Jahresabschluss, den konsolidierten Abschluss und damit verbundene Berichte von Unternehmen bestimmter Rechtsformen, KOM (2011) 684 endgültig vom 2. Dezember 2011, www.dihk.de/themenfelder/recht-steuern/eu-internationales-recht/recht-der-europaeischen-union/positionen/dihk-positionen-zu-eu-gesetzesvorhaben/jahresabschluss-dgrv-dihk-zdh.pdf/at_download/file?mdate=1329220907875; Zugriff 15.06.2012.

DRSC: Anlage 1 zur Stellungnahme des Deutschen Rechnungslegungs Standards Committe e. V. zum Vorschlag der Europäischen Kommission vom 25. Oktober 2011 zur Änderung der Bilanzierungsrichtlinien 78/660/EWG und 83/349/EWG vom 12. Dezember 2011b, http://www.standardsetter.de/drsc/docs/press_releases/2012/111212_DRSC_Stellungnahme_4-7_RL_Anlage1.pdf; Zugriff: 17.07.2012.

DRSC: Ergänzende Bemerkungen zur Stellungnahme des Deutschen Rechnungslegungs Standards Committe e. V. zum Vorschlag der Europäischen Kommission vom 25. Oktober 2011 zur Änderung der Bilanzierungsrichtlinien 78/660/EWG und 83/349/EWG vom 24. Februar 2012 b, http://www.standardsetter.de/drsc/docs/press_releases/2012/120224_DRSC_4-7_RL_Stellungnahme_Ergaenzung.pdf; Zugriff: 17.07.2012.

IDW: Stellungnahme des Instituts der Wirtschaftsprüfer zur Überarbeitung der EU-Bilanzrichtlinien vom 22. Dezember 2011, www.idw.de/idw/download/IDW_Stn_BMJ_Bilanzrichtlinien.pdf?id = 614190 & property = Datei; Zugriff: 21.07.2012.

WPK: Stellungnahme der Wirtschaftsprüferkammer zur Überarbeitung der EU-Bilanzierungsrichtlinien (78/660/EWG und 83/349/EWG) vom 6. Dezember 2011, http://www.wpk.de/pdf/WPK-Stellungnahme_06-12-2011.pdf; Zugriff: 31.07.2012.

Empfehlungen, Mitteilungen, Richtlinien, Vorschläge und Entwürfe

Empfehlung 2003/361/EG der Kommission vom 6. Mai 2003 betreffend die Definition der Kleinstunternehmen sowie der kleinen und mittleren Unternehmen, ABl. L 124 vom 20.05.2003, S. 36–41.

Richtlinie 2006/43/EG des Europäischen Parlaments und des Rates vom 17. Mai 2006 über Abschlussprüfungen von Jahresabschlüssen und konsolidierten Abschlüssen, zur Änderung der Richtlinien 78/660/EWG und 83/349/EWG des Rates und zur Aufhebung der Richtlinie 84/253/EWG des Rates, ABl. L 157 vom 09.06.2006, S. 87–107.

Richtlinie 2012/6/EU des Europäischen Parlaments und des Rates vom 14. März 2012 zur Änderung der Richtlinie 78/660/EWG des Rates über den Jahresabschluss von Gesellschaften bestimmter Rechtsformen hinsichtlich Kleinstbetrieben, ABl. L 81 vom 21.03.2012, S. 3–6.

Vierte Richtlinie 78/660/EWG des Rates vom 25. Juli 1978 aufgrund von Artikel 54 Absatz 3 Buchstabe g) des Vertrages über den Jahresabschluß von Gesellschaften bestimmter Rechtsformen, ABl. L 222 vom 14.08.1978, S. 11–31.

KOM (2008) 394 endgültig vom 25.06.2008, Mitteilung der Kommission an das Europäische Parlament, den Rat, den Europäischen Wirtschafts- und Sozialausschuss und den Ausschuss der Regionen: Vorfahrt für KMU in Europa – Der „Small Business Act" für Europa, 2008, Kommission der Europäischen Gemeinschaften.

KOM (2011) 78 endgültig vom 23.02.2011, Mitteilung der Kommission an das Europäische Parlament, den Rat, den Europäischen Wirtschafts- und Sozialausschuss und den Ausschuss der Regionen: Überprüfung des „Small Business Act" für Europa, 2011, Europäische Kommission.

KOM (2011) 684 final vom 25.10.2011, Proposal for a Directive of the European Parliament and of the council über den Jahresabschluss, den konsolidierten Abschluss und damit verbundene Berichte von Unternehmen bestimmter Rechtsformen, 2011, European Commission.

2011/0308(COD) vom 28.03.2012, Entwurf eines Berichts über den Vorschlag für eine Richtlinie des Europäischen Parlaments und des Rates über den Jahresabschluss, den konsolidierten Abschluss und damit verbundene Berichte von Unternehmen bestimmter Rechtsformen, 2012, Europäisches Parlament.

7913962R00189

Printed in Germany
by Amazon Distribution
GmbH, Leipzig